suhrkamp taschenbuch
wissenschaft 2012

Organisation ist die Herstellung und Aufrechterhaltung von Ordnung. Diese Ordnung ist aber ohne die dauernde Behebung von Störungen und – wichtiger noch – ohne ihre Vorwegnahme im Routineablauf der Organisation nicht zu denken. Wenn die Organisation einer Behörde, eines Krankenhauses, einer Schule oder eines Unternehmens nicht von außen gestört wird, muß sie sich also selbst stören, um auf alle Eventualitäten vorbereitet zu sein. Dirk Baecker zeigt in diesem Band unter anderem, was aus dieser Überlegung folgt, nämlich dass Führung und Management nichts anderes sind als die geordnete Störung einer Organisation.

Dirk Baecker ist Soziologe und Professor für Kulturtheorie und Kulturanalyse an der Zeppelin Universität in Friedrichshafen. Letzte Veröffentlichungen im Suhrkamp Verlag: *Form und Formen der Kommunikation* (stw 1828), *Studien zur nächsten Gesellschaft* (stw 1856) und *Beobachter unter sich. Eine Kulturtheorie* (2013).

Dirk Baecker
Organisation und Störung

Aufsätze

Suhrkamp

Bibliografische Information der Deutschen Nationalbibliothek
Die Deutsche Nationalbibliothek verzeichnet diese Publikation
in der Deutschen Nationalbibliografie; detaillierte bibliografische
Daten sind im Internet über http://dnb.d-nb.de abrufbar.

2. Auflage 2014

Erste Auflage 2011
suhrkamp taschenbuch wissenschaft 2012
© Suhrkamp Verlag Berlin 2011
Umschlag nach Entwürfen von
Willy Fleckhaus und Rolf Staudt
Druck: Druckhaus Nomos, Sinzheim
Printed in Germany
ISBN 978-3-518-29612-7

Inhalt

Vorwort

Störung, nicht Steuerung, ist der Oberbegriff für Führung und Management, seit sich die Organisation von der klassisch pyramidalen Hierarchie auf die postklassische Netzwerkorganisation umstellt. Steuerung setzt auf eine lineare Zweck / Mittel-Relation, Störung auf eine oszillierende Innen / Außen-Differenz. Helmut Willke hat den Steuerungsbegriff bereits entsprechend weiterentwickelt,[1] doch scheint es mir für das Verständnis des Sachverhalts angemessen zu sein, den Begriff zu wechseln und die Irritation produktiv werden zu lassen, die der Störungsbegriff mit sich bringt.

Störung heißt Negation des Systems im System. Störung heißt, die mögliche Negation einzelner Elemente im System durch das System oder durch seine Umwelt so vorwegzunehmen, dass ihr produktiv begegnet werden kann. Management und Führung sind in diesem Sinne das Immunsystem der Organisation. Sie zünden, betreiben und regulieren Konflikte, die in der Organisation dafür sorgen, dass ihre Wachsamkeit und Anspannung erhalten, ihr Alternativenbewusstsein gepflegt und ihre Suche nach neuen Lösungen herausgefordert werden können.[2]

Management und Führung sind Formen der Negation, die den Widerspruch suchen und die Alternative meinen. Es geht um eine Form der Beunruhigung, die das System dazu befähigt, die in der Umwelt wahrgenommenen Anforderungen und Gelegenheiten mit den im System verfügbaren oder mobilisierbaren Ressourcen und Kompetenzen immer wieder neu abzustimmen. In der Netzwerkorganisation gilt diese Beunruhigung nicht mehr nur, wie einst, für die Spitze, sondern für jede Stelle, jede Abteilung der Organisation. Die erste Aufgabe von Management und Führung besteht daher darin, die Stellen und Abteilungen der Organisation zu dieser Form der Nervosität zu befähigen. Wenn dies gegeben ist, steuert sich die Netzwerkorganisation selbst. Jeder Mitarbeiter ist jederzeit in der Lage, vom bisher Gewohnten abzuweichen und

---

1 Siehe Helmut Willke, *Systemtheorie III: Steuerungstheorie*, Stuttgart 1995.
2 Siehe zum Begriff eines Konflikte produzierenden und regulierenden Immunsystems sozialer Systeme: Niklas Luhmann, *Soziale Systeme: Grundriß einer allgemeinen Theorie*, Frankfurt am Main 1984, S. 509 ff.

mögliche nächste Schritte und Entscheidungen zu identifizieren. Erst dann kann die zweite Aufgabe von Management und Führung darin bestehen, den so gefundenen Modus einer nervösen Selbststeuerung seinerseits zu stören.

Die Vorteile der Negation für das Verständnis dieser zweiten Aufgabe bestehen darin, dass die Negation den Einspruch gegen etwas mit dem Einspruch durch jemanden, das Management oder die Führung, vereint. Im selben Moment, in dem »Nein« gesagt wird, wird auf die Organisation insgesamt verwiesen, für die dieses Nein im Hinblick auf mögliche Alternativen bestimmt wird. Für das Management ist dies ein Verweis auf Wirtschaft, auf Effizienz und Effektivität, auf Kosten und Nutzen, für die Führung ein Verweis auf Gesellschaft, auf Verantwortung und Nachhaltigkeit, auf Gewinn und Verlust in einem nicht nur monetären Sinn.

Die Negation schafft dort – wenn auch nur für den Moment – eine Einheit der Organisation, wo in der Netzwerkorganisation nur Differenzen festzustellen sind: Differenzen in der Problemwahrnehmung, im Lösungsverständnis und im Ressourcenzugriff. Die Negation produziert dort eine – im nächsten Moment schon wieder aufgelöste – Hierarchie, wo für die Netzwerkorganisation die Heterarchie dominiert: die Mehrdeutigkeit des Zirkels und der Verwicklung, nicht die Eindeutigkeit der Unterscheidung von Oben und Unten.[3] In der Netzwerkorganisation wird die Hierarchie nicht überflüssig, sondern flüssig. Sie wird multipliziert und temporalisiert. Sie wird zur Herausforderung für Management und Führung, sich auch damit noch auszukennen und sowohl die Heterarchie zu pflegen als auch die Hierarchie zu suchen und zu unterlaufen.

Wir reden von der postklassischen Netzwerkorganisation, die alle klassischen Unterstellungen von Linearität und Rationalität nicht hinter sich gelassen, aber medialisiert hat, um auf eine Praxis der Organisation zu verweisen, die intelligenter ist als ihre Sprache. Wir markieren in den hier gesammelten Aufsätzen eine Differenz zwischen der nach wie vor eher klassischen Semantik der Organisation und ihrer postklassischen Struktur, die wir nur mit den Mit-

---

3 Siehe zur Unterscheidung von Hierarchie und Heterachie Heinz von Foerster, »Prinzipien der Selbstorganisation im sozialen und betriebswirtschaftlichen Bereich«, in: ders., *Wissen und Gewissen: Versuch einer Brücke*, Frankfurt am Main 1993, S. 233-268.

teln der Theorie beschreiben können, von der wir jedoch vermuten, dass sie auch in der Praxis adressiert werden muss. Sei es, dass sich Ansätze in der Praxis zu einer eher postklassischen Selbstbeschreibung und Verständigung in der Organisation hier und dort schon finden lassen, sei es, dass diese Ansätze erst noch gesucht, gefunden und weiterentwickelt werden müssen: So oder so muss sich die Organisation von Behörden und Unternehmen, Krankenhäusern und Schulen, Theatern und Universitäten, Kirchen und Armeen, so denke ich, von der Beobachtung von Hierarchie auf die Beobachtung von Heterarchie, von der Pflege von Eindeutigkeit auf die Pflege von Mehrdeutigkeit umstellen.[4]

Wir fragen in den hier gesammelten Aufsätzen daher danach, wie man Störung organisieren kann, wie man Negation positiv wenden kann und wie man die Unterbrechung von Routinen selbst zur Routine zumindest von Management und Führung werden lassen kann. Die hier vorliegende Sammlung ist nach zwei früheren Aufsatzsammlungen, einer Monographie und einer Glossensammlung der fünfte Anlauf zu einer Organisationstheorie, die selbstreferentiellen, paradoxiefähigen und oszillierenden Verhältnissen der Organisation gerecht wird.[5] Die Wiederholung des Themas ist nur damit zu rechtfertigen, dass wir uns hier nicht nur mit praktischen Fragen der Einrichtung von Arbeitsabläufen aller Art beschäftigen, sondern dass diese praktischen Fragen sich auch auf einem Terrain stellen, das von alters her vermint ist. Die Organisation der Organisation verschränkt die Möglichkeit der Ordnung mit der Notwendigkeit der Unordnung, insofern die Ordnung regelt und die Unordnung die dazu passenden Anlässe liefert. Von jeher ist die Einheit der Differenz von Ordnung und Unordnung auch deswegen schwer zu denken, weil es für beides Interessenten gibt. Die einen wollen die Ordnung, die anderen die Unordnung, weil und obwohl beide in derselben Gesellschaft agieren.

Giorgio Agamben hat kürzlich daran erinnert, dass das Thema

---

4 Natürlich sind weder diese Beobachtung noch diese Empfehlung neu. Siehe wegweisend nur Karl E. Weick, *Der Prozess des Organisierens*, dt. Frankfurt am Main 1985.

5 Siehe Dirk Baecker, *Organisation als System: Aufsätze*, Frankfurt am Main 1999; ders., *Organisation und Management: Aufsätze*, Frankfurt am Main 2003; ders., *Die Form des Unternehmens*, Frankfurt am Main 1993; und ders., *Postheroisches Management: Ein Vademecum*, Berlin 1994.

einer paradoxen Fundierung der Ordnung in der Unordnung (und umgekehrt) unter dem Titel der *oikonomia* bereits eine sich unter anderem auf Aristoteles berufende Theologie beschäftigt hat, die mit der Trinität eines die Welt schaffenden (und sich zurückziehenden) Gottes, eines in der Welt wirkenden (und lebendigen) Christus und eines offenbar das eine mit dem anderen versöhnenden (aber über den Wassern schwebenden) Heiligen Geistes ein Verständnis sowohl für die Unordnung als auch für die diese rahmende Ordnung gewinnen wollte.[6] Seither oszilliert jede Ordnungsfigur zwischen einer transzendenten Fundierung und einer immanenten Wirkung, ohne den Bruch übersehen zu können, der das eine vom anderen trennt.

Die Lateiner, auch daran erinnert Agamben, haben das griechische Wort von der *oikonomia* sowohl mit *dispositio* (Auswahl, Gewichtung) als auch mit *dispensatio* (Einteilung, Abwägung, Freistellung) übersetzt und damit die Form einer Ordnung auf den Punkt gebracht, in der disponiert wird, indem dispensiert wird. Das begründet ein deliberatives Element, mit der jede Ordnung seither zu rechnen hat. Und das begründet den Umstand, dass auch eine deskriptive Organisationstheorie wie die, an der wir hier arbeiten, mit dem Bedarf an Normativität rechnen muss, wie er von einer sich an den Werten der Rationalität und Innovation orientierenden Betriebswirtschaftslehre dann auch befriedigt wird. Disposition ist so wenig neutral zu haben wie Dispensation. Sie exkludieren jene, die den Ansprüchen der Ordnung nicht genügen, ebenso wie jene, denen wenig anderes übrig bleibt, als ihren Dispens als göttliche Fügung hinzunehmen (*dispensatio* heißt auch: göttliche Fügung).

Basel, im Oktober 2010

---

6 Siehe Giorgio Agamben, *Herrschaft und Herrlichkeit: Zur theologischen Genealogie von Ökonomie und Regierung*, dt. Frankfurt am Main 2010.

Der Manager

Nachfahre der Aufklärer

Ein Manager ist jemand, der in allen Situationen und bedingungslos an suboptimale Verhältnisse glaubt, die überdies nur auf ihn und seine Optimierungsvorschläge warten. Jede Arbeit kann effektiver geleistet, jede Kostenkontrolle effizienter durchgeführt, jeder Kunde besser bedient und jede Strategie klüger ausgedacht werden. Konfrontiere dich mit einem Manager, und du weißt anschließend, was du immer noch nicht gut genug machst.

Der Manager erweist sich damit als die Nachfolgefigur des modernen Aufklärers. Er glaubt an die überall und jederzeit durchzusetzende Verbesserung der Verhältnisse. Allerdings ist er der romantisch durchschaute Aufklärer, der sich auf kein Vernunftprojekt mehr berufen kann, sondern nur noch auf sein Projekt. Er ist nicht mehr als Intellektueller auf dem Markt der Meinungen unterwegs, sondern als Karrierist auf dem Markt der Stellen. Ihn mobilisiert nicht mehr der Wettbewerb um die Aufdeckung des letzten Geheimnisses, sondern der Wettbewerb um die frei werdende Stelle auf der Karriereleiter über ihm oder im Netzwerk der Projekte neben ihm.

Dass die Romantiker den Aufklärer als einen Optimisten wider besseres (und auch interessanteres) Wissen durchschaut haben, kann den Manager nicht wirklich beunruhigen. Weder die eigene Geschichte noch die Geschichte allgemein stoßen bei ihm auf ein größeres Interesse. Die Zurückführung der Vernunft auf die Nullstelle der freien Wählbarkeit der Zwecke, an denen sich die Rationalität der Mittel dann orientieren kann, gilt ihm zwar als willkommenes Betriebsgeheimnis seines Geschäfts, aber auf das Instrument der Optimierung, das immer auch den Glauben an die »besseren« Zwecke voraussetzt, kann und will er nicht verzichten. Dass der Zweck des Ganzen nicht mehr die Vollendung der Geschichte ist, sondern nur noch die Absicherung und Steigerung der Wohlfahrt, gilt ihm als Einsicht, die nicht als Utopieverlust, sondern als Bedingung des Einstiegs in einen pragmatischen Umgang mit der Wirklichkeit zu werten ist.

Wie der Intellektuelle ist auch der Manager der Meinung, dass er selbst die Aufklärung bereits hinter sich hat. Jede weitere Bemühung um Verbesserung gilt daher immer den anderen und nur dann ihm selbst, wenn er etwa nach Weiterbildung sucht, um den anderen noch besser auf die Sprünge zu helfen. Wie der Intellektuelle, der verstanden hat, worum es geht, und gelernt hat, nicht weiter nachzufragen (wonach auch?), ist der Manager bereits hier und jetzt perfekt. Er weiß um die Perfektibilitätsreserven der Wirklichkeit, auch wenn er nicht weiß, was er täte, wenn diese alle ausgeschöpft wären. Er kann sich nicht vorstellen, dass es je so weit kommt. Das definiert seinen Habitus, mit dem er alle anderen auf Trab hält.

Ich spreche von dem Manager, aber ich meine auch die Managerin. Zwar gilt auch für den Manager, dass er von seiner Sekretärin so zuverlässig ironisiert wird wie einst der Intellektuelle durch seine Freundin, doch hat diese Ironie in der Turbulenz und Riskanz der Verhältnisse einiges von ihrem Witz verloren, und es gibt außerdem immer mehr weibliche Manager, denen allenfalls jene ironische Distanz zur Verfügung steht, die der einen Stelle aus der Sicht einer besseren Stelle gilt. Wir verdanken männlichen wie weiblichen Managern eine Verbesserung der Verhältnisse, die für eine andere Distanz als die der Kritik unter dem Vorzeichen der Suboptimalität keine Zeit, aber auch keinen Rückhalt mehr lässt. Darin vollendet sich die Aufklärung dann doch. Die Kritik der Verhältnisse und die Ironie der Perfektion fallen zusammen und erweisen sich als nicht enden wollende Aufgabe, deren Bewältigung mit dem Lebensvollzug selbst zusammenfällt. Das absorbiert dann auch den einst vielleicht einmal so wichtigen, weil widerständigen Unterschied der Geschlechter.

Im Übrigen, auch das ist einschränkend zum Titel des Beitrags anzumerken, ist der Singular irreführend. Ein Manager tritt nicht alleine auf, sondern mindestens zu zweit. Einerseits muss er der *bad guy* sein, der wieder auf eine Suboptimalität hinweist, andererseits muss er auch *good guy* sein, der die Zuversicht verbreitet, dass man auch den nächsten Optimierungsschritt noch schaffen wird. Und wenn der *bad guy* als derjenige auftritt, der einem Mitarbeiter die bessere Leistung abluchst, muss der *good guy* derjenige sein, der den Ärger wieder abkühlt, den man spürt, wenn man sich bei einer immer noch verbesserbaren, also schlechten Leistung hat erwischen lassen. Auch das Management weist die von Erving Goffman analysierte Struktur eines *confidence game* auf, in dem in der Regel zwei Betrüger nacheinander auftreten: Der erste lockt in die Falle, und der zweite beruhigt, man habe doch jetzt immerhin etwas gelernt und brauche nicht zur Polizei zu laufen, die bekannt macht, welchem Betrug man aufgesessen ist, und so zum Schaden auch noch den Spott treten lässt.[1]

Defizitdiagnosen

Vielleicht sollte man vorsichtiger sagen, dass der Manager in seiner männlichen wie weiblichen Form und im Singular wie im Plural nur eine der Nachfolgefiguren des modernen Aufklärers ist. Immerhin gibt es den Intellektuellen, der sich auf dem Markt der Meinungen mit dem Aussprechen von Geheimnissen profiliert, noch immer, und immerhin gibt es neben beiden auch den Wissenschaftler, der ebenfalls das Feld der Defizitdiagnosen beackert, wenn auch ganz dezent nur das Feld der noch unzureichenden Erkenntnis über diesen oder jenen Gegenstand. Intellektueller, Manager und Wissenschaftler beerben zusammen das Projekt der Aufklärung, und nur zusammen behaupten sie sich gegenüber jenen Priestern, Politikern und Beratern, die im Gegensatz zu den Aufklärern von immer denselben Verhältnissen ausgehen und nicht nach Optimierung, sondern nach Trost, Ausgleich und Zufriedenheit suchen. Das lässt diese unmodern werden, prädestiniert sie aber auch dazu, zur Unruhe der anderen drei Figuren ein willkommenes Gegengewicht zu bilden.

Wir haben es hier allerdings nur mit dem Manager zu tun. Schauen wir uns daher etwas genauer an, was ihn dazu befähigt, sich mit seiner Defizitdiagnose der Suboptimalität so erfolgreich in den Verhältnissen einzunisten und diese Verhältnisse so erfolgreich zu verbessern. Denn beide Erfolge lassen sich in der Tat nicht bestreiten. Die Erfolgsgeschichte des Managements als einer im 19. Jahrhundert neu entstandenen Profession liegt so sehr auf der Hand wie die Erfolgsgeschichte einer Steigerung der menschlichen Wohlfahrt, die das Produkt derselben Industrialisierung ist, der die Profession des Managements ihre Existenz verdankt. Das soll nicht

1 Siehe Erving Goffman, »On Cooling the Mark Out: Some Aspects of Adaptation to Failure«, in: *Psychiatry: Journal of Interpersonal Relations* 15 (1952), S. 451-463.

heißen, dass sich mit der Industrialisierung und der Entstehung der Profession des Managements genau jene Erwartungen erfüllten, die das 18. Jahrhundert mit seinem Projekt der Aufklärung verband. Niemand wird die sozialen Kosten und Ungleichgewichte, die Katastrophen einer Fortschrittspolitik um jeden Preis und die ökologischen Blindheiten bestreiten, die mit der Industrialisierung einhergingen. Aber ebenso wenig ist zu bestreiten, dass das Wohlfahrtsniveau, an dem die Kosten gemessen werden, gleichzeitig auf eine Art und Weise gestiegen ist, wie man es sich zuvor kaum hätte vorstellen können. Die gegenwärtige Bewirtschaftung der Gesellschaft kennt unglaubliche Mängel in der Versorgung der Weltbevölkerung mit Wasser, Nahrungsmitteln, sanitären Einrichtungen, Arbeit, Wohnung, Medizin, Bildung, Kunst und Seelenheil, aber zugleich trägt und ernährt die Erde mehr Menschen als je zuvor und ermöglicht einem großen Teil einen Lebensstandard, der historisch ohne Vergleich ist. Letztlich ist der Manager nur für die Logistik dieser Bewirtschaftung verantwortlich, denn die Arbeit tun nach wie vor die anderen (wie Helmut Schelsky bereits gegenüber den Intellektuellen geltend gemacht hat[2] – nicht ohne seine Zweifel zu haben, ob der Soziologe nicht eher zu diesen als zu den Wissenschaftlern zu zählen ist), aber bereits die Leistung dieser Logistik ist unzweifelhaft, wenn man sich auch nur einen Moment vor Augen hält, welche Waren-, Leistungs-, Kapital- und Energieströme in der gegenwärtigen Weltgesellschaft Tag für Tag zu analysieren und zu rekombinieren sind.

Sicher, all das beruht auf einer gnadenlosen Ausbeutung jener nicht erneuerbaren Energien, die das 19. Jahrhundert erschlossen hat, und geschieht ohne jede Vorstellung davon, ob und wie der Ausstieg aus diesen Energien bewältigt werden kann.[3] Wir bewegen uns in einem *runaway system*, das in den Bereichen der Migration der Völker, des Klimas der Erde und der Psychosomatik des menschlichen Lebens Turbulenzen erzeugt, von denen wir nicht wissen, ob wir ihrer je wieder Herr werden. Dennoch wird niemand auf die Idee kommen, dies den Managern zur Last zu legen. Sie sind nur weitere Figuren in einem Spiel, das wir alle spielen und

2 Siehe Helmut Schelsky, *Die Arbeit tun die anderen: Klassenkampf und Priesterherrschaft der Intellektuellen*, 2., erw. Aufl., München 1977.

3 Siehe dazu Rolf Peter Sieferle, *Rückblick auf die Natur: Eine Geschichte des Menschen und seiner Umwelt*, München 1997.

von dem niemand weiß, ob es zu Ende gespielt werden muss, um danach ein anderes finden zu können, oder ob es abgebrochen werden muss, um der Menschheit auf dieser Erde noch eine Chance zu geben. Im Moment wissen wir nur, dass der Abbruch weder zu bewerkstelligen ist noch zu verantworten wäre.

Und wir wissen, dass wir nichts anderes als die Selbstbeobachtung haben, um herauszufinden, an welchen Stellen welche Hebel möglicherweise umzulegen sind. Die Beobachtung der Sozialfigur des Managers ist schon deswegen ein unverzichtbarer Teil dieser Selbstbeobachtung, weil wir gerne wissen würden, welche historische Spanne ihm zugemessen ist. Wird er so schnell (und leise) wieder verschwinden, wie er aufgetaucht ist?

Ein Parasit

Beobachtung wie Selbstbeobachtung brauchen und schaffen Distanz. Wir brauchen gegenüber den Defizitdiagnosen und Optimierungsaufforderungen des Managers eine Distanz, die es uns, den kritischen, das heißt zur Überprüfung unserer selbst bereiten Beobachtern unserer Verhältnisse, ermöglicht, den Manager aus seinem Automatismus zu befreien und auf Optionen seiner selbst zurückzurechnen. Wir brauchen dazu auch eine andere Distanz gegenüber dem Manager als die der Betriebswirtschaftslehre, die sich normativ an ihn angehängt hat und ihn darin bestärkt, dass Effizienz und Effektivität nur um den Preis der dauernden Produktion von Suboptimalitätsdiagnosen zu haben sind. Erich Gutenbergs Entwurf der Betriebswirtschaftslehre hatte den Manager noch darauf hinweisen können, dass Effizienz und Effektivität nur um den Preis des Ausklammerns der Komplexität jener Organisation zu haben ist, die der Manager mit seiner Planung, Gestaltung und Kontrolle ihrer Ziele, Mittel und Abläufe beglückt.[4] Hatte dieser Entwurf den Manager daher noch darüber informieren können, dass der Betrieb, den er bewirtschaftet, als Organisation möglicherweise andere und gute Gründe auf seiner Seite hat, von denen sich der Manager keine Vorstellung macht, so hat die Betriebswirtschaftslehre nach Gutenberg diese Reserve über Bord geworfen, jede Er-

4 So Erich Gutenberg, *Die Unternehmung als Gegenstand betriebswirtschaftlicher Theorie*, Berlin 1929.

innerung an die Theoriefigur der Ausklammerung gestrichen und damit begonnen, ihre eigenen Ideen mit der anzustrebenden Praxis des Managements in eins zu setzen. Seither sind es nur der Blick über den Tellerrand der betriebswirtschaftlichen Ausbildung, der Praxisschock und die Bedingungen seines Wettbewerbs auf dem Markt der Stellen, die dem Manager zur Seite springen, um ihm Distanz gegenüber den Distanzlosigkeiten der Betriebswirtschaftslehre zu verschaffen. Das aber liefert ihn erst recht der Praxis aus; und erst das ist es, was dem kritischen Beobachter Sorgen macht.

Man verzeihe uns daher, wenn wir den Manager, um diese Distanz zu seinen Gunsten zurückzugewinnen, als einen Parasiten bezeichnen. Wenn man Michel Serres' Studie über den Parasiten gelesen hat,[5] weiß man, dass dies ein Ehrentitel ist. Ein Parasit ist, wer so viel von den Verhältnissen versteht, dass er sich in ihnen mit Erfolg einnisten und zugleich dafür sorgen kann, dass es dem Wirt gut geht. Letzteres klappt nicht immer; und das ist der nicht zu bestreitende Haken an der Geschichte. Denn der Parasit kann an einer Verbesserung der Verhältnisse arbeiten, die zunächst der Wirt, dann er selbst nicht überlebt. Das war die Befürchtung, die Karl Marx, der vom Management wenig, aber vom Kapital viel verstand, in die Welt gesetzt hat und die keinen unerheblichen Beitrag dazu geleistet hat dass der Parasit in der Auseinandersetzung mit Arbeitern und Kapitalisten immer klüger wurde. Immerhin ging und geht es um seinen eigenen Kopf.

Behalten wir die Ambivalenz des parasitären Treibens im Hinterkopf und schauen wir uns zunächst nur an, an welchen Stellen es ihm gelungen ist, sich in die Verhältnisse einzunisten und so unverzichtbar zu machen, wie er sich bis heute darstellt. Es sind nicht mehr und nicht weniger als drei Stellen, wenn man so zählt, dass man nicht sofort die Übersicht verliert. Der Manager ist ein Parasit 1) der Arbeitsteilung, 2) der Hierarchie und 3) der Projekte. Diese Stellen sind so wenig unabhängig voneinander zu würdigen, wie der Manager die Bedienung der beiden anderen aus den Augen verlieren darf, wenn er sich auf die Ausbeutung einer bestimmten konzentriert. Auch hier gilt das von Henry Mintzberg identifizierte erste eherne Gesetz jedes Managements, das darin besteht, dass jeder einzelnen Tätigkeit nur neun Minu-

5 Michel Serres, *Der Parasit*, dt. Frankfurt am Main 1980.

ten gewidmet werden dürfen, weil andernfalls zum einen andere wichtige Arbeiten unerledigt bleiben (und die Wichtigkeit dieser anderen Arbeiten steigt mit der Dauer ihrer Nichterledigung – bis sie schließlich auf Null fällt) und zum anderen die Mitarbeiter den Eindruck gewinnen, der Manager wolle die Arbeit selbst machen.[6] Beides wäre fatal, besteht doch die wichtigste Leistung des Managers darin, *andere* so zur Arbeit anzuhalten, dass sie sehen, dass und wie ihre Arbeit *mit der Arbeit anderer* zusammenhängt. Deswegen springt der Manager von einer Tätigkeit zur nächsten und verwebt wie ein Webschiffchen auf dem Webstuhl jede einzelne Tätigkeit mit jeder anderen.

Aber das ist schon wieder die allzu positive Formulierung für Aufgabe und Leistung des Managers, dessen Profession von Anfang an darin gesehen wurde, dass er für diejenige Kooperation zu sorgen hat, für die die Arbeiter, die erst jetzt zu solchen werden, nicht mehr selbst sorgen können, sobald die Bauernhöfe zu Gutshöfen und die Handwerksbetriebe zu Manufakturen werden und damit Größenordnungen erreichen, die durch eine spontane Selbstorganisation auf dem Feld oder in der Werkstatt nicht mehr bewältigt werden können.

So richtig das ist, so sehr lautet die entscheidende Frage, wie es dem mit Defizitdiagnosen nervenden Manager gelungen ist, die jahrhundertealten Praktiken der Selbstorganisation davon zu überzeugen, dass sie nicht mehr ausreichen, und Bauern und Handwerkern beizubringen, sich stattdessen auf eine Fremdorganisation einzulassen, von der erst wiederum Karl Marx nachgewiesen hat, dass es sich um eine neue und nicht minder spontane Selbstorganisation auf einer höheren Ebene, auf der Ebene des »Kapitals« beziehungsweise der Wirtschaft der Gesellschaft selbst handelt. Interessanterweise konnte es dem Manager erst gelingen, sich selbst an die Stelle der spontanen Selbstorganisation auf Werkstattebene zu setzen, als er sich zum einen der Hilfe der Ingenieure vergewisserte (wie diese, durchaus unwillig, seiner) und er zum anderen im Vorarbeiter einen Gegner identifizierte, dessen Entmachtung gleichbedeutend wurde mit der Ermächtigung des Managers. Richard Edwards hat den jahrzehntelangen Kämpfen, in denen sich dieser Sprung von der Ebene der Selbstorganisation der Werkstatt auf die Ebene der

---

6 Siehe Henry Mintzberg, *The Nature of Managerial Work*, New York 1973.

Selbstorganisation des Kapitals vollzog, unter dem Titel *Contested Terrain* ein überaus lesenswertes Buch gewidmet.[7]

Wir brauchen in Ergänzung der Positivbeschreibung des Managers, die auf seine Kooperationsfunktion hinweist, eine Negativbeschreibung, die deutlich macht, was er verhindern muss, um seine positive Funktion erfüllen zu können. Den allgemeinen Einstieg dafür haben wir schon, da wir bereits wissen, dass der Manager alles verhindern muss, was suboptimal ist und daher verbessert werden kann. Aber eine solche Formulierung vermag den Manager nur dann zu erklären, wenn sie beschreibt, wie und worauf die Diagnose der Suboptimalität *eingeschränkt* wird, um eine erfolgreiche Praxis begründen zu können. Die tatsächliche Reichweite des Managements ist von dieser Einschränkung abhängig, weil es sich die Gesellschaft weder von Managern noch von Intellektuellen oder Wissenschaftlern gefallen lässt, alles jederzeit für verbesserbar, aufklärbar oder beobachtbar zu halten. Die Lizenz zur Verbesserung wird nur erteilt, wenn der Manager implizit einen Vertrag unterschreibt, in fast allen Fällen auf seine Anregung zur Verbesserung eher zu verzichten. Genau das bindet den Manager im Übrigen in jene Organisationen mit ein, die er doch gleichzeitig effektiv und effizient gestalten soll. Denn Organisationen, ob hierarchisch und bürokratisch organisiert oder heterarchisch und projektförmig, bestehen gesellschaftlich gesehen darin, fast jedes Verhalten zu verbieten und im Kontrast dazu ganz wenig Verhalten zu fordern, eben eine ganz bestimmte Arbeit und die nur dazu passenden Entscheidungen.

Unsere drei positiven Negativbedingungen des Managements lauten, dass der Manager 1) die spontane Arbeitsteilung, 2) den Kurzschluss der Hierarchie und 3) den Austausch der Projekte *aktiv verhindern* muss, wenn er sich mit seinen Leistungen erfolgreich in der Organisation einnisten will.

Erstens muss er die Arbeiter ihrer Erfahrungen im Umgang mit Produkt und Verfahren regelrecht enteignen, wie Thomas Malsch gezeigt hat,[8] um die *economies of scale and standardization* durch-

---

7 Siehe Richard Edwards, *Contested Terrain: The Transformation of the Workplace in the Twentieth Century*, New York 1979.

8 Siehe Thomas Malsch, »Die Informatisierung des betrieblichen Erfahrungswissens und der ›Imperialismus der instrumentellen Vernunft‹«, in: *Zeitschrift für Soziologie* 16 (1987), S. 77-91.

zusetzen, die bereits Adam Smith als den eigentlichen Gewinn der Industrialisierung nachgewiesen hat. Man stelle sich diese Enteignung nicht als einen stillen Prozess der Überzeugung durch die Vernunft der Verhältnisse vor. Es geht immer ums Ganze, um Arbeit und Leben, Lohn und Würde, die an den alten, den gewohnten Verhältnissen hängen.

Zweitens muss der Manager sich auf jenen Zwischenstufen der Hierarchie einnisten, die erforderlich sind, um eine Hierarchie zu installieren und aufrechtzuerhalten. Wie man weiß, ist eine Hierarchie erst stabil, wenn sie mindestens drei Stufen aufweist, weil dann die mittlere (oder die mittleren) damit beschäftigt ist (oder sind), die untere als Konkurrent unten und die obere als Ziel der eigenen Aufstiegsbemühungen oben zu halten. Der Manager ist ein *homo hierarchicus*, der um jeden Preis dafür sorgen muss, dass die Ebenen der Hierarchie in fast allen Fällen der internen Abstimmung von Arbeit voneinander getrennt bleiben und nur in den wenigen Fällen, in denen sie über ihn laufen, miteinander verknüpft werden. Die lange Geschichte der Ausdifferenzierung von Unternehmen im 19. Jahrhundert, die Alfred D. Chandler für den Fall Amerikas maßgeblich erzählt hat,[9] hat den Manager gelehrt, eine Hierarchie, das heißt seinen Arbeitsplatz, nicht mit einer Befehlskette zu verwechseln, in der jedes Glied nur ein Übermittler von Anweisungen (von oben nach unten) und von Information (von unten nach oben) wäre, sondern als eine kunstvolle Einrichtung zu verstehen und zu betreiben, in der verschiedene Ebenen voneinander *unterschieden und autonom gesetzt* werden, damit horizontale Abstimmungsprozesse (auf Arbeits-, Management- und Vorstandsebene) erleichtert und zugleich durch eng geführte Abstimmungsbedingungen fallweise voneinander abhängig gemacht werden können. Talcott Parsons hat das Prinzip identifiziert, und Niklas Luhmann hat daraus in bester dekonstruktiver Absicht auf das unaufhebbare Spannungsverhältnis zwischen (horizontalen) Arbeitsprozessen und (vertikalen) Zwecksetzungen geschlossen – in dekonstruktiver Absicht deswegen, weil die Betriebswirtschaftslehre im Glauben an die Kontinuität aller denkbaren Rationalitäten und daher in Verkennung der Notwendigkeit der Spannung behauptet, man könne

9 In: Alfred D. Chandler, *Strategy and Structure: Chapters in the History of the American Industrial Enterprise*, Cambridge, Mass., 1962; und ders., *The Visible Hand: The Managerial Revolution in American Business*, Cambridge, Mass., 1977.

Arbeitsschritte nicht nur als Mittel zum Zweck, sondern auch und zugleich als untergeordnetes Mittel zu übergeordneten Zwecken organisieren.[10] Tatsächlich funktioniert entweder die Arbeit oder die Hierarchie nur supplementär, nur als Ergänzung, die verzichtbar und notwendig zugleich ist.[11]

Der Manager verhindert die spontane und laterale Abstimmung von Koordinationserfordernissen in allen Fällen, die formell oder informell nicht über ihn laufen und verhindert so den Kurzschluss der Hierarchie. So groß die Versuchung sein mag, ein Problem schnell auf kurzem Wege zu lösen, so sehr weiß der Manager, dass genau damit die in der Hierarchie verankerten Bedingungen einer effektiven, die Arbeitsteilung voraussetzenden, und effizienten, die Wirtschaftlichkeitsgesichtspunkte zum Tragen bringenden Gestaltung und Kontrolle der Organisation verspielt würden. Allenfalls gibt er der Versuchung nach, sich selbst als kürzesten Weg zur Abstimmung zu inszenieren, aber auch dann weiß er, dass er dies nur als Komplement der Hierarchie (und Kompliment an ihn selbst), nicht als ihr Substitut betreiben darf. Würde er die Hierarchie ersetzen, fiele er als die möglicherweise reibungslose Alternative nicht mehr auf.

Und drittens verhindert der Manager den Austausch der Projekte. Deswegen ist er nicht nur ein Parasit der Hierarchie, sondern überlebt auch den immer wieder mitlaufenden Versuch ihres Abbaus, weil er gleichzeitig und in bester Parallelität nicht nur an jedem einzelnen Projekt, sondern auch an deren Differenz auf eine Art und Weise beteiligt ist, die zumindest keiner der beteiligten Mitarbeiter mit Arbeit verwechselt. So liegt es im Aufgabenbereich des Managers, die widerspruchsvolle Schnittstelle zwischen Linie und Projekt zu betreuen, der Peter Heintel und Ewald Krainz eine aufschlussreiche Studie gewidmet haben.[12] Die Linie gibt dem

10 Siehe Talcott Parsons, »A Sociological Approach to the Theory of Organizations«, in: ders., *Structure and Process in Modern Societies*, New York 1960, S. 16-58; und Niklas Luhmann, *Zweckbegriff und Systemrationalität: Über die Funktion von Zwecken in sozialen Systemen*, Neuausgabe Frankfurt am Main 1977.

11 Siehe dazu exemplarisch Lutz Marz, »Der prämoderne Übergangsmanager: Die Ohnmacht des ›real sozialistischen‹ Wirtschaftskaders«, in: Rainer Deppe, Helmut Dubiel und Ulrich Rödel (Hrsg.), *Demokratischer Umbruch in Osteuropa*, Frankfurt am Main 1991, S. 104-125.

12 Siehe Peter Heintel und Ewald Krainz, *Projektmanagement: Eine Antwort auf die Hierarchiekrise?*, Wiesbaden 1988.

Projekt den Auftrag, eine Leistung zu erbringen, die die Linie nicht erbringen kann, weil diese Leistung unterschiedliche Kompetenzen miteinander kombiniert, zeitlich mit anderen Aufgaben der Organisation nicht zu synchronisieren ist oder nur in der Form einer sich spontan selbst koordinierenden Teamarbeit zu leisten ist. Gleichzeitig muss die Linie versuchen, über Mitarbeiterzuordnung, Mittelzuweisung und Befristung das Projekt zu kontrollieren. Und schließlich machen die Mitarbeiter im Projekt Erfahrungen mit spontaner Koordination (Erich Gutenberg sprach in seinen *Grundlagen der Betriebswirtschaftslehre* von »freien Formen kooperativer Zusammenarbeit«), die sie anschließend auch in der Linie nutzen wollen.[13] Beim Manager liegt die undankbare Aufgabe, im Projekt Verständnis für die Linie und in der Linie Verständnis für das Projekt zu wecken und aufrechtzuerhalten, so dass der Bruch zwischen Projekt und Linie aufrechterhalten werden kann und es nicht anschließend zu Verwechslungen kommt.

Der Manager hilft sich selbst, indem er versucht, einen Projektauftrag nach Möglichkeit mehrfach zu vergeben, mit mehr oder minder auffälligen Überschneidungen, je nachdem, wie empfindlich die Mitarbeiter auf scheinbare Redundanzen reagieren. Damit wird die Linie nicht nur aus der Schusslinie der Konkurrenz herausgenommen, indem stattdessen die Projekte mehr oder minder offen untereinander konkurrieren, sondern sie wird als der Schiedsrichter, der anschließend beurteilen darf, wessen Projektideen umgesetzt werden, auch gleichzeitig in ihrer Kompetenz bestätigt. Auch hier fällt der Manager als derjenige auf, der für Entscheidungen verantwortlich ist, die nicht für jeden Mitarbeiter ohne Umstände nachvollziehbar sind, und der daher auch hier, wie innerhalb der Hierarchie, wiederum vielfältige Möglichkeiten gewinnt, die Steine des Anstoßes zu platzieren und zugleich aus dem Weg zu räumen.

Denn das ist neben dem Wechsel der jeweiligen Tätigkeit im Neunminutenrhythmus das zweite eherne Gesetz des Managements: Lasse dich nur auf Probleme ein, die du selbst geschaffen hast, alles andere gefährdet deine Autonomie und könnte dir über den Kopf wachsen! Das scheint besonders gut an französischen Verhältnissen zu beobachten zu sein, betonen doch sowohl eine Studie von Michel Crozier und Erhard Friedberg über *Die Zwänge kollek-*

---

13 Erich Gutenberg, *Grundlagen der Betriebswirtschaftslehre*, Bd. 1: *Die Produktion*, 24. Aufl., Berlin 1983, S. 263 f.

tiven Handelns als auch Luc Boltanskis Untersuchung der sozialen Gruppe der »Führungskräfte«, dass das kleine, deswegen jedoch nicht weniger anspruchsvolle Einmaleins jeder Managementkompetenz darin besteht, unter den Mitarbeitern genau die Unsicherheit zu schaffen, die nur das Management selbst beheben kann.[14] Ob diese Unsicherheit durch latente Drohung mit Entlassung, durch die Andeutung des Entzugs von Karrierechancen, durch die Zuweisung zu bekanntermaßen unbeliebten Projekten oder durch die Aufforderung zu »Kreativität« und »Kundenorientierung« geschaffen wird, ist zweitrangig. Die Hauptsache ist, dass der Mitarbeiter sich Problemen gegenübersieht, die er nur dadurch lösen kann, dass er sich darüber informiert, welche Lösung der Manager zu akzeptieren bereit ist und welche nicht. Klappt das, spricht man mit Recht von einer Führung zur Selbstführung. Der Umweg über die Schaffung gezielter Unsicherheit ist dabei entscheidend.

Und auch das ist ein Trick, den der Manager beim Intellektuellen abgeschaut haben könnte, der es seinerseits vom Priester gelernt hat: Stelle bei deinem Gegenüber genau die Selbstverständlichkeiten der inneren Glaubensgewissheit, der Antwort auf die Frage nach dem Sinn des Lebens oder eben der eigenen Arbeitsgestaltung in Frage, zu denen dein Gegenüber keine Alternativen kennt und deswegen keine guten Gründe gesammelt hat: Und liefere ihm dann die Antwort, die deinem Spiel in die Hände arbeitet.

Operation im Netzwerk

Die dreifache Differenzierung der Modalitäten der Arbeitsteilung, der Hierarchie und der Projekte, die dem Manager seinen Handlungsraum schafft, ist, wie gesagt, kein Produkt der bösartigen Absichten eines Parasiten, sondern das Ergebnis einer Abstimmung mit den gesellschaftlichen Bedingungen organisierten Arbeitens. Denn die Funktion der drei Differenzen besteht letztlich darin, eine vierte Differenz zu bedienen, die Differenz zwischen der Organisation einerseits und der Gesellschaft, in der sie operiert, andererseits. Am besten stellt man sich den Manager als jemanden

14 Siehe Michel Crozier und Erhard Friedberg, *Die Zwänge kollektiven Handelns: Über Macht und Organisation*, dt. Bodenheim 1993; Luc Boltanski, *Die Führungskräfte: Die Entstehung einer sozialen Gruppe*, dt. Frankfurt am Main 1990.

vor, der nicht wie die Hexe auf dem Zaun zwischen Garten und Wildnis, aber doch auf dem Zaun zwischen Organisation und Gesellschaft sitzt und nach innen den Eigensinn der Organisation und nach außen die erforderlichen Rücksichten auf die Gesellschaft stark machen kann. Wichtig ist, dass er die Wahl hat, je nach seiner Diagnose der Zustände, in denen sich die Organisation befindet, entweder die abweichende Wirklichkeit der Organisation oder die Ansprüche der Gesellschaft zu betonen und so niemals Ruhe geben zu müssen. Denn wenn er Ruhe gibt, braucht es ihn nicht mehr.

Damit nimmt der Manager eine zuweilen schmerzhafte Trennung zwischen Organisation und Gesellschaft auf sich, etwa wenn es um die Überdehnung von Arbeitszeiten, um Anforderungen illegalen Verhaltens, um die unmoralische Behandlung von Kollegen oder auch nur um das Aushalten von Hierarchien geht, leistet jedoch zugleich einen Beitrag zur Therapie dieser Trennung, indem wirtschaftlicher Erfolg, gesellschaftliche Toleranz, Vorteile gegenüber der Konkurrenz oder auch nur Karrieremöglichkeiten in dieser Hierarchie, die zu größerer Anerkennung draußen führen, versprochen werden. Die Betriebswirtschaftslehre geht zwar davon aus, dass die entscheidende Differenz diejenige zwischen Organisation und Wirtschaft ist – immerhin soll, so steckt es schon im Namen dieser Disziplin, das Management seine Aufgabe darin sehen, die Organisation als »Betrieb« zu »bewirtschaften«. Der Soziologe weiß jedoch, dass in den Kosten und Nutzen der Wirtschaft, den Gewinnen auf dem Markt, den Löhnen und Preisen des Wettbewerbs nichts anderes als die Bewertung des Verhaltens von Organisation und Wirtschaft durch die Gesellschaft selbst zur Debatte steht.[15] Manchmal wird versucht, dem Management die »operative« Beobachtung der Wirtschaft und der Führung die »strategische« Beobachtung der Gesellschaft zuzuweisen, doch in der Organisation lässt sich diese Trennung schon deswegen nicht wirklich durchhalten, weil die Wirtschaft mit ihren Kundenbedürfnissen, Löhnen und Preisen schon selbst gesellschaftlich ist, jede Operation also immer schon im Rahmen unterschiedlicher strategischer Optionen stattfindet.

Die wichtigste Diskussion, vor der der Manager heute steht, ist jedoch nicht mehr diejenige um Arbeitsteilung, Hierarchie und

---

15 Und dies spätestens seit Gabriel Tarde, *Economie psychologique*, 2 Bde., Paris 1902.

Projektorganisation, sondern diejenige der Gestaltung und Kontrolle von Netzwerken. Darüber wissen wir trotz Kevin Kellys Bestandsaufnahme der Netzwerkökonomie immer noch zu wenig.[16] Es hat jedoch keinen Sinn, sich diesen Fragen zu nähern, ohne eine Ahnung von der Geschichte der Ausdifferenzierung der Managementprofession zu haben. In Netzwerken wird sich der Manager, will er nicht mit jemand anderem verwechselt werden, genauso parasitär – und jetzt können wir sagen: genauso gesellschaftlich funktional – bewegen müssen wie einst und immer noch in der Hierarchie. Nur wird er sich jetzt nicht mehr auf dem Markt der Stellen zu bewähren haben, auf Gedeih und Verderb davon abhängig, dass irgendwo Stellen frei werden (wie es Harrison C. White unter dem Stichwort der *vacancy chain* beschrieben hat[17]), die eine Bewegung sinnvoll werden lassen. Er wird sich vielmehr auf dem wesentlich unübersichtlicheren Markt der Netzwerkprojekte zu behaupten haben, der funktional diffuser ist und daher eine geringere Toleranz für Managementleistungen aufweist, die sich auf die bloße Bewirtschaftung beziehen.

Glaubt man der eindrucksvollen Beschreibung von Netzwerken der Filmproduktion in Hollywood, die Robert Faulkner geliefert hat,[18] dann kann hier ein Manager, der sich die Trennung und Verknüpfung der Netzwerkverbindungen vorbehält, nur unangenehm auffallen. Welche Muster der Arbeitsteilung, welche Pläne, welche Kompetenzzuweisungen könnte ein Manager zur Geltung bringen, der es mit computergesteuerten Produktionsabläufen, instantaner Synchronisation und kulturellen Kompetenzen der narrativen Überbrückung von Verständnisschwierigkeiten zu tun bekommt? Er hat nur noch das Kapital auf seiner Seite, wenn er es denn auf seiner Seite hat und nicht selbst zum Adressaten von Kosteneinsparungen wird.

Tatsächlich ist dies aktuell das wichtigste Tummelfeld des Managers. Er macht sich zum Subjekt und Objekt eines Kampfes, dessen Intensität für die beteiligten Organisationen mit derjeni-

16 Siehe Kevin Kelly, *Das Ende der Kontrolle: Die biologische Wende in Wirtschaft, Technik und Gesellschaft*, dt. Mannheim 1997.

17 Siehe Harrison C. White, *Chains of Opportunity: System Models of Mobility in Organizations*, Cambridge, Mass., 1970.

18 Robert Faulkner, *Music on Demand: Composers and Careers in the Hollywood Film Industry*, New Brunswick, NJ, 1982.

gen der alten Klassenkämpfe zwischen Arbeit und Kapital allemal vergleichbar ist. Es geht nicht mehr um die Ausbeutung des Mehrwerts der Arbeit, sondern um den Streit über die Befristung möglicherweise aussichtsreicher Projekte. Gegenüber stehen sich Produktion und Finanzierung. Die einen sehen bereits morgen die großen Gewinne auf sich zukommen; die anderen wissen bereits heute, mit welcher Kapitalanlage die besseren Margen zu erzielen sind. Beide sind mit den Vokabeln der jeweils neuesten Managementphilosophien bewaffnet, wie Robert G. Eccles und White in einem Aufsatz gezeigt haben,[19] und mischen die Karten der Produktentwicklung, Portfolioplanung und strategischen Reserve, wie es ihnen opportun erscheint. Der Manager, wie wir ihn kennen, gerät zwischen die Fronten von Geschäftsführern auf der einen Seite, die in und für ihre *profit center* eindeutiger Position beziehen müssen, als es sich je ein Abteilungsleiter vorstellen konnte, und dem Vorstand oder Topmanagement auf der anderen Seite, die sich in ihrer Auseinandersetzung mit dem Netzwerk der Projekte auf die beiden Kompetenzen des schnellen Rechnens und der verzögerten Entscheidung, ob diesem Rechnen Glauben zu schenken ist, zurückgeworfen sehen.

Vielleicht ist die Zeit des Managers in privatwirtschaftlichen Unternehmen abgelaufen. Vielleicht sieht man ihn deswegen in den Verwaltungen von Krankenhäusern, Behörden, Universitäten und Theatern seine Zelte aufschlagen. Er wirkt etwas müde, weiß er doch, dass seine Zeit in diesen Verwaltungen befristet sein wird. Er wird ein paar Unterschiede einführen, ohne die es diesen Verwaltungen nicht möglich sein wird, sich auf einem Markt zu behaupten und Gewinnaussichten zu erkennen und umzusetzen, und dann werden auch diese Organisationen sich auf jene Netzwerke einstellen, in denen es für den Manager kaum noch etwas zu tun gibt. Solange jedoch die Managementvokabel in nicht-gewinnorientierten Organisationen vielleicht bereits mit einem listigen Blick auf das Ende der Moderne als Modernitätsausweis schlechthin gehandelt wird, ist es ganz gut zu wissen, was sie auszeichnet, die Sozialfigur des Managers. In der nächsten Gesellschaft wird man dann sehen, ob und wie es diese Figur immer noch gibt.

19 Robert G. Eccles und Harrison C. White, »Firm and Market Interfaces of Profit Center Control«, in: Siegwart Lindenberg, James S. Coleman und Stefan Nowak (Hrsg.), *Approaches to Social Theory*, New York 1986, S. 203-220.

Welchen Unterschied macht das Management?

Zum Wortgebrauch

Die Worte »managen«, »Manager« und »Management« sind in vielen Sprachen der Welt Lehnwörter aus dem Englischen. Sie sind in den umgangssprachlichen Wortgebrauch der anderen Sprachen eingegangen, haben jedoch wie etwa im Deutschen einen gewissen Fremdwortcharakter nicht verloren.

Diesen umgangssprachlichen Fremdwortcharakter machen sich die folgenden Überlegungen zunutze, indem sie davon ausgehen, dass das Phänomen des Managements bekannt, seine Beschreibung und Erklärung jedoch nach wie vor schwierig ist.

Der Rückgriff auf das Wort selbst hilft nur begrenzt weiter. Das englische Wort stammt von dem italienischen Wort *maneggiare* ab, das so viel bedeutet wie »handhaben«, aber auch »ein Pferd in der Manege an der Leine herumführen«. Diesen Charakter der Bezeichnung einer durchaus unwahrscheinlichen, ungewissen Tätigkeit, die mit dem Risiko der Überforderungen der Kräfte des Managers und des Scheiterns behaftet ist, wenn das Pferd sich nicht führen lässt, hat das englische Wort »Managen« beibehalten. Das Lexikon führt Übersetzungen wie (a) »leiten, verwalten, regeln«, (b) »zurechtkommen mit, fertig werden mit, handhaben«, (c) »bewältigen, schaffen« oder (d) »es schaffen, etwas zu tun« an. Wenn der Fahrstuhl ausfällt, muss man versuchen, die Treppe zu »managen«. Wenn der Abend schon spät ist, weiß man nicht, ob man noch einen weiteren Whisky »managen« wird. Wenn man in einer unangenehmen Situation ist, kann man jemanden fragen, ob er es managen, also »schaffen« wird, zu helfen. Vom »Managen« spricht man offenbar immer dann, wenn man zwar mit Schwierigkeiten rechnet, aber nicht weiß, ob sie aus der Situation resultieren oder aus demjenigen, der mit dieser Situation fertig zu werden versucht.

Dieser Sinn für eine ambivalent überfordernde Praxis hat sich im Wortgebrauch außerhalb der englischen Sprache nur bedingt erhalten. Zumal im Deutschen tritt an dessen Stelle ein Sinn für eine hierarchisch eingebundene, durch eine Organisation geregelte Tätigkeit, der im Englischen zwar auch vorhanden ist, aber nicht im Zentrum steht. Im Deutschen ist Management die Tätigkeit von Geschäftsführern, die mehrere Untergebene (»Mitarbeiter«), aber auch mindestens einen Vorgesetzten haben und etwa in einem Unternehmen, einem Verein, einem Theater oder einem Krankenhaus in einem betrieblichen Arbeitszusammenhang stehen. Im Amerikanischen kann schon jemand ein »Manager« sein, der in einem Fastfood-Restaurant dafür sorgt, dass am Tresen ordentlich gearbeitet wird. Im Deutschen wird unter Management eine in der Regel gelingende, weil von Managern, die ihr Geschäft verstehen, ausgeübte Praxis verstanden. Schlechtes Management kommt zwar ebenso vor wie gutes, aber beides wird auf die entsprechenden, entweder bereits vorhandenen oder zu entwickelnden Fähigkeiten der Manager zugerechnet. Dass das Managen selbst eine riskante und problematische Tätigkeit ist, weil sie dort Verantwortung übernimmt, wo sie nicht selbst die Arbeit macht, wird reklamiert, wenn für die Profession geworben werden soll, ist aber kein selbstverständlich mitlaufender Wortsinn.

Auch diese Differenz zwischen dem angelsächsischen Wortsinn und dem Wortsinn in anderen Sprachen, für unsere Zwecke vor allem im Deutschen, machen sich die folgenden Überlegungen zunutze. Wir werden das hierarchisch und organisational eingebundene Management, das dazu tendiert, sich ein eher erfolgreiches Verhalten zuzuschreiben, unter dem Gesichtspunkt beobachten, welchen Beitrag diese Zuschreibungen bei der Bewältigung einer schwierigen Praxis leisten. Unsere Fragestellung könnte in diesem Sinne lauten: Wie managen es die Manager, als erfolgreiche Träger des Managements zu gelten?

Im Englischen bezeichnet man diejenigen, die sich im Deutschen als Manager bezeichnen, als »*executives*«, im Französischen als »*cadres*«. Der Soziologe Luc Boltanski hat diesen Kadern eine Studie gewidmet,[1] in der er darauf hinweist, dass ihnen zwar unklar sein kann, worin ihre Tätigkeit besteht, sie jedoch gleichsam im Gegenzug um so weniger daran zweifeln, welcher hierarchische Rang ihnen im Verhältnis zu denen zukommt, die ihnen nachgeordnet sind, und noch mehr im Verhältnis zu denen, die ihnen vorgeordnet sind. Hieran kann man erkennen, dass die Verschiebung der Nuance vom englischen zum deutschen Wortsinn eine Funktion haben kann: Das Spiel der Hierarchie profitiert davon, dass

---

1 Siehe Luc Boltanski, *Die Führungskräfte: Die Entstehung einer sozialen Gruppe*, dt. Frankfurt am Main 1990.

die Einsätze der Praxis eher ungewiss sind. Umso mehr nämlich kann es darauf ankommen, sich einer Sprache und eines Verhaltens zu befleißigen, die es erlauben, die Herausforderungen der Praxis als bewältigbar darzustellen und derart eine Organisation mitzutragen, in der sie dann auch bewältigt werden.

Wir halten fest, dass das Wort »Management« nach seinem Wortgebrauch eine Tätigkeit bezeichnet, deren Erfolg praktisch ungewiss ist, jedoch durch Organisation wahrscheinlicher gemacht werden kann.

Der Unterschied

Management macht einen Unterschied. So viel immerhin ist gewiss. Gestritten wird allenfalls darüber, welchen Unterschied es macht und ob dieser Unterschied zum Wohl oder zum Wehe der Organisation ausfällt, in der er getroffen wird. Gestritten wird auch darüber, wie viel Management von welcher Art für welchen Typ von Organisation erforderlich ist. Ist man in der Regel bereit, zu akzeptieren, dass privatwirtschaftlich verfasste Unternehmen ein gewisses Maß an Management benötigen, obwohl auch hier Unternehmer und Manager verschiedener Meinung sein können, so bedeutet dies nicht, dass man diesem Gedanken auch im Fall von Kommunen, Behörden, Schulen und Universitäten, Theatern und Orchestern, Armeen und Guerillaorganisationen, Kirchen, Klöstern und karitativen Einrichtungen oder Gerichten und Ingenieurbüros mit ebenso großer Bereitwilligkeit gegenübertritt. Zumeist hat man das Gefühl, dass der Manager gegenüber dem Eigentümer einen Unterschied macht,[2] auf den ein Unternehmen im Hinblick auf seine Steuerung und Kontrolle auch im gesellschaftlichen Interesse nicht verzichten sollte, zugleich jedoch auch den Eindruck, dass das mit dem Management meist einhergehende Interesse an Profitabilität, mindestens aber Rentabilität der Organisation mit bürokratischer Verlässlichkeit, erzieherischem Ethos, künstlerischer Kreativität, militärischer Potenz, religiöser Inbrunst, fürsorglichem Engagement, juristischer Sorgfalt und professioneller Genauigkeit nicht immer identisch ist.

2 Siehe immer wieder Adolf A. Merle und Gardiner C. Means, *The Modern Corporation and Private Property*, New York 1932.

Hinzu kommt, dass man sich ebenfalls darüber streiten kann, mit welchen Fragestellungen es das Management einer Organisation berechtigterweise zu tun hat. Meist gibt es keine Diskussion darüber, dass das Management die Aufgabe hat, eine Organisation technisch effektiv und ökonomisch effizient zu machen. Aber wenn es darum geht, die Frage zu entscheiden, in welchem Ausmaß dies den steuernden und kontrollierenden Zugriff auf das Personal, die hierarchische Struktur, die verwendeten Technologien, den Umgang mit Lieferanten und Kunden betrifft, kann man sich durchaus vorstellen, nicht unbedingt Manager, sondern Professionelle anderer Provenienz, Psychologen und Soziologen, Ingenieure und Kommunikationsvirtuosen zum Zuge kommen zu lassen.

Überhaupt fällt auf, dass dem Manager zwar zum einen unterstellt wird, dass er sich das Wissen dieser und anderer Professionen zu eigen machen kann, dass es zum anderen jedoch genau dann am einfachsten ist, ihn als Manager zu identifizieren, wenn er seine Perspektive keiner dieser Professionen unterwirft. Am leichtesten fällt es, ihm eine *betriebswirtschaftliche* Kompetenz zu unterstellen. Aber selbst diese beschreibt ihn nicht vollständig, da das Management einer Organisation nicht nur darin besteht, diese Organisation einem betriebswirtschaftlichen Kalkül zu unterwerfen, sondern gleichzeitig auch darin, dieses Kalkül mit Blick auf die Zustände der Organisation dosieren und so eine Eigendynamik der Organisation inklusive ihres Personals in Rechnung stellen zu können, die mit Kosten- und Nutzenkategorien nicht erfasst werden kann.

Wir werden im Folgenden eine Möglichkeit diskutieren, diese nur mit der eines Jokers zu vergleichende Qualität des Managers innerhalb eines Kalküls berechenbar zu machen, der der Struktur eines Spiels entspricht. Wir werden den Manager – oder besser: das Management, denn wir haben es nicht nur mit Personen, sondern auch mit Funktionen und Institutionen zu tun, durch die eine Organisation gemanagt werden kann – in einen Kontext einbetten, an dem man ablesen kann, welchen Unterschied es macht und warum dieser Unterschied von der quecksilbrigen Art ist, die man gegenwärtig feststellen kann.[3] Wir werden dabei an der Idee festhalten, dass Management nicht nur in privatwirtschaftlichen Unternehmen, sondern auch in Organisationen anderer Art auftreten

---

3 Siehe nach wie vor wegweisend Henry Mintzberg, *The Nature of Managerial Work*, New York 1973.

kann, werden uns jedoch bemühen, die jeweils unterschiedlichen Formen, die Management in diesen anderen Organisationen annimmt, nicht im Dunklen zu lassen. Sicherlich ist Management nicht das Allheilmittel zur effizienten und effektiven Gestaltung von Organisationen. Sicherlich ist jedoch ebenso wenig die Annahme gerechtfertigt, dass ein Management in Behörden, Schulen oder Theatern nur Schaden anrichten kann.

Systemtheorie

Die folgenden Überlegungen gehen von Entwicklungen der soziologischen Systemtheorie aus, in denen der Indikationenkalkül von George Spencer-Brown zur Grundlage der Beschreibung von Operationen gemacht wird.[4] Diese Grundlage wird hier an einer soziologischen Fragestellung der Organisations- und Managementtheorie erprobt,[5] betrifft jedoch darüber hinaus kognitionswissenschaftliche Fragestellungen, die an die frühesten und besten Motive der Kybernetik anknüpfen.[6] Es geht um die Entwicklung einer Kognitionswissenschaft der Kommunikation, die in der Lage ist, die aktuellen Zustände der Gesellschaft daraufhin zu beobachten und zu befragen, welche Formen der Organisation und des Ma-

---

4 Siehe George Spencer-Brown, *Laws of Form* [1969], intern. Ausgabe, Leipzig 2008; vgl. Ph. G. Herbst, *Alternatives to Hierarchies*, Leiden 1976, S. 85 ff.; Louis H. Kauffman, »Self-Reference and Recursive Forms«, in: *Journal of Social and Biological Structure* 10 (1987), S. 53-72; Fritz B. Simon, *Unterschiede, die Unterschiede machen: Klinische Epistemologie: Grundlagen einer systemischen Psychiatrie und Psychosomatik*, Neudruck Frankfurt am Main 1993, S. 57 ff.; Niklas Luhmann, »Frauen, Männer und George Spencer Brown«, in: *Zeitschrift für Soziologie* 17 (1988), S. 47-71; Dirk Baecker (Hrsg.), *Kalkül der Form*, Frankfurt am Main 1993; ders., *Probleme der Form*, Frankfurt am Main 1993.

5 Vgl. Niklas Luhmann, »Die Kontrolle von Intransparenz«, in: Heinrich W. Ahlemeier und Roswita Königswieser (Hrsg.), *Komplexität managen: Strategien, Konzepte und Fallbeispiele*, Wiesbaden 1997, S. 51-76; Dirk Baecker, *Die Form des Unternehmens*, Frankfurt am Main 1993; ders., *Organisation als System: Aufsätze*, Frankfurt am Main 1999; ders., *Organisation und Management: Aufsätze*, Frankfurt am Main 2003; Rudolf Wimmer, *Organisation und Beratung: Systemtheoretische Perspektiven für die Praxis*, Heidelberg 2004.

6 Siehe nur Francisco J. Varela, *Kognitionswissenschaft – Kognitionstechnik: Eine Skizze aktueller Perspektiven*, dt. Frankfurt am Main 1990; ders., *Ethisches Können*, dt. Frankfurt am Main 1994.

nagements sie begünstigen und erfordern. Organisation und Management werden dabei nicht als gleichsam natürliche Koalitionäre betrachtet, sondern als unwahrscheinliche Produkte einer Koevolution, die sowohl auf der Seite der Organisation als auch auf der Seite des Managements mehr Variationen kennt, als es der Rationalismus der Betriebswirtschaftslehre wahrhaben will.

Der Ausgangspunkt dieser Entwicklungen der Systemtheorie ist nach wie vor die Bemühung um ein Verständnis jener Phänomene organisierter Komplexität, die weder aus so wenigen (maximal drei bis vier) Variablen heterogener Art bestehen, dass sie mithilfe eines Kausalschemas erklärt werden könnten, noch aus so vielen als homogen angenommenen Elementen bestehen, dass sie statistisch beschrieben werden könnten. Stattdessen bestehen sie aus zahlreichen und heterogenen Elementen, die zusätzlich ein Element der »Organisation« aufweisen, das es ermöglicht, eine gewisse Ordnung zu erkennen und mit diesen Phänomenen in eine über den Aufbau von Erwartungen strukturierte Interaktion zu treten.[7] An die Stelle von Ursache und Wirkung sowie der Abschätzung von Wahrscheinlichkeiten tritt im Umgang mit diesen Phänomenen eine Art *operational research*, die vom Verstehen des Phänomens auf seine Kontrolle umschaltet und unter dieser Kontrolle den Vergleich erwarteter mit tatsächlichen Daten versteht. Schau dir an, was passiert, nicht, warum es passiert; sammle niemals mehr Informationen, als du für die gegenwärtig gestellte Aufgabe brauchst; und nimm nicht an, dass sich das System nicht ändert, das heißt, stelle in Rechnung, dass du nur die Probleme lösen kannst, die sich heute stellen. Dies sind die drei Regeln, die W. Ross Ashby als Essenz seiner Art von *operational research* beschreibt.[8]

Die neueren Entwicklungen der Systemtheorie versuchen, eine ganze Reihe der frühen kybernetischen Einsichten in die Begründung der aktuellen Modellarbeit mit aufzunehmen, wählen jedoch in ihrer Zuspitzung auf den Indikationenkalkül Spencer-Browns zugleich eine Abkürzung, die damit etwas zu tun hat, dass eine der radikalen Ideen der frühen Jahre lange Zeit nicht recht ernst genommen worden ist und vielleicht auch erst vor dem Hinter-

---

7 Siehe Warren Weaver, »Science and Complexity«, in: *American Scientist* 36 (1948), S. 536-544; W. Ross Ashby, »Requisite Variety and Its Implications for the Control of Complex Systems«, in: *Cybernetica* 1 (1958), S. 83-99.

8 Ebd., S. 97 f.

grund des Indikationenkalküls ernst genommen werden kann.[9] Diese Idee ist einer der Grundgedanken der mathematischen Kommunikationstheorie von Claude E. Shannon und Warren Weaver und bringt diese Theorie ebenso präzise wie beunruhigend auf den Punkt. Dieser Kommunikationstheorie wie auch der Spieltheorie und der Computerarchitektur John von Neumanns liegen mathematische Konzepte der statistischen Mechanik (J. W. Gibbs) zugrunde, die Phänomene organisierter Komplexität aus der Fähigkeit eines »Systems« ableiten, die eigene Ordnung trotz und wegen ungeordneter Elemente (oder auch: die eigene Verlässlichkeit trotz und wegen unzuverlässiger Elemente) aufrechtzuerhalten.[10] Bis heute weiß niemand, worauf diese Fähigkeit beruht. Es zu wissen, hieße ja auch bereits, es zu verstehen und damit die Komplexität zu verfehlen. Der Gedanke der »Selbstorganisation« und alle weiteren, die ihn ausbuchstabieren (»Emergenz«, »Autopoiesis«, »operationale Schließung«, »strukturelle Kopplung« …), sind Postulate, die axiomatisch eingeführt werden, um mit einem präzise bestimmten Nichtwissen arbeiten zu können.

Tatsächlich ist der viel diskutierte Konstruktivismus die populärwissenschaftliche epistemologische Selbstanwendung der Einsichten der statistischen Mechanik, mathematischen Kommunikationstheorie und Kybernetik.

Weil diese Struktur eines Wissens, das sich als Nichtwissen weiß, so schwer zu durchschauen ist, konnte die gerade erwähnte Idee Shannons so lange überlesen werden. In der Form ihres Überlesens konnte sie dann allerdings umso verlässlicher den Strukturalismus eines Claude Lévi-Strauss, die Epistemologie eines Gregory Bateson, die Psychoanalyse eines Jacques Lacan, die Soziologie eines Niklas Luhmann und die Philosophie eines Jacques Derrida beunruhigen und stimulieren. Und wer weiß, ob wir gelernt hätten, die Idee zu lesen, wenn sie nicht so lange so fruchtbar überlesen worden wäre? Die Idee Shannons wird in seiner Definition einer

9 Siehe dazu Dirk Baecker, *Wozu Systeme?*, Berlin 2002; ders., »Rechnen lernen«, in: ders., *Wozu Soziologie?*, Berlin 2004, S. 293-330.

10 Norbert Wiener, *Cybernetics, or Control and Communication in the Animal and the Machine*, 2. Aufl., Cambridge, Mass., 1961; schon im Titel wegweisend John von Neumann, »Probabilistic Logics and the Synthesis of Reliable Organisms from Unreliable Components«, in: Claude E. Shannon und John McCarthy (Hrsg.), *Automata Studies*, Princeton, NJ, 1956, S. 43-98.

»message« als »one *selected from a set* of possible messages« auf den Punkt gebracht.[11]

Man hat diese Definition fast immer als eine statistische und letztlich ingenieurwissenschaftliche Definition gelesen, die vielleicht ein Licht auf Struktur und Syntax der Kommunikation, aber nicht auf Semantik und Pragmatik werfen könne. Vor dem Hintergrund des Indikationenkalküls von Spencer-Brown kann man jedoch erkennen, dass im Umstand beziehungsweise in der Operation der Selektion, die eine bestimmte Nachricht im Kontext eines Auswahlbereiches möglicher anderer Nachrichten zu bezeichnen erlaubt, sowohl die semantische als auch die pragmatische Leistung der Kommunikation enthalten sind und Struktur und Syntax sich nur insoweit bestimmen lassen, als sie dieser Semantik und Pragmatik zuarbeiten.[12] Semantik heißt, Redundanz im Hinblick auf Varietät neu zu ordnen, Pragmatik, sich für diese Ordnung Anschlussfragen zu stellen, und Syntax, diese beiden Anforderungen textgrammatisch, das heißt Subjekte, Objekte und Prädikate positionierend, wirksam werden zu lassen.[13]

Die Pointe der Definition Shannons liegt in einer Dreistelligkeit, die zu jener der Form der Unterscheidung, wie sie Spencer-Brown konzipiert, isomorph ist. Eine Nachricht, so ist der Definition zu entnehmen, kann erst dann als Nachricht gelten, wenn (1) diese Nachricht als (2) Auswahl dieser Nachricht aus (3) einer Menge von möglichen anderen Nachrichten gelesen werden kann. Man mag darin Karl Bühlers Sprachtheorie (ein Zeichen als: Symbol, Symptom und Signal) ebenso wiedererkennen wie Niklas Luhmanns dreistellige Definition der Kommunikation als Synthese von (1) Information, (2) Mitteilung und (3) Verstehen.[14] Eine Nachricht ist nur dann eine Nachricht, wenn sie eine Selektion

---

11 Claude E. Shannon, »The Mathematical Theory of Communication«, in: ders. und Warren Weaver, *The Mathematical Theory of Communication*, Urbana, Ill., 1963, S. 29-125, hier: S. 31.

12 Vgl. Donald M. MacKay, »Communication and Meaning – A Functional Approach«, in: F. C. S. Northrop und Helen H. Livingston (Hrsg.), *Cross Cultural Understanding: Epistemology in Anthropology*, New York 1964, S. 162-179.

13 Siehe Harald Weinrich, *Textgrammatik der deutschen Sprache*, 4., rev. Aufl., Hildesheim 2007.

14 Siehe Karl Bühler, *Sprachtheorie: Die Darstellungsfunktion der Sprache*, Berlin 1934; Niklas Luhmann, *Soziale Systeme: Grundriß einer allgemeinen Theorie*, Frankfurt am Main 1984, S. 193 ff.

ist und wenn diese Selektion auf einen Auswahlbereich verweist, der entweder, wie im Fall des Alphabets, technisch bestimmt ist oder, wie im Fall von Kommunikation zwischen Lebewesen, sozial bestimmt ist. Die Nachricht des Buchstaben »M« versteht man aufgrund ihres Auswahlbereiches einer festgelegten Zahl von Buchstaben des Alphabets. Die Nachricht des Satzes »Kommst du heute Abend zum Essen?« kann man nur verstehen, wenn man weiß und/oder unterstellt, wie die Beteiligten es üblicherweise mit dem Essen halten und wie sehr es ihnen darauf ankommt, mit Frage und Antwort eine bestimmte Botschaft zu verbinden. Technische Kommunikation rechnet mit den bekannten Wahrscheinlichkeiten einer bekannten Menge von Möglichkeiten. Soziale Kommunikation errechnet den möglichen Auswahlbereich und damit auch den Informationswert der Selektivität der ausgewählten Nachricht mit jeder Nachricht neu (so routiniert und institutionalisiert dies ab einem bestimmten Zeitpunkt auch sein mag).

Wir brauchen diesen Gedanken der mathematischen Kommunikationstheorie hier nicht zu vertiefen.[15] Wesentlich ist für uns, dass sich Shannon mit dieser Definition vorstellte, etwas Bestimmtes (die ausgewählte Nachricht) im Kontext von etwas Unbestimmtem (dem Auswahlbereich beziehungsweise dem Faktum des Ausgewähltwerdens) nicht nur lesen zu können, sondern lesen zu müssen, um die Nachricht als Nachricht (und nicht nur als Signal, das auf bestimmte Zustände hinweist) lesen zu können.

Um diesen Gedanken geht es auch in Spencer-Browns Begriff der Zwei-Seiten-Form, die er als Einheit der Differenz (1) einer markierten Innenseite einer Unterscheidung, (2) der Operation der Trennung der beiden Seiten der Unterscheidung und (3) der unmarkierten Außenseite der Unterscheidung versteht. Wir haben es mit einer dreistelligen oder dreiwertigen Zweiseitenform zu tun. Tatsächlich kann man den dritten Wert der Operation der Unterscheidung in der Spencer-Brown'schen Form der Unterscheidung zwar sehen, explizite Erwähnung in der aufgeschriebenen Definition der Form findet er jedoch nicht. Dort heißt es: »Nenne den Raum, der durch jedwede Unterscheidung gespalten wurde, zusammen mit dem gesamten Inhalt des Raums die Form der

15 Siehe Dirk Baecker, »Kommunikation im Medium der Information«, in: ders., *Wozu Systeme?*, Berlin 2002, S. 111-125; ders., *Form und Formen der Kommunikation*, Frankfurt am Main 2005.

Unterscheidung.«[16] Mit dieser »Form« werden wir arbeiten, um herauszufinden, was es mit dem Management einer Organisation auf sich hat, wenn man diese Organisation als ein Phänomen organisierter Komplexität begreift und das Management daher weder auf Kausalität noch auf Statistik zurückgreifen kann, um sich dieses Phänomen zu eigen zu machen, sondern auf die kybernetische Idee der Bestimmtheit aus Unbestimmtheit, der Zuverlässigkeit aus Unzuverlässigkeit, der Ordnung aus Unordnung beziehungsweise aus dem Rauschen (*order from noise*[17]) angewiesen ist.

Es sei nur darauf hingewiesen, dass das Moment der Organisation im Phänomenbereich organisierter Komplexität im kybernetischen Sinne allgemein auf Ordnung im Sinne von Erwartbarkeit abstellt, während die Organisation, deren Management hier beschrieben werden soll, ein bestimmtes soziales System ist. Dieses Sozialsystem der Organisation gehört ebenso zum Phänomenbereich organisierter Komplexität wie die beiden anderen von Luhmann beschriebenen Sozialsysteme Interaktion und Gesellschaft. Wir unterscheiden im Folgenden bei Bedarf zwischen der kybernetischen und der sozialen Organisation (ohne damit unterstellen zu wollen, dass das Stichwort der kybernetischen Organisation nicht bereits auf ein eminent soziales Phänomen verweist).

Wie dies im Einzelnen zu verstehen ist, ist am Beispiel besser verständlich zu machen als am abstrakten Gedanken. Dennoch ergänzen wir die vorstehende Skizze um einige weitere Überlegungen, um die Reichweite des zu erprobenden Konzeptes anzudeuten. Wichtig ist zunächst, dass wir eine Eigenschaft des Kalküls, die Spencer-Brown erst gegen Ende der Arbeit am Kalkül offenlegen kann, von Anfang an nutzen. Spencer-Browns Experimente im 12. Kapitel seines Buches *Laws of Form*, »Re-entry into the form«, haben unter anderem den Sinn, die Identität der Unterscheidung und des Beobachters nachzuweisen, einen Nachweis, den er erst vornehmen kann, wenn der Kalkül hinreichend weit entwickelt ist, um die Unterscheidungen, mit denen er arbeitet, in die Unter-

---

16 »Call the space cloven by any distinction, together with the entire content of the space, the form of the distinction.« Spencer-Brown, *Law of Form*, a.a.O., S.3, dt. *Gesetze der Form*, Lübeck 1997, S.4.

17 Im Sinne von Heinz von Foerster, »Über selbstorganisierende Systeme und ihre Umwelten«, in: ders., *Wissen und Gewissen: Versuch einer Brücke*, dt. Frankfurt am Main 1993, S.211-232.

scheidungen wiedereinzuführen, mit denen er arbeitet. Das zwölfte Kapitel endet mit der Feststellung: »Wir sehen nun, dass die erste Unterscheidung, die Markierung und der Beobachter nicht nur austauschbar, sondern, in der Form, identisch sind.«[18] In der Soziologie können wir mit dieser Einsicht starten: Jede Unterscheidung setzt einen Beobachter voraus, der sie trifft; wir können deswegen die Unterscheidung benutzen, um mit ihr auch den Beobachter zu bezeichnen, der sie benutzt. Dann kommt die Unterscheidung allerdings zweimal vor: als »cross« ist sie die Operation, die sie ist, und als »mark« bezeichnet sie sich und damit den Beobachter, der sie trifft (»cross« und »mark« sind Ausdrücke des Kalküls von Spencer-Brown).

Das bedeutet jedoch, dass der Kalkül nicht nur die Unterscheidungsoperationen eines Beobachters wiederzugeben erlaubt, sondern zugleich spätestens dann, wenn er die Unterscheidungen, mit denen er arbeitet, in die Unterscheidungen wiedereinführt, mit denen er arbeitet, auch auf der Ebene der *Beobachtung zweiter Ordnung* formuliert ist. Beobachtung zweiter Ordnung ist die Beobachtung von Beobachtern erster Ordnung im Hinblick auf die Form der Unterscheidungen, die sie verwenden.[19] Wir werden daher jeden Auftritt eines Beobachters zweiter Ordnung als Hinweis auf die Emergenz eines selbstbeobachtungsfähigen Systems interpretieren können, ohne daraus ableiten zu können, dass dieses System für sich transparent ist. Im Gegenteil: Der Auftritt des Beobachters zweiter Ordnung führt neben der Unbestimmtheit, an welchen Wert der dreiwertigen Form der Unterscheidung des Beobachters erster Ordnung er anschließt, auch die vom Beobachter zweiter Ordnung benutzte Unterscheidung und damit deren Außenseite in das sich selbst beobachtende System ein.

18 »We see now that the first distinction, the mark, and the observer are not only interchangeable, but, in the form, identical.« *Laws of Form*, a. a. O., S. 63, dt. *Gesetze der Form*, a. a. O., S. 66.
19 So Niklas Luhmann, »Sthenographie«, in: ders. u. a., *Beobachter: Konvergenz der Erkenntnistheorien?*, München 1990, S. 119-137; ders., *Beobachtungen der Moderne*, Opladen 1992.

Die Mathematik

Der Indikationenkalkül Spencer-Browns ist eine Art qualitative Mathematik der Beschreibung von Eigenwerten rekursiver Funktionen, die es uns erlaubt, Beziehungen zwischen verschiedenen Sachverhalten zu notieren, ohne deswegen bereits genaue Aussagen über die Art dieser Beziehungen treffen zu müssen. Dieser Kalkül ist für unsere Zwecke deswegen geeignet, weil Management mehr als alles andere eine Kunst der Aufrechterhaltung von Nachbarschaften zu sein scheint, die mit Distanz ebenso wie mit Nähe arbeiten, dabei jedoch immer Wert darauf legen, dass die gepflegten Beziehungen variierbar bleiben, alte Beziehungen abgebrochen und neue Beziehungen aufgenommen werden können. Dies gilt gegenüber Personen und Märkten ebenso wie gegenüber Produkten, Technologien und Organisationsformen.

Diese qualitative Mathematik findet sich in dem Indikationenkalkül, das George Spencer-Brown entwickelt hat, um die Mathematik zu befähigen, mit selbstreferentiellen Aussagen umzugehen. Sie fand daher unter Systemtheoretikern, die es mit demselben Problem der Selbstreferenz zu tun bekommen, sobald sie Systeme nicht nur beobachten, sondern dabei zu berücksichtigen versuchen, dass lebende, psychische und soziale Systeme ihrerseits anderes beobachten und dabei auch sich beobachten, das größte Interesse.[20]

Der Indikationenkalkül geht von der Prämisse aus, dass alles, was entsteht, aus einer Unterscheidung entsteht. Damit etwas wird und ist, muss es sich unterscheiden. Diese Unterscheidung wird nicht wie bei Hegel als Produkt einer Negation verstanden, sondern ist eine positive Operation, die einen Zustand m (*marked state*) bezeichnet und dafür eine Unterscheidung trifft *und* benutzt, die eine Außenseite n (*unmarked state*) voraussetzt *und* unbezeichnet lässt:

Diese Notation führt implizit einen wichtigen Unterschied ein. Man kann eine Unterscheidung entweder treffen (Spencer-Brown spricht von einem »*cross*«) und dadurch den Zustand markieren,

20 Siehe Heinz von Foerster, *Wissen und Gewissen*, a. a. O.; Humberto R. Maturana, *Biologie der Realität*, dt. Frankfurt am Main 2000; Niklas Luhmann, *Soziale Systeme*, a. a. O.; ders., *Einführung in die Systemtheorie*, Heidelberg 2002.

den man markiert, oder man kann die Unterscheidung beobachten (Spencer-Brown spricht von einem »*mark*«). Erst der Beobachtung der Unterscheidung fällt auf, dass sie jene Form hat, deren Entdeckung die vielleicht wichtigste Leistung Spencer-Browns ist, eine Form mit zwei Seiten, deren eine als Innenseite durch den horizontalen Balken asymmetrisch gegenüber der anderen, der Außenseite, hervorgehoben (markiert) wird, und einer Trennungslinie zwischen den beiden Seiten, ohne den diese nicht unterschieden werden könnten.

Wir haben es mit einer dreiwertigen Zweiseitenform zu tun: 1. Wert: Innenseite, 2. Wert: Außenseite, 3. Wert: die Unterscheidung als Trennung. Tatsächlich tritt keiner der drei Werte ohne die anderen und keine der beiden Seiten ohne die andere auf, so dass Spencer-Brown von *einer* Operation sprechen kann, deren Eigenschaften deutlich werden, wenn man sie auf ihre *Form* hin beobachtet.

Erst mit der Vollendung seines Kalküls kann Spencer-Brown eine weitere Prämisse offenlegen, die ebenfalls bereits in dem Moment getroffen wurde, als die Form definiert und eine Notation entwickelt wurde: Jede Aussage über eine Unterscheidung und ihre Form ist zugleich eine Aussage über den Beobachter und seine Operation, so dass Unterscheidung und Beobachter letzten Endes identisch sind. Es gibt keine Beobachtung, die nicht eine Unterscheidung treffen würde. Und es gibt keine Unterscheidung, die nicht von einem Beobachter getroffen würde. Die Systemtheorie übersetzt dies in die Annahme, dass Unterscheidungen, um getroffen werden zu können, ein System voraussetzen, das sie trifft, und dass Systeme sich als beobachtende Systeme produzieren und reproduzieren, indem sie Unterscheidungen treffen. Tatsächlich muss sich ein System, noch bevor es irgendetwas beobachten kann, von allem anderen unterscheiden, selbst wenn es in aller Regel erst an der Beobachtung des anderen lernt, dass es von allem anderen unterschieden ist.

Ein selbstreferentielles, sich und anderes beobachtendes System ist daher ein System, das durch die Form der in sich selbst wiedereingeführten Unterscheidung bezeichnet werden mag. Spencer-Brown spricht vom »Wiedereintritt« (*re-entry*) der Unterscheidung in den Raum der Unterscheidung und setzt dafür Gleichungen zweiten Grades, also auf sich selbst anwendbare und zu diesem Zweck unendliche Gleichungen, voraus:

Man erkennt an dieser Notation, dass die Wiedereinführung der Unterscheidung in den Raum der Unterscheidung die Markierung der unmarkierten Seite voraussetzt, die jetzt als markierte Außenseite der Unterscheidung durch die Wiedereinführung der Unterscheidung von einem neuen unmarkierten Zustand auf der rechten Außenseite der Form unterschieden wird und eine insgesamt bereits vierwertige Form ergibt.

Die systemtheoretische Interpretation der Form geht davon aus, dass sie die Beobachtung erster Ordnung (die Unterscheidung des markierten Zustands) und die Beobachtung zweiter Ordnung (der Form der Unterscheidung, das heißt neben dem markierten auch den unmarkierten Zustand sowie die Trennung der beiden Zustände) miteinander kombiniert. Diese Kombination impliziert jedoch einen neuen unmarkierten Zustand und eine neue Trennungslinie, so dass die Beobachtung zweiter Ordnung zwar mit Aufklärung (des Beobachters erster Ordnung), aber nicht mit Selbstaufklärung gleichgesetzt werden kann. Der Beobachter zweiter Ordnung muss in Kauf nehmen, dass seine Beobachtung der Form der Unterscheidung des Beobachters erster Ordnung als Operation der Beobachtung ihrerseits eine Beobachtung erster Ordnung ist, die wiederum von anderen auf ihre Form hin beobachtet werden kann. Der Beobachter zweiter Ordnung hat dem Beobachter erster Ordnung nur voraus, dass er vom beobachteten Beobachter auf sich selbst schließen und sich als Beobachter erster Ordnung wissen sowie, zu einem späteren Zeitpunkt, auch selbst beobachten kann.

Wir lassen weitere Eigenschaften des Kalküls hier auf sich beruhen und klären sie allenfalls, wenn und insofern wir sie beim Rechnen mit dem Kalkül brauchen.

Die Form des Managements

Wir gehen davon aus, dass Management einen Unterschied macht, indem es sich und das, was es will, von allem anderen unterscheidet:

Mit dieser Gleichung bringen wir unsere Absicht zum Ausdruck, die Frage nach der Operation des Managements als Frage nach einer Unterscheidung zu stellen, die das Management trifft, halten jedoch zugleich fest, dass das Management, was immer es tut, in seinem Tun mindestens sich selbst unterscheiden und bezeichnen, das heißt »*sich* als Unterschied treffen« muss.

Die nächste Frage ist dann jedoch: welchen Unterschied trifft das Management? Wir wissen aus dem Indikationenkalkül von Spencer-Brown, dass wir diese Frage nur beantworten können, wenn wir den markierten Zustands des Managements von seinem unmarkierten Zustand unterscheiden und für diese Unterscheidung das Treffen einer asymmetrisierenden Unterscheidung verantwortlich machen.

Wir suchen demnach nach dem spezifischen Typ einer Operation eines spezifischen Systems, das seinerseits dadurch bestimmt wird und eine interne Unbestimmtheit gewinnt, dass seine eigene Grenzziehung von diesem Typ der Operation nicht unabhängig zu denken ist. Das heißt, wir suchen nicht nur nach dem Unterschied, den das Management macht, sondern zugleich nach der Form dieses Unterschieds beziehungsweise nach der Form des Managements. Dazu müssen wir die Unterscheidung des Managements, ihre markierte Innenseite im Verhältnis zu ihrer unmarkierten Außenseite, in die Unterscheidung des Managements wiedereinführen. Wir benutzen dafür die von Spencer-Brown entwickelte Figur des *re-entry*, des Wiedereintritts:

Management = Management

Damit ist gesagt, dass wir jetzt explizit nach der Außenseite des Managements fragen, wohl wissend, dass diese Außenseite als operativer Kontext des Managements nur bezeichnet werden kann, wenn sie ihrerseits von einer weiteren Außenseite unterschieden wird, die unbestimmt bleibt, jedoch für weitere Unterscheidungsoperationen, das heißt aus weiteren Beobachterblickwinkeln durchaus bestimmbar sein kann. Die Form des Managements ist die Wiedereinführung des Unterschieds, den das Management macht, in die Unterscheidung, die das Management macht. Wir sehen, dass die Transformation der Unterscheidung des Managements in eine berechenbare Form die Reflexion auf die Unbestimmtheit der Unterscheidung a) im Hinblick auf ihre Außenseite und b) im Hinblick auf die Art und Weise, wie die Unterscheidung getroffen wird, voraussetzt. In dieser Kombination des Gedankens des Rechnens mit dem Gedanken der unbestimmten Stellen in dieser Rechnung liegt die Leistung und Herausforderung des Kalküls Spencer-Browns. Die Lektüre der Form der Unterscheidung von Spencer-Brown als allgemeiner Fall und allgemeines Konzept der spezifischeren Unterscheidung von System und Umwelt, »System« als Anschlusswert für weitere Operationen, »Umwelt« als vorausgesetzte, mitzuführende, aber prinzipiell unbestimmte Außen- und Reflexionsseite der Unterscheidung, liegt nahe.

Für die nächsten Schritte haben wir nun grundsätzlich zwei Möglichkeiten. Wir können die Managementliteratur daraufhin sichten, ob sie Hinweise enthält, wie die Fragen nach den beiden Seiten und den drei Werten des Managements beantwortet werden könnten. Wir können jedoch auch mit empirischen Fällen arbeiten und schauen, ob uns die Beschreibung dieser Fälle Antworten auf unsere Fragen liefert. Beide Möglichkeiten sind gleichwertig. Der Indikationenkalkül gibt keine Handhabe, herauszufinden, wie die Welt »draußen« wirklich ist, sondern nur eine Handhabe, die eigenen Beobachtungen dieser Welt zu sortieren und auf ihre Leistungsfähigkeit und ihre Voraussetzungen hin zu beobachten.

Mangels eines empirischen Falls, der in diesem Text ausgebreitet werden könnte, halten wir uns im Folgenden an die Managementliteratur. Auch hier stehen wir jedoch wieder vor der Wahl, da die Managementliteratur von verwaltungswissenschaftlichen und betriebswirtschaftlichen bis zu psychologischen, sozialpsychologischen, soziologischen und esoterischen Modellen reicht. Die Wahl wird allenfalls dadurch eingeschränkt, dass wir nach einer gewissen Affinität zu systemtheoretischen Modellen suchen, das heißt nur diejenige Literatur in Betracht ziehen, die in der Angabe der Systemreferenz ihrer Aussagen explizit und nachvollziehbar ist. Mit Ausnahme der letztgenannten Modelle, deren Referenz meist eine weltumfassende Ganzheit ist, gilt dies jedoch wiederum für alle genannten Modelle, da diese mit der Referenz auf die Verwaltung, den Betrieb, die Psyche oder das Soziale eng umrissene Systeme bezeichnen. Was also tun?

Wir stehen vor einer unentscheidbaren Situation, die wir dementsprechend nur entscheiden können. Denn: »Nur *die* Fragen, die prinzipiell unentscheidbar sind, können *wir* entscheiden.«[21] Denn alle anderen Fragen sind ja bereits entschieden. Wir entscheiden uns hier für eine Kombination betriebswirtschaftlicher und soziologischer Modelle. Die betriebswirtschaftlichen Modelle haben den Vorzug, gleich zwei Referenzsysteme für das Management zu explizieren: den Betrieb und die Wirtschaft, und die soziologischen Modelle vermögen zum einen die Operation genauer zu benennen, die das Management vollzieht, und bewahren uns zum anderen davor, den Betrieb und die Wirtschaft für die notwendigen Voraussetzungen des Managements zu halten. Wo ein Betriebswirt Notwendigkeit sieht, sieht ein Soziologe Kontingenz. Es mag zwar sein, dass das Management ohne die beiden Referenzen auf den Betrieb und die Wirtschaft einen großen Teil seiner Bestimmtheit verliert, doch dies sollte uns nicht daran hindern, danach Ausschau zu halten, wie es diese Bestimmtheit, vielleicht auch unter einem anderen Namen, mit anderen Referenzen zurückgewinnen kann.

So wohlbegründet diese beiden Typen von Managementliteratur jedoch auch sein mögen, ist doch zu empfehlen, die folgenden, auf sie zurückgreifenden Überlegungen nicht als wissenschaftlich geklärte und abgesicherte Beantwortung der Formfrage des Managements zu lesen, sondern als beispielhafte Entfaltung eines Modells, das dazu einladen soll, mithilfe anderer Literatur oder mithilfe empirischer Beobachtungen ein ähnliches Modell mit anderen Ergebnissen zu erproben. Auch wir werden uns nicht nur auf die gerade genannte, sondern auch auf weitere Literatur beziehen.

Erich Gutenbergs Lehrbuch *Grundlagen der Betriebswirtschaftslehre* liefert vermutlich nach wie vor das ausgereifteste Modell des Managements in der Betriebswirtschaftslehre.[22] Es benennt die technische beziehungsweise produktive Effektivität und die wirtschaftliche beziehungsweise unternehmerische Effizienz als

21 So Heinz von Foerster, *KybernEthik*, Berlin 1993, S. 153.
22 Siehe Erich Gutenberg, *Grundlagen der Betriebswirtschaftslehre*, Bd. 1: Die Produktion, 24. Aufl., Berlin 1983; vgl. ders., *Die Unternehmung als Gegenstand betriebswirtschaftlicher Theorie*, Berlin 1929.

die beiden Referenzpunkte eines Managements, das allerdings als Akteur, der diese Referenzpunkte in der Organisation zum Einsatz bringt, eher vorausgesetzt als explizit genannt und behandelt wird. Geoffrey Vickers Buch *Towards a Sociology of Management* hingegen ist frei von Referenzsystemen die soziologisch genaueste Antwort auf die Frage, was das Management operativ tut, wenn es etwas tut: Es kontrolliert, indem es Istzustände und Sollzustände miteinander vergleicht und die Differenz zwischen den beiden Zuständen in das System zurückfüttert.[23]

Man ergänze diese Beschreibung um den Gedanken, dass das Management nicht nur diesen Vergleich und diese Rückkopplung vornimmt, sondern auch die Zustände allererst definiert, die als Soll- und Istzustände miteinander verglichen werden,[24] und man hat eine bereits arbeitsfähige Soziologie des Managements in den Händen. Man bedenke ferner, dass die Kybernetik gute Gründe hatte, die Kontrolle aufgrund von Vergleich und Gedächtnis dem Verstehen vorzuziehen, sobald man es mit Phänomenen zu tun hat, deren Komplexität die eigenen Informationsverarbeitungsfähigkeiten übersteigt.[25]

Wir hätten es also, um unsere Form des Managements zu beschreiben, mit dem Betrieb, der Wirtschaft und der Operation der Kontrolle zu tun. Die Form des Managements ist jedoch, wie jede Form, eine vierwertige Angelegenheit, so dass wir noch einen Wert unbesetzt hätten. Immerhin können wir vermutlich schon einmal folgende Form des Managements notieren:

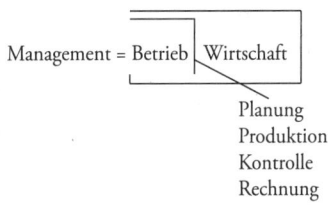

Management = Betrieb | Wirtschaft

Planung
Produktion
Kontrolle
Rechnung

Diese Gleichung bringt zum Ausdruck, dass die Form des Managements darin besteht, die Unterscheidung zwischen Betrieb

23 So Geoffrey Vickers, *Towards a Sociology of Management*, New York 1967.
24 Niklas Luhmann, *Die Wirtschaft der Gesellschaft*, Frankfurt am Main 1988, S. 324 ff.
25 So wiederum Ashby, a. a. O., S. 97 f.

und Wirtschaft planend, produzierend, kontrollierend und rechnend in sie selbst wiedereinzuführen, das heißt, auf sich selbst anzuwenden. Damit ist gesagt, dass im Sinne technischer Effizienz der Betrieb den Betrieb und im Sinne ökonomischer Effektivität die Wirtschaft den Betrieb kontrolliert. Produktive Ziele und wirtschaftliche Gewinnerwartungen (bei gegebenen Kosten) definieren Sollzustände, von denen die beobachtbaren Istzustände entweder abweichen oder nicht. Das Management kontrolliert den Betrieb, indem es zum einen die Ziele setzt und die Erwartungen formuliert und zum anderen Maßnahmen ergreift, die die beobachtbaren Abweichungen zu reduzieren erlauben.

Die von der Form des Managements mitformulierte Asymmetrie der Unterscheidung zwischen Betrieb und Wirtschaft bringt zum Ausdruck, dass diese Kontrolle im Betrieb, dem markierten Zustand der Unterscheidung, nicht aber in der Wirtschaft, dem zunächst unmarkierten und nur durch die Operation der Wiedereinführung ebenfalls markierten Zustand der Unterscheidung, stattfindet. Die Wirtschaft bleibt unkontrolliert.

Interessant ist nun, dass diese *re-entry*-Operation zwar den Unterschied zwischen Betrieb und Wirtschaft als einen Unterschied der Kontrolle (inklusive Planung und Steuerung) zu bestimmen vermag, die *re-entry*-Operation selbst jedoch in der bisher zurate gezogenen Literatur unbestimmt bleibt. Sie ist die für die Wiedereinführung des Unterschieds zwischen Betrieb und Wirtschaft in diesen Unterschied selbst nicht reflektierte Voraussetzung dieser Operation, die nur durch eine Beobachtung der Form des *re-entry*, das heißt der Außenseite der Unterscheidung von Betrieb-und-Wirtschaft, reflektiert werden könnte. Wir können diese Voraussetzung des *re-entry* nur bestimmen, indem wir weitere Literatur heranziehen. Dafür scheint es im Wesentlichen drei Möglichkeiten zu geben.

Die erste Möglichkeit besteht darin, das Management als Interaktion zwischen Personen innerhalb des Betriebs zu begreifen[26] und danach zu fragen, ob und wie diese Interaktionen durch die Referenz auf Wirtschaft gemanagt werden können. Die Antwort darauf liegt auf der Hand. Die Unterscheidung zwischen Betrieb

---

26 Im Sinne von Karl E. Weick, *Der Prozeß des Organisierens*, dt. Frankfurt am Main 1985.

und Wirtschaft innerhalb des Betriebs kann dazu genutzt werden, Fragen der Einstellung und Entlassung von Mitarbeitern im Hinblick auf Gewinnerwartungen und Kostenerwägungen zu entscheiden und an diese Entscheidung Bedingungen des Verhaltens im Betrieb zu knüpfen.

Die zweite Möglichkeit besteht darin, das Verhältnis von Betrieb und Wirtschaft weniger aus der limitierenden Perspektive der Wirtschaft als vielmehr aus der Entwicklungsperspektive der Organisation zu sehen. Zur Leitfragestellung, in die das Management seine Kontrollmöglichkeiten »einhängt«, wird dann weniger die Frage über die Einstellung und Entlassung von Mitarbeitern als vielmehr die Frage, welches organisatorische Potential wie genutzt werden kann, um kreativ, innovativ und nachhaltig die Möglichkeiten der Märkte zu erfassen und zu erschließen. Diese zweite Möglichkeit wird von der breiten Literatur zur Thematik der Organisationsentwicklung dargestellt, die von der Wiederentdeckung der *human relations* über die Konzepte des *organizational development* und des *organizational learning* im engeren Sinne bis zur Umformulierung der Marktperspektive von einem Rationalitäts- zu einem Motivationsgarant in der neueren Managementphilosophie reicht.[27]

Drittens schließlich kann man die etwas distanziertere Perspektive der eher sozialwissenschaftlichen Forschung einnehmen und untersuchen, welche ideologischen, kulturellen und narrativen Muster der Selbstverständigung das Management einer Organisation aus der wirtschaftlichen Umwelt sowie (aber damit greifen wir vor) aus dem Unterschied, den die Wirtschaft in der Gesellschaft macht, bezieht, um mit diesen Mustern sowohl die gesetzten Soll/Ist-Differenzen innerhalb des Betriebs als auch die Maßnahmen zur Verringerung dieser Differenzen zu legitimieren. Hier geht es um eine Diskurspolitik im engeren Sinne des Wortes, die bestimmte Verhaltensweisen rechtfertigt und es zugleich un-

---

27 So F. J. Roethlisberger und William J. Dickson, *Management and the Worker: An Account of a Research Program Conducted by the Western Electric Company, Hawthorne Works*, Chicago 1949; Edgar H. Schein, »Organisationsentwicklung und die Organisation der Zukunft«, in: *Organisationsentwicklung* 17, Nr. 3 (1998) S. 41-49; Peter M. Senge, *The Fifth Discipline: The Art and Practice of the Learning Organization*, New York 1990; Thomas J. Peters und Robert H. Waterman, *Auf der Suche nach Spitzenleistungen: Was man von den bestgeführten US-Unternehmen lernen kann*, 3. Aufl., dt. München 1991.

möglich macht, andere, davon abweichende Verhaltensweisen zu rechtfertigen.[28]

Alle drei Möglichkeiten haben es gemeinsam, die Wirtschaft so auf den Betrieb zu beziehen, dass Letzterer zwar seinen Unterschied machen kann, dieser Unterschied jedoch als Bezug auf die Wirtschaft gefasst werden kann. Vermutlich ist diese scheinbar paradoxe Fassung des Unterschieds als Trennung-und-Bezug, wenn nicht sogar Trennung-zwecks-Bezug der Grund dafür, dass sich die Literatur nur ausnahmsweise in der funktionalen Nähe sowohl zur Betriebswirtschaftslehre als auch zur Soziologie sieht, die unsere Beobachtung innerhalb der Begrifflichkeit der Form des Managements offenlegt. Die Regel ist eher, dass sich diese Literatur einen aufklärenden, kritischen und dekonstruktiven Zug zubilligt, womit sie nicht ganz Unrecht hat, wenn man berücksichtigt, dass ihre Thematisierung der Unterscheidung, wenn auch *avant la lettre*, damit denjenigen Wert der Form thematisiert, dem man philosophisch den Status des *supplément*, des scheinbar abgeleiteten, tatsächlich jedoch konstituierenden Dritten zuweisen würde.[29]

Tatsächlich sollte man nicht übersehen, dass die Fähigkeit, den Unterschied zwischen Wirtschaft und Betrieb zu ziehen, um den Betrieb zu konstituieren und die Wirtschaft als Referenzsystem zu präparieren, die beiden in ein Verhältnis der Nachbarschaft rückt, dessen operativer Wert in der Schaffung von Limitationalität, nicht aber in der Erübrigung von Bestimmbarkeit liegt.

Unsere Bestimmung der zwei Seiten und vier Werte der Form des Managements führt an ihrer entscheidenden Stelle, nämlich dort, wo man das größte Maß an Bestimmtheit erwarten sollte, weil dort die Unterscheidung getroffen wird, die den operativen Kern der Form konstituiert, auf eine entscheidende Unbestimmtheit, die in keiner Weise mit völliger Offenheit zu verwechseln ist, aber doch mehr und unterschiedlichere Bestimmungen verträgt,

---

28 Siehe Reinhard Bendix, *Work and Authority in Industry: Ideologies of Management in the Course of Industrialization*, Reprint New York 1963; Edgar H. Schein, *Organizational Culture and Leadership*, San Francisco 1985, dt. 1995; Barbara Czarniawska-Joerges, *Narrating the Organization: Dramas of Institutional Identity*, Chicago 1997.

29 Vgl. Günther Ortmann, »Organisation und Dekonstruktion«, in: Georg Schreyögg (Hrsg.), *Organisation und Postmoderne: Grundfragen – Analysen – Perspektiven*, Wiesbaden: 1999, S. 157-196.

als man dem Management einer Organisation gängigerweise zutraut.

Wir kommen zu dem Ergebnis, die Form des Managements auf der Grundlage der hier zurate gezogenen Literatur, die nur ein Ausschnitt aus einer Fülle weiterer Literatur ist, wie folgt zu notieren:

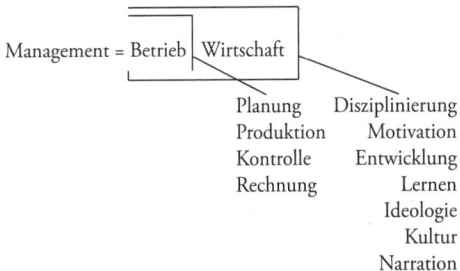

Management = Betrieb | Wirtschaft

Planung   Disziplinierung
Produktion   Motivation
Kontrolle   Entwicklung
Rechnung   Lernen
               Ideologie
               Kultur
               Narration

»Disziplinierung« ist das Stichwort der ideologiekritischen Forschung, die heute von der diskursanalytischen Forschung in den Fußstapfen von Michel Foucault fortgesetzt wird. »Motivation« ist das Stichwort einer Managementphilosophie, die auf der Einsicht aufsattelt, dass es nichts Ermüdenderes, also Demotivierenderes gibt als die Rationalität.[30] »Entwicklung« ist das Stichwort einer Organisationsentwicklungsliteratur, die nach wie vor der Gruppendynamik verpflichtet ist und selbst die neueren Verfahren der Organisationsstrukturaufstellung als Verfahren zur Lösung von Handlungs- und Denkblockaden und Stimulierung von Neugier, Reflexion und Sozialität begreift.[31] »Lernen« ist das Stichwort der *organizational learning*-Literatur, die sich durch keine Organisationstheorie, die darauf hinweist, dass Organisationen wegen ihrer Fähigkeit zu routiniertem, also gerade nicht lernfähigem Handeln gebaut worden sind,[32] von ihrer Absicht abbringen lässt, den Un-

---

30 So Nils Brunsson, *The Irrational Organization: Irrationality as a Basis for Organizational Change and Action*, Chichester 1985.

31 Siehe Matthias Varga von Kibéd und Insa Sparrer, *Ganz im Gegenteil: Tetralemmaarbeit und andere Grundformen systemischer Strukturaufstellungen – für Querdenker und solche, die es werden wollen*, 2., korr. Aufl., Heidelberg 2000.

32 Siehe Karl E. Weick und Frances Westley (1996): »Organizational Learning: Affirming an Oxymoron«, in: Stuart Clegg, Cynthia Hardy und Walter R. Nord (Hrsg.), *Handbook of Organizational Studies*, London 1996, S. 440-458.

terschied zwischen Betrieb und Wirtschaft stark zu machen, um die Organisation immer wieder neu mit den Gelegenheiten des Marktes abzustimmen. Und »Ideologie«, »Kultur« und »Narration« sind und bleiben die Stichwörter einer Literatur, die nicht weiß, wie ihr geschieht, wenn sie sieht, dass jede ihrer Aufklärungen allenfalls vorübergehend in der Schwächung des Betriebs, nach kurzer Zeit jedoch in seiner Stärkung durch Absorption derselben Diskurse, die ihn kritisieren, resultiert.[33]

Immerhin ist damit jedoch deutlich geworden, warum die aktuelle betriebswirtschaftliche Literatur kaum noch weiß, wie sie der Wissenschaften Herr werden soll, die ihr zu Hilfe eilen, um immer wieder neu zu untersuchen, wie die ebenso wählbare wie aufgezwungene Perspektive der Wirtschaft im Betrieb zur Geltung gebracht werden kann.[34] Pragmatiker empfehlen in dieser Situation den unbekümmerten Griff in den Werkzeugkasten, je nachdem, welches Werkzeug von der Situation, der Mode oder den Vorgesetzten gerade für sinnvoll gehalten wird.[35] Wissenschaftler empfehlen die Maxime »*drop the tools*« als Königsweg zu einer Beratung, die auf der Höhe der Praxis sein will, die sie beraten möchte.[36] Und Managementgurus empfehlen, sich durch die Kontingenz nicht irremachen zu lassen, sondern am Notwendigen festzuhalten, wo auch immer man seiner habhaft wird.[37]

Eine systemtheoretische Interpretation

Über diesen Stand der Dinge kommt man nur hinaus, indem man eine systemtheoretische Interpretation der Form des Managements

---

33 Siehe zur Subversion der Postmoderne durch das Marketing den Artikel »Postmodernism is the new black«, in: *The Economist*, 19. Dezember 2006.

34 Siehe Wolfgang H. Staehle, *Management: Eine verhaltenswissenschaftliche Perspektive*, 6., überarb. Aufl., München 1991; Horst Steinmann und Georg Schreyögg, *Management: Grundlagen der Unternehmensführung: Konzepte – Funktionen – Fallstudien*, 3., überarb. Aufl., Wiesbaden 1993.

35 Siehe Richard Whitley, »The Development of Management Studies as a Fragmented Adhocracy«, in: *Social Science Information* 23 (1984), S. 775-818.

36 Karl E. Weick, »Drop Your Tools: An Allegory for Organizational Studies«, in: *Administrative Science Quarterly* 41 (1996), S. 301-313.

37 So etwa Fredmund Malik, *Führen, Leisten, Leben: Wirksames Management für eine neue Zeit*, Stuttgart 2000.

einführt, die den mathematischen Kalkül der Form mit der Anweisung kombiniert, Systemreferenzen für die Zustände, Operationen und Abhängigkeiten anzugeben, die in den mathematischen Gleichungen formuliert werden.

Form = Systemzustand | Umweltereignis

Damit ist gesagt, dass eine Form das Produkt einer Operation ist, die einen Systemzustand in Abhängigkeit von Ereignissen in der Umwelt dieses Systemzustands definiert. Da *indication* und *distinction* die *beiden* Seiten *einer* Operation sind, gilt auch hier, dass der Systemzustand, den eine Operation hervorbringt, mit dieser Operation identisch ist, jedoch auf der Innenseite der Unterscheidung eigens bezeichnet wird, um deutlich zu machen, wo Anschlussoperationen anknüpfen können. Die Beobachtung erster Ordnung produziert Systemzustände, die Beobachtung zweiter Ordnung macht die Abhängigkeiten deutlich, die damit eingegangen werden.

Wir können diese Formulierung nutzen, um in einem ersten Zugriff den Unterschied zwischen »Management« und »Beratung« einzuführen:

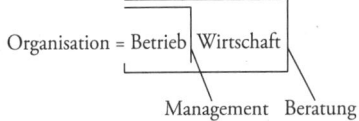

Organisation = Betrieb | Wirtschaft

Management   Beratung

Die Unterscheidung des »Betriebs« ist das Ergebnis von »Management«, die Unterscheidung der »Wirtschaft« im Rahmen der Wiedereinführung der Unterscheidung dieser Unterscheidung in die Unterscheidung von »Betrieb« und »Wirtschaft« das Ergebnis von »Beratung«. Indem wir das Management ebenso wie die Beratung auf die rechte Seite der Gleichung ziehen, machen wir deutlich, dass beide von Vorleistungen der Organisation in der Form der Organisation abhängig sind und nicht etwa, wie es im plandeterminierten Ansatz der betriebswirtschaftlichen Literatur angenommen wurde, ihrerseits die Urheber dieser Form sind. Um hinreichende Ansatzpunkte für die weitere Analyse zu bekommen, gehen wir jedoch über diese immer noch betriebswirtschaftliche Formulierung hinaus und starten stattdessen mit der Form:

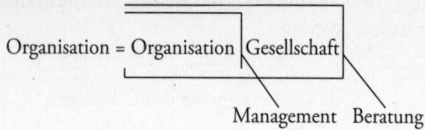

Die Unterscheidung der »Organisation« nennen wir das Ergebnis von »Steuerung«, die Unterscheidung der »Gesellschaft« im Rahmen der Wiedereinführung dieser Unterscheidung in die Unterscheidung von »Organisation« und »Gesellschaft« nennen wir das Ergebnis von »Beratung«. Wir sprechen hier von Steuerung im Unterschied zu Management, um die Überlegung parallel zu führen, dass es andere Gestaltungs- und Führungsmöglichkeiten innerhalb von Organisationen gibt als diejenigen, die vom Management im klassischen Sinne benutzt und vorausgesetzt werden. Wenn man das Management im klassischen Sinne als die Anwendung von aus Gewinn- und Kostenüberlegungen abgeleitete »Go«- und »Stoppregeln« auf Projekte und Entscheidungen des Unternehmens definiert,[38] kommen für andere Organisationen andere, meist aus einem Professionsverständnis der Mitarbeiter und Führungskräfte abgeleitete Regeln in den Blick, die ebenfalls Managementaufgaben im Sinne von Entscheidungen über Programme, Projekte und Entscheidungen ermöglichen.[39]

Diese Form der von Gesellschaft unterschiedenen Organisation ist der Ausgangspunkt, der es uns ermöglicht, den Indikationenkalkül Spencer-Browns im Rahmen soziologischer und systemtheoretischer Überlegungen einzusetzen. Alles Weitere hängt von konkreten Problemstellungen ab, die wir hier nicht vorwegnehmen können, doch wird es sich vermutlich lohnen, für ein allererstes Sortieren der Problemstellungen von folgender Gleichung auszugehen:

---

38 Vgl. Dirk Baecker, »Profit und Management«, in: ders., *Organisation als System: Aufsätze*, Frankfurt am Main 1999, S. 237-264.

39 Vgl. hierzu Dirk Baecker, »Management im System«, in: ders., *Organisation und Management: Aufsätze*, Frankfurt am Main 2003, S. 256-292, hier insbes. S. 270 ff.

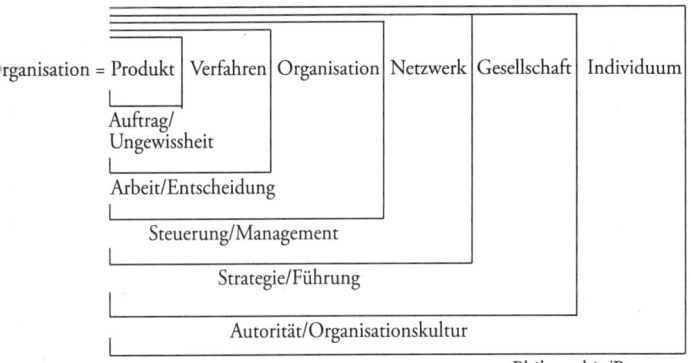

| rganisation = Produkt | Verfahren | Organisation | Netzwerk | Gesellschaft | Individuum |

Auftrag/
Ungewissheit

Arbeit/Entscheidung

Steuerung/Management

Strategie/Führung

Autorität/Organisationskultur

Philosophie/Beratung

Man erkennt an dieser Form sechs miteinander konkurrierende, sich eventuell ergänzende, möglicherweise aber auch miteinander konfligierende *re-entry*-Operationen, deren letzte wir »Philosophie / Beratung« genannt haben.[40] Nach dieser Formulierung dreht sich letztlich alles um die Frage, mit welchen Verfahren (Personal, Technologie, Kapital) welche Produkte (materieller und immaterieller Art) produziert werden und welche Arbeitsformen die Organisation (im Sinne der Aufbau- und Ablauforganisation) definiert, um diese Produktion sicherzustellen. Das Produkt ist jedoch darüber hinaus dadurch determiniert, dass es von dieser Organisation in bestimmten Netzwerken angeboten wird (darunter diejenigen, die die Soziologie als »Funktionssysteme« der Gesellschaft beschreibt), die zum einen definieren, welche Identitäten im Rahmen welcher Kontrollmöglichkeiten reproduziert werden können, und zum anderen gesellschaftliche Alternativen und Interpretationen, das heißt Ausweichmöglichkeiten und kulturelle Arbeit an einer Neuinterpretation, in Reichweite rücken.

Es obliegt dem Management, die Gesichtspunkte des Netzwerks in der Organisation so zum Tragen zu bringen, dass die Verfahren definiert werden können, mit deren Hilfe die Produkte erarbeitet werden. Und es obliegt der Führung, den Blick darüber hinaus auf die Gesellschaft zu lenken, die das Netzwerk und damit die Organisation unter bestimmte Randbedingungen der Kommunikation

40 Siehe im Einzelnen Dirk Baecker, »The Form of the Firm«, in: *Organizations: The Critical Journal on Organizations, Theory and Society* 13, Nr. 1 (2006), S. 109-142.

setzt, die, wie man an der Form auf einen Blick erkennen kann, nicht etwa erst zum Tragen kommen, wenn die Organisation mit ihrer Arbeit »fertig« ist, sondern bereits dann, wenn diese Arbeit als eine sinnvolle Arbeit bestimmt und mit Alternativen verglichen werden muss.

In allen bekannten Gesellschaften kommt eine bestimmte Organisationskultur zu Hilfe, wenn es darum geht, die gesellschaftliche Kommunikation, die die Voraussetzungen für Beratung, Management und Arbeit definiert, mit dem abzustimmen, was individuellen Mitarbeitern, Managern, Beratern, Auftraggebern, Kunden und sonstigen Beobachtern zugemutet werden kann.[41] Aber diese Organisationskultur ist ihrerseits eine endogene Variable der Form und wird ihrerseits von einer evolutionär offenen Auseinandersetzung der Gesellschaft mit diesen individuellen Bereitschaften, Fähigkeiten und Ansprüchen gerahmt.

Wir haben die Form der Organisation auf der *re-entry*-Ebene mit jeweils zwei Möglichkeiten bezeichnet, um die klassisch über ihre Ziele definierte, immer schon entschiedene Organisation von der postklassisch ihre Ziele jeweils erst noch suchenden, grundsätzlich unentscheidbaren Organisation zu unterscheiden.[42] Auf der allerersten (und in vielen Hinsichten schwierigsten) *re-entry*-Ebene, der Wiedereinführung der Unterscheidung des Produkts in die Organisation, bedeutet dies, dass wir es seit einigen Jahrzehnten nicht mehr mit Organisationen zu tun haben, die über einen im Zweifel gesellschaftlich definierten Auftrag zu verstehen sind, sondern mit Organisationen, die anhand ihrer Produkte laufend ihre Ungewissheit bearbeiten.

Auf der Ebene ihres zweiten *re-entry* beginnen Organisationen aller Art, orientiert am Vorbild gewinnorientierter Unternehmen, ihre Arbeit nicht mehr als quasi selbstverständliches Ergebnis ihrer

---

41 Siehe Mark Ebers, *Organisationskultur – ein neues Forschungsprgramm?* Wiesbaden 1985; Edgar H. Schein, *Organizational Culture and Leadership*, a. a. O.

42 So grundlegend James G. March und Johan P. Olsen, *Ambiguity and Choice in Organizations*, 2. Aufl., Bergen 1979; Massimo Warglien und Michael Masuch (Hrsg.), *The Logic of Organizational Disorder*, Berlin 1996; Niklas Luhmann, *Organisation und Entscheidung*, Opladen 2000. Vgl. zu einer »postklassischen« Epistemologie: Barbara Herrnstein Smith und Arkady Plotnitsky, »Networks and Symmetries, Decidable and Undecidable«, in: *South Atlantic Quarterly* 94, Nr. 2: *Special Issue on Mathematics, Science, and Postclassical Theory*, hrsg. von Barbara Herrnstein Smith und Arkady Plotnitsky, Durham, NC, 1995, S. 371-388.

Verfahren anzusehen, sondern selbst als Gegenstand von Entscheidungen zu betrachten, die sich aus einer Organisation ergeben, die ihrerseits laufend überprüft, welche Produkte sich in welchem Funktionssystem und welcher Gesellschaft unter Rückgriff auf welche Individuen (Mitarbeiter, Partner, Kunden) noch anbieten lassen. Auf der Ebene des fünften *re-entry* sind die klassischen Autoritätsstrukturen, wie sie aus der Befehlsstruktur des Militärs, der Gefolgschaftsidee der Klöster und Kirchen, der Disziplin der Familie oder der Machtstruktur der Politik entwickelt und in wie immer kameradschaftliche, kollegiale, widerspenstige oder intrigante horizontale Formen der Kooperation eingebettet wurden, zum Gegenstand organisationskultureller Kalküle und Initiativen geworden. Diese versuchen einerseits organisational zu garantieren, was gesellschaftlich nicht mehr garantiert werden kann, bringen dabei jedoch andererseits eine Ebene der Thematisierung, das heißt eine Selbstbeschreibung der Organisation hervor, die zu neuen Formen des Wiederhineinspiegelns der idiosynkratischen Individualität in die Organisation führt.[43] Auf der Ebene des sechsten *re-entry* schließlich haben wir es mit der Entdeckung zu tun, dass die in jeder Organisation offene Frage, wie man Individuen fasziniert und rekrutiert, heute unter Verweis auf eine Philosophie beantwortet wird, welche in einer Beratung rückversichert wird, die laufend neu in Anspruch genommen und profiliert wird.

Wir belassen es in diesem Aufsatz bei dieser noch unzureichenden Skizze, weil die Fragen des Modells andernorts ausführlicher ausgearbeitet werden müssen und können.[44]

Ausblick

Vielleicht erkennt man jedoch bereits die Pointe dieses Modells: Es geht darum, zum einen den Anschluss an gesellschaftliche Selbstverständlichkeiten zu gewinnen, an so genannte Trivialitäten, die robuste, weil von unterschiedlichen Beobachtern nachvollziehbare Ausgangspunkte liefern, und zum anderen jede dieser Selbstverständlichkeiten mithilfe einer tiefenscharfen Analyse, die nach

43 Siehe Karl E. Weick und Kathleen M. Sutcliffe, *Managing the Unexpected: Assuring High-Performance in an Age of Complexity*, San Francisco 2001, dt. 2003.
44 Siehe *The Form of the Firm*, a. a. O.

Operationen, Zuständen und Abhängigkeiten fragt, nach Bedarf problematisieren zu können.

Nur so kann es gelingen, für Management und Beratung Ansatzpunkte für ihre Wiedergewinnung von Handlungs-, Reflexions- und Entscheidungsfähigkeit zu finden, die mit dem abgestimmt sind, was Management und Beratung tagtäglich leisten, ohne dass dies Beobachtern bislang jeweils nachvollziehbar war.

Plädoyer für eine Fehlerkultur

Instruktive Paradoxie

Das Plädoyer für eine »Fehlerkultur« gehört zu den vielen instruktiven Paradoxien, in die Tom Peters seit seinem mit Robert Waterman geschriebenen Buch *In Search of Excellence* seine Managementlehre verpackt.[1] »Macht mehr Fehler und macht sie schneller, denn woraus sonst wollt ihr etwas lernen«, lautete die Aufforderung,[2] von der viele nicht verstanden, dass ihr zu folgen bereits der erste Fehler war, aus dem etwas zu lernen ist. Während es bei den meisten Unternehmern, Managern und Betriebswirten Paradoxien dieses Typs waren, derentwegen Peters' Managementlehre für bestenfalls frivol, schlimmstenfalls unverantwortlich gehalten wurde, reagierten aufgeklärte Praktiker und Theoretiker schon bald nach der Publikation des Buches begeistert. In der Formulierung dieser Paradoxien sah zum Beispiel Andrew Van de Ven in seiner Rezension für die vermutlich angesehenste Fachzeitschrift der Organisationstheorie, die *Administrative Science Quarterly*,[3] die wesentliche Leistung des Buches. Freilich erwähnte er dabei nicht, dass Herbert A. Simon in seinem auch wegen dessen Kürze berühmten Aufsatz über »The Proverbs of Administration« bereits 1946, wenn auch im etwas weiter abgelegenen *Public Administration Review*, die gesamte Verwaltungs- und Managementlehre in die Form von einigen wenigen Paradoxien, nämlich Sprichwörtern, die zu jeder Regel auch ihr Gegenteil zulassen, gebracht hatte.[4]

Aber zurück zur Fehlerkultur. Man könnte ja meinen, dass Peters' Vorliebe für Paradoxien so etwas wie die unideologische Variante der Marx'schen Beschreibung von Widersprüchen des Systems ist. Aber das ist gerade nicht der Fall. Nicht aus dem System resul-

1 Siehe Thomas J. Peters und Robert H. Waterman, *In Search of Excellence*, New York 1982, dt. *Auf der Suche nach Spitzenleistungen*, 3. Aufl., München 1991.

2 So explizit in Tom Peters, *Thriving on Chaos*, New York 1987, zitiert nach der dt. Übersetzung *Kreatives Chaos: Die neue Management-Praxis*, Hamburg 1988, S. 288 ff.

3 Siehe Andrew H. Van de Ven, »Review of *In Search of Excellence*«, in: *Administrative Science Quarterly* 28 (1983), S. 621-624.

4 Siehe Herbert A. Simon, »The Proverbs of Administration«, in: *Public Administration Review* 6 (1946), S. 53-67.

tieren die Widersprüche, sondern aus dem Menschen. Der Mensch sei »ein wandelnder Widerspruch und Konfliktherd«, heißt es bei Peters und Waterman. Dem Management exzellenter Unternehmen sei es daher aufgegeben, mit den Widersprüchen nicht des Kapitalismus oder seines Nachfolgers, des Wohlfahrtsstaats, oder seines Konkurrenten, des Sozialismus, umzugehen, sondern mit den Widersprüchen des Menschen. Nur vor diesem Hintergrund erschließt sich der Sinn der paradoxen Aufforderung, mehr Fehler zu machen. Mit Blick auf die komplexen sozialen Verhältnisse, in denen jedes Management stattfindet, ist diese Aufforderung nicht nur paradox, sondern sogar rational. Sie macht schneller und verlässlicher mit Handlungsalternativen vertraut, als es jede nach klassischen Standards rationale Erkundung und Abwägung von Handlungsalternativen und Handlungsfolgen vermag. Fehlerbeobachtung kann schaden – oder nützen.

Eine knappe Überlegung kann dies deutlich machen. Wir gehen davon aus, dass jede Handlung eines Managers oder eines anderen sozialen Akteurs in sozialen Situationen stattfindet, in denen nicht nur gehandelt, sondern auch beobachtet wird, und zwar vor allem die Handlungen der anderen beobachtet werden. Unter dieser Annahme ist leicht einzusehen, dass die Aufforderung der formalen, hierarchisch abgesicherten Organisation: »mach keine Fehler«, vor allem dazu führt, die vielen Fehler zu entdecken, die man vermeiden muss, um der Aufforderung nachkommen zu können. Man kann sich vorstellen, worauf sich unter diesen Umständen der Großteil der Aufmerksamkeit aller Beteiligten richtet! So berechtigt die Aufforderung sachlich sein mag, so desaströs sind ihre sozialen Folgen, weil sich wegen der Angst vor den Sanktionen, die man zu gewärtigen hat, wenn doch einmal ein Fehler passiert, eine ebenso große Angst ausbreitet, vom Pfad des als richtig definierten Verhaltens abzuweichen. Jede Regel, die vielleicht nur erfunden wurde, um in Zweifelsfällen eine gewisse Orientierung zu geben, wird in allen Fällen dankbar aufgegriffen, weil sich an sie zu halten auf keinen Fall falsch sein kann. Das Verhalten wird starr, stur und rücksichtslos

Denn das richtige Verhalten hat in der Notation der Mathematik George Spencer-Browns folgende Form, in der zum Ausdruck gebracht wird, dass die Bestimmung des richtigen Verhaltens dessen Unterscheidung von einem falschen Verhalten voraussetzt, die als diese Unterscheidung ständig mitgelesen werden muss, um sicher sein zu können, als was das richtige Verhalten bestimmt ist. Das falsche Verhalten ist kopräsent, und von seiner Kopräsenz ist abhängig, dass und wie das richtige Verhalten bestimmt werden kann:[5]

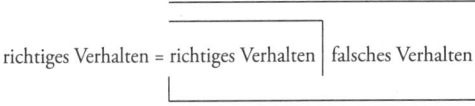

richtiges Verhalten = richtiges Verhalten | falsches Verhalten

Das als »richtig« bestimmte, weil geregelte Verhalten ist umgeben von einem Meer falschen Verhaltens. Mag auch demjenigen, der richtig handelt, damit genau das Richtige gelingen, so können doch alle anderen, die ihn dabei beobachten (inklusive er selbst, wenn er sich selbst beobachtet), erkennen, wie naheliegend und drohend die vielen Fehler sind, die ihn umgeben und die er vermeiden muss.

Man kann die Gefahr vernachlässigen, einen dieser noch unbestimmten Fehler zu machen, wenn es gelingt, das eigene Verhalten zu technisieren, das heißt, bestimmte Handlungsschritte, Ursachen und Wirkungen festzulegen und gegenüber allem anderen zu isolieren. Aber sobald man es nicht mit technischem, sondern mit sozialem Verhalten zu tun hat, ist diese Isolierung unmöglich. Nicht zuletzt deswegen spricht man seit einigen Jahren allerorten von »Kommunikation«. Kommunikation heißt, es mit Verhältnissen, sozialen Verhältnissen, zu tun zu bekommen, die sich kausal nicht beherrschen, also auch nicht in die Form technischer Abläufe bringen lassen.

Spätestens der Beobachter erkennt, dass jede Bestimmung eines richtigen Verhaltens von der Unterscheidung dieses Verhaltens vom falschen Verhalten abhängig ist, und zwar in der Weise abhängig, dass diese Unterscheidung inklusive ihres unbestimmten Verweises auf die vielen Möglichkeiten falschen Verhaltens das richtige Verhalten mitbestimmt und damit zwangsläufig hochgradig verunsichert. Der Handelnde fühlt sich wohl unter seinem »Spencer-Brown'schen Haken«, der Beobachter sieht, dass die Unterscheidung aus zwei Seiten besteht und dass die Außenseite damit

5 Vgl. Spencer-Brown, *Laws of Form* [1969], intern. Ausgabe, Leipzig 2008.

Teil derselben Form ist. Was ausgeschlossen sein soll, das falsche Verhalten, ist als Ausgeschlossenes eingeschlossen. Wer sich richtig zu verhalten versucht und sich dabei auch noch richtigerweise selbst beobachtet (»reflektiert«), wird heimgesucht, angesteckt und schließlich verführt von den vielen Möglichkeiten, etwas falsch zu machen. Ja, er muss schließlich irgendetwas falsch machen, weil er sonst der Grenzziehung nicht gewiss sein kann, auf die er sich verlassen können möchte. Nicht zuletzt daraus bezieht die Praxis die große Attraktivität des Verzichts auf Selbstbeobachtung und Reflexion. Nur wer sich selbst technisiert, ist sicher.

Ganz anders stellt sich die Situation im Fall der Aufforderung dar, Fehler zu machen. Jetzt wird das richtige Verhalten als das Verhalten bestimmt, dem es gelingt, Fehler zu machen. Diese Form der Unterscheidung hält fest, dass Fehler nicht nur vom Lernen unterschieden werden, sondern dass dieses Lernen ein Lernen aus Fehlern ist und somit auf die Fehler zurückbezogen wird, wie auch diese als Anlässe zum Lernen bestimmt werden (und nicht etwa als Anlässe zur negativen Sanktion, weil mit ihnen das richtige Verhalten verfehlt wurde). Richtig ist laut dieser Gleichung nur das Verhalten, das aus Fehlern lernt:

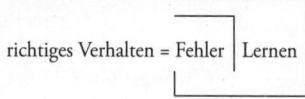

richtiges Verhalten = Fehler | Lernen

Das richtige Verhalten ist keine Verpflichtung auf bestimmte Vorgaben mehr, sondern eine Reflexion auf die Frage, was aus Fehlern gelernt werden kann. Das richtige Verhalten besteht darin, die Fehler zu machen, aus deren Bestimmung die Erkundung des unbestimmten Raums möglichen richtigen Verhaltens folgt, das heißt, aus deren Bestimmung die Möglichkeit des Lernens folgt. Man sieht, dass das richtige Verhalten kein Verhalten mehr ist, das mehr oder minder ängstlich und rigide an seiner Bestimmung festhalten muss, sondern ein Verhalten, das zwischen Fehlern und Lerneffekten oszilliert, ohne daraus je ableiten zu können, das richtige Verhalten schlechthin gefunden zu haben und definieren zu können.

Das richtige Verhalten ist ein Verhalten, das sich an Fehlern orientiert. »Lernen« ist dafür im Übrigen nur die für Organisationen bekömmlichere positiv konnotierte Beschreibung – als sei Lernen nicht selbst ein hochgradig destabilisierendes Verhaltensmoment: wer weiß schon, wer wann was woraus mit welchen Konsequenzen lernt. Das richtige Verhalten ist eine Reflexion auf die Frage, was aus Fehlern gelernt werden kann.

Drei Einsichten

Der Beschreibung eines fehlergeführten richtigen Verhaltens liegen drei Einsichten zugrunde, an denen sich der deswegen klugerweise widersprüchliche Mensch immer schon orientiert hat und die ihm von der so ordentlichen Organisation von Industrie und Verwaltung, Kirche und Schule so mühsam abtrainiert worden sind: Erstens ist die Zukunft unbekannt, das heißt, *es ist unmöglich, jetzt schon zu wissen, was richtig ist.* Man kann sich je aktuell, sagte Niklas Luhmann, weder richtig noch falsch, sondern nur riskant verhalten.[6] Die Organisation negiert das, weil und indem sie Zwecke und Ziele setzt, von denen sie dadurch, dass sie sie setzt, auch behaupten muss, dass man sie erreichen kann (also weiß man etwas über die Zukunft, man muss es nur oft genug wiederholen) und dass es dazu definierbare Mittel (also richtiges Verhalten) gibt. Die Organisation behandelt die unbekannte Zukunft als bekannt – und orientiert ihre tägliche Arbeit an der Bewältigung dieser Paradoxie, einer Paradoxie im Übrigen, die, wie immer, nicht das Handeln, sondern die Beobachtung dieses Handelns unmöglich macht. Während die einen tun, was sie tun, können die anderen nicht verstehen, wie man so naiv sein kann. Und vielleicht kommt es genau darauf an: die Beobachter kaltzustellen.

Die zweite Einsicht ist so elementar, dass wir sie schon deswegen immer wieder aus den Augen verlieren und vor allem dann, wenn wir unser Verhalten vor anderen preisen (müssen), für nicht der Rede wert halten: Es gibt vermutlich empirisch und praktisch kein Verhalten, das sich nicht entlang eines mal engen, mal weiten Pfads der Fehlervermeidung kontrolliert und realisiert. Gleichgültig ob man eine Treppe hinuntersteigt, ein Gespräch führt, ein Essen kocht oder einen Text schreibt: Man handelt, indem man die Feh-

---

6 Siehe Niklas Luhmann, *Die Wirtschaft der Gesellschaft*, Frankfurt am Main 1988, S. 120 f.; vgl. ders., »Risiko und Gefahr«, in: ders., *Soziologische Aufklärung 5: Konstruktivistische Perspektiven*, Opladen 1990, S. 131-169.

ler vermeidet, die man *fast* gemacht hätte. Die Unterscheidung des Fehlers vom Rest der Welt ist die operative Linie, auf der wir uns bewegen. Dabei ist das Lernen, auf das es Peters explizit ankommt, meist nur implizit im Spiel. Meist vergessen wir sofort, warum wir gerade fast gestolpert oder fast ins Fettnäpfchen getreten wären, fast die Bratkartoffeln hätten anbrennen lassen oder fast mit einem allzu starken Argument den ganzen Text verdorben hätten. Wir vermeiden den Fehler, den wir gerade noch rechtzeitig gesehen haben, und vergessen ihn, weil wir uns bereits auf den nächsten konzentrieren. Unser Bewusstsein ebenso wie die meisten Kommunikationen, in denen wir stecken, macht uns das Geschenk, unsere Aufmerksamkeit von dem Mikrogeschehen abzulenken, aus dem fehlervermeidend unser Handeln besteht. Nur manchmal, und zwar bezeichnenderweise gerade dann, wenn es um Subtilitätsgewinne und Virtuosentum geht, wird unsere Aufmerksamkeit auf dieses Mikrogeschehen gelenkt, etwa wenn wir uns an schwierigere Kochrezepte wagen, uns mit den ungeahnten Möglichkeiten erotischer Spiele bekannt machen oder genauer darauf achten, was Führung mit Motivation zu tun hat.

Unser Verhalten ist die Vermeidung von Fehlern und kann anders weder inhaltlich noch sozial bestimmt werden. Es ist diese Vermeidung dann, wenn es besonders raffiniert, kultiviert und gekonnt ist, nicht etwa dann, wenn es dahergestolpert und -gestümpert kommt, denn dies wäre bereits einer der Fehler, aus denen etwas gelernt werden kann.

Die dritte Einsicht stammt aus der Systemtheorie und wird dort unter dem Stichwort der »Fehlerfreundlichkeit« geführt.[7] Hier geht es um die doppelte Eigenschaft robuster Systeme, Fehler sowohl zu überleben als auch aus ihnen zu lernen. Zum einen wird über die Einrichtung von Barrieren, Redundanzen und Reparaturmechanismen sichergestellt, dass Fehler, wenn sie auftreten, auf Teile des Systems begrenzt werden können und so nicht das ganze System in Mitleidenschaft ziehen. Zum anderen sind dieselben Systemstrukturen der Vielfalt und der losen Kopplung die Voraussetzung dafür, dass Fehler in einem Teil des Systems auftreten und in einem anderen Teil des Systems beobachtet werden können. Diese dop-

---

7 Siehe Ernst Ulrich von Weizsäcker und Christine von Weizsäcker, »Fehlerfreundlichkeit«, in: Klaus Kornwachs (Hrsg.), *Offenheit – Zeitlichkeit – Komplexität: Zur Theorie der offenen Systeme*, Frankfurt am Main 1984, S. 167-200.

pelte Eigenschaft robuster Systeme ist denkbar ambivalent, da die Ermutigung von Fehlern, um aus ihnen etwas lernen zu können, und die Vorkehrung gegen das Umsichgreifen der Fehler immer Hand in Hand gehen und mit bloßem Auge nicht voneinander zu unterscheiden sind (das heißt: den Beobachter mit einer Paradoxie konfrontieren).

Hinzu kommt, dass Systeme es verhindern müssen, zu schnell und zu viel aus Fehlern zu lernen. Niemand weiß, ob Fehler relevant genug sind, um Strukturen darauf einzustellen, sie in Zukunft zu verhindern. Niemand weiß, ob diese Strukturen nicht an ganz anderen Stellen des Systems notwendiges Handeln verhindern. Und niemand weiß, ob nicht beim Lernen aus Fehlern anderes verlernt wird, was dennoch weiterhin gebraucht wird. Hält man sich all dies vor Augen, kann es nicht überraschen, dass der Umgang eines Systems mit Fehlern eine mehrdeutige Angelegenheit sein muss.[8]

Sicher ist nur, dass man im Umgang mit Fehlern das eine nicht lassen darf, wenn man das andere tut. Fehler zu ermutigen und sie zugleich zu entmutigen, ist das Mindeste, was sich ein System schuldig ist. Für organische und technische Systeme liegen in der Biologie und in den Ingenieurwissenschaften inzwischen vielfältige, wenngleich unter dem Gesichtspunkt der zugrunde liegenden Paradoxie nicht hinreichend ausgewertete Erfahrungen vor. In der Erforschung der entsprechenden Kommunikationsstile in sozialen Systemen im Allgemeinen und Organisationen im Besonderen befinden wir uns jedoch noch ganz am Anfang. Aber es ist leicht, sich vorzustellen, dass die Vorstellung, Kommunikation müsse offen und transparent sein, schlecht zu der Einsicht passt, dass eine inhärent widersprüchliche Kommunikation über Fehler eher subtil und implizit sein muss, weil man für eine Offenlegung der zugrunde liegenden Verhältnisse weder die Zeit noch den hierarchischen Rückhalt noch das vorauszusetzende Systemverständnis hat. In der Fehlerkommunikation wird es darauf ankommen zu verstehen, was niemand gesagt hat, und dennoch bei Bedarf in eine Situationsanalyse einsteigen zu können.

---

8 Siehe hierzu auch Fritz B. Simon, *Die Kunst, nicht zu lernen: Und andere Paradoxien in Psychotherapie, Management, Politik*, Heidelberg 1997.

Anforderungen an Kommunikation

Der Beobachter, der einen Handelnden daraufhin beobachtet, was dieser alles falsch machen könnte, während er richtig handelt, blockiert mit diesen Beobachtungen, wenn er sie kommuniziert, den Handelnden. Organisationen sind auf diesen Typ von Kommunikation oft geradezu fixiert. Die Vorgesetzten führen in diesem Stil, die Kollegen konkurrieren in diesem Stil, und die Mitarbeiter beziehen gerade aus diesen Beobachtungen ihr schadenfrohes Gelächter. Was aber sähe der Beobachter, der einen Handelnden dabei beobachtet, einen Fehler tatsächlich zu machen, oder, besser noch, dabei beobachtet, wie er souverän Fehler auf Fehler vermeidet, ohne dabei zu wissen, was er richtig macht? Dieser Beobachter würde sich mit einer bislang unbekannten Fülle möglichen richtigen Verhaltens bekannt machen. Er würde – ob er will oder nicht – lernen. Und er würde, das zumindest nimmt Peters an, mit seinem Lernen den Handelnden und den ganzen Rest der Organisation anstecken. Mit einem Mal sieht jeder überall nur noch Möglichkeiten richtigen Verhaltens, obwohl und weil dies bislang von keiner Regel vorgeschrieben, von keiner Erfahrung vorgehalten, von keinem Handbuch beschrieben worden ist.

Es reicht das Auswechseln einer Unterscheidung. Wir unterscheiden nicht mehr richtiges von falschem Verhalten, sondern Fehler von Lernen. Darauf macht Tom Peters' Plädoyer für eine Fehlerkultur aufmerksam.

Man täusche sich nicht über den Aufwand, der mit einer Umstellung von sozialen Situationen auf eine Fehlerkultur einhergeht. Der Aufwand ist erheblich. Sobald Standards des richtigen Verhaltens nicht mehr unterstellt werden können, muss über das, was aus Fehlern und ihrer Vermeidung gelernt werden kann, laufend kommuniziert werden. Diese Kommunikation muss nicht unbedingt die Fehler und ihre Vermeidung explizit zum Thema haben; viele Expertenkulturen unter Ingenieuren, Wissenschaftlern, Lehrern, Medizinern, Diplomaten und anderen zeigen, dass kognitive Stile bereitstehen, mit denen man sich auf die Kommunikation von Lerneffekten (Einsichten) konzentrieren kann, ohne deswegen auf den Fehler verweisen zu müssen, aus dem gelernt wurde. Tatsächlich ist es sinnvoller, ein so generalisiertes Fehlerkonzept zu pflegen, dass niemand auf die Idee kommt, Fehler individuell zuzurechnen und dementsprechend eine Person in die unangenehme Lage zu versetzen, mit diesem Fehler leben zu müssen. Man weiß, dass man sich in einem »Minenfeld« bewegt, dass der andere »undurchschaubar« und »unberechenbar« ist, dass die Situation »unübersichtlich«, die Umwelt »komplex« und die Zukunft »unbekannt« ist und so weiter, und weiß deswegen, dass Fehler im Normalverlauf der Dinge erwartet werden müssen. Und weil das so ist, kann man sich auf das Lernen und die dazu passenden kognitiven Stile konzentrieren. Dennoch handelt es sich auch im Rahmen dieser kognitiven Stile einer impliziten Kommunikation um Kommunikation. Man kann sich nicht darauf verlassen, dass all das, was laufend gelernt werden kann und muss, in den Köpfen der Beteiligten stattfindet, ohne dass diese genau darüber in einem laufenden, wie auch immer beschaffenen Austausch stehen. Karl Weick und Kathleen Sutcliffe haben in ihrem Buch *Managing the Unexpected* gezeigt,[9] dass es in so genannten *high-reliablity organizations*, also in Organisationen, die unter hohen Sicherheits- und Verlässlichkeitsanforderungen stehen (Flugzeugträger, Intensivstationen, Kernkraftwerke), kognitive Stile der wechselseitigen Wahrnehmung gibt, die eher auf Training denn auf Erziehung beruhen und in denen alle Kommunikation über die Fähigkeit läuft, zu sehen, zu hören, zu riechen, in welcher Situation die andere steckt und wie ihr zu helfen ist. Man kennt das von Mannschaftssportarten und von Orchester- und Bandmusikern, die ebenfalls in hohem Maße die eigenen Aktionen an den Aktionen aller anderen orientieren und dies in jenem dreifachen Sinne tun, dass sie den anderen sowohl folgen als auch ihnen Vorgaben machen und ihre Fehler korrigieren. Möglicherweise läuft die Pointe der vierzigjährigen Beschäftigung mit den Themen der »systemischen Organisationsberatung« auf genau diese Wiedereinführung der Kommunikation in die Organisation hinaus, die Edgar H. Schein beschrieben hat.[10] Der großartige Traum einer Technisierung der Organisation, die über Bürokratie läuft, das heißt auf Kommunikation nach innen verzichten kann, weil jeder weiß, was

9 Siehe Karl E. Weick und Kathleen M. Sutcliffe, M*anaging the Unexpected: Assuring High-Performance in an Age of Complexity*, San Francisco 2001, dt. 2003.

10 Siehe Edgar H. Schein, »Organisationsentwicklung und die Organisation der Zukunft«, in: *Organisationsentwicklung* 17 (1998), Heft 3, S. 41-49. Und vgl. Dirk Baecker, »Kommunikation und Kultur als Ressourcen der Unbestimmtheit«, in: ders., *Organisation und Management*, Frankfurt am Main 2003, S. 134-140.

richtig und was falsch ist, ist gescheitert. Oder vorsichtiger gesagt: Er trifft nur auf diejenigen Organisationsverfahren zu, die an Computer abgegeben werden können. Anstelle dieses Traumes herrscht eine Wirklichkeit von Kommunikationsverhältnissen, die im genauesten Sinne des Wortes dort auf Kommunikation setzen, wo die Kausalität nicht mehr greift. Die Fehlerkultur gipfelt in Verhältnissen loser Nachbarschaft, in denen Verbindungen geknüpft und wieder aufgelöst, gestärkt und wieder geschwächt werden, je nachdem, welche Situationen mit welchen Lerneffekten von wem bewältigt werden müssen. Stressig wird dies nur, wenn gleichzeitig immer auch die Anforderungen der Bürokraten bedient werden müssen, die von ihrem Traum nicht lassen wollen.

Wenn man sich jedoch von diesem Traum verabschiedet, bekommt man es mit hochgradig involvierenden, lustvollen und überraschenden Verhältnissen zu tun, in denen Dinge passieren, mit denen niemand gerechnet hat. Das wären Verhältnisse, in denen wir wieder beginnen könnten, uns Geschichten zu erzählen, die von anderem handeln als von den Absurditäten der Bürokratie und den individuellen Geschicklichkeiten, die man braucht, um in ihnen zu überleben (obwohl auch dieses Überleben sich einer Fehlerkultur im gemeinten Sinne verdankt). Es geht nicht darum, sich von der Bürokratie zu verabschieden. Sie ist als Kopplungsmechanismus zwischen Organisation und Gesellschaft unverzichtbar.[11] Es geht jedoch darum, die Organisation und unsere Arbeit in ihr nicht mehr nur bürokratisch, sondern ökologisch zu reflektieren und zu kontrollieren. Das Interessante an der ökologischen Reflexion und Kontrolle ist, dass sie nur von uns geleistet werden kann. Nur wenn wir die Fehler vermeiden, die wir fast gemacht hätten, lernen wir etwas. Das kann uns niemand abnehmen. Niemand kann uns in der Sicherheit wiegen, für uns bereits alle entscheidenden Fehler gemacht zu haben, so dass jetzt ein für alle Mal fest steht, was richtig ist.[12] Es geht darum, den Sinnen zu trauen, die uns auf Fehler

---

11 Siehe dazu Dirk Baecker, »Kapitalismus und Bürokratie«, in: ders., *Wozu Soziologie?*, Berlin 2003, S. 150-188.

12 Vielleicht besteht darin eine der subtilen Leistungen des Christentums: Seit Christus für uns am Kreuz gestorben ist, liegt auf der Hand, dass uns niemand unsere Fehler abnehmen wird. Mit diesem Kreuzestod ist zugleich der Gesetzgeber gestorben. Die Wiederauferstehung macht dies nicht rückgängig, sondern sichtbar. Darunter leidet das fundamentalistische Christentum bis heute.

hinweisen, von denen wir bisher nichts wissen durften, weil keine Kommunikation bereitstand, mit deren Hilfe wir uns auf sie und ihre Vermeidung hätten verständigen können.

Die Form der Veränderung ist der Streit, moderiert durch die Beratung

1. Die Form der Veränderung ist der Streit. Die Funktion der Beratung besteht darin, den Streit durch die Variation der Form zu moderieren. Moderation soll hierbei heißen, Verhältnisse so zum Tragen zu bringen, dass die Streitenden Chancen erkennen, ihre Position zu variieren.

2. Auf der Innenseite der Form finden wir die beabsichtigte Veränderung, auf der Außenseite die Verhältnisse, die von der Veränderung vorausgesetzt, aber nicht mitthematisiert werden, sowie all das, was der Veränderung zu Hilfe kommen oder aber sie vereiteln kann. Die Beratung macht die Grenzziehung zwischen der Veränderung und den Verhältnissen in den Verhältnissen, die verändert werden sollen, verfügbar. Mithilfe der Notation des Kalküls von G. Spencer-Brown,[1] die es ermöglicht, Unterscheidungen mit Blick auf ihre Innenseite und ihre Außenseite darzustellen, können wir wie folgt schreiben:

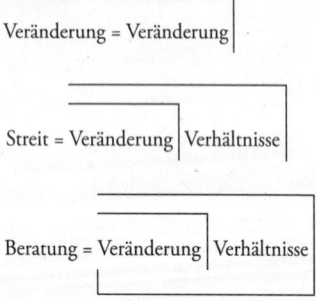

Mit anderen Worten: Die Veränderung als solche begnügt sich damit, ihren Unterschied zu markieren, und der Streit resultiert daraus, dass die Verhältnisse dies nicht mit sich machen lassen. Die Chance der Beratung liegt darin, genau dies sichtbar zu machen und sowohl die Veränderung als auch die Ver-

---

1 Vgl. George Spencer-Brown, *Laws of Form* [1969], intern. Ausgabe, Lübeck 2008.

hältnisse im Hinblick darauf zu variieren, wie sie unterschieden und als Teil derselben Form aufeinander bezogen werden. Wir greifen hier und im Folgenden auf den Spencer-Brown'schen Formkalkül zurück, weil dieser wie kein anderes Theorieinstrument in der Lage ist, Bestimmtheit im Kontext von Unbestimmtheit zu beobachten und damit das zentrale Problem zu beleuchten, mit dem man es bei jeder Form von Wissensgenerierung zu tun bekommt und das daher auch jeder Kommunikation, die immer Wissen im Kontext von Nichtwissen eruiert,[2] zugrunde liegt.

3. Man sieht an der Form der Beratung, dass sie den Streit nur moderieren kann, indem sie ihrerseits eine Grenzziehung anbietet zwischen den Verhältnissen, die in ein Verhältnis zur beabsichtigten Veränderung gebracht werden, auf der einen Seite und all dem, was damit ausgeblendet wird, auf der anderen Seite. Die Beratung muss in der Lage sein, die Verhältnisse so zur Sprache zu bringen, dass sowohl die intendierten als auch mögliche nichtintendierte Folgen der Veränderung (inklusive möglicher Folgen der Absicht der Veränderung) den Streitenden so vor Augen gebracht werden können, dass sie die eigenen Abgrenzungen voneinander und von anderen als Teil des Problems, nicht unbedingt aber bereits als Teil der Lösung des Problems erkennen können. Dazu braucht die Beratung ein erhebliches Maß an eigener Attributionsflexibilität, das heißt Flexibilität der Zurechnung von Problemen zu Personen, Situationen oder Kontexten, weil sie nur so den Streitenden eine wesentliche Ressource der Problemlösung, die Attributionsambivalenz, zur Verfügung stellen kann. Wer sich schon entschieden hat, der braucht nicht beraten zu werden und der streitet sich so, dass der Streit nicht moderiert werden kann. Deswegen muss jede Beratung eine Entscheidung, je nach Bedarf dosiert, mit ihrer eigenen Unmöglichkeit konfrontieren. Anders kommen die Dinge nicht in Bewegung.

4. Die Form der Veränderung ist der Streit. Dies gilt in allen drei uns bekannten Sinndimensionen:[3] In der Sachdimension behandelt die Veränderung bestimmte Themen und lässt damit andere

2 So Niklas Luhmann, *Die Gesellschaft der Gesellschaft*, Frankfurt am Main 1997, S. 39 f.

3 Siehe Niklas Luhmann, *Soziale Systeme: Grundriß einer allgemeinen Theorie*, Frankfurt am Main 1984, S. 111 ff.; vgl. zur Perspektive des »*sensemaking*« Karl E. Weick, *Sensemaking in Organizations*, Thousand Oaks 1995; ders., *Making Sense of the Organization*, Oxford 2000.

Themen außen vor. In der Zeitdimension zieht die Veränderung einen Trennstrich zwischen einer Vergangenheit, die so ist, wie sie ist, und einer Zukunft, die erst noch werden soll. Und in der Sozialdimension muss die Veränderung damit rechnen, dass ihre Absicht sowohl Konsens als auch Dissens auslöst und dies im Hinblick auf ihre Themen, im Hinblick auf ihre Vergangenheitssetzung und Zukunftserwartung und im Hinblick auf die Person oder die Personen, die mit der Intention einer Veränderung oder auch mit ihrem Widerstand gegen die Veränderung auffällig werden.

5. Wer verändern will, führt Differenzen in die Verhältnisse ein, die darauf nicht unbedingt gewartet haben, sich jedoch sofort darauf einstellen.

6. Alles Weitere ist unprognostizierbar, das heißt in jedem Fall eine Veränderung.

7. Alles Weitere ist nicht etwa deswegen unprognostizierbar, weil es unübersichtlich ist, sondern weil es differenziert ist. Erst die Intention der Veränderung macht mit den Verhältnissen bekannt, die den Kontext der Verhältnisse bilden, um deren Veränderung es geht. Wir entfalten die erste Unterscheidung daher wie folgt:

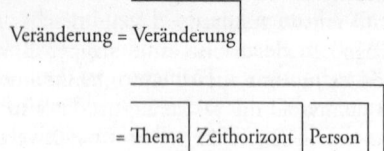

Das heißt, jede Veränderung markiert ihr Thema, ihren Zeithorizont und die Personen, die sie beabsichtigen: Was soll verändert werden? Welche Erwartungen gehen mit der Veränderung einher – und welche Vergangenheiten, unerwünschte, die man hinter sich lassen will, und beispielgebende, die man heraufbeschwört, werden damit ins Spiel gebracht? Und wer ist es, der etwas will?

Zugleich konstruiert die Intention der Veränderung jedoch einen Zusammenhang zwischen ihrem Thema, ihrem Zeithorizont und ihren Personen, der als dieser Zusammenhang eine eigene Unterscheidung ist, das heißt so, aber auch anders getroffen werden kann. Dies wird durch die Unterscheidung, welche die drei Unterscheidungen des Themas, des Zeithorizonts und der Person übergreift und damit als zusammengehörig bezeichnet, markiert.

Damit ist gesagt, dass ein erstes Veränderungsmanagement, pardon: *change management*, darin bestehen wird, Thema, Zeithorizont und Person im Hinblick auf die Koexistenz dieser drei Sinndimensionen aufeinander abzustimmen.

Die zusätzliche Beweglichkeit, auf die man damit aufmerksam wird, wird allerdings wieder eingeschränkt, weil man sofort sieht, dass nichtbeliebige Zusammenhänge zwischen Themen, Zeithorizonten und Personen bestehen. Personen können nur für bestimmte Themen Kompetenz beanspruchen und können nur aus bestimmten Vergangenheiten Glaubwürdigkeit beziehen. Themen können nur mit ganz bestimmten Zukunftserwartungen gekoppelt werden und haben auf andere keinerlei Zugriff. Und Vergangenheit und Zukunft können nur anhand bestimmter Themen und durch bestimmte Personen auseinandergehalten werden, weil andere Themen und andere Personen nur die Kraft haben, auf die Gegenwart zu verweisen, die so ist, wie sie ist.

8. Beweglichkeit gewinnt die Intention der Veränderung nicht aus dieser Intention selbst, sondern aus deren Form, das heißt aus der Variation der Intention. Damit wird ausgenutzt, dass jedes einzelne Thema, jede Erwartung und Erinnerung, jeder Held der Veränderung eine Selektion ist, die sich gegenüber anderen, ebenfalls möglichen Selektionen bewähren muss, sobald man beginnt, die Selektion als Selektion zu beobachten:

Veränderung =	Thema	Zeithorizont	Person	Themen	Zeithorizonte	Personen

Sobald man auf diese Art und Weise beobachtet, das heißt aus Fakten Informationen macht im strengen Sinne der kommunikativen Konstruktion von Fakten,[4] kann auffallen, dass die Nichtbeliebigkeit der Kombination von Thema, Zeithorizont und Person durch den Austausch jeder einzelnen Stelle der Gleichung variiert werden kann.

9. Dieser Austausch geschieht jedoch nicht von selbst, sondern setzt den Streit voraus, der seinerseits entweder intentional oder evolutionär ausgetragen werden kann. In jedem Fall setzt er voraus, dass eine Unterscheidung getroffen wird, die die Veränderung auf ihre Form hin beobachtet und ausgeschlossene Themen, Zeitho-

4 Vgl. dazu Claude E. Shannon und Warren Weaver, *The Mathematical Theory of Communication*, Urbana, Ill., 1963.

rizonte und Personen als Kontext der eingeschlossenen Themen, Zeithorizonte und Personen mitbeobachtet und damit, kürzer gesagt, Ausschlüsse als Ausschlüsse thematisiert. Im Anschluss an die oben getroffene Unterscheidung des Streits können wir schreiben:

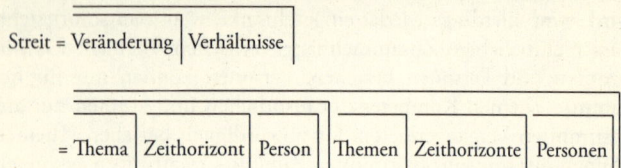

Streit = Veränderung | Verhältnisse

= Thema | Zeithorizont | Person | Themen | Zeithorizonte | Personen

Der Streit ist damit (gleichgültig, was man sonst noch über ihn sagen kann) eine Form des Wiedereinschlusses des Ausgeschlossenen, die allerdings, auch das sieht man ihr in dieser Notation sofort an, auf einem weiteren Ausschluss beruht. Denn auf das Ausgeschlossene kann als Ausgeschlossenes nur aufmerksam gemacht werden, indem es markiert, bezeichnet wird. Und dazu braucht man eine weitere Unterscheidung, die alles andere, was auch markiert und bezeichnet werden könnte, außen vor lässt. In unserem Fall haben wir es mit dem Risiko zu tun, dass die Verhältnisse in denselben Begriffen bestimmt werden wie die beabsichtigte Veränderung. Alles, was nicht in diesen Begriffen bestimmt wird, verschwindet auf der Außenseite der Form und, das ist allerdings nicht unwesentlich, in den Unterscheidungen, die Themen auf Zeithorizonte, Zeithorizonte auf Personen und Personen wieder zurück auf Themen beziehen.

10. Die Eigenschaft der Wiederholung eines Ausschlusses durch die Operation, die das Ausgeschlossene wiedereinschliesst, dient ihrerseits dem Streit, weil sie darauf aufmerksam macht, dass Einwand, Widerstand und Alternativvorschlag logisch dieselben Begrenzungen und Beschränkungen aufweisen wie die Intentionen, gegen die sie opponieren.

11. Die Intention des Streits arbeitet mit bewussten Vergleichen, Kontrastierungen, Gegenüberstellungen, Widerständen und Ersetzungsoperationen. Sie bringt andere Themen ins Spiel, die von den Veränderungsintentionen übersehen werden, aber nicht übersehen werden dürfen. Sie bringt Vergangenheiten und Zukünfte ins Spiel, gegen die nicht auf die intendierte Art und Weise verstoßen werden darf beziehungsweise die nicht verbaut werden dürfen. Und

sie bringt Personen ins Spiel, die den Verlust ihrer Macht befürchten, wenn bestimmte Intentionen durchgesetzt werden können, die eine Verletzung ihrer Eitelkeit beobachten, weil nicht sie es sind, denen die Intention der Veränderung gutgeschrieben werden würde, die mit ihren Veränderungsabsichten in den Schatten gestellt sind, weil es den anderen gelungen ist, alle Aufmerksamkeit auf sich zu ziehen, oder die schlicht und ergreifend zu glauben wissen, dass die beabsichtigte Veränderung ein Fehler ist. Die Logik, der die Austragung dieses Streits gehorcht, ist die Logik des »Mülleimer-Modells«.[5] Der Streit dient danach nicht nur der Sache, der Zukunft und bestimmten Personen, sondern ist zugleich ein Durcheinander, ein Gelegenheitsfeld, das von Absichten, Erwartungen und Interessen besetzt wird, die mit der Sache nichts zu tun haben, jedoch gleichwohl über den Kontext informieren, in dem »die Sache«, wenn überhaupt, durchgesetzt werden kann.

12. Die Evolution des Streits arbeitet mit Verschiebungen, Ausblendungen, Vergessen und dem Dominantwerden von Alternativen, die nicht als Alternativen auftreten, sondern als reinterpretierte Wirklichkeit, als überzeugende Neukonstruktionen. Der Streit hat hier die Form, zur Leerstelle werden zu lassen, was anschließend neu besetzt werden kann, inklusive der Möglichkeit, eine Unterscheidung als solche diffus werden zu lassen, um eine andere an ihre Stelle treten lassen zu können. So unauffällig, subversiv und quasi natürlich (das heißt: nichtintendiert) diese Evolution auch auftreten mag, als leise Kraft der Vernunft, als Verführung zu neuen Beschreibungen oder auch nur als Einsicht in die Verhältnisse, so ist es doch sinnvoll, sie als Form des Streits zu bezeichnen, weil nicht ausgeschlossen werden kann, dass Beobachter auftreten, denen auffällt, dass hier jemand mit Absichten zugange ist. Man mag denen, die hier üble Absichten befürchten, Paranoia vorwerfen, doch wäre auch dies nur wieder ein Argument, das Bezeichnungen vornimmt, um Unterscheidungen zu treffen und zu schützen.

5 Im Sinne von Michael D. Cohen, James G. March und Johan P. Olsen, »A Garbage Can Model of Organizational Choice«, in: *Administrative Science Quarterly* 17 (1972), S. 1-25 (deutsche Übersetzung in: James G. March, *Entscheidung und Organisation: Kritische und konstruktive Beiträge, Entwicklungen und Perspektiven*, dt. Wiesbaden 1990, S. 329-372). Siehe dazu die Ausarbeitungen in Massimo Warglien und Michael Masuch (Hrsg.), *The Logic of Organizational Disorder*, Berlin 1996.

13. Damit ist der Einsatz der Beratung bestimmt. Sie beobachtet den intendierten und den evolutionären Streit und re-arrangiert die Konflikte, in denen er ausgetragen wird.[6] Die Unterscheidung zwischen Intention und Evolution mag ihr dienen, gegenüber dem Streit jenen »Abstand« zu gewinnen, der es ermöglicht, Unterscheidungen auf ihre Form hin zu beobachten und auf Unterscheidungen aufmerksam zu werden, die zu treffen bestimmte Anschlussmöglichkeiten verspricht.[7] Wenn der Streit zugleich intendiert werden kann und ein Ergebnis von Evolution ist, fällt es leichter, jene erste Unterscheidung zu treffen, die die Beratung gegenüber den Akteuren überhaupt ins Spiel bringt, die Unterscheidung von Personen (die etwas wollen oder verhindern) und Situationen (die so sind, wie sie sind):

Das heißt, man spalte den Streit in seine Absicht und seine Evolution,

Streit = Intention | Evolution

halte die Möglichkeit in Reserve, auch die Evolution des Streits auf Absichten zurückzurechnen,

Streit = Intention | Evolution

und gewinne daraus die strategische Option, zwecks Einmischung in den Streit, sei es um ihn beizulegen, sei es um ihn zu entscheiden, sei es um von ihm mitstreitend zu profitieren, zwischen den Veränderungen zu unterscheiden, um die es geht, und den Verhältnissen, die bei deren Realisierung eine Rolle spielen.

14. Wir können jetzt jedoch die zusätzliche These formulieren,

6 Wir folgen mit dieser These einer Anregung von Luhmann, *Die Gesellschaft der Gesellschaft*, a.a.O., S.469, Anm. 111, die an Familien und Organisationen bewährte Systemtherapie als Re-Arrangement von Konflikten zu begreifen.

7 Vgl. zu einer möglichen anthropologischen *und daher politischen* Deutung der Unterscheidung als »Abstand« Helmuth Plessner, *Macht und menschliche Natur*, in: ders., *Gesammelte Schriften V*, Frankfurt am Main 2003, S.191 ff., im Zusammenhang von einerseits Carl Schmitt, *Der Begriff des Politischen*, Text von 1932 mit einem Vorwort und drei Corollarien. 7. Aufl., Berlin 2002, hier: S.64, und andererseits Niklas Luhmann, *Die Politik der Gesellschaft*, Frankfurt am Main 2000, hier: S.140 ff.

dass die Beratung eine Form der Ausbeutung des strategischen Potentials des Streits ist. Denn es ist, wenn man sich von der semantischen Differenz nicht täuschen lässt, nur eine Operation des Wiedereintritts (*re-entry*), die die Form des Streits von der Form der Beratung unterscheidet:

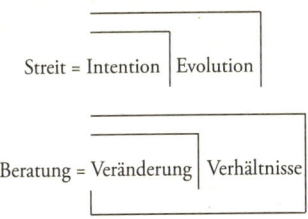

Streit = Intention | Evolution

Beratung = Veränderung | Verhältnisse

So wie es der Streit mit einer nichtintendierten Evolution zu tun bekommt, das heißt mit dem Umstand, dass er Selektionsmechanismen reizt und Restabilisierungsbemühungen auf den Plan ruft, von denen zuvor niemand etwas wusste, so ist auch die Beratung darauf angewiesen, sich entlang der Veränderung, die sie betreuen soll, erst einmal ein zureichendes Verständnis der Verhältnisse zu erarbeiten, die verändert werden sollen und in denen die Veränderung stattfinden soll. Ihr Vorteil liegt allein darin, dass sie jederzeit thematisieren kann, worum es ihr geht und von welchen Prämissen sie ausgeht. Dazu dient der Wiedereintritt. Allerdings definiert auch dieser Wiedereintritt wieder nur eine Form, die sich von einer unmarkierten Außenseite unterscheiden lässt. Das heißt, die Beratung muss ihrerseits wiederum abwarten, was sie mit ihrer Thematisierung dessen, womit sie gerechnet und womit sie nicht gerechnet hat, auslöst.

15. Wir können zudem den »systemisch« gängigen Auftakt der Beratung, die Unterscheidung zwischen Personen und Situationen zu nutzen und zu thematisieren,[8]

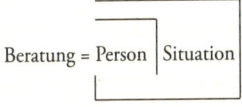

Beratung = Person | Situation

8 So vor allem Kurt Lewin, *Feldtheorie. Werkausgabe*, Bd. 4, hrsg. von Carl-Friedrich Graumann, Bern 1982.

dahingehend erweitern, dass wir vorschlagen, auch die Markierung von Themen und Zeithorizonten im Unterschied zu den Situationen und Verhältnissen, in denen sie vorgefunden werden, als Einsatz und Material der Beratung zu begreifen, so dass

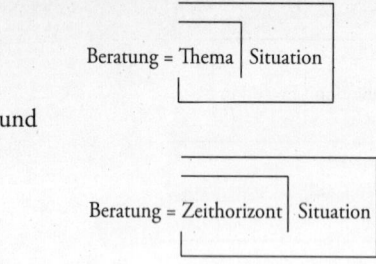

Beratung = Thema | Situation

und

Beratung = Zeithorizont | Situation

Dies ergibt zusammengefasst die Form,[9]

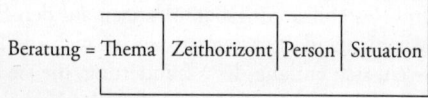

Beratung = Thema | Zeithorizont | Person | Situation

so dass wir wieder bei unserer Form der Veränderung angelangt sind. Dank der Explikation der Form der Veränderung als Form des Streits können wir jetzt jedoch auch schreiben:

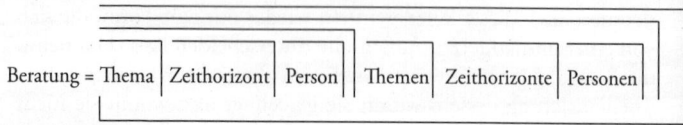

Beratung = Thema | Zeithorizont | Person | Themen | Zeithorizonte | Personen

Mit anderen Worten: Beratung besteht darin, Themen, Zeithorizonte und Personen mit Blick auf andere Themen, Zeithorizonte und Personen zu thematisieren und auszuprobieren, welche Unter-

---

9 Diese Form gehört in Psychoanalyse, Familientherapie und Organisationsberatung längst zum Standardrepertoire, obwohl man sie selten expliziert findet. Siehe nur Sigmund Freud, *Die Traumdeutung*, Frankfurt am Main 1991; Fritz B. Simon, *Unterschiede, die Unterschiede machen: Klinische Epistemologie: Grundlagen einer systemischen Psychiatrie und Psychosomatik*. Neudruck Frankfurt am Main 1993; Rudolf Wimmer (Hrsg.), *Organisationsberatung: Neue Wege und Konzepte*, Wiesbaden 1992.

scheidungen in diesem Arrangement und in welchen Situationen geeignet sind, den Streit sowohl zu nutzen als auch beizulegen, um eine Veränderung, die als solche interpretiert wird, herbeizuführen.

16. Da die Beratung darin besteht, die Unterscheidung zwischen einer Veränderung und ihren Verhältnissen in diese Unterscheidung wiedereinzuführen, können wir auch schreiben:

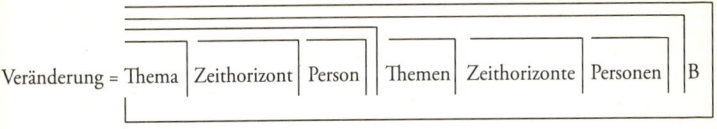

Veränderung = Thema | Zeithorizont | Person | Themen | Zeithorizonte | Personen | B

Die Beratung, *B*, ist selbst Teil der Form der Veränderung. Sie mischt sich ein, indem sie ihre Unterscheidungen trifft. Und sie muss dabei riskieren, auszuschließen, was sie ausschließt. Allerdings ist sie als Operation der Wiedereinführung einer (und anderer) Unterscheidung(en) immer auch in der Lage, sich selbst als ein Thema mit einem bestimmten Zeithorizont und vertreten durch bestimmte Personen im Arrangement der Veränderung wiederzuentdecken, in dem sie ihre Variationen vornimmt. Beratung tendiert daher immer schon zur Supervision – ihrer selbst. Das ist nicht unwichtig, weil auch auf diese Art und Weise intendierte Veränderungen mit den Verhältnissen bekannt gemacht werden, in denen sie stattfinden.

Management als Störung
im System

Kontrolle von Komplexität

Der Ausgangspunkt der folgenden Überlegungen besteht in der Annahme, dass das Management in Organisationen beliebiger Art mit Komplexität konfrontiert ist. Komplexität lässt sich weder beherrschen noch verstehen, sondern nur kontrollieren.[1] Kontrolle impliziert die Aufnahme einer wechselseitigen Beziehung, die in der Lage ist, Zustände des Gegenübers zu unterscheiden und auf diese Unterschiede unterschiedlich zu reagieren.[2] Management ist die Form, in der die Annahme, dass diese Beziehung möglich ist, zum Eigenwert eines Systems wird.[3] Dieser Eigenwert ist paradox: Er produziert die Störung, die das System ins Gleichgewicht bringt, weil alles andere das System überfordern würde. Er verlässt sich darauf, dass die Konditionierung, die er zu bieten hat, für das System attraktiver ist als die Komplexität, mit der es sich andernfalls auseinandersetzen müsste.[4]

Wir nehmen dem Management mit dieser Annahme eine Illusion, die vielfach mit seinen Kontrollversuchen einhergeht. Die Kontrollillusion besteht darin, dass die Kausalität, die vom Management hergestellt wird, für die Ursache der Wirkungen gehalten wird, die in der Organisation hervorgebracht werden.[5] Tatsächlich jedoch stehen diese Kausalität auf der einen Seite und jene Wir-

---

1 So vor allem W. Ross Ashby, »Requisite Variety and Its Implications for the Control of Complex Systems«, in: *Cybernetica* 1 (1958), S. 83-99.

2 So Ranulph Glanville, »The Question of Cybernetics«, in: *Cybernetics and Systems* 18 (1987), S. 99-112.

3 So Heinz von Foerster, »Prinzipien der Selbstorganisation im sozialen und betriebswirtschaftlichen Bereich«, in: ders., *Wissen und Gewissen: Versuch einer Brücke*, Frankfurt am Main 1993, S. 233-268.

4 Vgl. dazu Niklas Luhmann, »Die Kontrolle von Intransparenz«, in: Heinrich W. Ahlemeyer und Roswita Königswieser (Hrsg.), *Komplexität managen: Strategien, Konzepte und Fallbeispiele*, Wiesbaden 1998, S. 51-76.

5 So Niklas Luhmann, *Die Politik der Gesellschaft*, Frankfurt am Main 2000, S. 23 f., im Anschluss etwa an Ellen J. Langer, »The Illusion of Control«, in: *Journal of Personality and Social Psychology* 32 (1975), S. 311-328.

kungen auf der anderen Seite in einem allenfalls kommunikativen, wenn nicht sogar zufälligen Verhältnis zueinander. Die Illusion ist erforderlich, um die Kommunikation aufrechtzuerhalten, aber die Kommunikation muss anders erklärt werden denn als Wirkung dieser Ursache. Die Kommunikation beruht auf der Konditionierung der Freiheitsgrade im Medium der Zufälle, und es ist dieser Sachverhalt, der uns im Folgenden interessiert.

Der Grundbegriff der folgenden Überlegungen ist daher der Begriff der Kommunikation. Er beschreibt die Struktur der selbst gewählten Abhängigkeit voneinander unabhängiger Lebewesen.[6] Wir können mit diesem Begriff drei unterschiedliche Theorien miteinander kombinieren, die andernfalls weit auseinander lägen. Die erste Theorie ist die Systemtheorie, die wir im Folgenden in der Variante der Theorie adaptiver und antizipierender Systeme aufgreifen.[7] Die zweite Theorie ist eine Interpretation der Quantenmechanik, die vom Beobachter als Zurechnungsadresse der Determination von Systemzuständen ausgeht[8] und von dort aus nach eher postklassischen Theorieressourcen sucht.[9] Und die dritte Theorie ist eine soziologische Theorie des Konflikts, die davon ausgeht, dass Probleme durch eine Art der Konfliktverschiebung bearbeitet werden können, die auf der Annahme beruht, dass die Probleme selbst unlösbar sind. An die Stelle der Lösung der Probleme tritt eine Art der Selbstbindung, die sich dadurch auszeichnet, dass sie erprobt und aufgrund unterschiedlicher Erfahrungen, die man mit ihr macht, auch variiert werden kann.[10] Der Kommunikationsbe-

---

6 Siehe Niklas Luhmann, *Einführung in die Systemtheorie*, Heidelberg 2002, S. 92.

7 Vgl. etwa W. Ross Ashby, *Design for a Brain: The Origin of Adaptive Behavior*, 2., rev. Aufl. New York 1960; Robert Rosen, *Anticipatory Systems: Philosophical, Mathematical and Methodological Foundations*, Oxford 1985.

8 Vgl. Peter Mittelstaedt, *The Interpretation of Quantum Mechanics and the Measurement Process*, Cambridge 1998; ders., »Universell und inkonsistent? Quantenmechanik am Ende des 20. Jahrhunderts«, in: *Physikalische Blätter* 56, Nr. 12 (2000), S. 65-68.

9 Siehe den Überblick bei Barbara Herrnstein Smith und Arkady Plotnitsky, »Networks and Symmetries, Decidable and Undecidable«, in: *South Atlantic Quarterly* 94, no. 2: Special Issue on Mathematics, Science, and Postclassical Theory, hrsg. von Barbara Herrnstein Smith and Arkady Plotnitsky, Durham, NC, 1995, S. 371-388.

10 So Jon Elster, *Ulysses Unbound: Studies in Rationality, Precommitment, and Constraints*, Cambridge 2000.

griff bringt diese drei Theorien auf der Ebene der Einführung von Beobachtern zusammen, die dort Bestimmtheit produzieren, wo zuvor keine war.[11]

Wir werden diese Grundlagen so weit ausarbeiten, dass wir erstens einen allgemeinen Begriff des Managements formulieren und zweitens verschiedene Formen des Managements unterscheiden können. Wir werden zugunsten der empirischen Anschlussfähigkeit unserer Überlegungen ein Modell vorschlagen, das innerhalb der allgemeinen Form des Managements mindestens drei Formen des Managements unterscheidet, nämlich das *operational management* der Sicherstellung effizienter Abläufe, das *general management* der Sicherstellung einer rationalen Organisation und das *corporate management* der Sicherstellung eines verantwortlichen Unternehmens. In diesen drei Formen nimmt der Eigenwert des Managements einer komplexen Organisation drei Unterformen an, nämlich die Formen der Funktion, des Risikos und der Hierarchie, deren Verhältnis zueinander den Raum aufspannt, in dem Problembearbeitungen durch Konfliktverschiebungen möglich sind. Die Begrifflichkeit unseres Modells ist dementsprechend überschaubar, während der Sachverhalt, den das Modell abbildet, es nicht ist. Auch das Modell ist eine Beobachtung, die Zustände bestimmt, die es ohne diese Beobachtung nicht gäbe. Oder kürzer: Jedes Modell bestimmt Systemzustände für einen Beobachter.[12]

Konflikte im System

Wir greifen im Folgenden auf die Theorie operational geschlossener, jedoch energetisch offener Systeme zurück, wie sie in der allgemeinen Systemtheorie und in der Theorie lebender und sozialer Systeme von Heinz von Foerster, Humberto R. Maturana, Francisco J. Varela und Niklas Luhmann ausgearbeitet worden ist.[13] Diese Theorie postuliert Systeme als geschlossene, wenn auch

11 So Louis H. Kauffman, »Network Synthesis and Varela›s Calculus«, in: *International Journal of General Systems* 4 (1978), S. 179-187, hier: S. 182.

12 So Roger C. Conant und W. Ross Ashby, »Every Good Regulator of a System Must be a Model of that System«, in: *International Journal of Systems Science* 1 (1970), S. 89-97.

13 Siehe Heinz von Foerster, *Observing Systems*, Seaside, CA, 1981; Humberto R.

unvollständige Einheiten. Diese ernähren sich vom Lärm, den sie in ihrer Umwelt identifizieren, und geben diesen Lärm nach seiner Bearbeitung in einer verwandelten, für sie nicht mehr brauchbaren Form an ihre Umwelt wieder ab. Dieser Lärm ist die Energie, die ihre Mechanismen zur Reproduktion von Redundanz herausfordert und an der diese Mechanismen sich entweder bewähren oder scheitern. Im qualitativen Bruch zwischen dem System und seinen Mechanismen (Unterscheidungen), die Information produzieren, auf der einen Seite und dem Lärm der Umwelt, der das System mit Energie versorgt, auf der anderen Seite besteht die entscheidende Voraussetzung der Emergenz und Autopoiesis des Systems.[14]

Wir greifen auf W. Ross Ashbys Systembegriff zurück, um uns diesen Zusammenhang für Fragen des Managements genauer anschauen zu können. In seinem Buch *Design for a Brain* schlägt Ashby einen Systembegriff vor, der ausgewählte Variablen eines »Organismus«, das heißt einer reproduktionsfähigen Einheit, auf der einen Seite und ausgewählte Variablen der Umwelt dieser Einheit auf der anderen Seite umgreift.[15] Die Umwelt eines Systems liegt hier nicht außerhalb, sondern innerhalb des Systems, mit der interessanten Konsequenz, dass es ein Außerhalb des Systems gibt, das nicht identisch mit dessen Umwelt ist, wie man sich etwa mit der folgenden Abbildung anschaulich machen kann:

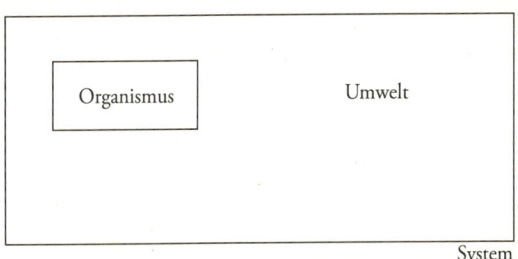

Ashbys Systembegriff

Maturana und Francisco J. Varela, *Autopoiesis and Cognition: The Realization of the Living*, Dordrecht 1980; Niklas Luhmann, *Soziale Systeme: Grundriß einer allgemeinen Theorie*, Frankfurt am Main 1984.
14 Siehe Gregory Bateson, *Mind and Nature: A Necessary Unity*, New York 1979, dt. 1982.
15 Ashby, *Design for a Brain*, a. a. O., insbes. S. 36 ff.

Dieser Systembegriff ist nur dann mit der Theorie selbstreferentiell geschlossener Systeme in den Fassungen von Foersters, Maturanas und Luhmanns kompatibel, wenn man berücksichtigt, dass Ashbys Organismus hier mit dem selbstreferentiellen System zusammenfällt und Ashbys Umwelt hier mit dem Begriff der »Nische« oder auch der »*domain*« bedacht wird.

Ashbys Systembegriff hat demgegenüber den Vorteil, zum einen seine Beobachterabhängigkeit herauszustreichen, ohne zum anderen den Anspruch aufzugeben, für die Produktion und Reproduktion der Einheit des Organismus nach Mechanismen suchen zu können, die im Sinne von Maturana und Varela die Antwort auf die Frage sind, warum dieser Organismus dem Beobachter so erscheint, wie er ihm erscheint, unter anderem: als unabhängig vom Beobachter.[16] In dieser Fassung, die Organismus und System unterscheidet und beide als geschlossen und offen zugleich beschreibt, sowie die Umwelt ebenso der Identifikation durch den Beobachter, der ein »System« beobachtet, überantwortet wie den Organismus, hält Ashbys Systembegriff Kontakt sowohl zum früheren, analytischen Begriff »offener Systeme«[17] wie auch zu einer möglichen Notation dieses Begriffs in der Sprache von Spencer-Browns Formkalkül.[18] An die Stelle der »Offenheit«, das heißt »Lebendigkeit«, früherer Systembegriffe setzt Ashby die Idee des Bruchs, die Unterscheidung zwischen Einheit des Organismus und Umwelt, so dass sich sein Systembegriff in der Notation Spencer-Browns wie folgt darstellt:

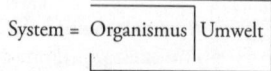

Ein System wird demzufolge von einem Beobachter definiert als die in ihren Raum der Unterscheidung wiedereingeführte Unterscheidung zwischen einem Organismus und seiner Umwelt.

In dieser Fassung antwortet der Systembegriff auf die quantenmechanische Herausforderung der zwingenden Einführung eines

16 So Humberto Maturana und Francisco Varela, *Der Baum der Erkenntnis: Die biologischen Wurzeln des menschlichen Erkennens*, dt. Bern 1987, S. 34 f.

17 Etwa bei Ludwig von Bertalanffy, *General System Theory: Foundations, Developments, Applications*, rev. Aufl., New York 1968.

18 Siehe George Spencer-Brown, *Laws of Form*, intern. Ausgabe, Lübeck 2008.

markers, um angesichts der prinzipiellen Unbestimmtheit der Welt ihre fallweise Bestimmtheit erklären und beobachten zu können.[19] Inmitten einer postklassischen Welt der Unbestimmtheit und Unentscheidbarkeit behauptet sich die klassische Welt als Werk der Unterscheidung und Bestimmung durch ihre Beobachter.

Dieses System ist erstens *adaptiv*, wenn und solange es ihm gelingt, die wesentlichen Variablen von Organismus und Umwelt innerhalb bestimmter physiologisch beziehungsweise ökologisch definierter Grenzen zu halten,[20] wobei diese Grenzen vom System in einem blinden *Versuch-und-Irrtum*-Verfahren gesetzt und erkundet werden. Das System ist zweitens *antizipativ*, wenn und solange es ihm gelingt, für diese Variablen erwartete Werte zu bestimmen und aus der Bestätigung und der Enttäuschung dieser Erwartungen zu lernen.[21] Und man kann das System drittens als *intelligent* beschreiben, wenn und solange es ihm gelingt, zwischen den Variablen des Organismus und den Variablen der Umwelt zu unterscheiden und Prozesse der Abstimmung, der »Akkomodation« zwischen diesen Variablen zu initiieren und zu unterstützen.[22]

All dies, wir wiederholen das, beschreibt jedoch nur einen *Begriff* des Systems. Dieser Begriff ist selbst weder eine Beschreibung noch gar eine Erklärung beobachtbaren Verhaltens. Er bringt einen Beobachter in Position, der, das ist Teil des Begriffs, seinerseits darauf spezialisiert ist, Beobachter zu beobachten.

Genau dafür müssen wir jedoch zusätzlich die soziologischen Bedingungen klären. Wir gehen nicht davon aus, dass Beobachtung eine interessenfreie, neutrale, gar objektive Operation ist. Mit einer Beobachtung legt sich ein Beobachter vielmehr fest, der dafür gute Gründe haben muss – auch wenn er noch bessere Gründe haben mag (um Nietzsche aus der Vorrede zur *Fröhlichen Wissenschaft* zu variieren), diese nicht unbedingt sehen zu lassen. Ohne etwas von diesen Gründen zu wissen beziehungsweise ohne bestimmte Gründe zu unterstellen (das wäre ja nur eine weitere Beobachtung), gehen wir davon aus, dass Beobachter innerhalb sozialer Systeme

---

19 Vgl. Kauffman, »Network Synthesis and Varela's Calculus«, a.a.O., S. 182.
20 Siehe Ashby, *Design for a Brain*, a.a.O., S. 58.
21 So Rosen, *Anticipatory Systems*, a.a.O.; Luhmann, *Soziale Systeme*, a.a.O., S. 396 ff.; Loet Leydesdorff und Daniel Dubois, »Anticipation in Social Systems«, in: *International Journal of Computing Anticipatory Systems* 15 (2004), S. 203-216.
22 So Jean Piaget, *La psychologie de l'intelligence*, Paris 1947.

positioniert sind, um *Konflikte zu verschieben* beziehungsweise *so zu re-arrangieren, dass aus unlösbaren Konflikten bearbeitbare Konflikte werden.* Das ist eine zuzugebenderweise überraschend weitgehende These, die wir in unserem Zusammenhang im Folgenden begründen.

Angeregt ist die These durch eine Fußnote in Niklas Luhmanns *Die Gesellschaft der Gesellschaft*, in der er vermutet, man könne Systemtherapien von Familie und Organisation als Formen des Rearrangements von Konflikten beschreiben, die in diesen »kleinen« Systemen ein Substitut für den evolutionären Mechanismus der Differenzierung zwischen Konfliktgründen und Konfliktthemen sind, über den größere Systeme verfügen.[23] Differenzieren größere Systeme zwischen Konfliktgründen und Konfliktthemen, um Konflikte nicht dort bearbeiten zu müssen, wo sie entstehen, sondern dort, wo sie bearbeitet werden können, so stellen Therapeuten in kleineren Systemen denselben Mechanismus bereit, indem sie Konflikte durch ihre Thematisierung und Interpretation so lange verschieben, bis das System eine Form findet, mit ihnen umzugehen.

Es fällt nicht schwer, die Managementfunktion eines Systems in die Nähe einer solchen therapeutischen Funktion zu rücken, auch wenn man sie sicherlich nicht darauf reduzieren kann. Jedes Management einer komplexen Organisation enthält immer auch – und mindestens: sich selbst – beratende Elemente, die in diesem Sinne als therapeutisch verstanden werden können. Aber auch darüber hinaus lässt sich jede Beobachtung innerhalb eines sozialen Systems als eine Konfliktverschiebung verstehen, wenn man unter einer Beobachtung ein Integrationsangebot versteht, das schon dann, wenn es gemacht wird, Widerspruch impliziert und Widerspruch auslöst, weil es die Freiheitsgrade sowohl des Beobachters als auch seines Gegenübers reduziert. Deswegen schlagen wir vor, eine Beobachtung generell erstens als einen *sich selbst lösenden Konflikt* zu verstehen und zweitens anzunehmen, dass ein solcher sich selbst lösender Konflikt eine *soziale Funktion* erfüllt, die darin besteht, an bestimmten Stellen und mit Blick auf bestimmte Zustände etwas stattfinden zu lassen, was andernfalls nicht stattfände. Wir lassen es offen, ob diese soziale Funktion primär dem Beobachter oder

23 Siehe Niklas Luhmann, *Die Gesellschaft der Gesellschaft*, Frankfurt am Main 1997, S. 469, Anm. III.

seinem Gegenüber, dem jeweiligen System, zugutekommt, und nehmen stattdessen an, dass jeder Konflikt eine zirkulär parasitäre Struktur hat, die ihrerseits für den Moment eine Gastgeberrolle gegenüber sowohl dem Beobachter als auch dem System erfüllt.[24]

Natürlich gilt dies auch für die soziologische Beobachtung. Insofern diese Beobachtung als wissenschaftliche, das heißt als Ungewissheit steigernde Beobachtung gelten kann,[25] ist ihre Rolle allerdings paradox, indem sie einen Konflikt darüber anbietet, dass dort, wo im Gegenstand Konflikte stattfinden, das heißt starke Integrationen vorliegen,[26] auch schwache oder gar keine Integrationen, nämlich lose Kopplung und damit Konfliktlosigkeit vorliegen könnten. Insbesondere die Beobachtung der soziologischen Systemtheorie stellt in diesem Sinne auf Kontingenzzumutungen ab, die einen Konflikt darüber anbieten, ob die Kontingenz passend oder nicht passend identifiziert wurde.[27] Man kann nur darüber spekulieren, welche soziale Funktion in der Gesellschaft dieser soziologische Typ der Beobachtung erfüllt. Meine Annahme hierzu läuft darauf hinaus, die Soziologie als einen Typ von Beobachtung zu beschreiben, der es zuwege bringt, die Beobachtung als unbestimmt zu bestimmen und damit Spielräume in die Beobachtung einzuführen, die andernfalls nicht plausibel gemacht werden könnten.[28] Wer soziologisch beobachtet, tut so, als sei der Konflikt zu vermeiden, und setzt damit eine kontrafaktische Annahme in die Welt, die als solche eine unter Umständen entspannende Wirkungen haben kann. Sie kann aber auch, indem sie die Vermeidbarkeit von Konflikten postuliert, die ja ihrerseits nicht überflüssig sind, eine zusätzlich dramatisierende Wirkung haben, wie man nicht zuletzt an Schwierigkeiten studieren kann, die Soziologie als Fach auch in nichtwestlichen Gesellschaften zu etablieren.[29]

Das wichtigste Motiv für unsere Annahme einer Konflikte verschiebenden sozialen Funktion der Beobachtung entnehmen wir

---

24 Im Sinne von Michel Serres, *Der Parasit*, dt. Frankfurt am Main 1981.
25 So Niklas Luhmann, *Die Wissenschaft der Gesellschaft*, Frankfurt am Main 1990.
26 Vgl. Luhmann, *Soziale Systeme*, a. a. O., S. 532 ff.
27 Vgl. Niklas Luhmann, »Kontingenz als Eigenwert der modernen Gesellschaft«, in: ders., *Beobachtungen der Moderne*, Opladen 1992, S. 93-128.
28 Vgl. Dirk Baecker, *Wozu Soziologie?*, Berlin 2004.
29 Siehe hierzu Syed Hussein Alatas, »The Autonomous, the Universal and the Future of Sociology«, in: *Current Sociology* 54 (2006), S. 7-23.

jedoch einer aufgeklärten Theorie der rationalen Wahl, wie sie Jon Elster etwa in *Ulysses Unbound* vertritt. Vordergründig geht es hier nur um die Fähigkeit von Akteuren, also auch Beobachtern, sich selbst zu binden, um im Vorgriff auf Situationen, mit denen sie es zu tun bekommen, nicht Gefahr zu laufen, zur Ausnutzung von Freiheitsgraden durch ein Verhalten verführt zu werden, das man anschließend bereuen würde. Man legt sich selbst fest und wird so innerhalb eines dann auch kommunizierbaren Rahmens des Möglichen aktionsfähig.[30] Mit Erving Goffman könnte man davon sprechen, dass die Grenzen abgesteckt werden, die ein anschließendes Verhalten je nach Bedarf durch Beachten, Erkunden oder Überschreiten kenntlich macht.[31] In diesem Sinn entwirft ein Beobachter Konflikte, an denen er sich in der gewählten Situation im Sinne ihrer Vermeidung, Auslotung oder Zündung orientieren kann.

Mit Überlegungen dieser Art bewegt sich Elster meines Erachtens nicht mehr auf dem Territorium der Theorie der rationalen Wahl, sondern bereits im Umfeld einer möglichen Theorie der sozialen Wahl, wenn letztere darauf hinausläuft, die soziale Genesis eines dann rational abzuwägenden Alternativenraums des Handelns, Erlebens und Kommunizierens mit in den Blick zu nehmen. Die Theorie rationaler Wahl ist damit beschäftigt, nachzuvollziehen, wie individuelle Akteure vergleichend und abwägend ihren Alternativenraum nach eigenen Handlungen absuchen und entsprechend handeln und wie diese Handlungen ein Systemverhalten bewirken, das dann wiederum den Alternativenraum verändert.[32] Die Theorie sozialer Wahl wäre darüber hinaus damit beschäftigt, zu beschreiben, wie soziales Handeln und Erleben die Restriktionen setzt und variiert, von denen es anschließend behauptet, ihnen unterworfen zu sein. Für diese Art von Theorie ist daher der Kommunikationsbegriff der Begriff mit der größeren analytischen Tiefenschärfe: Handeln und Erleben orientiert sich an Chancen und Restriktionen, deren Setzung und Variation eine Sache der Kommunika-

---

30 Elster, *Ulysses Unbound*, a. a. O.

31 Siehe Erving Goffman, *Frame Analysis: An Essay on the Organization of Experience*, Cambridge, Mass., 1974.

32 Im Sinne von Peter Abell, »Sociological Theory and Rational Choice Theory«, in: Bryan Turner (Hrsg.), *The Blackwell Companion to Social Theory*, 2. Aufl., London 2000, S. 223-244.

tion ist.[33] Die soziologische Managementtheorie, an der wir hier arbeiten, ist daher eine Theorie, deren allgemeiner Rahmen eine Kommunikations- und *social choice*-Theorie ist, nicht die Handlungs- und *rational choice*-Theorie. Letztere ist inkludiert und versteht sich gleichsam von selbst, erstere ist der Ausgangspunkt und die Problemfolie, vor der die Theoriearbeit stattfindet.

Es mag sein, dass ein Konfliktbegriff der Beobachtung für Zwecke der Beschreibung sozialen Handelns und Kommunizierens zu dramatisch ist. Aber er trifft das, worauf es mir hier und im Folgenden ankommt: Eine Beobachtung nimmt Bestimmungen und damit Einschränkungen vor; diese Einschränkungen berauben eine Situation der Freiheitsgrade, die sie andernfalls nicht zuletzt in der Wahl alternativer Einschränkungen hätte; und deswegen muss jede Beobachtung wohl gesetzt sein, um den Konflikt vermeiden zu können, den sie provozieren muss. In Anlehnung an die quantenmechanische Formulierung kann man vielleicht sagen, dass die Beobachtung postklassisch einen Konflikt provoziert, den sie klassisch zu vermeiden sucht. Dies bedeutet aber, dass der Konflikt der allgemeine und seine Vermeidung beziehungsweise Verschiebung der besondere Fall ist. Wir bewegen uns innerhalb der Paradoxie, dass die postklassisch unbestimmte zugleich die klassisch überbestimmte Welt ist,[34] in der sich jede Maßnahme, auch die der scheinbar bloßen Beobachtung, als ein Konfliktfall darstellen lässt, der zu vermeiden ist.

Dass wir Beobachtungen im Regelfall nicht als Kommunikation eines Widerspruchs (so Luhmanns Definition von Konflikt[35]) wahrnehmen, hängt wohl auch damit zusammen, dass wir zu sehr darauf trainiert sind, genau diese Wahrnehmung kaum wahrzunehmen, geschweige denn zu kommunizieren. Vom Intellekt, wenn man Georg Simmels Beschreibung der »Steigerung des Nervenlebens« in der Großstadt glauben darf,[36] über die Indifferenz bis zur

---

33 Vgl. Luhmann, *Soziale Systeme*, a.a.O.; Dirk Baecker, *Form und Formen der Kommunikation*, Frankfurt am Main 2005.

34 Im Sinne von Gaston Bachelard, *Die Bildung des wissenschaftlichen Geistes: Beitrag zu einer Psychoanalyse der objektiven Erkenntnis*, dt. Frankfurt am Main 1987.

35 In *Soziale Systeme*, a.a.O., S. 530.

36 Siehe Georg Simmel, »Die Großstädte und das Geistesleben«, in: *Gesamtausgabe*, Bd. 7: *Aufsätze und Abhandlungen 1901-1908*, Bd. I, Frankfurt am Main 1995, S. 116-131.

Ignoranz haben wir uns hinreichende mentale und soziale Techniken bereitgelegt, Beobachtungen und deren inhärenten Zumutungsgehalt sowohl wahrzunehmen als auch nicht wahrzunehmen, um zumindest im Rahmen jeder bewussten Reflexion Beobachtungen als »neutral« bezeichnen und behandeln zu können. Ein Blick in die Literatur zu Stammesgesellschaften oder in die Praxis der Subkultur von Unterschichten belehrt jedoch schnell, wie sehr man seinen Blick kontrollieren können muss, um nicht als aggressiv zu gelten und entsprechende Abwehrmechanismen heraufzubeschwören. Die Subtilität, mit der sich die höfische Kultur unter dem zu vermeidenden Blick des Königs auf eine soziale Dynamik der Beobachtung zweiter Ordnung verlegt hat,[37] kann daher als eine zivilisatorische Errungenschaft gelten, die am zugrunde liegenden Sachverhalt der Einbettung von Beobachtungen in eine Struktur des Konflikts jedoch nichts ändert. Auch die detailliertere Kommunikationsanalyse zeigt, dass Konversationen nur dann gefahrlos geführt werden können, wenn von allen Beteiligten präzise darauf geachtet wird, auf welche Themen die Aufmerksamkeit fällt und auf welche nicht, um zu vermeiden, beobachtbar zu beobachten, was nicht beobachtet werden soll.[38] Auch daraus erklären sich bestimmte Empfehlungen einer sorgfältig studierten Sorglosigkeit (*careful carelessness*) in Konversationen.

Wozu Management?

Gegenstand und Kontext des Managements, für das wir uns hier interessieren, ist eine soziale Struktur, die sich wohl am besten durch das Stichwort der »Erwartungserwartungen« kennzeichnen lässt.[39] Diese kombinieren postklassische Unbestimmtheit mit klassischer Überbestimmtheit und eine dynamische Stabilität der Beobachtung zweiter Ordnung mit hoher Anfälligkeit für abweichende Beobachtungen. Erwartungserwartungen sind hochgradig störanfällig, gerade weil sie scheinbar robust gegen Störungen ge-

---

37 Siehe Baltasar Gracián, *Handorakel und Kunst der Weltklugheit*, dt. Stuttgart 1978.
38 Siehe Erving Goffman, »Embarassement and Social Organization«, in: *American Journal of Sociology* 62 (1956), S. 264-271; ders., *Strategic Interaction*, Philadelphia 1969; Harvey Sacks, *Lectures on Conversation*, Oxford 1995.
39 Siehe Luhmann, *Soziale Systeme*, a. a. O., S. 411 ff.

baut, tatsächlich jedoch auf die Wahrnehmung von Störungen bezogen sind. Ihre Robustheit ist eine Robustheit zweiter Ordnung, der auf der Ebene erster Ordnung eine hochgradige Nervosität entspricht. Erwartungen zu erwarten bedeutet, alles Mögliche zu erwarten, aber für dieses »alles Mögliche« gleichzeitig und »immer schon« Antworten und Korrekturen parat zu halten, die es auf das Maß des Erträglichen und Wünschbaren herunterstutzen, und – sollte man damit keinen Erfolg haben – weitere, nach Bedarf eskalierbare und eine mögliche Korrektur der eigenen Erwartungen einschließende Antworten bereithalten.

Management ist – davon gehen wir nach wie vor aus – Management *im System*.[40] Jede Störung, die es platziert, ist eine Störung, die im System ihren Sender und ihre Adressaten hat. Davon geht auch eine Betriebswirtschaftslehre aus, die den Unterschied zwischen Management und Organisation nur deswegen trifft,[41] um studieren und ausnutzen zu können, welchen Unterschied dieser Unterschied im System der Organisation macht.[42] Die beiden Fragen, mit denen wir uns hier beschäftigen, lauten daher: (1) Welche Art von Unterschied macht das Management im System? (2) Wie muss das System beschaffen sein, damit bestimmte Formen des Managements darin einen Unterschied setzen können? Die berühmte kybernetische Frage von Warren McCulloch, wie das Gehirn beschaffen sein muss, damit wir etwas über es herausfinden können,[43] variieren wir hier zugunsten der Frage, wie ein System beschaffen sein muss, wenn Management darin etwas ausrichten können soll.

Das Konzept der Erwartungserwartung fasst die wichtigste Eigenschaft des Systems zusammen: Jedes System, insofern es sich um ein *soziales* System handelt (über andere Systeme wissen wir in dieser Hinsicht zu wenig), ist ein System, das man sich am bes-

40 Siehe auch Dirk Baecker, »Management im System«, in: ders., *Organisation und Management: Aufsätze*. Frankfurt am Main 2003, S. 256-292.

41 So Erich Gutenberg, *Die Unternehmung als Gegenstand betriebswirtschaftlicher Theorie*, Berlin 1929.

42 Siehe Erich Gutenberg, *Grundlagen der Betriebswirtschaftslehre*, Bd. 1: *Die Produktion*, 24. Aufl., Berlin 1983; Edmund Heinen, *Einführung in die Betriebswirtschaftslehre*, 9., verb. Aufl., Wiesbaden 1992; Wolfgang H. Staehle, *Management: Eine verhaltenswissenschaftliche Perspektive*, 6., überarb. Aufl., München 1991.

43 Siehe Warren S. McCulloch, *Embodiments of Mind*, 2. Aufl., Cambridge, Mass., 1989, S. 387 ff.

ten als einen Mechanismus der operationalen Schließung in einem Netzwerk von Beobachtern vorstellt. »Sozial« soll hier heißen, dass wir es mit einer Abhängigkeitsstruktur zwischen unabhängigen Elementen zu tun haben, das heißt mit Assoziationen und Bindungen in einem ebenso aktiven wie passiven Sinn,[44] aber nicht mit Verknüpfungen (welchen Typs auch immer), die exogen gegeben wären und Muster der Vergesellschaftung biologisch, anthropologisch, archetypisch oder sonstwie vorgeben könnten.

Der Mechanismus der operationalen Schließung ist die Kommunikation. Was auch immer in einem sozialen System passiert, es muss die Form der Kommunikation annehmen und darf weitere Kommunikation zumindest nicht ausschließen, sosehr diese dann auch hochgradig spezifischen und restriktiven Bedingungen unterworfen werden mag. So der Stand der jüngeren Systemtheorie.[45] Die Form der Kommunikation ist von Niklas Luhmann als Einschluss des ausgeschlossenen Nichtwissens beschrieben worden: Jede Kommunikation hat es mit Individuen zu tun, über die sie weiß, dass sie nichts über diese weiß, und die ihrerseits wissen, dass sie nicht wissen, wie es mit ihnen und mit der Kommunikation weitergeht.[46] Andernfalls gäbe es keinen Grund zur Kommunikation, wenn diese ebenso sehr als Suche nach Freiheitsgraden wie als Suche nach Möglichkeiten ihrer Konditionierung zu verstehen ist.[47]

Diese operationale Schließung eines sozialen Systems durch Kommunikation findet in einem Netzwerk von Beobachtungen zweiter Ordnung statt, die sich allesamt aneinander orientieren, um sich ihrer Möglichkeiten zu vergewissern und die passenden Unterschiede voneinander zu finden und zu verstärken oder rechtzeitig, bevor sie auffallen, abzuschwächen und zu verbergen.

Management, so wollen wir zeigen, besteht darin, innerhalb dieses Netzwerks von Beobachtungen zweiter Ordnung das System der Reproduktion von Kommunikation so zu stören, dass die Chance der erfolgreichen Reproduktion eher gesteigert als abgeschwächt wird. Management, auch das ist ein Zeichen seiner Nähe zu einem

---

44 Vgl. Gabriel Tarde, *Monadologie et sociologie*, Le Plessis-Robinson 1999; Harrison C. White, *Identity and Control: A Structural Theory of Action*, Princeton, NJ, 1992.

45 Siehe von Foerster, *Observing Systems*, a. a. O.; Luhmann, *Soziale Systeme*, a. a. O.

46 Siehe Luhmann, *Die Gesellschaft der Gesellschaft*, a. a. O., S. 36 ff.

47 Siehe Baecker, *Form und Formen der Kommunikation*, a. a. O.

Mechanismus der Zündung und Ausbeutung von Konflikten, operiert wie eine Art Immunsystem innerhalb des sozialen Systems.[48] Wie das Rechtssystem im Bezug auf die Gesamtgesellschaft konfrontiert es sein Organisationssystem mit Erwartungen, an denen dieses System nur um den Preis von Sanktionen vorbeikommt. Das Management produziert Störungen, die die Form eines Widerspruchs annehmen, das heißt als »konzentrierte Instabilität«[49] die Annahme des Systems durchkreuzen, seine Komplexität bereits erfolgreich reduziert und geordnet zu haben.[50] Ganz im Gegensatz zu seiner Selbstdarstellung als Garant von Ordnung und Effizienz, von Rationalität und Verantwortung konfrontiert das Management das System zunächst einmal mit unbestimmter Komplexität und zwingt das System so, seine eigenen Komplexitätsreduktionen zu überprüfen und nach Bedarf und Möglichkeit zu korrigieren.

Die einzige Ebene, die dem Management hierfür jedoch zur Verfügung steht, ist die Ebene der Beobachtung von Beobachtern. Störungen und Widersprüche müssen Beobachtern auffallen, damit sie als Eigenschaften eines Sachverhalts sachlicher, sozialer oder zeitlicher Art gelten können. Wenn sie ihre Beobachter nicht finden, finden sie nicht statt. Das macht Management zu einem alles andere als selbstverständlichen, sondern im Gegenteil zu einem hochgradig anspruchsvollen Geschäft. Denn es muss seine eigenen Beobachtungen so präparieren, dass sie den Beobachtern im System als Störung dessen und Widerspruch zu dem auffallen, was sie andernfalls für den geordneten und selbstverständlichen Verlauf der Dinge gehalten hätten. Störungen und Widersprüche müssen *kommuniziert* werden, andernfalls *wirken* sie nicht. Sie können aber nur kommuniziert werden, wenn sie als Reduktionen der Komplexität, als Ordnung der Sache, als Vernunft der Verhältnisse und als Verantwortung für das Ganze daherkommen. Andernfalls hätten die Beobachter im Netzwerk Grund genug, dem Widerspruch mit Widerspruch zu begegnen und die Störungen zu stören. Dass man sich genau darauf versteht, gehört zu den Alltagserfahrungen in jeder Organisation. Jede Organisation ist nicht nur *garbage can* genug, um Initiativen beliebiger Art im Sande verlaufen zu lassen, sondern verfügt auch über genügend Interpretationserfahrungen,

48 So Luhmann, *Soziale Systeme*, a. a. O., S. 504 ff.
49 Ebd., S. 506.
50 Ebd., S. 508.

um jeden Widerstand gut und passend begründen zu können.[51] Nur deswegen hat jede Managementmaßnahme immer auch den Charakter einer kleinen Revolution.[52]

Spätestens an dieser Stelle müssen wir jedoch die allgemeine Ebene unserer Überlegungen verlassen und an konkreten Formen des Managements zeigen, wie das funktioniert, was wir hier vermuten. Zu diesem Zweck unterscheiden wir zwischen *operational management*, *corporate management* und *general management*. Diese Bezeichnungen sind unterschiedlich gut eingeführt, weisen Überschneidungen auf und werden in der Literatur mehr oder minder konsequent benutzt. Wir greifen sie auf, weil wir uns mit ihrer Hilfe der Empirie vergewissern können, mit der wir es hier zu tun haben:

– Unter »*operational management*« verstehen wir das alltägliche Geschäft einer zielführenden Sicherstellung effizienter Abläufe. Sein Kennzeichen ist eine teleologische Effizienz, die darauf beruht, Abweichungen an gewünschten Zielen zu messen und korrigierende Maßnahmen zu ergreifen.[53]

– Unter »*general management*« verstehen wir das schon etwas weniger alltägliche Geschäft einer Sicherstellung von Verfahren der Abstimmung zwischen den Stellen, Ebenen und Abteilungen einer Organisation, das dort für Koordination sorgt, wo gleichzeitig Konkurrenz, Neid und Furcht vor dem Verlust von autonomen Entscheidungsspielräumen herrschen. Sein Kennzeichen ist die Orientierung an einer Systemrationalität, die dem Handeln einer Stelle, Abteilung oder Ebene einer Organisation sowohl

---

51 Siehe dazu Michael D. Cohen, James G. March und Johan P. Olsen, »A Garbage Can Model of Organizational Choice«, in: *Administrative Science Quarterly* 17 (1972), S. 1-25; Nils Brunsson, »Managing Organizational Disorder«, in: Massimo Warglien und Michael Masuch (Hrsg.), *The Logic of Organizational Disorder*, Berlin 1996, S. 127-143; Carol A. Heimer und Arthur L. Stinchcombe, »Remodelling the Garbage Can: Implications of the Origin of Items in Decision Streams«, in: Morten Egeberg und Per Lægreid (Hrsg.), *Organizing Political Institutions: Essays for Johan P. Olsen*, Oslo 1999, S. 25-75.

52 Siehe Tom Peters, *Liberation Management: Necessary Disorganization for the Nanosecond Nineties*, London 1993; Gary Hamel, *Leading the Revolution*, Boston 2000.

53 Siehe dazu Arturo Rosenblueth, Norbert Wiener und Julian Bigelow, »Behavior, Purpose and Teleology«, in: *Philosophy of Science* 10 (1943), S. 18-24; Geoffrey Vickers, *Towards a Sociology of Management*, New York 1967.

die Übernahme als auch die Verteilung von Risiken diktiert.[54] »*General*« ist an diesem Management einerseits der Versuch der Verallgemeinerung und Respezifikation dessen, was in einzelnen Abteilungen und an einzelnen Stellen der Organisation arbeitsteilig und damit im Rahmen eines Abstimmungsverfahrens geleistet wird, und andererseits der Versuch, über die Kontrolle dieser Generalisierung und Respezifikation Maßnahmen zu ermöglichen, die über die Differenz der Ebenen der Hierarchie hinweg- und so durchgreifen, obwohl die Differenz der Ebenen der Hierarchie diese Ebenen immer auch autonom setzt.[55]

– Unter einem *corporate* oder auch *entrepreneurial management* schließlich verstehen wir Maßnahmen, die darauf zielen, eine Hierarchie aufzubauen und auszunutzen, in welche die Verfahren des *general management* ebenso eingebettet werden können wie die Ziele des *operational management*. Sein Kennzeichen ist der Umgang mit Macht in einem genau zu bestimmenden Sinne, nämlich im Sinne der kontrollierten Verteilung von Chancen der Ausübung von Willkür.[56] Dieser Aufbau von Hierarchie und diese Ausnutzung und Kontrolle von Chancen der Ausübung von Willkür (das heißt Entscheidung) greift auf Ressourcen zurück, die gesellschaftlicher Art sind, denn, paradox genug, auch die Willkür muss gesellschaftlich konzediert werden.

Diese Definitionen helfen uns jedoch nur dann weiter, wenn wir sie auf das grundsätzliche Problem des Managements komplexer Organisationen und hier auf die Störung des Systems durch Beobachtung beziehen. Wir tun dies im Folgenden Schritt für Schritt und bedienen uns wiederum der Notation von Spencer-Brown.

Management, so unser Ausgangspunkt, stört das System, das andernfalls, so die Annahme, einer Eigendynamik folgt, die, wohin auch immer sie führt, in jedem Fall nicht mit der Vermutung

---

54 Siehe Niklas Luhmann, *Zweckbegriff und Systemrationalität: Über die Funktion von Zwecken in sozialen Systemen*, Neuausgabe Frankfurt am Main 1977; Karl E. Weick, *Der Prozeß des Organisierens*, dt. Frankfurt am Main 1985; Amar V. Bhidé, *The Origin and Evolution of New Businesses*, Oxford 2000, S. 114 ff.

55 Siehe White, *Identity and Control*, a.a.O., S. 273 ff.; Talcott Parsons, »Some Ingredients of a General Theory of Formal Organization«, in: ders., *Structure and Process in Modern Societies*, New York 1960, S. 59-96.

56 Siehe wiederum White, ebd., S. 273 ff.; und Luhmann, *Die Gesellschaft der Gesellschaft*, a.a.O., S. 355 ff.; sowie Dirk Baecker, *Die Sache mit der Führung*, Wien 2009.

kompatibel ist, dass das System einer bewussten Kontrolle unterliegt. Um das System aus seiner Eigendynamik aufzustören, setzt das Management Maßnahmen, als deren Ergebnis der Eindruck entsteht und ausgenutzt werden kann, dass das System kontrolliert wird. Entscheidend für diese Maßnahmen, das werden wir sehen, ist eine Attributionsverschiebung, die dazu dient, die Kontrolle des Systems durch das Management als eine Kontrolle erscheinen zu lassen, die nicht dem Management, sondern dem System und hier nicht der ungestörten Eigendynamik des Systems, sondern seiner Anpassung an seine Umwelt, seiner Antizipation möglicher Entwicklungen und seiner Intelligenz der Vorwegnahme entsprechender eigener Reaktionen dient. Störungen sollen lenken, das ist ihr tieferer Sinn.

Wir notieren diese Überlegung mithilfe einer ersten Formel:

$$\boxed{\text{Management} = \text{Störung}}$$

Was immer das Management tut, es setzt eine Störung und markiert dadurch einen Zustand (Innenseite der Unterscheidung), der offenbar eine Antwort verlangt. Dieser Zustand markiert seinerseits eine Differenz gegenüber dem ungestörten Zustand des Systems, der aber, und darin liegt eine Pointe des Managements, keine eigene Markierung erfährt, das heißt nicht als solcher bestätigt, geschweige denn gewürdigt wird. Darin liegt die grundsätzliche Paradoxie des Managements: Zugunsten des Systems sieht es vom System ab. Die Paradoxie wird dadurch aufgefangen, dass mit der Störung nicht nur die Aufforderung zur Variation, sondern auch das Vertrauen in die Fähigkeit zur Variation kommuniziert wird. Das Management *ver*urteilt nicht, es *be*urteilt, und dies so, dass das beurteilte (»evaluierte«) System grundsätzlich mit dem Urteil leben, das heißt aus ihm seine Konsequenzen ziehen kann.

Das geht jedoch nur unter Ausnutzung der Zweiseitenform der Unterscheidung. Auf einer Ebene der Beobachtung erster Ordnung *ist* das Management eine Störung des Systems. Auf einer Ebene der Beobachtung zweiter Ordnung *wirkt* das Management als eine Störung des Systems, das heißt, es *wird* vom System im Hinblick auf die von ihm gesetzte Differenz seinerseits beobachtet (und möglicherweise abgewertet) und in Möglichkeiten des Umgangs mit dieser Differenz umgesetzt. Diese Zweiseitenform der Unterscheidung des Managements drücken wir so aus: Das Management wird nur dadurch *operativ*, dass es zu seinen Störungen auch die Ziele kommuniziert, die es zu erreichen gilt und zu denen sich das gestörte System *positiv* verhalten kann, während es sich zur Störung selbst nur *negativ* verhalten kann.

$$\text{Management} = \text{Störung} \,\lvert\, \text{Ziele}$$

Die Pointe am *operational management* besteht jedoch darin, dass die Ziele nicht nur als Kontext auftauchen, in dem die Störung Sinn macht, sondern ihrerseits markiert werden, um dem System die gewünschte Entwicklungsrichtung zu geben:

$$\text{Management} = \text{Störung} \,\lvert\, \text{Ziele}$$

Die Störung wird durch das Management als Reaktion oder Antwort auf eine Abweichung, (Geoffrey Vickers' »*mis-match signals*«[57]) kommuniziert, um das System dazu aufzufordern, die eigenen Ziele wieder in den Blick zu nehmen und im Hinblick auf diese Ziele die Abweichung zu korrigieren. Angesichts eines nicht statisch, sondern dynamisch stabilisierten Systems,[58] in dem laufend Ereignisse auftreten, die im Hinblick auf die gewünschten Ziele bewertet und beantwortet werden müssen, hat das *operational management* mit dieser Kommunikation von Störungen im Kontext von Zielen schon alle Hände voll zu tun.

Wir erweitern die Notationsmöglichkeiten des Formkalküls von Spencer-Brown, indem wir nicht nur die Variablen (»Störung«, »Ziele«) benennen, sondern auch die Wiedereintrittsebene einer Unterscheidung in die Unterscheidung. Dann können wir festhalten, dass die Zweiseitenform der Unterscheidung von Störung und Ziel ihrerseits nicht irgendwie, nicht ad hoc und nicht als evolutionäres *gamble* in die Unterscheidung wieder eingeführt wird,

---

57 Vickers, *Towards a Sociology of Management*, S. 34 ff.
58 Im Sinne von Walter L. Bühl, *Sozialer Wandel im Ungleichgewicht: Zyklen, Fluktuationen, Katastrophen*, Stuttgart 1990, S. 45 f.; Luhmann, *Die Gesellschaft der Gesellschaft*, a. a. O., S. 789 ff.

sondern auf der Ebene einer Vorgabe von »Effizienz«.[59] Störungen stören nicht als solche, sondern weil sie Ziele in Erinnerung rufen oder setzen, die man aus den Augen verloren hat. Und Ziele interessieren nicht als solche, nicht als Erfüllung frommer Wünsche, sondern weil sie es erlauben, ja erzwingen, je gegenwärtig auf Systemabweichungen und Managementstörungen so zu reagieren, dass die Chance ihrer Erfüllung eher steigt als sinkt. Das heißt, Effizienz ist die Formel, die darüber Auskunft gibt, dass und wie Störungen und Ziele sich wechselseitig in-formieren:

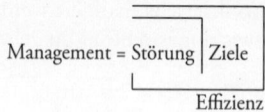

$$\text{Management} = \underline{\text{Störung} \mid \text{Ziele}}$$
$$\text{Effizienz}$$

Vermutlich behauptet man nicht zu viel, wenn man sagt, dass ein Großteil der Betriebswirtschaftslehre vollauf mit der Sicherstellung von Effizienz dieses Typs befasst ist und dass sie dies zu Recht, da die Störungen ebenso wie die Ziele wechseln, nicht als Wissenschaft, sondern als Handlungslehre, nämlich adhokratisch, tut.[60]

Trotz der Vielzahl von Aufgaben, die sich stellen, wenn sich das Management in diesem Sinne der Sicherstellung von Effizienz widmet, genügt es jedoch nicht, sich auf diese zu beschränken. Die Managementaufgaben einer komplexen Organisation reichen über das *operational management* hinaus. Das macht bereits die Notation mithilfe einer Spencer-Brown-Formel deutlich, die auf einen Blick darauf hinweist, dass die Markierung von Zielen ihrerseits in einem Kontext stattfindet, der die Außenseite effizienten Managements darstellt und offensichtlich berücksichtigt werden muss, ohne bereits thematisiert zu sein. In der gegenwärtigen Betriebswirtschafts-

59 Siehe Herbert A. Simon, *Administrative Behavior: A Study of Decision-Making Processes in Administrative Organization*, 4. Aufl., New York 1997, S. 250 ff.; Karl E. Weick, »Re-Punctuating the Problem«, in: Paul S. Goodmann, Johannes M. Pennings and Associates, *New Perspectives on Organizational Effectiveness*, San Francisco 1977, S. 193-225.

60 So Richard Whitley, »The Development of Management Studies as a Fragmented Adhocracy«, in: *Social Science Information* 23 (1984), S. 775-818; ders., »The Management Sciences and Managerial Skills«, in: *Organization Studies* 9 (1988), S. 47-68.

lehre ist diese Außenseite der blinde Fleck der Managementlehre. Die Betriebswirtschaftslehre denkt über die Orientierung an Zielen und damit über die Orientierung an Regeln der Effizienz nicht hinaus, sondern versucht, alle zusätzlich erforderlichen Managementmaßnahmen bis hin zu Fragen der Führung und des Unternehmertums in dieser Formel, meist in der Gestalt der Thematisierung von Zielsetzung und der Überzeugung zugunsten der gesetzten Ziele, unterzubringen.

Wir plädieren stattdessen für eine Ausleuchtung des blinden Flecks (zugunsten der Produktion eines neuen blinden Flecks, aber das müssen wir in Kauf nehmen) in Gestalt der nicht nur impliziten, sondern expliziten Berücksichtigung des Umstands, dass Management *in Organisationen* stattfindet und dass diese Organisationen ihre eigene Dynamik aufweisen. Das System *ist*, vielleicht unter anderem, Organisation. Eine nicht nur betriebswirtschaftliche, sondern soziologische Managementlehre besteht in diesem Sinne darin, die Kontextfrage nicht nur zu explizieren, sondern als Ressource weiterer Formen des Managements zu verstehen und zu beschreiben.[61]

Die einfachste Formel, mit der sich die Organisation für das Management bemerkbar macht, ist die des Zielkonflikts. Die vom Management störend, aber zur Korrektur von Abweichungen kommunizierten Ziele stehen zum Leidwesen der Betriebswirtschaftslehre bereits innerhalb der Organisation im Konflikt miteinander. Keine Behauptung der Einheit, Konsistenz und Hierarchie der Zielsetzung, auf die sich die Betriebswirtschaftslehre kapriziert, kann darüber hinwegtäuschen. Tatsächlich ist dies ja der Hauptgrund für das nicht deskriptive, sondern normative Selbstverständnis der Betriebswirtschaftslehre: Sie muss die Einheit, Konsistenz und Hierarchie der Ziele behaupten und kontrafaktisch unterstreichen, eben weil sie empirisch nicht der Fall ist. Jede Organisationstheorie, die diesen Namen verdient, startet daher mit der Einsicht, dass Organisationen nicht auf der Ebene der verfolgten Ziele,

61 So auch Dirk Baecker, *Die Form des Unternehmens*, Frankfurt am Main 1993; ders., »Ausgangspunkte einer soziologischen Managementlehre«, in: ders., *Organisation und Management: Aufsätze*, Frankfurt am Main 2003, S. 218-255; ders., »The Form of the Firm«, in: *Organization: The Critical Journal on Organization, Theory and Society* 13, Nr. 1 (*Special Issue on* »*Niklas Luhmann and Organization Theory*«), S. 109-142.

sondern auf der Ebene der verfügbaren Mittel integriert sind und integriert werden.[62]

Der Kontext, in dem die kommunizierten Ziele stehen, ist daher der Konflikt dieser Ziele untereinander und damit der Konflikt der verschiedenen Stellen, Ebenen und Abteilungen einer Organisation untereinander:[63]

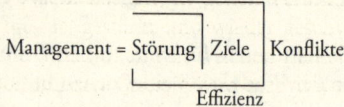

$$\text{Management} = \text{Störung} \mid \text{Ziele} \mid \text{Konflikte}$$
$$\text{Effizienz}$$

Das *general management* einer komplexen Organisation (und »einfache« Organisationen gibt es nicht) hat es mit diesen Konflikten zu tun, und zwar nicht nur mit ihrer Bewältigung, sondern auch mit ihrer Zündung. Der Konflikt ist selbst eine Form der Ausnutzung und Bewältigung von Störungen. Er ist für das System überlebensnotwendig, weil nur er, und nicht bereits die Spannung zwischen Zielabweichung und Zielerreichung, das System mit einer hinreichenden Sensibilität für die Wahrnehmung interner und externer Differenzen ausstattet.[64] Ginge es nur um die Differenz zwischen Zielerreichung und Zielabweichung, könnte man die Organisation leicht, wie es deswegen auch vielfach geschieht, mit einer möglichst effizient zu gestaltenden Maschine verwechseln. Die Beobachtung, dass in diesem System Konflikte auftauchen und dass das System von diesen Konflikten profitiert, zwingt dazu, auch andere Metaphern als die der »Maschine« für die Beschreibung der Organisation ernst zu nehmen[65] und sich so der Vorstellung zu nähern, man habe es bei der Organisation tatsächlich mit einem *sozialen* System zu tun. Denn die Konflikte ergeben sich nicht aus der Sache, die ist, wie sie ist, sondern daraus, dass die Sache sich aus unterschiedlichen Blickwinkeln unterschiedlich darstellt. Diese Blickwinkel jedoch, die ihrerseits ihre sachlichen Motive haben, stehen unter-

62 Siehe Weick, *Der Prozeß des Organisierens*, a. a. O.

63 Siehe Robert G. Eccles und Harrison C. White, »Firm and Market Interfaces of Profit Center Control«, in: Siegwart Lindenberg, James S. Coleman und Stefan Nowak (Hrsg.), *Approaches to Social Theory*, New York 1986, S. 203-220.

64 Siehe noch einmal Luhmann, *Zweckbegriff und Systemrationalität*, a. a. O.

65 Siehe einige Möglichkeiten bei Gareth Morgan, *Images of Organization*, Beverly Hills 1986.

einander in einer *sozialen* Beziehung und können daher auch nur *sozial* untereinander in Differenz gesetzt und ausgeglichen werden.

Ich mache daher den Vorschlag, einen Begriff des *general management* zu entwickeln, der auf das Management von Konflikten, auf ihre Zündung *und* Bewältigung, zielt und daraus eine *Rationalität* gewinnt, die sich nicht auf den effizienten Mitteleinsatz beschränkt (Zweckrationalität), sondern die Art und Weise betrifft und beobachtet, wie Konflikte im System zum Ausdruck kommen und behandelt werden. Niklas Luhmanns Begriff der »Systemrationalität«[66] wäre in diesem Sinne dahingehend aufzugreifen, dass er die Differenz von System und Umwelt im System verfügbar macht, und dies, wie es sich für ein komplexes System, gehört, das in einer komplexen Umwelt agiert, vielfach und vielfältig. Dem *general management* geht es um einen in diesem Sinne rationalen, weil »vernünftigen« Umgang mit für notwendig und hilfreich, ja belebend gehaltenen Konflikten:

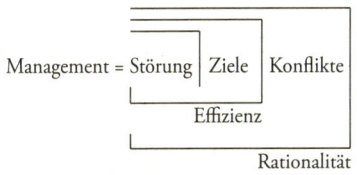

Auch hier haben wir es wiederum mit der Form der Unterscheidung insgesamt zu tun, das heißt mit der Zündung der Konflikte auf einer Ebene der Beobachtung erster Ordnung, wie kalkuliert auch immer, und ihrer Auswertung auf einer Ebene der Beobachtung zweiter Ordnung. Wir haben es mit einer Rationalität zu tun, die sich ihrerseits am Effizienzmaßstab einer Zielsetzung orientiert, die in der Lage ist, mit Abweichungen korrigierend umzugehen. Und vor allem haben wir es nicht mit beliebigen Konflikten zu tun, sondern mit Konflikten, die zum einen an der »richtigen« Stelle stören und zum anderen als Konflikte über Ziele, das heißt als konstruktive Formen des Umgangs mit dem Reproduktionsproblem des Systems, dargestellt werden können. Auch die *garbage can* vielfacher und denkbar unordentlicher Zielkonflikte ist die *Struktur*

---

66 In Luhmann, *Zweckbegriff und Systemrationalität*, a. a. O.; ders., *Die Gesellschaft der Gesellschaft*, a. a. O., S. 171 ff.; ders., *Organisation und Entscheidung*, Opladen 2000, passim.

eines Systems, nämlich die Form der Auseinandersetzung dieses Systems mit – angesichts eigener Ressourcen und unterschiedlicher sowie untereinander widersprüchlicher Umwelten – unterschiedlichen Zielen.

Die Rationalität, die sich mithilfe eines *general management*, das heißt mithilfe eines Managements, das die gesamte Organisation in den Blick nimmt, erreichen lässt, ist dabei keine Rationalität eindeutig oder gar perfekt bestimmter Systemzustände, sondern eine prozedural verstandene Rationalität unruhiger, aber perfektibler Systeme. Sie ist eine Rationalität des Umgangs mit Konflikten in der Form von Verfahren.[67] An dieser Stelle ist an alle anspruchsvolleren Formen der Gestaltung und Überwachung von Organisationen zu denken, wenn man darauf achtet, dass diese anspruchsvolleren (und reflektierteren) Formen nicht nur darin bestehen, ein System zu ordnen, sondern darüber hinaus darin, das System mit Bruch- und Trennungslinien, mit Unterscheidungen zwischen Stellen und mit Grenzen zwischen Abteilungen und Ebenen zu versorgen, die *als* diese Bruch- und Trennungslinien, *als* diese Unterscheidungen und Grenzen das System in die unterschiedlichen Blickwinkel zerlegen (»dekonstruieren«), die anschließend in vom Management produktiv zu gestaltenden Konflikten zum Ausdruck kommen.[68]

Die Rationalität dieser Brüche besteht hierbei darin, dass jeder einzelne die verschiedenen Stellen, Ebenen und Abteilungen sowohl voneinander trennt als auch aufeinander bezieht. Das einfache Prinzip, das diese paradoxe Funktion zu erfüllen erlaubt, ist bisher nur für Marktwirtschaften formuliert worden, trägt jedoch auch für die Beschreibung rationaler Organisationen in unserem Sinne. Dieses Prinzip besteht im Grundsatz einer risikoaversen Risikoorientierung, das heißt der Übernahme von Risiken zwecks

67 Siehe Herbert A. Simon, »From Substantive to Procedural Rationality«, in: ders., *Models of Bounded Rationality*, Bd. 2, Cambridge, Mass., 1982, S. 424-443; und Niklas Luhmann, *Legitimation durch Verfahren*, 2. Aufl., Frankfurt am Main 1989.

68 Vgl. dazu Parsons, »Some Ingredients of a General Theory of Formal Organization«, a. a. O.; Henry Mintzberg, *The Structuring of Organizations: A Synthesis Research*, Englewood Cliffs, NJ, 1979; Paul Milgrom und John Roberts, *Economics, Organization and Management*, Englewood Cliffs, NJ, 1992; Alfred Kieser und Peter Walgenbach, *Organisation*, 4., überarb. und erw. Aufl., Stuttgart 2003; und John Roberts, *The Modern Firm: Organizational Design for Performance and Growth*, Oxford 2004.

Sicherstellung der Beherrschung von Risiken.[69] Der Grundgedanke ist einfach: Die arbeitsteilige Struktur von Produktionen und Projekten lebt davon, dass die auftretenden Risiken erkannt und auf die teilnehmenden Stellen so verteilt werden können, dass die Risiken zum einen minimiert und die teilnehmenden Stellen in ihren jeweiligen Beiträgen kalkuliert werden können. Wenn jeder etwas zu verlieren hat, das schmerzhaft genug ist, um hinreichende Aufmerksamkeit auszulösen, aber nicht so überfordernd, um hasardierendes Verhalten nach sich zu ziehen, kann die Teilnahme am Gesamtprozess so kalkuliert werden, dass im Maß der Übernahme von Teilrisiken sowohl die Autonomie der beteiligten Stellen als auch ihr Bezug aufeinander sichergestellt werden kann. Jeder einzelne Schritt im *splitting* und *pooling* der Risiken muss verhandelt werden und bietet von daher sowohl Gelegenheit zum Konflikt wie zur Routine.[70] Darüber hinaus ist jeder einzelne Schritt jedoch vor allem ein Anlass sowohl zur Beobachtung als auch zur Kontrolle der Beobachtung, denn man muss seine Partner sowohl einschätzen können als auch ihnen und ihrer autonomen Diskretion genau das Vertrauen entgegenbringen, das vorausgesetzt werden muss, soll jede einzelne Risikoübernahme möglich sein.[71]

Es mag überraschen, dass hier Rationalität und Risikoorientierung als zwei Seiten derselben Medaille erscheinen. Die Überraschung legt sich jedoch, sobald man hinreichend genau darauf achtet, wie es in netzwerkartigen, das heißt in über Entscheidungen zwischen Bindung und Nichtbindung, zwischen fester und loser Kopplung verfügenden Formen der Kooperation zu einer Kooperation kommen soll, die Unabhängigkeit und Bezug, Perspektivenvielfalt der Beteiligten und Einheit der Orientierung gleicher-

69 Siehe dazu Kenneth J. Arrow, »The Role of Securities in the Optimal Allocation of Risk-Bearing«, in: Review of Economic Studies 31 (1964), S. 91-96; Dirk Baecker, *Information und Risiko in der Marktwirtschaft*, Frankfurt am Main 1988, S. 243 ff.; ders., »Rationalität oder Risiko?«, in: Manfred Glagow, Helmut Willke und Helmut Wiesenthal (Hrsg.), *Gesellschaftliche Steuerungsrationalität und partikulare Handlungsstrategien*, Pfaffenweiler 1989, S. 31-54.

70 Siehe Milgrom und Roberts, »Bargaining Costs, Influence Costs, and the Organization of Economic Activity«, a. a. O.

71 Siehe Niklas Luhmann, *Vertrauen: Ein Mechanismus der Reduktion sozialer Komplexität*, 2. erw. Aufl., Stuttgart 1973; Charles F. Sabel, »Studied Trust: Building New Forms of Cooperation in a Volatile Economy«, in: Richard Swedberg (Hrsg.), *Explorations in Economic Sociology*, New York 1993, S. 104-144.

maßen sicherstellen können soll. Die Form der Kooperation kann nur eine Variante der Form der Kommunikation sein, das heißt Abhängigkeit mit Unabhängigkeit kombinieren, ohne die eine der anderen unterzuordnen.

Diese Form einer rationalen Risikoorientierung als Medium, in dem sich das *general management* bei der Zündung und Bearbeitung von Konflikten bewegt, muss jedoch ihrerseits durch eine dritte Form des Managements ergänzt und begleitet werden, die schon deswegen eine eigene Form ist, damit sie den ersten beiden Formen nicht ins Gehege kommt. Das *operational management* muss sich um Effizienz und das *general management* um Rationalität kümmern können, ohne sich im Effizienzfall um die Rationalität eines Konflikts und im Rationalitätsfall um die Effizienz der Ziele kümmern zu müssen. Ebenso wenig, und damit beschließen wir die Beleuchtung des blinden Flecks einer betriebswirtschaftlichen Managementlehre, hat sie sich um die ambivalente Einheit der Organisation als solcher kümmern zu müssen. Die Betriebswirtschaftslehre hat ja Recht, Einheit muss sein. Aber diese kommt wesentlich später und wesentlich anforderungsreicher zustande, als jene es gerne hätte. Sie ist erst das Ergebnis eines *corporate* oder *entrepreneurial management*, noch nicht das Ergebnis eines *operational* oder eines *general management*. Überdies erfüllt sie eine andere Funktion, als die Betriebswirtschaftslehre annimmt. Einheit ist nicht die Garantie der Legitimität des Ziels einer Organisation, keine ideologische Abschlussformel für die Konsistenz der Organisation auf der Ebene ihrer Ziele (und auch nicht für die Konsistenz der Organisation auf der Ebene ihrer Konflikte), sondern eine in jedem einzelnen Fall prekäre, weil ambivalente Form der Abbildung der Organisation und ihrer Umwelt in der Organisation. Bei jedem genaueren Hinschauen zerfällt diese Einheit wieder in die Differenzen, aus der sie zusammengesetzt ist, und genau darin besteht auch ihr Sinn. Das *corporate management* stellt im Wortsinn eine Verkörperung, einen Körper bereit, der als Hülle zusammenhält und für jede Beobachtung zurechenbar macht, was für jede einzelne Entscheidung, aber auch bei jeder Zurechnung sofort wieder auseinanderfällt.

Vielleicht fällt auf, dass wir in unserer bisherigen Entwicklung einer soziologischen Managementlehre noch nicht auf eine Ressource (andere würden sagen: ein Problem) zu sprechen gekommen sind, die häufig von Soziologen als erste genannt wird, wenn die soziale Struktur der Organisation unter dem Gesichtspunkt ihrer Steuerbarkeit durch ein Management thematisiert wird, nämlich die Ressource (oder das Problem) der Macht. Wir führen diese Ressource jetzt ein, weil sie, angemessen begriffen, der spezifische Kontext ist, in dem Konflikte in Organisationen zielführend gezündet und bewältigt werden können:

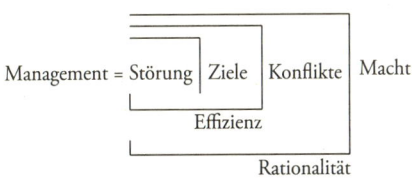

Die Außenseite unserer bisherigen Form des Managements, so wollen wir annehmen, ist die Macht, das heißt die Fähigkeit zur Durchsetzung von Absichten auch gegen einen oder mehrere widerstrebende Willen.[72]

Aber was heißt das? Und inwiefern kann Macht als das Medium begriffen werden, in dem ein *corporate management* möglich ist? Die Macht einer Organisation fällt ja ebenso wenig vom Himmel wie ihre Konflikte oder Ziele. Sie ist das Ergebnis eines zum Teil gewollten, zum Teil auch ungewollten Umgangs der Organisation mit sich selbst, der daraus resultiert, dass die allgemeine Ungewissheit, wie es mit der Organisation weitergeht, asymmetrisch verteilt wird zum einen auf die Mitglieder der Organisation, die sie reduzieren, und zum anderen auf jene, die sie unter dieser Bedingung aushalten. Die Macht ist ein Spiel, das darauf hinausläuft, Attributionen vorzunehmen, denen gemäß der Einfluss der einen im Zusammenhang mit der Folgebereitschaft der anderen wächst, wenn und nur wenn dieser Einfluss sich an die Bedingung einer gleichsam freiwillig produzierten Folgebereitschaft gebunden fühlt.[73]

In einem ersten Schritt ist diese Macht ein bloßes Nebenpro-

72 So Max Weber, *Wirtschaft und Gesellschaft: Grundriß der verstehenden Soziologie*, 5., rev. Auflage, Studienausgabe, Tübingen 1990, S. 28 f.

73 Hierzu Michel Crozier und Erhard Friedberg, *Die Zwänge kollektiven Handelns: Über Macht und Organisation*, dt. Neuausgabe Bodenheim 1993; Jeffrey Pfeffer, *Power in Organizations*, Cambridge, Mass., 1981.

dukt der Konfliktbereitschaft. Wer – unwahrscheinlich genug – zu Konflikten bereit ist, muss sich entweder durch sich selbst oder durch sein Gefolge gewisse Chancen zurechnen oder zurechnen lassen, diesen Konflikt auch zu bestehen. Wer einen Konflikt riskiert, muss – unwahrscheinlich genug – im Besitz der Möglichkeit autonomer Setzungen eigener Handlungsmöglichkeiten sein. Aber wie kommt es dazu? Macht, so nimmt zumindest Niklas Luhmann an,[74] ist das Nebenprodukt von Macht. Sie erzeugt sich selbst, und Organisationen sind eine der institutionellen Einrichtungen der Gesellschaft, in der diese Gesellschaft die Möglichkeit der Produktion von Macht sowohl ausnutzt als auch einschränkt.

Schauen wir uns diese Selbstproduktion der Macht genauer an; es handelt sich nicht um ein Pfingstwunder. Macht, so zeigt Luhmann, kommt in dem Moment zustande, in dem einer der Beteiligten (nennen wir ihn oder sie »Alter Ego«) einen anderen (nennen wir ihn oder sie »Ego«) mit einer Aufforderung zu einem bestimmten Handeln konfrontiert. Diese Aufforderung geht mit einer doppelten Entdeckung einher. Auf der Seite der Machtunterworfenen entdeckt man im Moment der Aufforderung, dass man zumindest kurz zuvor noch anders hätte handeln können und bei hinreichendem Einsatz von Gegenmacht vielleicht immer noch anders handeln könnte. Auf der Seite der Machthaber entdeckt man spätestens in dem Moment, in dem der Unterworfene sich verweigert, dass man die Aufforderung, machiavellistisch beraten, auch hätte unterlassen können beziehungsweise hätte anders rahmen oder anders terminieren können. Das heißt, so Luhmann, mit dem Auftreten von Macht geht die Entdeckung von Willkür, das heißt die Entdeckung der Setzung von Gründen für abweichendes Handeln, einher. Ohne Macht keine Willkür, ohne Willkür keine Macht.

Das aber bedeutet, dass wir hiermit auf eine Organisationsressource ersten Ranges gestoßen sind. Denn wie soll man sich eine Organisation vorstellen, die nicht in diesem Sinne zur Willkür, das heißt zum Treffen von Entscheidungen, in der Lage ist? Wie soll man sich ein Management vorstellen, das nicht gerade hier, in der Formierung und Phrasierung von Willkür, eine ihrer wichtigsten Aufgaben entdeckt und wahrnimmt? In diesem Sinne wollen wir

---

74 *Die Gesellschaft der Gesellschaft*, a. a. O., S. 355 ff.

jedes *corporate management* als ein Management im Medium der Macht bezeichnen, das dadurch gekennzeichnet ist, dass es über die Ebenen, Abteilungen und Stellen der Organisation hinweg *durchgreifen* und Handlungen sowohl blockieren als auch generieren kann. In dieser Hinsicht ist es die Voraussetzung jenes *general management*, das aus der Formatierung von Willkür die Routinen von Verfahren gewinnt.[75] Das eine gehört zum anderen: Nur wenn ein Management auftritt, dass Handlungen *blockiert*, versorgt sich ein System mit einem Wissen um Willkürchancen, die dann andererseits auch zum *Gewinn* von Handlungen genutzt werden können. Macht hat diese beiden Seiten der Blockade und des Gewinns von Handlungen, anders gäbe es sie nicht.

Deswegen ist ein *corporate management* zur Verkörperung fähig derart, dass es stellen- und situationsübergreifend Zurechnungsadressen bereitstellt, die ein System mit einem Wissen über es selbst versorgen. Natürlich muss das *corporate management* (wie jedes andere auch) dafür auf Beobachtungen zweiter Ordnung setzen. Es reagiert darauf, wie sich ein System mithilfe seiner Beobachtungen seine Wirklichkeit konstruiert; aber es wirkt seinerseits auch nur dann, wenn es sich als Beobachter dieser Wirklichkeit in dieser Wirklichkeit beobachten lässt. Andernfalls könnte es keinen Unterschied machen und dann auch keine Macht ausüben. Deswegen besteht ein beachtlicher Teil des *corporate management* darin, sich mit den Symbolen, Zeichen und Argumenten auszustatten,[76] die jene Einheit (*unit* und *unity*[77]) unterstreichen, die die Machtausübung zur Zurechnung kollektiven, das heißt sich selbst bindenden Handelns verlangt. Es wird nicht mit Symbolen beschenkt, weil es diese Macht hat; sondern es hat diese Macht, weil es über Symbole verfügt, in denen ein System gewillt ist, die Verteilung seiner Willkürchancen inklusive der Asymmetrie dieser Verteilung zu erkennen.

Und deswegen kommt die Macht des *corporate management* darin zum Ausdruck, dass es ihm gelingt, das System der Organisation mit einer Einheit ihrer selbst auszustatten, mit einem Selbstver-

75 So White, *Identity and Control*, a. a. O., S. 273 ff.

76 Im Sinne von Charles Sanders Peirce, »On a New List of Categories«, in: *Proceedings of the American Academy of Arts and Sciences* 7 (1869), S. 287-298.

77 Vgl. Alfred Korzybski, *Science and Sanity: An Introduction to Non-Aristotelian Systems and General Semantics*, 4. Aufl., Lakeville, Conn., 1958.

ständnis, einer Selbstbeschreibung und einer Organisationskultur, mit deren Hilfe sich das System der Organisation den Sinn seiner Konflikte und die Differenz seiner Ziele als Beitrag zu einer mehr oder minder erfolgreichen Reproduktion der Organisation vor Augen führt:

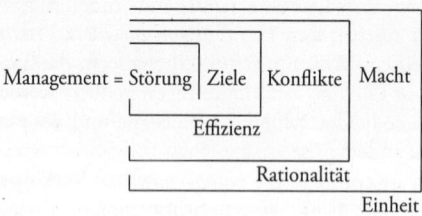

Die Einheit der Organisation ist, wie sich das poststrukturalistisch gehört,[78] die abschließende Formulierung ihrer Differenz, weil sie auf ihrer Außenseite nur noch den *unmarked state* kennt und zulässt – alles andere würde ihre Einheit unvollkommen sein lassen. Die Einheit der Organisation hat damit jenen hoch ambivalenten Status, dass sie alles einschließt, was sie einschließt, und alles ausschließt, was sie ausschließt, dies aber *in der Form* des Managements der Organisation, das heißt, so darf man vielleicht sagen, *nicht wirklich*. »Nicht wirklich«, denn dieser Ausschluss des Ausgeschlossenen wird nach wie vor *in der Form* vorgenommen, das heißt als solcher eingeschlossen. Damit muss die Organisation wie jede Einheit zurande kommen, und daraus bezieht das Management seine finale Bedeutung als Störung im System. An die Einheit werden die Ziele der Organisation ebenso angeschlossen wie die Risiken, mit denen sie sich beschäftigt. Aber dieser Anschluss bedeutet nicht die letztgültige Legitimation dieser Ziele und Risiken, sondern er bedeutet, die *Ambivalenz* dieser Ziele und Risiken offenzulegen.[79] Denn der Blick auf die Einheit zeigt, dass alles anders sein könnte.

78 Siehe Vincent Descombes, *Das Selbe und das Andere: Fünfundvierzig Jahre Philosophie in Frankreich 1933-1978*, dt. Frankfurt am Main 1981.

79 So James G. March, Johan P. Olsen u. a., *Ambiguity and Choice in Organizations*, 2. Aufl., Bergen 1979; Louis R. Pondy, Richard J. Boland, jr. und Howard Thomas (Hrsg.), *Managing Ambiguity and Change*, New York 1988; Michael I.

Dieser Umgang mit dem Problem der Einheit im Medium der Macht enthält den Schlüssel zum jüngst wieder vielfach umrätselten Phänomen der *Führung*. Führung ist eine Kompetenz des *corporate management*, die darin besteht, der Führung wie der Gefolgschaft sowohl die Einheit und ihre Leistung als auch die Kontingenz dieser Einheit und die damit einhergehende Ungewissheit[80] vor Augen zu führen. Dabei ist es wiederum wichtig, auf die zirkuläre Struktur dieser Kommunikation auch dann zu achten, wenn sie durch die Hierarchisierung der Organisation scheinbar widerlegt wird: Führung und Gefolgschaft müssen um die Kontingenz der Einheit wissen, weil anders die Formulierung und Inszenierung dieser Einheit nicht so fein gesteuert werden kann, dass sie nicht nur ein Hinweis auf das Problem der Kontingenz, sondern auch seine attraktive Lösung sein kann. Führung ist daher, wie Leonard R. Sayles formuliert hat, die Kontingenzaktivität schlechthin:[81] Sie produziert, unterstreicht und beantwortet die Kontingenz, keine dieser Teilaktivitäten wäre ohne die jeweils anderen möglich.

Das *corporate management*, verstanden als Führung, leistet all dies nicht durch das Mirakel ihrer selbst, gleichsam aus charismatischem Überschwang oder göttlicher Divination heraus, sondern durch eine nach außen ebenso fein gesteuerte Anpassung wie nach innen. Deswegen spricht Philip Selznick von Führung als der »institutionellen« Einbettung der Zwecke und Ziele der Organisation.[82] Die Einheit der Organisation ist nach innen geschlossen und nach außen offen und »saugt« in genau dieser Form jene noch unbestimmten gesellschaftlichen Kontexte an, in denen die Organisa-

Reed, *The Sociology of Management*, Hempstead 1989; Michael J. Piore, »Review of The Handbook of Economic Sociology«, in: *Journal of Economic Literature* 34 (1996), S. 741-754; Karl E. Weick, »The Attitude of Wisdom: Ambivalence as the Optimal Compromise«, in: Suresh Srivastva und David L. Cooperrider (Hrsg.), *Organizational Wisdom and Executive Courage*, San Francisco 1998, S. 40-64.

80 Im Sinne von Frank H. Knight, *Risk, Uncertainty, and Profit*, Nachdruck New York 1965.

81 Siehe Leonard R. Sayles, *Leadership: What Effective Managers Really Do … and How They Do It*, New York 1979; und vgl. Chester I. Barnard, »The Nature of Leadership«, in: ders., *Organization and Management*, Cambridge, Mass., 1948, S. 80-110.

82 Siehe Philip Selznick, *Leadership in Administration: A Sociological Interpretation*, Nachdruck Berkeley 1984.

tion dank ihrer Führung sich politisch und wirtschaftlich, rechtlich und kulturell reproduzieren und entfalten kann:

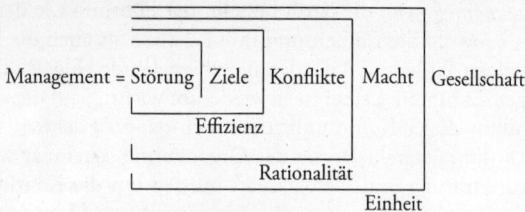

Management = Störung | Ziele | Konflikte | Macht | Gesellschaft

Effizienz

Rationalität

Einheit

Mit dieser abschließenden Formulierung markieren wir unser Managementverständnis als ein nicht nur soziologisches, sondern darüber hinaus gesellschaftstheoretisches Konzept. Und wir gewinnen ein Verständnis für die Referenz auf Gesellschaft, die es immer wieder ermöglicht, das System der Organisation mit jenen Störungen zu versorgen, deren Bearbeitung vom *operational management* im Medium der Effizienz, vom *general management* im Medium der Rationalität und vom *corporate management* im Medium der Einheit der Organisation geleistet wird.

Störung

Der Systembegriff, mit dem wir gestartet sind, weist eine interessante Paradoxie auf, die wir uns jetzt zunutze machen können, um die Einheit der Probleme, die von unseren drei Managementtypen bearbeitet werden, zu beschreiben. Die Paradoxie von Ashbys Systembegriff besteht darin, dass dieser Schließung (»Organismus«) und Öffnung (»Umwelt«) in *einen* Begriff fasst. Die Paradoxie wird dadurch entfaltet und systemtheoretisch fruchtbar gemacht, dass die Umwelt als Umwelt des Organismus gefasst wird, das heißt in der Form ihrer Öffnung der Schließung zuarbeitet.[83] Das heißt, an die Stelle der Paradoxie tritt die Unterscheidung von Organismus und Umwelt, die, wie bei Spencer-Brown,[84] eine Unterscheidung ist, die einen Zusammenhang definiert, eine Opera-

83 Siehe Alfred North Whitehead, *Process and Reality: An Essay in Cosmology*, New York 1979.

84 George Spencer-Brown, *Laws of Form* [1969], intern. Ausgabe, Leipzig 2008.

tion-in-einem-Kontext. Den Zusammenhang, dass die Entfaltung der Paradoxie diese nicht aus der Welt schafft, sondern fruchtbar macht, können wir uns nun quantenmechanisch verständlich machen. Denn die Paradoxie, so können wir annehmen,[85] produziert jene Unbestimmtheit und Unentschiedenheit, die den Beobachter herausfordert, eine, nämlich *seine* Unterscheidung zu treffen. Die Kommunikation von Störungen, die das Management in der Form der Identifikation von Abweichungen von Zielen, von Konflikten innerhalb der Organisation und von Problemen der Allokation von Macht leistet, hat die doppelte Funktion, die Paradoxie sowohl immer wieder erneut aufzurufen als auch zu einer Unterscheidung aufzufordern, mit deren Hilfe jene invisibilisiert und entfaltet werden kann. Mit seiner Kommunikation von Störungen im System produziert das Management die Ambivalenz der unentschiedenen Zurechnung der Störung zur Innenseite (»Schließung«) oder zur Außenseite (»Öffnung«) des Systems – eine Ambivalenz, die (nach Bedarf, aber das kommt praktisch nicht vor) auf die Paradoxie des Systembegriffs selbst zurückgerechnet werden kann. Was praktisch vorkommt, ist die Entscheidung der Unentschiedenheit, die Bestimmung der Unbestimmtheit, und damit die Setzung des Risikos einer Entscheidung, die Personen, Stellen, Abteilungen und Hierarchieebenen zurechenbar ist und in dieser Form die Korrekturmöglichkeit (Störbarkeit) gleich mitkommuniziert, von der die Organisation in ihren nächsten Entscheidungen profitiert.[86]

Wichtig ist, dass die Organisation nie zur Ruhe kommt. Management ist der Inbegriff der Unmöglichkeit, anzunehmen, dass alles in Ordnung ist. Perfektion war einmal (in einer kosmologisch bestimmten Harmonie der Weltzustände), heute hat man es nur noch, aber immerhin, mit Perfektibilität, mit der Verbesserbarkeit aller Weltzustände, zu tun, von der uns von der Aufklärung über die Diskursethik[87] bis zur Betriebswirtschaftslehre die Herolde der

85 Siehe Niklas Luhmann, »Das Erziehungssystem und seine Umwelten«, in: ders. und Karl Eberhard Schorr (Hrsg.), *Zwischen System und Umwelt: Fragen an die Pädagogik*, Frankfurt am Main 1996, S. 14-52.

86 Dazu Herbert A. Simon und James G. March, *Organizations*, 2. Aufl., Cambridge, Mass., 1993.

87 Im Sinne von Jürgen Habermas, *Die Theorie des kommunikativen Handelns*, 2 Bde., Frankfurt am Main 1981; Karl-Otto Apel, *Transformation der Philo-*

Vernunft in einer ihrerseits paradoxiefesten Grundhaltung nicht müde werden zu berichten: »Alles wird gut, denn alles ist gut.« Das Management sichert sich diese Grundhaltung in der Beobachtung dreier blinder Flecke des Systems, deren Aufklärung und Ausleuchtung allerdings nicht zu einer vollständigen und in sich geschlossenen Darstellung des Systems führt, sondern Störung, Konflikt und Differenz ihrerseits unterstreicht. Würde diese Form des Managements nicht einen so erheblichen materiellen, psychischen und sozialen Aufwand bedeuten, wäre man geneigt, von der gelungenen Erfindung des *perpetuum mobile* zu sprechen.

Das *operational management* beobachtet die *Ökonomie*, das *general management* die *Organisation* und das *corporate management* die *Gesellschaft*, und dies jeweils in der Form des *Einwands* gegen die andernfalls ihr eigenes Gleichgewicht findenden Operationen des Systems. Ökonomie bedeutet – gegen die Tendenz des Systems, sich routiniert in den Bahnen der einmal gefundenen Operationen zu reproduzieren –, nach den *Kosten und Nutzen* dieser Operationen zu fragen. Die einfachste Form der Störung besteht darin, *zu hohe Kosten* beziehungsweise *einen zu geringen Nutzen* festzustellen und dem System Ziele zu diktieren, die es erlauben, die Kosten zu senken und den Nutzen zu steigern. Das geht immer und läuft auf eine Betriebswirtschaftslehre hinaus, deren Clou darin besteht, dass sie zwischen der Organisation und der Wirtschaft unterscheidet, um sie anschließend nur umso genauer aufeinander beziehen zu können.

Wir unterstreichen, dass alle drei blinden Flecke Konstruktionen und Produkte des Managements selbst sind. Es gibt keinerlei vorgegebene Wirklichkeit des Systems, die per se durch diese drei oder durch andere blinde Flecke gekennzeichnet wäre. Wir halten diesen Gedanken fest, indem wir auf der Innenseite der drei Formen dieser Konstruktionen der drei Typen des Managements nicht von *der* Organisation sprechen, wie dies einem allzu etablierten soziologischen Brauch entspricht (so, als sei immer schon klar, was man darunter versteht). Vielmehr reden wir im Folgenden vom *Prozess des Organisierens*, der *Social Psychology of Organizing*, wie sie von Karl Weick eingeführt worden ist, dem es darum geht, evolutionär offene Pfade der Emergenz, Konstruktion und Ausbeutung

sophie, Bd. 2: Das Apriori der Kommunikationsgemeinschaft, Frankfurt am Main 1993.

von »*double interacts*«, von Akten der Kooperation im Raum nicht etwa geteilter Ziele, sondern geteilter Mittel, zu beschreiben.[88]

Die *Betriebs-Wirtschafts-Lehre* läuft, wie es ihr Name treffend sagt und wie es zunächst nicht unumstritten gewesen ist,[89] darauf hinaus, den Prozess des Organisierens (PdO) dadurch zu bestimmen, dass die Komplexität der Organisation eingeklammert (analog zu Edmund Husserls *Epoché*) und der *Betrieb* an ihre Stelle gesetzt wird:[90]

operational management

Indem die Organisation von der Wirtschaft unterschieden, das heißt von dieser getrennt *und* auf sie als Kontext der eigenen Operationen bezogen wird, wird sie als »Betrieb« markiert, der in jeder einzelnen seiner Operationen auf deren Kosten und Nutzen hin beobachtet, überprüft und korrigiert werden muss. Diese Beobachtung, Überprüfung und Korrektur definiert die Störungen des Systems, die auf dieser Ebene des Managements möglich sind. Die Kategorien der Kosten und Nutzen finden innerhalb der Betriebswirtschaftslehre eine reichhaltige Entfaltung, die jeweils darauf zielt, unterschiedliche Aspekte der Wirtschaft (Arbeitsmarkt, Markt für Vorprodukte, Absatzmarkt, Kapitalmarkt…) aufzugreifen und innerhalb des Betriebs zur Geltung zu bringen.

Die in der Literatur leider gängige Verwechslung des Betriebs mit der Wirtschaft ist angesichts der Wiedereintrittsformel, auf die das *operational management* zurückgreift, nicht verwunderlich, jedoch nichtsdestotrotz irreführend, weil zum einen die Störung der Organisation in ihrer Fassung als Betrieb durch die Wirtschaft voraussetzt, dass das eine nicht schon das andere ist, und weil zum anderen der Betrieb seine Antwort auf diese Störung und damit auf die jeweiligen wirtschaftlichen Problemstellungen immer erst noch

88 Weick, *Der Prozeß des Organisierens*, a. a. O.
89 Siehe Jean-Paul Thommen, *Betriebswirtschaftslehre*, 6., aktualisierte Aufl., Zürich 2004, S. 147 ff.
90 Siehe Gutenberg, *Die Unternehmung als Gegenstand der betriebswirtschaftlichen Theorie*, a. a. O.

finden muss und nicht etwa der Wirtschaft bereits entnehmen kann. *Dass* Kosten gespart und Nutzen angestrebt werden soll, informiert noch nicht darüber, *wie* dies in jedem einzelnen Fall möglich ist, so dass man eine eigene kognitive Ebene, einen eigenen Beobachter, in Rechnung stellen muss, wenn man beschreiben können will, dass und wie der Betrieb diese Aufgabe löst. Die Pointe an dieser Überlegung besteht darin, dass das *operational management beide* Seiten des Unterschieds bedienen und ausnutzen können muss, die Wirtschaft ebenso wie den Betrieb, denn wenn die Wirtschaft auch die Probleme stellt und die Chancen definiert, so kann doch nur der Betrieb die Entscheidungen treffen, die erforderlich sind, um die Probleme zu lösen und die Chancen zu ergreifen.

Auch hier gilt daher, ebenso wie in der neueren Kunst der Programmierung, dass die interessanten und viel versprechenden Probleme nicht durch ihre Algorithmisierung, sondern nur durch die Setzung und Gestaltung von Schnittstellen (Unterscheidungen) und eine an diesen Schnittstellen organisierbare Interaktion bearbeitet werden können.[91] Beobachter setzen Störungen, und Störungen erfordern Antworten: Hier lässt sich nichts ausrechnen, aber alles gestalten. Und genau darauf kommt es in jeder Form des Managements an.

Nur wenn man diese organisatorische Ausnutzung eines Unterschieds, der Rahmung, die er setzt, und des Zusammenhangs, den er eröffnet, hinreichend würdigt, versteht man, dass die Betriebswirtschaftslehre glaubt, bis hin zur Strategieentwicklung eines Unternehmens alle Probleme des Betriebs mithilfe dieser einen Setzung bearbeiten zu können. Aber damit irrt sie sich. Managementlehren aller Art und Business Schools mit ihrer eher die Innovation als die Administration betonenden Lehre gibt es auch deswegen (abgesehen von ihrer »Praxisorientierung«), weil diese eine Setzung nicht reicht, sondern ergänzt beziehungsweise ausgebaut werden muss. Die Betriebswirtschaftslehre arbeitet dezidiert mit dem blinden Fleck der »Organisation«. Die komplexen Anforderungen der unterschiedlichen Gestaltung von Kooperation und Hierarchie blendet sie bewusst nur in dem Maße ein, wie sie sich aus der Zweckrationalität der gesetzten Ziele abzuleiten lassen scheinen.

91 Siehe dazu Harrison C. White, »Interfaces«, in: *Connections* 5 (1982), S. 11-20; Peter Wegner, »Why Interaction is More Powerful Than Algorithms«, in: *Communications of the ACM* 40, Nr. 5 (1997), S. 80-91.

Damit wird die Organisation jedoch zum Mittel zum Zweck, und mit genau dieser instrumentellen Haltung findet sich die Aufgabenstellung des *general management* nicht ab. Es geht in Ergänzung und im Gegensatz dazu davon aus, dass es eigener Maßnahmen bedarf, um die als Betrieb instrumentalisierte Organisation so in ihrer Eigendynamik zu stärken, dass sie sich erfolgreich instrumentalisieren lässt. Auch das *general management* ist *operational management* in dem Sinne, dass es mit der Organisation gegen die Organisation arbeitet. Aber es macht an dieser Bewegung nicht den Aspekt des »gegen die Organisation«, sondern den Aspekt des »mit der Organisation« stark. Es überlegt sich, ausgehend von der Beobachtung und Gestaltung von Konflikten, die die Organisation mit den für sie erforderlichen, sie gegenüber der Umwelt öffnenden Spannungen versorgen, wie diese Organisation gestaltet sein muss, um aus der Wirtschaft nicht nur ihre Problemstellungen zu beziehen, sondern um diese Problemstellungen aktiv bearbeiten und modifizieren zu können. Hier geht es nicht nur um die kognitive Eigendynamik des Findens von Lösungen, sondern zusätzlich um die eher volitive Eigendynamik der Definition der Probleme, das heißt um die Behandlung der Frage, welche Kosten und Nutzen im Rahmen welcher Investitions- und Kostenrechnung und welcher Verfahren der Konfliktaustragung zwischen den Ebenen der Organisation mit welchen Konsequenzen vom wem zur Geltung gebracht werden.

Die Literatur dazu ist eher dünn, aber in jüngerer Zeit erfreut sich eine Analyse, die Organisations- und Wirtschaftsaspekten den gleichen Rang einzuräumen vermag, eines immer größeren Interesses,[92] so dass wir es riskieren können, unsere Formel wie folgt zu erweitern:

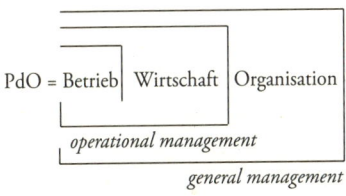

92 Siehe vor allem Bhidé, *The Origin and Evolution of New Businesses*, a. a. O.; Roberts, *The Modern Firm*, a. a. O.

Die Paradoxie, dass das System Betrieb und Wirtschaft präzise voneinander unterschieden und zugleich eines sein muss, wird hier bestätigt und verschoben zugleich, indem es zum einen dabei bleibt, dass Wirtschaft ≠ Organisation ist, andererseits jedoch der Betrieb durch die Formel »Betrieb = Organisation« eine Zweitfassung enthält, die laufend daraufhin beobachtet werden kann, was denn nun identisch und was different an Betrieb und Organisation ist. Die Ausleuchtung des blinden Flecks der Organisation erlaubt es, die Verbetrieblichung der Organisation sowohl zu beobachten als auch zu variieren. Und genau darauf kommt es dem *general management* bei der laufenden Austarierung der Zündung und Bewältigung der inneren Konflikte der Organisation an. Die Palette der Möglichkeiten einer organisatorischen Gestaltung des Betriebs liefert neue Unbestimmtheiten und Unentscheidbarkeiten, die dazu herausfordern, von entsprechend zu platzierenden Beobachtern entschieden zu werden.

Von hier aus gewinnt man Einblicke in die höhere Kunst des Managements, die nach meinem Eindruck in der Literatur mit wenigen Ausnahmen zugunsten der Fragen des *operational management* (in der Betriebswirtschaftslehre) und des *general management* (bei einigen Ansätze in der Soziologie) sträflich vernachlässigt wird, obwohl sie in der Praxis vermutlich nicht nur die schwierigsten Probleme aufwirft, sondern auch auf die intelligentesten Lösungen trifft. Wenn ich das richtig überschaue, findet sich die hierzu einschlägige Literatur am ehesten unter den Stichworten der Innovation,[93] der Strategieentwicklung,[94] der Kapitalmarkttheorie des Unternehmens[95] und der Industriesoziologie,[96] aber eine zusammenfassende Darstellung im Kontext einer Bestandsaufnahme der einschlägigen Empirie fehlt. Letzteres liegt vermutlich auch daran, dass das *gene-*

93 Seit: Tom Burns und George M. Stalker, *The Management of Innovation*, London 1961.

94 Im Sinne von Henry Mintzberg, *The Strategy Process*, 4. Aufl., Upper Saddle River, NJ, 2003; Reinhart Nagel, Rudolf Wimmer und osb international, *Systemische Strategieentwicklung: Modelle und Instrumente für Berater und Entscheider*, Stuttgart 2002.

95 Im Sinne von Roberts, *The Modern Firm*, a. a. O.

96 Im Sinne von Thomas Malsch und Ulrich Mill (Hrsg.), *ArBYTE: Modernisierung der Industriesoziologie?*, Berlin 1992; Christoph Deutschmann, *Postindustrielle Industriesoziologie: Theoretische Grundlagen, Arbeitsverhältnisse und soziale Identitäten*, Weinheim 2002.

ral management eher von Ad-hoc-Lösungen lebt, begleitet von eher allgemeinen Kenntnissen der Organisationstheorie,[97] und zu keiner eigenen Sprache gefunden hat, die sich mit der Präzision (und Mathematisierung) des *operational management* sowie der institutionellen Reflexion des *corporate management* messen könnte. Die Sprache, die man hier spricht, ist vielfach identisch mit der offiziösen Sprache der betrieblichen Propaganda für alte und neue Lösungen des Organisationsproblems und somit eher störungs- und konfliktavers gestrickt. Man tut so, als löse man betriebliche Probleme unter Rückgriff auf die Einheit des Unternehmens, definiert Erstere wirtschaftlich und Letztere unproblematisch und blendet damit zumindest sprachlich dieselbe organisatorische Realität aus, die man gerade gestaltet.

Nicht zuletzt wird das *general management*, wie es hier konzipiert wird, häufig mit dem *corporate management* gleichgesetzt, von dem ich es jedoch zu unterscheiden vorschlage. Die Problemstellung des *corporate management*, wie sie sich aus der soziologischen Literatur über Probleme des Umgangs mit Macht und Führung in Organisation herausschälen lässt,[98] ist nämlich noch einmal eine andere als die des *general management*. Sie besteht darin, zusätzlich zu den Kontexten der Wirtschaft und der Organisation auch den Kontext der Gesellschaft zu eröffnen und die Frage des institutionellen Rückhalts für die Hierarchisierung der Organisation in der Gesellschaft zu stellen:[99]

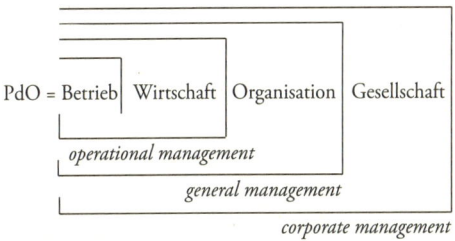

97 Im Sinne von Kieser und Walgenbach, *Organisation*, a. a. O.
98 Vor allem Pfeffer, *Power in Organizations*, a. a. O.
99 Siehe Selznick, *Leadership in Administration*, a. a. O.; Parsons, »Some Ingredients of a General Theory of Formal Organization«, a. a. O.; und White, *Identity and Control*, a. a. O., S. 273 ff.

Hier geht es darum, die einschlägigen Störungen für die Organisation des Betriebs daraus zu gewinnen, dass die Gesellschaft in Bezug auf die Gestaltung der Organisation[100] sowie auf die Gestaltung und Ausnutzung wirtschaftlicher Möglichkeiten[101] für ein entsprechend beobachtungsfähiges *corporate management* Restriktionen ebenso wie Selektionen zur Verfügung stellt, mit denen innerhalb des Prozesses des Organisierens mehr oder minder konstruktiv und produktiv umgegangen werden kann. Das *corporate management* verdient sich hier, wie bereits erwähnt, seinen Namen dadurch, dass es die Organisation zu einer Einheit bündelt, die im Hinblick auf allgemeinere Kontextüberlegungen (Politik, Recht, Religion, Kultur, Technik, Ökologie…) legitimiert werden kann. – Wenn man hierzu Literatur sucht, ist man vor allem auf die Wirtschaftsgeschichte, soweit diese den Faktor »Unternehmen« in Rechnung zu stellen gelernt hat, angewiesen.[102]

Alle drei Formen oder Typen des Managements haben bei allen Unterschieden das gemeinsame Problem, dem Prozess des Organisierens genau die Beobachtungskompetenzen zuzuweisen und durch ihn fruchtbar zu machen, die sich dann als Management (als Bewältigung von Problemen durch Inanspruchnahme situativer Kompetenzen) beschreiben lassen. Wir notieren daher die *Einheit der Probleme*, die vom Management definiert und bewältigt werden, wie folgt:

100 Siehe Stanley H. Udy, jr., »Structural Inconsistency and Management Strategy in Organizations«, in: Craig Calhoun, Marshall W. Meyer und W. Richard Scott (Hrsg.), *Structures of Power and Constraint: Papers in Honor of Peter M. Blau*, New York 1990, S. 217-233.

101 Siehe Niklas Luhmann, *Die Wirtschaft der Gesellschaft*, Frankfurt am Main 1988.

102 Siehe vor allem Werner Sombart, *Der moderne Kapitalismus: Historisch-systematische Darstellung des gesamteuropäischen Wirtschaftslebens von seinen Anfängen bis zur Gegenwart*, 3 Bde., Nachdruck München 1987; Fernand Braudel, *Sozialgeschichte des 15.-18. Jahrhunderts*, 3 Bde., dt. München 1986; ders., *Die Dynamik des Kapitalismus*, 2. Aufl., dt. Stuttgart 1991; und Immanuel Wallerstein, *Das moderne Weltsystem: Kapitalistische Landwirtschaft und die Entstehung der europäischen Weltwirtschaft im 16. Jahrhundert*, dt. Frankfurt am Main: Syndikat 1986.

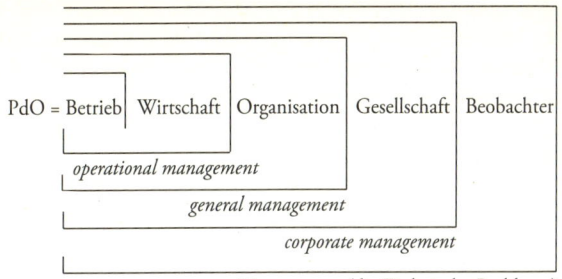

Management (die Einheit der Probleme)

Erst damit ist unsere Skizze einer ebenso soziologischen wie quantenmechanischen, also postklassischen Managementlehre abgeschlossen. Der Beobachter in seiner zunächst nicht spezifizierten Fassung als Individuum ist derjenige, der in unserer Fassung einer postklassischen Managementlehre die einzige Figur ist, der Bestimmungsleistungen eines als unbestimmt angenommenen Systems der Organisation zugemutet werden können und müssen. Dies betrifft alle seine Rollen, sei als Mitarbeiter, Investor oder Kunde für den Prozess des Organisierens, für dessen Voraussetzungen und seine Resultate er gewonnen werden muss, als soziales System der Organisation, die anregen, tragen und aushalten können muss, was ihr vom Management zugemutet wird, als soziales System der Gesellschaft, die sich mit dem Operieren von hierarchischen Organisationen inmitten der Gesellschaft immer wieder neu anfreunden muss, und nicht zuletzt als vielfach unbestimmte natürliche und ökologische Umwelt.

Damit ist man wieder genau dort, wo Herbert A. Simon mit seinen Überlegungen zum »Gleichgewicht« der Organisation, aufrechterhalten in der Kooperation von Unternehmern, Mitarbeitern und Kunden, auch schon einmal war,[103] hat jedoch einen hinreichend einfachen und komplexitätstauglichen Ausgangspunkt gewonnen, von dem aus sich beobachten und beschreiben lässt, mit welchen Problemstellungen es das Management heute zu tun hat. Denn gewonnen ist ein gelassen paradoxer, gleichsam oszillodoxer[104]

103 Siehe Simon, *Administrative Behavior*, a. a. O., S. 14 und 17 ff.
104 Siehe Peter Littmann und Stephan A. Jansen, *Oszillodox: Virtualisierung – die permanente Neuerfindung der Organisation*, Stuttgart 2000.

Ausgangspunkt für ein Verständnis des Managements, das mit Öffnung und Schließung,[105] mit Netzwerk und Autopoiesis,[106] mit Mitgliedschaft und Nichtmitgliedschaft,[107] mit Unentscheidbarkeit und Entscheidung[108] gleichermaßen arbeiten kann und daraus ein Profil gewinnt, an dem sich die Theorie und die Praxis des Prozesses des Organisierens schärfen lassen.

Für jeden Typ des Managements kommt es letztlich darauf an, den Typus der *Ungewissheit* zu bestimmen, mit dem er es zu tun hat. Das *operational management* bearbeitet mit Referenz auf die Märkte der Wirtschaft die Ungewissheit der Setzung aussichtsreicher Ziele und der Wahl dazu passender Mittel. Das *general management* bearbeitet mit Referenz auf die Modalitäten der Organisation die Ungewissheit der Zündung und Beilegung spannungsreicher Konflikte. Und das *corporate management* bearbeitet mit Referenz auf Problemstellungen der Gesellschaft die Ungewissheit der passenden Allokation von Willkür im Medium der Macht. Entscheidend ist jedoch in jedem Fall, dass das Management nicht nur versucht, die jeweiligen Ungewissheiten zu bewältigen, sondern sich darüber hinaus auch darauf konzentriert, sie nach Bedarf zu pflegen. Wir verabschieden uns hiermit von einer Auffassung von Management, die dieses auf die besonders effiziente Form der Problemlösung reduziert. Stattdessen plädieren wir für eine Auffassung, die das Raffinement und die Effektivität des Managements darin sieht, Ungewissheiten, Unbestimmtheiten und Unentscheidbarkeiten so zu präparieren, das heißt, zu erzeugen und zu rahmen, dass im System der Organisation diejenigen Gewissheiten geschaffen, Bestimmungen vorgenommen und Ent-

105 Luhmann, *Organisation und Entscheidung*, a. a. O.
106 Siehe Tore Bakken und Tor Hernes (Hrsg.), *Autopoietic Organization Theory: Drawing on Niklas Luhmann's Social System Perspective*, Oslo 2003; Barbara Czarniawska und Tor Hernes (Hrsg.), *Actor-Network Theory and Organizing*, Copenhagen 2005; David Seidl und Kai Helge Becker (Hrsg.), *Niklas Luhmann and Organization Studies*, Copenhagen 2003.
107 Siehe Robert G. Eccles, Nitin Nohria und James D. Berkley, *Beyond the Hype: Rediscovering the Essence of Management*, Boston 1992; Arnold Picot, Ralf Reichwald und Rolf T. Wigand, *Die grenzenlose Unternehmung. Information, Organisation und Management: Lehrbuch zur Unternehmensführung im Informationszeitalter*, Wiesbaden 1996.
108 Siehe Heinz von Foerster, *KybernEthik*, Berlin 1993.

scheidungen getroffen werden können, die Aussicht auf Erfolg haben – von der Aussicht auf einen erfolgreichen nächsten Schritt bis zur Sicherung eines langfristigen Überlebens des Unternehmens.

Über die Verantwortung der Unternehmen

Sophistereien

Worin besteht die Verantwortung der Unternehmen? Adam Smith wäre bereits von der Fragestellung überrascht gewesen. Wie kann man die Verantwortung von Unternehmen in Frage stellen, die Produkte zu Preisen anbieten, die von Kunden bezahlt werden, die Arbeitsplätze zu Löhnen anbieten, die von Arbeitnehmern akzeptiert werden, die auf Produktionsverfahren zurückgreifen, die behördlich genehmigten Sicherheitsanforderungen genügen, und die ihren Verträgen eine rechtlich gültige Form geben? Allenfalls hätte er die Frage zurückgegeben und die Gesellschaft und ihre kritische Öffentlichkeit an ihre Verantwortung dafür erinnert, sich von den das unternehmerische Handeln begleitenden »eigennützigen Sophistereien der Kaufleute und Unternehmer« nicht den »gesunden Menschenverstand« verwirren zu lassen.[1] Solche Sophistereien waren für ihn vor allem dann gegeben, wenn Unternehmen zur Sicherung ihrer eigenen Absatzmärkte für die Einschränkung des Wettbewerbs im Allgemeinen und des Freihandels im Besonderen plädieren.

Damit ist unternehmerisches Handeln doppelt thematisiert. Zum einen handeln Unternehmen gegenüber Kunden, Arbeitnehmern, Geldgebern und Aufsichtsorganen zwangsläufig verantwortlich, weil andernfalls ihr Erfolg gefährdet wäre. In diese Verantwortung gegenüber den so genannten *stakeholders* ist bereits sehr viel von dem eingebettet, was man dann auch gesellschaftliche Verantwortung nennen könnte. Denn wer soll diese Gesellschaft sein, wenn nicht die der Kunden, Arbeitnehmer, Geldgeber und Aufsichtsorgane? Und auch die Instrumente, mit denen dafür gesorgt wird, dass diese Verantwortung ernst genommen wird, sind denkbar scharf. Die Kunden können ausbleiben. Die Arbeitnehmer können höhere Lohnforderungen stellen und streiken. Die Geldgeber können ihr Kapital zurückziehen oder höhere Zinsen fordern. Und die Aufsichtsorgane haben die Durchsetzungsmacht des Staates auf ihrer Seite. Nimmt man hinzu, dass kritische Massenmedien ein Auge darauf haben, dass ein Unternehmen keine

---

1 Siehe Adam Smith, *Der Wohlstand der Nationen: Eine Untersuchung seiner Natur und seiner Ursachen*, dt. München 1978, S. 406 f.

unverhältnismäßige Bindungsmacht gegenüber diesen *stakeholders* entwickelt und die Wirtschaftspolitik jederzeit bereit ist, die feine Unterscheidung zwischen Intervention in unternehmerische Entscheidungen einerseits und Rahmensetzung durch die Ordnungs- und Wettbewerbspolitik andererseits in die eine oder andere Richtung nachzuziehen,[2] braucht man sich eigentlich um die Wahrnehmung der Verantwortung der Unternehmen kaum Sorgen zu machen. Und nach wie vor gilt, dass diese Verantwortung gerade deswegen greift, weil sie nicht etwa zentral, sondern dezentral wahrgenommen wird.[3]

Zum anderen jedoch braucht man diese Bedingungen der Wahrnehmung von Verantwortung in Unternehmen und durch Unternehmen nur auszubuchstabieren, um Zweifel aufkommen zu lassen. Die Sophistereien, von denen Adam Smith gesprochen hat, sind nicht darauf begrenzt, dass Unternehmerverbänden immer etwas einfällt, um für den Schutz der Märkte und gegen hohe Löhne zu plädieren. Vielmehr gibt es zahllose Rhetoriken und Praktiken, die den Kunden ein Kaufen, den Arbeitnehmern ein Arbeiten, den Investoren ein Investieren und den Aufsichtsorganen ein Beaufsichtigen nahelegen und erleichtern, das den Kriterien des verantwortlichen Umgangs mit den Ressourcen der Erde, den Möglichkeiten der eigenen Intelligenz, der Förderung einer guten Sache und den gesetzlichen Möglichkeiten nicht immer entspricht. Der Geiz der Kunden, die Abhängigkeit der Arbeitnehmer, die Gier der Investoren und die Überlastung der Behörden, allesamt sprichwörtlich, definieren Randbedingungen, die das Gegenteil dessen sind, was man sich unter einer verantwortlichen Wirtschaft vorstellen möchte. Sie verwandeln die Wirtschaft in jenes *runaway system*, dessen Kontrollmechanismen gerade so weit reichen, dass sie in der Lage sind, jede Intervention, die das freie Spiel dieser Kräfte behindern könnte, zu verhindern. Nachhaltig ist am Zusammenspiel von Unternehmen, Kunden, Arbeitnehmern, Investoren und Aufsichtsorganen hier nur, dass alle Beteiligten sicherzustellen versuchen, dass ihnen niemand in die Quere kommt.

Sosehr wir das Bild einer unternehmerischen Wirtschaft hier in

2 Siehe dazu alles Erforderliche bei Walter Eucken, *Grundsätze der Wirtschaftspolitik*, Bern 1952.
3 So nach wie vor eindrucksvoll Wilhelm Röpke, *Die Lehre von der Wirtschaft*, 13. Aufl., Bern 1994.

beide Richtungen, in die Richtung der Garantie von Verantwortlichkeit und in die Richtung der Freisetzung von Unverantwortlichkeit, überzeichnet haben mögen, so unbezweifelbar ist, dass beide Beschreibungen den empirisch vorliegenden Sachverhalt treffen. Offenbar haben wir es wie einst mit einer Dialektik der Aufklärung nun mit einer Dialektik der Verantwortung zu tun, die es unmöglich macht, ein eindeutiges Urteil zu treffen. Von einer geordneten Vernunft kann ebenso wenig die Rede sein wie von einem unkontrollierten Wahnsinn. Und doch ist beides nicht falsch.

Zu kurz greifende Vernetzung

Außer Frage steht offenbar, dass Unternehmen in einer liberalen Gesellschaftsordnung, die es ihnen erlaubt, wie Friedrich August von Hayek formuliert hat, genau die Fehler zu machen, die von anderen Unternehmen, mit denen sie im Wettbewerb stehen, dann korrigiert werden,[4] innerhalb und außerhalb der Organisation gesellschaftlich so vernetzt sind, dass die Auswahl der Produkte, die Festsetzung der Preise, die Einigung auf bestimmte Arbeitsverträge und Löhne sowie die Entscheidung für bestimmte Produktionsverfahren und Vertriebswege nicht anders als verantwortlich wahrgenommen werden kann. Denn mit jeder dieser Entscheidungen antwortet das Unternehmen auf Möglichkeiten, Gelegenheiten und Einschränkungen, die ihm in seinem Umfeld begegnen.[5]

4 So, wenn auch mit Bezug auf Individuen, nicht auf Unternehmen, Friedrich August von Hayek, »Wahrer und falscher Individualismus«, in: ders., *Individualismus und wirtschaftliche Ordnung*, 2., erw. Aufl., Salzburg 1976, S. 9-48. Hier auch der Hinweis darauf, dass der Individualismus eine »Theorie der Gesellschaft« sei, nämlich eine Theorie der Begrenzung des von fehlbaren Individuen angerichteten Schadens durch (a) die Beschränkung des Einflusskreises einzelner Individuen und (b) die Sicherstellung der Korrigierbarkeit individuellen Verhaltens durch anderes individuelles Verhalten. Uns wird die Frage beschäftigen, ob dieser Individualismus auch dann noch eine hinreichende Theorie der Gesellschaft ist, wenn Organisationen im Allgemeinen und Unternehmen im Besonderen auftreten, die (a) den Einflusskreis von Einzelnen ausweiten und (b) die Möglichkeiten der Korrektur einschränken. Siehe dazu die Sorgen von Charles Perrow, *Organizing America: Wealth, Power, and the Origins of Corporate Capitalism*, Princeton, NJ, 2002.

5 Siehe in diesem Sinne zum »Grundzug der Responsivität« jedes Verhaltens Bernhard Waldenfels, *Antwortregister*, Frankfurt am Main 1994, S. 320 ff.

Das soll nicht heißen, dass alle diese Entscheidungen einvernehmlich getroffen werden. Das Gegenteil ist der Fall. Sie sind das Produkt eines dauernden Streites, der mit jedem Preis, jedem Lohn, jedem Vertrag, jedem Verfahren nur für einen Moment geschlichtet wird, aber jederzeit wieder ausbrechen kann.[6] Gerade dieser Streit ist es, der sicherstellt, dass die Verantwortung verantwortlich wahrgenommen wird. Ohne die Möglichkeiten des Einspruches, des Widerstands, des Ausweichens liefe die Verantwortung ins Leere, da derjenige, dem verantwortlich geantwortet wird, nicht den Einfluss hätte, auch die richtigen, die auf Verantwortung zielenden Fragen zu stellen.

Die Frage nach der Verantwortung der Unternehmen wird nicht gestellt, weil die Vernetzung des Unternehmens in der Gesellschaft in Frage gestellt wird, sondern sie wird gestellt, weil diese Vernetzung offenbar zu kurz greift. Das verleiht der Frage ihren kritischen und pädagogischen Impuls. Etwas genügt nicht; es könnte besser gemacht werden. Die Frage nach der Verantwortung des Unternehmens erhebt dort ihre Stimme (*voice*), wo ein bestimmtes Einverständnis (*loyalty*) mit den Unternehmen innerhalb wie außerhalb dieser offenbar überhandgenommen hat und die Möglichkeit des Ausweichens (*exit*) nicht besteht, weil die moderne Gesellschaft auf Gedeih und Verderb darauf angewiesen ist, mit diesen Unternehmen und nicht neben ihnen ihren Weg zu finden.[7] Nicht nur die Sophistereien der Kaufleute und Unternehmer, sondern auch die Macht der Unternehmen auf Produkt- und Arbeitsmärkten, in der Wirtschaftspolitik und in der Finanzierung des Staatshaushalts haben offenbar dazu geführt, dass zum einen ökologischen Ungleichgewichten und nationalen Eigeninteressen nicht wirksam gegengesteuert werden kann und zum anderen zahllose Bedürfnisse, die zu befriedigen sich nicht rechnet, nicht bedient werden.

Die Frage nach der Verantwortung der Unternehmen kritisiert ein zu kurz greifendes, ein zu schnell erreichtes Einverständnis der Unternehmen mit Kunden, Arbeitnehmern, Investoren, Finanz-

6 Das ist der Ausgangspunkt von Gabriel Tarde, *Économie psychologique*, 2 Bde., Paris 1902.
7 Siehe hierzu die Begrifflichkeit und die Analyse von Handlungsoptionen angesichts wahrgenommener Defizite bei Albert O. Hirschman, *Exit, Voice, and Loyalty: Responses to Decline in Firms, Organizations, and States*, Cambridge, Mass., 1970, dt. Tübingen 1974.

ämtern und Aufsichtsorganen, die sich gemeinsam auf Sophistereien zugunsten der herrschenden Umstände eingelassen haben,
die mit fahrlässigen und gefährlichen Blindheiten gegenüber den
ökologischen, sozialen und psychischen Folgeschäden eines industriellen Wachstums auf der Grundlage der Ausbeutung nichter-
neuerbarer Energien einhergehen. Offenbar hat man nicht mehr
den Eindruck, dass der Klimawandel, der soziale Ausschluss der
»Überflüssigen«[8] und der seelische und körperliche Stress der abhängig Beschäftigten durch gesetzliche Vorschriften, Umverteilun-
gen durch den Wohlfahrtsstaat und medizinische Angebote korrigiert werden können, sondern dass ihnen dort begegnet werden
muss, wo sie verursacht werden. Den gesetzlichen Vorschriften fehlt
es international an Durchsetzungsfähigkeit, der Wohlfahrtsstaat ist
längst an die Grenzen seiner Refinanzierbarkeit durch Steuern, die
von denselben Unternehmen aufgebracht werden müssen, die sich
kontrollieren lassen sollen, gestoßen, und eine Medizin, die sich
um alle Volkskrankheiten kümmern soll, ist offenbar auch nicht
mehr durch Krankenkassenbeiträge finanzierbar, die von denen geleistet werden, die noch gesund sind.

Adam Smith wäre heute mit dem Problem konfrontiert, dass
das Zusammenspiel zwischen Unternehmen und Gesellschaft so
gut funktioniert, dass Hinweise auf Folgeschäden lange Zeit kein
Gehör fanden. Unternehmen und Gesellschaft haben sich in eine
Rhetorik und Praxis des Fortschritts, des Wachstums und der
Wohlfahrt verwickelt, die sich selbst die Grundlagen raubt. Und
sie berauben sich dieser Grundlage nicht mehr *wirtschaftlich*, wie
es Karl Marx mit seiner Theorie vom tendenziellen Fall der Profit-
rate erwartet hat,[9] und auch nicht mehr *sozial*, wie es Joseph Alois
Schumpeter mit seiner Theorie vom Aufzehren der gleichwohl unverzichtbaren gesellschaftlichen Traditionen durch die Rationalität
des Fortschritts vermutet hat,[10] sondern *ökologisch* und nehmen
sich damit die Basis, auf die beide, Unternehmen wie Gesellschaft,

---

8 So Heinz Bude, *Die Ausgeschlossenen. Das Ende vom Traum einer gerechten Gesellschaft*, München 2008; ders. und Andreas Willisch (Hrsg.), *Die Debatte um die
   »Überflüssigen«*, Frankfurt am Main 2008.
9 Siehe Karl Marx, *Das Kapital: Kritik der politischen Ökonomie*, Dritter Band,
   Berlin 1979, S. 221 ff.
10 So unter der Überschrift »bröckelnde Mauern« Joseph Alois Schumpeter, *Kapitalismus, Sozialismus und Demokratie*, 6. Aufl., dt. Tübingen 1987, S. 213 ff.

angewiesen sind. In der einschlägigen Debatte zur »*corporate social responsibility*« und zur »*social entrepreneurship*«, die Konsequenzen aus dem Ruf nach der Verantwortung der Unternehmen gezogen hat, ist dies zwar noch unüblich, aber das Stichwort der »Ökologie« reicht epistemologisch ebenso wie kognitionswissenschaftlich über Fragen des Umweltschutzes hinaus und betrifft längst auch andere Sachlagen in der Umwelt der Gesellschaft, von den Körpern und Psychen der beteiligten Menschen bis zu all jenen Geistern, Göttern, Teufeln, Tieren und Maschinen, die die moderne Gesellschaft aus dem engeren Kreis der Geselligkeit verbannt hat.[11]

Wie verantwortet man sich gegenüber Sachlagen, mit denen man nicht mehr zu kommunizieren versteht, die nicht zahlen können, keine Macht aufbauen, keine Gerechtigkeit in Anspruch nehmen, keine Liebesangebote machen, keine Wahrheit auf ihrer Seite haben und weder Gedichte schreiben noch Musikstücke komponieren? Sicher, wir haben die Bewegung des *New Age*, innerhalb deren man wieder darüber sprechen konnte, dass man auch mit der See, mit Steinen und Tomaten sprechen kann, wir haben Bemühungen um eine Ethik der Natur, wir haben eine Kunst und eine Ästhetik, die sich schon seit Jahrhunderten mit der Öffnung der Wahrnehmung für das Nichtkommunizierbare beschäftigen, und wir haben eine Religion, die es unbestimmt werden lässt, ob und wie und woraufhin wir von einer ihrerseits unbeobachtbaren Entität beobachtet werden. Aber all dem mangelt es an (mit einem Begriff von Niklas Luhmann) »Resonanz«[12] innerhalb der weit reichenden und folgenreich ausdifferenzierten Kommunikationssysteme der Gesellschaft, also innerhalb des Rechts, der Politik, der Wissenschaft und der Wirtschaft. Das heißt, es wird gesagt, aber nicht gehört;

11 Es ist eine der meist unbemerkten Pointen der von Niklas Luhmann ausgearbeiteten Theorie sozialer, das heißt gegenüber Natur, Leben und Bewusstsein ausdifferenzierter Systeme, diesen Ausschluss thematisieren zu können. Siehe vor allem Niklas Luhmann, *Soziale Systeme: Grundriß einer allgemeinen Theorie*, Frankfurt am Main 1984; ders., *Soziologische Aufklärung*, Bd. 6: *Die Soziologie und der Mensch*, Opladen 1995. Siehe zu einem entsprechend breiten und präzisen Konzept der Ökologie: Gregory Bateson, *Steps to an Ecology of Mind*, Reprint Chicago 2000; Francisco J. Varela, *Ethical Know-How: Action, Wisdom, and Cognition*, Stanford, CA, 1999; Bruno Latour, *Das Parlament der Dinge: Für eine politische Ökologie*, dt. Frankfurt am Main 2001.

12 Siehe Niklas Luhmann, *Ökologische Kommunikation: Kann die moderne Gesellschaft sich auf ökologische Gefährdungen einstellen?*, Opladen 1986, insbes. S. 91 ff.

und dies nicht aus bösem Willen, sondern weil diese Kommunikationssysteme sich mit großem Erfolg auf die Abstimmung mit ihrer eigenen Komplexität konzentrieren. Stattdessen »resonieren« die Massenmedien, dies jedoch in ihrem üblichen Modus der Amplifikation über Skandalisierung, Personalisierung, Moralisierung und, wieder abschwächend, Eventualisierung, womit ebenfalls niemandem geholfen ist, sondern allenfalls eine Erregung wächst, die nur zwischen Empörung und Hilflosigkeit oszillieren kann.

Aber auch Friedrich August von Hayek wäre vermutlich ratlos. Eine auf individuelle Fehlerkorrektur eingestellte liberale Theorie der Gesellschaft hat weder mit Organisationen gerechnet, die in der Lage sind, sich gegenüber Fehlerzuschreibungen externer wie interner Kritiker durch Öffentlichkeitsarbeit und Hierarchie zu immunisieren, noch mit kollektiven, das heißt jedes Individuum bindenden Zuständen der Gesellschaft, die keine Instanz mehr kennen, die korrigierend eingreifen könnte. Deswegen führen wir gegenwärtig unsere Debatte um die Grenzen der politischen Ökonomie. Wir haben kaum begriffen, wie trennscharf und effizient das ökonomische Kalkül der gegenwärtigen Vorsorge für zukünftige Bedürfnislagen, das heißt eines je gegenwärtigen Bedürfnisverzichts zugunsten von Produktion, gewesen ist,[13] da müssen wir uns mit seinen Grenzen befassen und nach Korrekturen suchen, die weder ökonomisch noch politisch, weder rechtlich noch wissenschaftlich, weder pädagogisch noch ästhetisch auf der Hand liegen. Die Planwirtschaft ist keine Alternative zur Marktwirtschaft; die Politik ist hinreichend damit beschäftigt, lokale Machtzentren aufzubauen und zu erhalten, die sich global halten können; das Recht hat alle Hände voll zu tun, die verschiedensten Ordnungsregime der gegenwärtigen Weltgesellschaft im Blick zu behalten und für ihre Kollisionen geeignete normative Regulierungen vorzuhalten;[14] die Wissenschaft spielt den Betrieb der Forschung (»*evidence-based*

13 Obwohl es seit Xenophon, *Oikonomikos: Die Hauswirtschaftslehre*, in: ders., *Sokratische Schriften*, dt. Stuttgart: Kröner, 1956, S. 235-302, nachzulesen gewesen ist. Siehe auch Carl Menger, *Grundsätze der Volkswirtschaftslehre* (1871), in: ders., *Gesammelte Werke*, Bd. 1, 2. Aufl., Tübingen 1968; Niklas Luhmann, »Wirtschaft als soziales System«, in: ders., *Soziologische Aufklärung*, Bd. 1: *Aufsätze zur Theorie sozialer Systeme*, Opladen 1970, S. 204-231; Dirk Baecker, *Wirtschaftssoziologie*, Bielefeld 2006.

14 So Andreas Fischer-Lescano und Gunther Teubner, *Regimekollisionen: Zur Fragmentierung des globalen Rechts*, Frankfurt am Main 2006.

research«) und der Lehre (»Bologna«) gegen Problemstellungen aus, die von der herrschenden Meinung abweichen; die Erziehung vernachlässigt gegenüber den vielen guten Lehren, die sie anzubieten hat, die Pflege jener intelligenten Umstände, unter denen man auch zu lernen bereit wäre; und die Kunst dient dem Kommerz mit jenen, die die Geldanlage, wie mit jenen, die den Trost suchen. In dieser Situation hilft nur noch die Religion. Sie erlaubt es, für richtig zu halten, wofür man keine anderen Anhaltspunkte als sich selbst hat.[15] Aber wer hat dazu noch die Kraft?

Dieses Bild ist mit Sicherheit zu schwarz gemalt. Viel zu viel bewegt sich längst, als dass man es sich mit rascher Gesellschaftskritik und trauriger Kulturkritik so einfach machen könnte. Aber ganz falsch ist das Bild deswegen nicht. Vor allem jedoch ist es der Rahmen für die Suche nach einer sinnvollen Form für die Verantwortung der Unternehmen.

Das Geschäft

Unternehmen sind so sehr das Kind ihrer Gesellschaft, wie diese Gesellschaft unter anderem auch das Produkt ihrer Unternehmen ist. Darauf macht die Wirtschaftsgeschichte seit jeher aufmerksam.[16] Deswegen ist das eine nicht mit dem anderen identisch, wie es das Wort will, das behauptet, was für General Motors, Ford und Chrysler gut sei, sei auch für Amerika gut (ein Beispiel, an dem man sehen kann, wie problematisch Beispiele sind). Außer Frage steht aber zum einen, dass man sich die Versorgung einer Gesellschaft mit Gütern und Dienstleistungen, Arbeitsplätzen, Geldanlagemöglichkeiten und Steuergeldern ohne Unternehmen trotz zum Teil erheblicher Bemühungen des Staates auf einigen dieser

---

15 Eine Formulierung von Niklas Luhmann, »Wirtschaftsethik – als Ethik?«, in: Josef Wieland (Hrsg.), *Wirtschaftsethik und Theorie der Gesellschaft*, Frankfurt am Main 1994, S. 134-147, hier: S. 146.

16 Siehe besonders eindrucksvoll nur Max Weber, *Wirtschaftsgeschichte: Abriß der universalen Sozial- und Wirtschaftsgeschichte*, 5. Aufl., Berlin 1991; Werner Sombart, *Der moderne Kapitalismus: Historisch-systematische Darstellung des gesamteuropäischen Wirtschaftslebens von seinen Anfängen bis zur Gegenwart*, 3 Bde., Nachdruck München 1987; Fernand Braudel, *Sozialgeschichte des 15.-18. Jahrhunderts*, 3 Bde., dt. München 1985-1986; ders., *Die Dynamik des Kapitalismus*, dt. Stuttgart 1991; Immanuel Wallerstein, *Das moderne Weltsystem*, 3 Bde., dt. Wien 2004.

Felder nicht wirklich vorstellen kann, und zum anderen, dass ohne die Bereitstellung von Konsumnachfrage, Arbeitsmotivation und Arbeitskompetenzen, Vermögen, Karriereabsichten, staatlichen Bedingungen der gesetzlichen Durchsetzung vertraglicher Vereinbarungen, technischem Erfindergeist und nicht zuletzt Bereitschaft für das Neue durch die Familien, die Religion, die Politik, die Wissenschaft und die Kultur der Gesellschaft auch Unternehmen nicht möglich wären.[17] Es ist ein zentraler Topos der Soziologie der modernen Gesellschaft, dass insbesondere die Bereitstellung von Konsumchancen, Arbeitsplätzen und Karrieremöglichkeiten durch Unternehmen (und andere Organisationen) die Strukturen der Familie und der Erziehung verändert, da hier die Spannungen ausgehalten und gepflegt werden müssen, die der Bedürfnisaufschub und die Karriereanforderungen mit sich bringen, bis man endlich am Ziel seiner Wünsche ist (und sich fragt, ob es die Mühe wert gewesen ist).[18]

Andererseits macht jedes Unternehmen in der Gesellschaft einen Unterschied, der nicht problemlos auszuhalten ist und daher nach innen wie nach außen abgefedert werden muss. Ausdifferenzierung und Wiedereinbettung sind die Stichwörter, die die Soziologie zur Untersuchung dieses Sachverhalts anzubieten hat[19] und

---

17 Max Webers Soziologie ist unter anderem dafür berühmt geworden, neben der Frage nach den kulturellen Voraussetzungen (»Wirtschaftsethik« der Weltreligionen) auch die Frage nach den kulturellen Folgen (Erziehung, Bildung, Prüfung) der Bürokratie im Allgemeinen und des Unternehmergeistes im Besonderen zu stellen (doch auch Weber hat hier durchaus einen Unterschied gesehen), siehe *Max Weber, Gesammelte Aufsätze zur Religionssoziologie, 3 Bde., Reprint Tübingen 1988; ders., Wirtschaft und Gesellschaft: Grundriß der verstehenden Soziologie,* Studienausgabe, Tübingen 1990, S. 551 ff.

18 Siehe vor allem Emile Durkheim, *Über soziale Arbeitsteilung: Studie über die Organisation höherer Gesellschaften,* 2. Aufl., dt. Frankfurt am Main 1988; Talcott Parsons und Neil J. Smelser, *Economy and Society: A Study in the Integration of Economic and Social Theory,* Reprint London 1984, insbes. S. 53.

19 Siehe vor allem Mark Granovetter, »Economic Action and Social Structure: A Theory of Embeddedness«, in: *American Journal of Sociology* 91 (1985), S. 481-510. Dass diese Stichwörter die soziale Struktur des Marktes unterstreichen und nicht etwa in Frage stellen, betont Greta R. Krippner, »The Elusive Market: Embeddedness and the Paradigm of Economic Sociology«, in: *Theory and Society* 30 (2001), S. 775-810. Siehe zu den verschiedenen Dimensionen der *embeddedness* auch Sharon Zukin und Paul DiMaggio, »Introduction«, in: dies. (Hrsg.), *Structures of Capital: The Social Organization of the Economy,* Cambridge 1990, S. 1-36, hier: S. 15 ff.

über die der Versuch läuft, Karl Polanyis Diagnose, die Idee eines selbstregulierenden Marktes sei nichts als eine »krasse Utopie«, aufzufangen und bearbeitbar zu machen (so wie bereits die soziologische Klassik Karl Marx' Diagnose der gesellschaftlichen Konstruktion der Wirtschaft aufgenommen hat, ohne seine These von der »Herrschaft« des Kapitals und seine Revolutionserwartungen deswegen teilen zu müssen).[20] Die Arbeits- und Industriesoziologie berichtet, dass jede bisher bekannte menschliche Gesellschaft Wert darauf gelegt hat, die physischen Anforderungen an organisierte Arbeit einerseits und die gesellgen Anforderungen an sonstiges soziales Verhalten andererseits nicht miteinander zu verwechseln. Stanley H. Udy berichtet, dass Stammesgesellschaften die vom blutigen Geschäft der Jagd zurückkommenden Männer in einem Lager, einer Art Quarantänestation außerhalb der Dörfer, erst einmal einige Tage abgekühlt haben, bevor ihnen erlaubt war, das Dorf zu betreten und wieder mit Frauen, Kindern und Alten in Berührung zu kommen.[21] Der Kneipengang unter Arbeitern und die Stunde des Aperitifs unter Angestellten, die dazu genutzt werden, untereinander die Heldengeschichten und den Ärger auszutauschen, die man während der Arbeit nicht losgeworden ist und die zu Hause niemand hören will, sind aktuelle Formen dieser gesellschaftlichen Abfederung des Unterschieds, den das Unternehmen mit seinen Anforderungen an organisiertes Arbeiten innerhalb der Gesellschaft macht. Man muss daher in beide Richtungen schauen, um diesen Unterschied zu verstehen, in die Richtung der Abweichung vom Normalzustand, die das Unternehmen in der Gesellschaft definiert, und in die Richtung der Mechanismen, der Rhetoriken und der Praktiken, die die Abweichung als akzeptabel beschreiben, dabei jedoch auch die Rahmenbedingungen

20 Siehe Karl Polanyi, *The Great Transformation: Politische und ökonomische Ursprünge von Gesellschaften und Wirtschaftssystemen*, dt. Frankfurt am Main 1978, Zitat S. 19. Siehe zur Bedeutung von Marx' Kritik der politischen Ökonomie, die den »Naturzustand« einer Knappheit bewältigenden Wirtschaft auf den »gesellschaftlichen Zustand« einer Knappheit zur Bewältigung von Knappheit produzierenden Wirtschaft zurückbuchstabiert, auch Niklas Luhmann, »Das Moderne der modernen Gesellschaft«, in: ders., *Beobachtungen der Moderne*, Opladen 1992, S. 11-49, hier: S. 23 ff.

21 Siehe Stanley H. Udy, *Organization of Work: A Comparative Analysis of Production among Nonindustrial Peoples*, New Haven, Conn., 1959; und vgl. ders., *Work in Traditional and Modern Society*, Englewood Cliffs, NJ, 1970.

definieren, an die sich das Unternehmen zunächst einmal halten muss.

Wenn wir daher unsere Frage nach der Verantwortung der Unternehmen in einem zweiten Schritt vom dialektischen Zusammenspiel zwischen Unternehmen und Gesellschaft weglenken und auf die Binnenstrukturen der Unternehmen richten, um danach zu suchen, worauf man stößt, wenn man Unternehmen Chancen zur Übernahme von Verantwortung beimisst, darf dabei der erste Schritt nicht vergessen werden. Jede Binnenstruktur eines Unternehmens ist eine mit der Gesellschaft *als Unterschied gegenüber dieser Gesellschaft in dieser Gesellschaft* abgestimmte Struktur, eine im Hinblick auf Arbeit, Personalzugriffe und Vermögenskalküle schmerzhafte Abweichung,[22] an die man sich nicht nur gewöhnt hat, sondern die funktional für erforderlich gehalten wird. Dieser Umstand ist deswegen zu unterstreichen, weil er einen recht schmalen Grat definiert, von dem man leicht abstürzen kann. Die Gesellschaft erwartet und konzediert, dass das Unternehmen etwas »unternimmt«, was in der Gesellschaft einen Unterschied macht. Aber ob es sich dabei um neue Produkte, um innovative Verfahren, um andersartige Arbeitsplätze mit ungewohnten Arbeitszeiten, um abweichende Karrieremuster, um eine weitere Verkürzung oder Verlängerung der Taktung der Zeithorizonte des Kapitalkalküls oder was auch immer handelt: es muss schon während seiner Einführung mit »der« Gesellschaft, das heißt mit allen sozialen Strukturen, auf die man angewiesen ist, abgestimmt werden.

Was also rechtfertigt die Erwartung, innerhalb eines Unternehmens Anhaltspunkte für die Bereitschaft und Befähigung zu verantwortlichem Handeln vorzufinden? Warum, um es negativ zu formulieren, legt man nicht alle Entscheidungsgewalt in die Hände einer demokratisch legitimierten, massenmedial informierten, wissenschaftlich beratenen und religiös betreuten Politik, die den Unternehmen (wenn sie dann noch so heißen dürfen) genauso diktiert, was sie zu tun haben, wie sie es bei Behörden, Universitäten, Schulen, Museen und Theatern versucht? Wenn man dann sicherheitshalber auch noch dafür sorgt, dass sich diese Politik bei einer Partei mit den Bedingungen der Richtigkeit ihrer Entscheidungen

---

22 Siehe dazu auch Dirk Baecker, *Die Form des Unternehmens*, Frankfurt am Main 1993.

versorgt, die immer wieder demokratisch zur Wahl gestellt werden können, kann eigentlich nichts mehr schiefgehen, oder?

In dem Moment, in dem wir unsere Frage nach der Verantwortung der Unternehmen durch den Hinweis auf eine Alternative ausbalancieren, die in der Wirtschaftstheorie und in der historischen Auseinandersetzung zwischen verschiedenen Wirtschaftssystemen (Planwirtschaft versus Marktwirtschaft) durchaus ihre Bedeutung hatte, merkt man, dass diese Frage nicht ohne eine gewisse Verzweiflung zu stellen ist. Niemand stellt die Vorzüge dezentraler Entscheidungen in einer dank ihrer Komplexität nicht mehr zentral zu überschauenden gesellschaftlichen Situation in Frage.[23] Aber das bedeutet, dass man sich quasi im selben Atemzug auf privatwirtschaftliche Unternehmen und andere autonome Organisationen einlassen muss, von denen man weiß, dass sie ihre Ausdifferenzierung aus der Gesellschaft zur Produktion von Intransparenz nutzen[24] und von denen man nicht weiß, ob ihre Hierarchie bereits eine hinreichende Bedingung dafür ist, dass man sich darauf beschränken kann, die Spitze zu beobachten, um zu wissen, was im Rest der Organisation, gestaltet, geleitet und kontrolliert durch diese Spitze, geschieht.[25] Man hat die Wahl und in diesem Falle eben keine Wahl zwischen der »Despotie der manufakturmäßigen« und der »Anarchie der gesellschaftlichen Arbeitsteilung«,[26] die sich wechselseitig bedingen und derentwegen Karl Marx die Überwindung des Kapitalismus für unabdingbar hielt.

Der Dialektik der Verhältnisse entkommen wir nicht. Jeder Entdeckung folgt die Entdeckung der Ambivalenz dieser Entdeckung

23 Siehe neben Röpke, *Die Lehre von der Wirtschaft*, a. a. O., auch Friedrich August von Hayek, »Die Verwertung des Wissens in der Gesellschaft«, in: ders., *Individualismus und wirtschaftliche Ordnung*, a. a. O., S. 103-121.

24 Von der »verborgenen Stätte der Produktion, an deren Schwelle zu lesen ist: no admittance except on business«, spricht Karl Marx, *Das Kapital: Kritik der politischen Ökonomie*, Erster Band, Berlin 1980, S. 189, an einer berühmten Stelle seines Buches.

25 Das immerhin war das Argument, mit dem sich die von den Zwängen des europäischen Feudalismus glücklich befreite amerikanische Gesellschaft mit diesem *skandalon* in ihrer Mitte, dem Aufbau hierarchischer Unternehmensstrukturen, wieder anzufreunden versuchte. So Peter Miller und Ted O'Leary, »Hierarchies and American Ideals, 1900-1940«, in: *Academy of Management Review* 14 (1989), S. 250-265.

26 Marx, *Das Kapital*, Erster Band, a. a. O., S. 377.

auf dem Fuße. Das gilt auch für diese Einsicht, denn natürlich ist es ambivalent, von der Ambivalenz zu reden, wenn die Lage gleichzeitig so dringlich ist.

Fassen wir uns ein Herz und schauen wir entsprechend vorgewarnt auf die Binnenstrukturen des Unternehmens. Besteht Hoffnung, dort auf Verantwortung zu stoßen? Und wenn ja, wie sieht sie aus, wie weit reicht sie, und wodurch wird sie begrenzt? Welche guten Gründe haben Konzepte wie *corporate social responsibility* und *social entrepreneurship* auf ihrer Seite, und an welcher Stelle werden diese Gründe von der Dialektik der Verhältnisse wieder eingeholt? Ich denke, dass wir mit dieser Dialektik rechnen müssen. Es geht nicht darum, den Spielverderber zu spielen, der den guten Absichten der anderen mit seinen Bedenken Wasser in den Wein gießt. Sondern es geht darum, möglichst kundig nach den wenigen Chancen zu suchen, die wir möglicherweise noch haben.

Der vorliegende Text ist außerdem nur ein Text. Die Lücken der Situationen, die sich die Praxis zunutze macht,[27] kann er weder bestimmen noch vorwegnehmen noch gar schließen.

Drei gute Gründe

Es gibt mindestens drei gute Gründe, Unternehmen eine Verantwortung zuzurechnen, die andernorts in dieser Form nicht zu finden ist. Und dabei geht es nicht um die Anwendung des Prinzips, den Verursacher für den von ihm angerichteten Schaden verantwortlich zu machen. Wir argumentieren nicht juristisch, um den Streit weiterzuentwickeln, in den die Gesellschaft ihre Unternehmen verwickelt, um die Auswirkungen der Überschwemmung der Gesellschaft mit zweifelhaften Produkten, unsicheren Arbeitsplätzen, unvorsichtigen Produktionsverfahren, ungewissen Investitionen und brüchigen Verträgen zu kontrollieren. Das ist wichtig und entscheidend genug, aber nicht unser Thema. Wir wenden uns dem eigentümlichen Optimismus zu, von genau den Unternehmen eine Abwendung der gefährlichen Entwicklung von Wirtschaft und Gesellschaft zu erwarten, die für diese Entwicklung mitverantwortlich

27 Im Sinne von François Jullien, *Über die Wirksamkeit*, dt. Berlin 1999; vgl. auch Dirk Baecker, »Sinndimensionen einer Situation«, in: ders. u. a., *Kontroverse über China: Sino-Philosophie*, Berlin 2008, S. 31-47.

sind, ohne jedoch, das sollte nach den bisherigen Ausführungen deutlich sein, dafür verantwortlich gemacht werden zu können. Man hat es zwar immer schon besser gewusst, man hätte es jedoch nur selten besser machen können. Dass die Gesellschaft sich selbst und ihre Unternehmen kritisch beobachtet, bedeutet eben noch nicht, dass in nennenswertem Umfang neue Praktiken entstehen, die den Unternehmen nicht mehr ebenjene Gewinnaussichten bieten, die ihnen den Anreiz geben, sich an gefährlichen Entwicklungen so innovativ zu beteiligen.

Wir fragen nach den Chancen verantwortlichen Handelns in Unternehmen, und wir wissen, dass es für dieses Handeln womöglich zuletzt auf gute Absichten ankommt. Training, so die noch zu wenig beachtete Konsequenz einer Studie über *high-reliability organizations* (das heißt über Organisationen, die unter höchsten Verlässlichkeitsanforderungen stehen), ist für die Ausbildung der Kompetenz, auf die es ankommt, nämlich Achtsamkeit (*mindfulness*), wichtiger und zielführender als Erziehung.[28]

Unseren ersten Grund haben wir oben in einer Fußnote bereits gestreift.[29] Bereits Max Weber, der die zivilisatorischen Leistungen der Bürokratie, die Einführung von Zweckrationalität und Planbarkeit aufgrund der beiden Prinzipien der Trennung von Amt und Person und der (schriftlichen) Aktenführung, besser zu würdigen wusste als jeder andere und der gleichzeitig und vermutlich deswegen mehr Befürchtungen mit der »Unentrinnbarkeit« dieser Bürokratie verband als jeder andere,[30] kannte nur den kapitalistischen

---

28 So Karl E. Weick und Kathleen M. Sutcliffe, *Managing the Unexpected: Assuring High-Performance in an Age of Complexity*, San Francisco, CA, 2001, etwa S. 51 ff.

29 Siehe Fn. 17.

30 Siehe zu beiden Punkten Weber, *Wirtschaft und Gesellschaft*, a. a. O., S. 126 ff. und 551 ff.; und vgl. zur Wiederentdeckung der positiven Leistungen der Bürokratie, nachdem die negativen Erwartungen sich nicht erfüllt haben, Arthur Stinchcombe, *Creating Efficient Industrial Administrations*, New York 1974; ders., *When Formality Works: Authority and Abstraction in Law and Organizations*, Chicago 2001; Dirk Baecker, »Kapitalismus und Bürokratie«, in: ders., *Wozu Soziologie?*, Berlin 2004, S. 150-188; Johan P. Olsen, »Maybe it is Time to Rediscover Bureaucracy?« Oslo University, Centre for European Studies, Working Paper No. 10, March 2005; Sven Spieker (Hrsg.), *Bürokratische Leidenschaften: Kultur- und Mediengeschichte im Archiv*, Berlin 2004. Siehe zur Eigendynamik der Bürokratie auch Cornelia Vismann, *Akten: Medientechnik und Recht*, Frankfurt am Main 2000.

Unternehmer als eine Instanz, die gegenüber dieser Unentrinnbarkeit relativ immun ist, ohne deswegen einer traditionalen Irrationalität verdächtigt werden zu müssen.[31] Der Grund hierfür liegt in der Privatheit und im Erwerbsinteresse dieses Unternehmers.

Privatheit bedeutet, dass das Unternehmen jederzeit und im Rahmen der Rechtsordnung für Dinge und Prozesse Verantwortung übernehmen kann, für die bislang niemand Verantwortung übernommen hat, oder auch, dass das Unternehmen dies auf eine Art und Weise tun kann, an die bisher noch niemand gedacht hat. Privatheit (von lat. *privare*, berauben, absondern) bedeutet, dass man sich erstens anderen entziehen und unüblichen Interessen nachgehen kann und dass man zweitens versuchen kann, dafür Gleichgesinnte zu finden, die mitmachen oder einen unterstützen. Wenn in der Gesellschaft unerledigte Dinge auffallen, für deren Erledigung man nach jemandem sucht, der sie erledigen könnte, und es noch niemanden gibt, der die Verantwortung für sie hat und den man an seine Pflichten erinnern oder bei seinen Maßnahmen unterstützen könnte, fällt zwangsläufig der Blick auf Unternehmen, die gegründet werden könnten, um direkt oder indirekt (auf dem Umweg über Stiftungen) bei der Erledigung der Aufgabe zu helfen.

Voraussetzung dafür ist ausschließlich, dass die Erfüllung oder Unterstützung dieser Aufgabe im Erwerbsinteresse des Unternehmens liegt, das heißt, dass entweder aus entsprechenden Leistungen finanzieller Gewinn gezogen werden kann, wenn die Kosten unter Kontrolle gehalten werden können, oder dass aus der Förderung und Unterstützung solcher Leistungen Reputationsgewinne resultieren, die kapitalisiert werden können.

Unser erster Grund, von Unternehmen verantwortliches Handeln zu erwarten, kombiniert demnach mobilisierbare Handlungspotentiale (Privatheit) mit mobilisierbaren Handlungsmotiven (Erwerbsinteresse). Im Vergleich mit dieser Möglichkeit eines Unternehmens, neue Aufgaben anzugehen (»*to get fresh action*«, wie dies Harrison C. White formuliert hat[32]), sind Behörden, Kirchen, Universitäten, Gerichte und Armeen schwerfällig, weil sie an ihre Programme und Routinen gebunden sind und sich nicht auf einem unbestimmten Markt nach neuen Aufgaben umsehen kön-

31 So Max Weber, Wirtschaft und Gesellschaft, a. a. O., S. 129.
32 Harrison C. White, *Identity and Control: A Structural Theory of Action*, Princeton, NJ, 1992, S. 230 u. ö.

nen. Selbst soziale Bewegungen, die sich nach Belieben um neue Themen herum bilden können, sind an die gewählten Themen gebunden, sobald sie sich gebildet haben, und können sich nicht einfach um neue, dringendere oder attraktivere Themen kümmern, es sei denn, sie riskieren, dass ihnen die ehrenamtlichen Mitarbeiter und die bisherigen Unterstützer davonlaufen.

Die Schattenseite dieser Möglichkeit von Unternehmen, sich ungebunden und verantwortlich um neue Aufgaben zu kümmern, liegt darin, dass das Interesse, das diese Unternehmen bedienen, seinerseits alles andere als ungebunden ist. Kann der private Bürger vor allem auf dem Markt der öffentlichen Meinungen noch relativ leicht und schnell sagen, dies interessiere ihn und dies nicht, so ist das Unternehmen mit seinem Interesse an die Sicherung der eigenen Existenzbedingungen gebunden. Das ist alles andere als trivial. Genau darin lag ja die wiederum zivilisatorische Leistung des Prinzips Interesse. Interessen sind eben nicht wie Leidenschaften heute hierauf und morgen darauf zu richten, abhängig allenfalls von Laune und Geschmack. Interessen sind vielmehr die Waffen, mit denen die Bürger ihr Handeln gegenüber der leidenschaftlichen Selbstgefährdung der Aristokraten verstetigen und verteidigen.[33] Wer seine Interessen kennt und ernst nimmt, kann so privat sein, wie er will: Er wird sich kaum noch auf eine andere Verantwortung einlassen als diejenige, diesen Interessen entsprechend zu handeln, es sei denn, er oder sie kann sich die eine oder andere Leidenschaft am Rande leisten, solange sie gegen keine der mitlaufenden Interessen verstößt. Und wie gesagt, obwohl und weil es sich um die Interessen von Privatleuten handelt, handelt es sich nicht um individualistische und egoistische Interessen, die man zugunsten der Einsicht in die Verantwortung für das Gemeinwohl eines Besseren belehren könnte, sondern um Interessen, die bereits vielfältig und empfindlich mit diesem Gemeinwohl (beziehungsweise Ausschnitten daraus) verknüpft sind.

Auch das muss man ja immer wieder einmal betonen: Der von Adam Smith gepriesene Egoismus der Eigenliebe ist zugleich ein radikaler Altruismus, weil das Individuum nur dann seine Interessen befriedigen kann, wenn es den Interessen anderer dient, da diese andernfalls die Produkte nicht kaufen, die angebotenen Kar-

---

33 So Albert O. Hirschman, *The Passions and the Interests: Political Arguments for Capitalism Before its Triumph*, Princeton, NJ, 1977.

rierechancen nicht wahrnehmen und in das Projekt nicht investieren würden.[34] Auch deswegen ist der Liberalismus in Wahrheit eine Theorie der Gesellschaft und ist der viel diskutierte methodologische Individualismus nur eine Variante jener Formen der Beobachtung von Gesellschaft, die sich die Beobachtung der Emergenz einer eigenen Systemebene »Gesellschaft« nicht entgehen lassen wollen.[35] Der Selbstliebe kann nur frönen, wer sich an die Bedingungen hält, unter denen diese Selbstliebe Erfüllung finden kann. Diese Bedingungen sind zwangsläufig gesellschaftlicher Art, und dies auch dann, wie Bernard Mandevilles *Bienenfabel* gezeigt hat,[36] wenn es sich um die Befriedigung geradezu lasterhafter Luxusbedürfnisse handelt, die aber immerhin Handwerker und Lieferanten aller Art mit Arbeit und Brot versorgen. Der eigentliche Gegenbegriff zur Eigenliebe lautet »Idiotie«, wenn man darunter den griechischen Ehrentitel für Leute verstehen darf, die auf Gesellschaft keine Rücksicht nehmen.

Nun könnte man ja sagen, dass das Interesse am Gemeinwohl im Interesse eines jeden liegt und daher keinerlei prinzipielle Differenz zwischen den Privatinteressen eines kapitalistischen Unternehmers und den Interessen der Allgemeinheit besteht, für deren Wahrnehmung er oder sie eine Verantwortung übernehmen soll. Aber auch diese Vorstellung hat die scharfe Beobachtung der Ökonomen nicht überlebt, dass die Interessen der einzelnen Individuen schon deswegen nicht addiert und zu einem Gemeinwohl aggregiert werden können, weil individuelle Nutzen- und Interessenseinschätzungen untereinander nicht verglichen werden können.[37] Diese Einsicht, mit Verlaub, ist das eigentlich Methodologische am methodologischen Individualismus. Mit dem Individuum muss gerechnet werden, weil es nicht addiert werden kann.[38]

Zwischen individuellen Interessen und dem Gemeinwohl, für

---

34 Vgl. Smith, *Der Wohlstand der Nationen*, a. a. O., S. 16 ff.

35 So etwa James S. Coleman, *Foundations of Social Theory*, Cambridge, Mass., 1990, S. 3 und 5.

36 Siehe Bernard Mandeville, *Die Bienenfabel oder Private Laster, öffentliche Vorteile*, dt. Frankfurt am Main 1980.

37 So Kenneth J. Arrow, *Social Choice and Individual Values*, 2. Aufl., New Haven, NJ, 1963.

38 Siehe dazu auch Maren Lehmann, »Negieren lernen: Vom Rechnen mit Individualität«, in: *Soziale Systeme: Zeitschrift für soziologische Theorie* 13 (2007), S. 468-479.

das es eine Verantwortung zu übernehmen gilt, keine Identität herzustellen, ist das *sine qua non* einer liberalen Ordnung, die von der Fehleranfälligkeit individueller Einschätzungen, von der Mehrdeutigkeit jedes Sachverhalts in Abhängigkeit von der gewählten Perspektive und von der ständigen Möglichkeit des Auftretens neuer Erkenntnis ausgeht und deswegen um keinen Preis bereit ist beziehungsweise bereit sein sollte, andere als selbst gewählte Verantwortungen zuzulassen.

Der zweite gute Grund, bei Unternehmen nach Bereitschaften zur Übernahme von Verantwortung zu suchen, ist eine Begleiterscheinung der Engführung des Unternehmens auf Interessenorientierung. Denn diese ist die Voraussetzung für eine verantwortliche Planung und Gestaltung des Unternehmens selbst. Ein Unternehmen ist jene Form eines organisierten sozialen Systems, innerhalb deren jeder ständig an eine übernommene oder zugewiesene Verantwortung erinnert werden kann. Managementlehren wie etwa diejenige des St. Galler Modells kennen ganze Listen, Tabellen und Schaubilder, in denen und auf denen man nachschauen kann, wer gegenüber wem mit dem Blick auf welche Sachverhalte und innerhalb welcher Zeithorizonte welche Verantwortung hat und berichtspflichtig ist.[39]

Wenn man in diese Verantwortlichkeitsordnung des Unternehmens (abgesichert durch raffinierte Anreizstrukturen der Ausrichtung [*alignment*] von Auftraggebern [*principals*] und Auftragnehmern [*agents]* sowie von *algedonischen Schleifen* [abgeleitet von griech. *algos* = der Schmerz], die gezielt dafür sorgen können, dass es weh tut, wenn den im übrigen selbstverständlich positiven Anreizen nicht gefolgt wird[40]) die Wahrnehmung jener Verantwortung einbetten könnte, an der es gesellschaftlich im Moment eher fehlt, wäre man doch ein erhebliches Stück weiter, oder? War-

39 Siehe Hans Ulrich und Walter Krieg, *Das St. Galler Management-Modell*, Bern 1972; Hans Ulrich und Gilbert J. B. Probst, *Anleitung zum ganzheitlichen Denken und Handeln: Ein Brevier für Führungskräfte*, Bern 1988; Johannes Rüegg-Stürm, *Das neue St. Galler Management-Modell: Grundkategorien einer integrierten Managementlehre: Der HSG-Ansatz*, Bern 2002; siehe auch Rudolf Wimmer, »Wozu brauchen wir ein General Management?«, in: *Hernsteiner* 3 (1993), S. 4-12, hier: S. 7 ff.

40 Zu *principals* und *agents* siehe John W. Pratt und Richard J. Zeckhauser (Hrsg.), *Principals und Agents: The Structure of Business*, Boston 1985; und zu *algedonic loops* Stafford Beer, *Brain of the Firm*, 2. Aufl., Chichester 1981, S. 59 ff.

um organisiert man nicht die Übernahme von Verantwortung, so könnte man fragen, nach dem Vorbild der Organisation von Unternehmen?

Leider ist die Sache mit der Verteilung der Verantwortung in einem Unternehmen ebenso wenig in sich schlüssig wie die Ausrichtung von *principal* und *agent*. Schon Erich Gutenberg wies nicht ohne ein gewisses zwischen den Zeilen mitlesbares Erschrecken darauf hin, dass die Verantwortlichkeitsordnung eine Delegationsordnung ist und dass es nicht unbedingt selbstverständlich ist, dass die delegierte Verantwortung an jenen Stellen, an die sie delegiert worden ist, so wahrgenommen wird, wie es den Interessen der delegierenden Stelle entspricht.[41] Michael C. Jensen fasst diese Einsicht in der Einleitung zu seiner Theorie des Unternehmens in eine eigene Aussage zusammen, die er die »*no-perfect-agent* proposition« nennt.[42] Diese Aussage bringt zum Ausdruck, dass innerhalb einer liberalen Ideenwelt nicht davon auszugehen ist, dass irgendetwas die Übereinstimmung der Interessen des *principal* und seines *agent* garantieren kann. Der deklarierte Konsens und die vertraglichen Bindungen, ja sogar der vertrauensvolle Respekt vor den Interessen des

---

41 In den präzisen Formulierungen von Erich Gutenberg, *Grundlagen der Betriebswirtschaftslehre*, Bd. 1: *Die Produktion*, 24. Aufl., Berlin 1983, S. 248 f., heißt es: »Entscheidungsbefugnis ist nur so weit delegierbar, als die Auftragserfüllung der übertragenden Stelle durch die berechtigte Ausnutzung des übertragenen Anordnungs- und Entscheidungsspielraums nicht gefährdet wird. Diese Grenzziehung läßt viele Möglichkeiten offen, das Verhältnis zwischen vor- und nachgeschalteten Stellen zu gestalten.« Viele Möglichkeiten haben den betriebswirtschaftlich nicht gleichgültigen Nachteil, mehr als eine und damit eindeutige Möglichkeit zu sein. Gutenberg verweist auf »Umstände«, die das jeweilige »Maß zwischen Freiheit und Bindung« bestimmen (S. 249). Aber wer definiert, mit welchen Umständen man es gerade zu tun hat? – Es gehört zu der Brillanz, mit der Gutenberg die Grundlagen der Betriebswirtschaftslehre legte, dass er die Artifizialität der Abstraktion der Organisation zum Betrieb, der die Betriebswirtschaftslehre ihre theoretische Leistung verdankt, nie aus den Augen verlor und deswegen die Stellen im Blick behielt, an denen diese Abstraktion durch eine um die Artifizialität und ihre Riskanz wissende Führungspraxis »supplementiert« werden muss, das heißt sowohl abgesichert als auch gefährdet wird, wenn man mit dem Begriff des »gefährlichen Supplements« von Jacques Derrida, *Grammatologie*, dt. Frankfurt am Main 1974, S. 248 ff., argumentieren darf. Man merkt die Extraleistung der Führung, die im Widerspruch zur behaupteten Selbstverständlichkeit einer Entscheidung steht – und wird misstrauisch.

42 So Michael C. Jensen, *A Theory of the Firm: Governance, Residual Claims, and Organizational Forms*, Cambridge, Mass., 2000, S. 5.

anderen können nicht verhindern, dass sich bei nächster Gelegenheit Differenzen ergeben, die noch nicht einmal unbedingt auffallen müssen und schon deswegen unter Umständen nicht korrigiert werden. Nimmt man hinzu, dass man signalisieren kann, sich im Einklang zu glauben, und signalisieren kann, bereits den Hinweis auf eine Abweichung, die Kommunikation einer Differenz, für eine Zumutung zu halten,[43] ahnt man, wie unwahrscheinlich die genannte *Ausrichtung* von *principal* und *agent* ist. Tatsächlich reagiert der Begriff der Ausrichtung genau hierauf: Die »Theorie der Firma« ist eine Theorie der Herstellung von Bezügen der Verantwortung in Situationen, in denen diese Herstellung unwahrscheinlich ist.[44]

Und wie gesagt, diese Unwahrscheinlichkeit ist kein Defizit der Verhältnisse, sondern der theoretisch, praktisch und normativ zu erwartende Regelfall, da nur die Unterschiedlichkeit der Interessen jene verteilte Intelligenz der Problemverarbeitung garantiert, von der nicht nur die Märkte, sondern auch die Unternehmensstrukturen profitieren. Nimmt man hinzu, dass dies nicht nur für den *principal* gilt, der sich überlegt, wie er seinen *agent* überwachen kann, sondern auch für den *agent*, der sich überlegen muss, wie er sicherstellen kann, dass sich auch der *principal* an die getroffenen Verabredungen erinnert,[45] wird schnell deutlich, dass das Unternehmen nicht etwa ein Automat zur verantwortlichen Wahrnehmung von Verantwortung ist, sondern ein fragiles Gebilde, in dem nur zusätzliche »Versklavungsparameter«, mit Hermann Hakens Theorie der Selbstorganisation gesprochen,[46] dafür sorgen können, dass überhaupt irgendetwas erwartungsgemäß geschieht. Dass es zuweilen schwierig ist, solche Parameter zu finden, und dass offenbar die dafür klassischen Kandidaten der Gewinnorientierung, der Rechtmäßigkeit und des guten Gewissens nicht ausreichen, wird

43 Siehe zum subtilen Umgang mit den paradoxen Anforderungen der Kommunikation in Organisationen zahlreiche Hinweise bei Niklas Luhmann, *Funktionen und Folgen formaler Organisation*, 4. Aufl., mit einem Epilog 1994, Berlin 1995.

44 So in aller Ausführlichkeit John Roberts, *The Modern Firm: Organizational Design for Performance and Growth*, Oxford 2004.

45 Daher kann man formulieren: *For any principal, there is no perfect agent.* Und: *For any agent, there is no perfect principal.*

46 Siehe etwa Hermann Haken, »Von der Laser-Metaphorik zum Selbstorganisationskonzept im Management«, in: Walter Krieg, Klaus Galler, Peter Stadelmann (Hrsg.), *Richtiges und gutes Management: Vom System zur Praxis*, Bern 2005, S. 87-100, hier: S. 94.

deutlich, wenn man sich anschaut, in welch rascher Folge nach neuen Kandidaten gesucht wird, die dann offenbar wieder nicht ausreichen, sei es das Qualitätsmanagement, das *benchmarking*, die *lean production*, das Portfoliomanagement, das *outsourcing*, das *insourcing*, der Produktlebenszyklus, die Kundenorientierung oder der *shareholder value*.[47]

Was wird unter diesen unübersichtlichen Bedingungen der Strukturierung von Delegation und der Ausrichtung aus der Hoffnung auf ein verantwortungsvolles Handeln in Unternehmen? Zweierlei: Zum einen darf man festhalten, dass die Unmöglichkeit der organisatorischen Festlegung von Verhaltensoptionen die Voraussetzung dafür ist, dass jeder einzelne Mitarbeiter sich zu keinem Zeitpunkt aus der Verantwortung für sein eigenes Verhalten entlassen sieht. Solange es Spielräume gibt, gibt es individuelle Verantwortung, wie auch immer und von wem auch immer diese adressiert wird. Es ist deswegen kein Zufall, dass unter den in der Literatur diskutierten Versklavungsparametern auch immer wieder die Humanisierung des Betriebs, die offene Unternehmenskultur, ja sogar die individuelle Wahrnehmungsfähigkeit des Mitarbeiters eine Rolle spielen: »den Menschen in den Mittelpunkt zu stellen«, wie so schön heißt,[48] ist einerseits eine Überlegung, die dem Gedanken der Hebung bislang ungenutzter Produktivitäts- und Kreativitätsreserven geschuldet ist, rechnet aber andererseits auch damit, dass der Mensch als Universalmaschine bislang noch immer konkurrenzlos ist.[49] Deswegen steht er als Adresse für Ver-

47 Siehe Bengt Karlöf und Fredrik Helin Lövingsson, *Management von A-Z: Das grosse Handbuch der Konzepte, Begriffe und Modelle*, Zürich 2005; und mit soziologischen Rückfragen Robert G. Eccles, Notin Nohria und James D. Berkley, *Beyond the Hype: Rediscovering the Essence of Management*, Boston 1992; Dirk Baecker, *Postheroisches Management: Ein Vademecum*, Berlin 1994. Dass keiner der Parameter ohne sein eigenes Gegenteil zu haben ist, betont bereits Herbert A. Simon, »The Proverbs of Administration«, in: *Public Administration Review 6* (1946), S. 53-67, und arbeiten Peter Littmann und Stephan A. Jansen, *Oszillodox: Virtualisierung – die permanente Neuerfindung der Organisation*, Stuttgart 2000, zu einer eigenen Unternehmenstheorie aus.

48 Siehe dazu, wenig begeistert, Gertraud Krell, *Vergemeinschaftende Personalpolitik: Normative Personallehren, Werksgemeinschaft, NS-Betriebsgemeinschaft, Betriebliche Partnerschaft, Japan, Unternehmenskultur*, München 1994.

49 Siehe dazu auch Dirk Baecker, »Das innovative Unternehmen«, in: ders., *Studien zur nächsten Gesellschaft*, Frankfurt am Main 2007, S. 14-27, hier: S. 20 f.

antwortungszuschreibungen zur Verfügung, und deswegen muss offenbleiben, ob und inwieweit er sich der Verantwortung stellt, die ihm andere zuschreiben.

Und zum anderen darf man der Geschäftsführung eines Unternehmens die zusätzliche Verantwortung für die Überwachung nicht nur der Delegationsstruktur und Berichtskultur des Unternehmens, sondern auch der Versklavungsparameter zuweisen. Hier greift eine Metaverantwortung für die Möglichkeit verantwortungsvollen Handelns, der man wohl am besten genügt, wenn man dafür Sorge trägt, dass die Parameter in einem für gesund zu haltenden Rhythmus ausgetauscht werden, weil jede Routine, die nicht als solche überwacht, reflektiert und modifiziert wird, dank geringer werdender Aufmerksamkeit auch zu geringerer Verantwortung führt.

Ob bei all dem noch Zeit bleibt, um sich über den verantwortungsvollen Umgang mit den Verantwortungsstrukturen des Unternehmens auch um die Übernahme gesellschaftlicher Verantwortung zu kümmern, darf man mit Fug und Recht bezweifeln.

Der dritte gute Grund für die Verankerung der Verantwortung für verantwortungsvolles Handeln in Unternehmen bezieht sich darauf, dass Unternehmen nicht umhinkommen, laufend Entscheidungen zu treffen, und dass diese Entscheidungen nur dann solche genannt zu werden verdienen, wenn sie im Kontext alternativer Entscheidungen stehen. Das ist die eigentliche Botschaft der Modelle rationalen Entscheidens: Entscheide dich erst dann, wenn du dir sicher sein kannst, Alternativen geprüft zu haben; und das heißt: entscheide nur dann, wenn Alternativen in den Blick gekommen sind. Die Erwartung rationalen Entscheidens reduziert sich pragmatisch auf die Aufforderung, jeweils mehr als eine Möglichkeit eines nächsten Schrittes für möglich zu halten. Es geht um die Optionalisierung des Handelns und um eine Verankerung dieser Optionalisierung in einer mitlaufenden Reflexion der jeweils zu treffenden Entscheidung im Spiegel ihrer Alternativen.[50]

50 Diese Botschaft gilt auch dann, wenn die eher unrealistischen Annahmen der Modelle rationalen Entscheidens (vollständige Information, bekannte Wahrscheinlichkeiten, Nutzenmaximierung) fallen gelassen werden. Siehe dazu Dirk Baecker, »Rationalität oder Risiko?«, in: Manfred Glagow, Helmut Willke und Helmuth Wiesenthal (Hrsg.), *Gesellschaftliche Steuerungsrationalität und partikulare Handlungsstrategien*, Pfaffenweiler 1989, S. 31-54.

Dies klingt sehr simpel, aber ohne ein Alternativenbewusstsein ist Verantwortung weder zu haben noch wahrzunehmen. Wer nicht weiß, was er anders tun könnte, kann für sein Handeln keine Verantwortung übernehmen.

Das gilt für Unternehmen ebenso wie für andere Organisationen. Sie sind verantwortungsfähig, weil sie entscheidungsfähig sind. Und sie sind entscheidungsfähig, weil sie sich unter dem normativen Vorzeichen von Rationalität oder unter dem pragmatischen Vorzeichen der Auseinandersetzung mit Konkurrenz gezwungen sehen, Alternativen zu prüfen. Für jede Suche nach den Möglichkeiten verantwortungsvollen Handelns enthält diese Überlegung die Maxime, nach jenen Räumen alternativer Entscheidungen zu suchen, in denen die verantwortungsvolle Entscheidung eine der sinnvollerweise zu prüfenden Möglichkeiten ist.

Entscheidungen sind daher eines der verlässlichsten Instrumente der Organisation von Intelligenz. Da Entscheidungen kommuniziert werden müssen, um in einer Organisation Wirkungen auslösen zu können (das heißt, befolgt zu werden und Anschlussentscheidungen auszulösen), lenken sie zwangsläufig den Blick auf Alternativen, da sie anders nicht als Entscheidungen, sondern als Automatismen gelten müssten. Der Horizont der Alternativen, innerhalb dessen eine Entscheidung als Entscheidung wahrgenommen wird, ist jedoch kommunikativ offen und wird von Vorgesetzten anders gesehen als von Kollegen, von Mitarbeitern anders als von Kunden und in der einen Abteilung anders als in einer anderen. Das heißt, *eine* Entscheidung, sobald sie als solche beobachtet wird, löst ein Wissen um *zahlreiche* und *unterschiedliche* Alternativen aus, die abhängig von den jeweiligen Beobachterpositionen und -perspektiven innerhalb und außerhalb der Organisation sind und damit den heterogenen Handlungsraum beschreiben, in dem sich die Organisation bewegt.

Das ist einer der wichtigsten Gründe dafür, dass Luhmann so viel Wert darauf legt, das Elementarereignis der Autopoiesis der Organisation nicht »Entscheidung«, sondern »Kommunikation der Entscheidung« zu nennen. Erst die Kommunikation der Entscheidung provoziert und reduziert die verteilte Intelligenz der Organisation. Sie provoziert sie, weil die Kommunikation bislang möglicherweise noch nicht in den Blick genommene Alternativen auf den Plan ruft, die denen einfallen, die Gründe zu haben glauben, es besser zu wissen. Und sie reduziert sie, weil in die Kommunikation qua Hierarchie der Organisation Autoritätssignale eingebaut werden können, die die Kommunikation von Alternativen eher entmutigen als ermutigen.[51] Immerhin muss man sich zumindest dann, wenn man sich in einer Organisation bewegt, auch zur Kommunikation von Alternativen erst noch entscheiden und agiert damit auch hier im Kontext von Alternativen, zu denen es gehören kann, im Interesse der eigenen Karriere diese Kommunikation zu unterlassen. Die Sache wird im Übrigen dadurch nicht einfacher, dass alle Beteiligten in Organisationen ohnehin ein Höchstmaß an Subtilität an den Tag legen, andere daraufhin zu beobachten, was sie warum (nicht) kommunizieren.

Wenn man sich unter diesen Umständen dennoch dazu durchringt, eine Entscheidung zu fällen, wird man deswegen in aller Regel vielleicht nicht unbedingt die besten, aber doch legitime Gründe auf seiner Seite haben wollen. Nichts ist in Organisationen wichtiger, als bei jeder Entscheidung dafür zu sorgen, dass man Entscheidungen, die sich später eventuell als falsch herausstellen, im Moment der Entscheidung immerhin richtig getroffen hat, das heißt nach allen verfügbaren und in der Organisation etablierten Standards der Informationsverarbeitung, der internen Abstimmung und der nachsorgenden Begleitung vorbereitet und durchgeführt hat.[52] Nur dann wird man nicht zum Opfer der eigenen Entscheidung, und nur dann bringt man den Mut zu Entscheidungen auf, ohne den die Organisation trotz aller Bemühungen um Rationalität schlicht zum Erliegen käme.[53]

51 Siehe dazu Niklas Luhmann, »Die Paradoxie des Entscheidens«, in: *Verwaltungsarchiv* 84 (1993), S. 287-310; ders., *Organisation und Entscheidung*, Opladen 2000, insbes. Kap. 4; und zur Funktion von Autorität ders., »Die Gesellschaft und ihre Organisationen«, in: Hans-Ulrich Derlien u. a. (Hrsg.), *Systemrationalität und Partialinteresse*, Baden-Baden 1994, S. 189-201, hier: S. 196 ff.

52 So J. Richard Harrison und James G. March, »Decision Making and Postdecision Surprises«, in: *Administrative Science Quarterly* 29 (1984), S. 26-42.

53 Das Plädoyer sowohl der Managementphilosophie als auch der Organisationstheorie, die Rationalität einer Entscheidung nicht mit ihrer Motivation zu verwechseln, reagiert unter anderem darauf, dass man in unübersichtlichen Lagen andere als rationale Gründe braucht, um überhaupt zu einer Entscheidung zu kommen. So Thomas J. Peters und Robert H. Waterman, *In Search of Excellence*, New York 1982; Nils Brunsson, *The Irrational Organization: Irrationality as a Basis for Organizational Change and Action*, Chichester 1985.

Das jedoch heißt, dass man es in Organisationen nicht vermeiden kann, seine Entscheidungen verantwortungsvoll zu treffen, im Zeichen welcher Verantwortung auch immer. Alles andere wäre zu riskant, weil nur die Verantwortung, die man nachweisbar übernimmt, dazu führt, dass Entscheidungen, die sich als falsch herausstellen, nicht auf den Entscheider, sondern auf die Umstände zurückfallen. Komplexe Umstände sind zwar keine Entschuldigung, aber sie führen doch zu einer vorsichtigeren Bewertung der Verantwortung des Entscheiders. Das ist, heruntergerechnet auf die einzelne Entscheidung, die Gesamtthematik dieser Überlegungen.

Diese Überlegungen gelten für Organisationen allgemein, für Unternehmen ebenso wie für Behörden, Kirchen, Vereine, Opernhäuser oder Universitäten. Sie gelten jedoch für Unternehmen in verschärfter Weise, weil und solange diese unter einem Rationalitäts- und Wettbewerbsdruck stehen, dem sich andere Organisationen bislang eher noch entziehen konnten. Normative Rationalität und praktischer Wettbewerb sind Maschinen der Generierung von Verantwortung, weil man Gründe braucht, sich so zu entscheiden, wie man sich entscheidet, und dafür andere auf seine Seite zu ziehen, die mit ihren Entscheidungen für den Erfolg der eigenen Entscheidung nicht unmaßgeblich sind.

Auch unser dritter Grund sieht Unternehmen daher in der Pflicht, aber eben auch bereits in einer selbst generierten Pflicht, angesichts deren es schwerfällt, dieser Maschine der Generierung von Verantwortung weitere Verantwortungen anzudienen, die man zunächst vielleicht eher außerhalb der Unternehmen als innerhalb zu sehen glaubt. Wenn man zur Kenntnis nimmt (was man dank neuerer Forschung tun kann[54]), welchen Aufwand Unternehmen schon treiben müssen, bloß um eine Preisänderung intern durchzusetzen (die jeweils Kettenreaktionen der Neubewertung von Kosten und Nutzen auslöst) – und das gehört immerhin zum Kerngeschäft des Unternehmens –, wird man sich vorstellen können, wie empfindlich die Organisation eines Unternehmens darauf reagiert, wenn ihr Verantwortungen zugeschoben werden, für die intern eine Verantwortung übernommen werden muss, an der man eben

---

54 Siehe Shantanu Dutta u. a., »Pricing as Strategic Capability«, in: *Sloan Management Review* 43 (2002), S. 61-66; Shantanu Dutta, Mark J. Zbaracki und Mark Bergen, »Pricing Process as Capability: A Resource-Based Perspective«, in: *Strategic Management Journal* 24 (2003), S. 615-630.

jederzeit und sei es auch nur in den Augen der Kollegen, mit denen man in einer Karrierekonkurrenz steht, auch scheitern kann.

Und der Witz?

Natürlich kann man sich abschließend fragen, worin der Witz besteht, hier diese Motive einer dialektischen Betrachtung der Frage der Verantwortung von und in Unternehmen zu sammeln. Sollten Wissenschaftler nicht eher gangbare Wege aufzeigen, ein Problem möglicherweise zu lösen, als die Sachlage so kompliziert darzustellen, wie sie sowieso schon ist?

Wenn Franz-Xaver Kaufmann Recht damit hat, dass der »Ruf nach Verantwortung« dann zu hören ist, wenn angesichts von Großrisiken ökologischer und systemischer Art Unsicherheiten zu bewältigen sind, die offenbar nirgendwo angemessen in den Blick kommen,[55] dann muss man sich eben auch anschauen, welche Unsicherheiten und Ungewissheiten in den Organisationen der modernen Gesellschaft bereits routinemäßig verarbeitet werden und welche Strukturen und Prozesse dafür existieren, scheinbar kleinere Risiken zu bewältigen. Die Organisation und Verteilung von Aufmerksamkeit und Wachsamkeit ist in komplexen Gesellschaften ein hochgradig nichttrivialer Vorgang. Nichts spricht dagegen, sich an Unternehmen zu wenden und die Übernahme von Verantwortung anzumahnen oder eigene Unternehmen zu gründen und verantwortungsvollere Wege des Umgangs mit den natürlichen, psychischen und sozialen Ressourcen der Gesellschaft auszuprobieren. Gefährlich, weil falsch und auf falsche Spuren führend, ist nur die Annahme, man habe es bis zu dieser Übernahme von Verantwortung mit verantwortungslosen Unternehmen zu tun.

Ulrich Becks Stichwort von der »organisierten Unverantwortlichkeit« ist gerade deswegen so treffend, weil die Organisation selbst nach allen Regeln der Verantwortlichkeit verfährt und dennoch und gerade deshalb zum Ergebnis der Unverantwortlichkeit kommt.[56] Das Ergebnis ist hochgradig befriedigend und hochgra-

---

55 So in Franz-Xaver Kaufmann, *Der Ruf nach Verantwortung: Risiko und Ethik in einer unüberschaubaren Welt*, Freiburg 1992.
56 Siehe Ulrich Beck, *Gegengifte: Die organisierte Unverantwortlichkeit*, Frankfurt am Main 1988.

dig unbefriedigend zugleich. Das ist der Ausgangspunkt, von dem aus der nächste Schritt in den Blick zu nehmen ist. Das Unternehmen ist bereits sozial verantwortlich. Es steht im Einklang mit der Gesellschaft, die es trägt. Seine Unverantwortlichkeit ist die der Gesellschaft selbst. Das ist das Problem, mit dem ein unternehmerischer Umgang gefordert ist.

Schneller rechnen, langsamer entscheiden

Mangelnde Perfektion

Nach mehr als einem halben Jahrhundert intensiver Beobachtung der Komplexitätszunahme von Entscheidungen in Unternehmen und Behörden, Armeen und Krankenhäusern, Schulen und Universitäten, Opernhäusern und Museen, Vereinen, Verbänden und Verbünden hat man den Eindruck, dass ebendiese Beobachtung an der Komplexitätszunahme nicht ganz unbeteiligt ist. Je genauer wir hinschauen, je mehr Beobachter wir zurate ziehen und je mehr wir über Entscheidungen in kurz-, mittel- und langfristigen Zeithorizonten herausfinden, desto komplexer stellen sich Entscheidungen dar, die noch kurz zuvor aus einem intuitiven Sinn heraus und mit nicht unbedingt schlechteren Ergebnissen getroffen worden sind.

Es kann daher wenig überraschen, dass die Organisationsforschung und Managementlehre sich in den vergangenen Jahren auf einige wenige Vokabeln geeinigt hat, mit denen die Komplexität der Entscheidung zu Protokoll gegeben und gleichzeitig zu den Akten gelegt werden kann. Hält man sich an die drei Dimensionen des Sinns, die Niklas Luhmann ebenfalls im Rahmen eines solche Protokolls festgehalten hat, die Sachdimension, die Sozialdimension und die Zeitdimension,[1] sind diese Vokabeln schnell notiert: Sie lauten *garbage can*, *no perfect agents* und *evolutionäre Organisation*.

Wir haben es bei allen Organisationen *sachlich* mit einer *garbage can*, einer Mülltonne, zu tun, in der Probleme, Themen, Gefühle, Personen, Lösungen und Routinen in denkbar *loser Kopplung* herumwirbeln, ohne dass dem eine andere Ordnung als die Unordnung selbst zugrunde liegt.[2] Die Wahrnehmung der Unordnung koordiniert, was anders nicht zu koordinieren ist.

---

1 Siehe Niklas Luhmann, *Soziale Systeme: Grundriß einer allgemeinen Theorie*, Frankfurt am Main 1984, S. 111 ff.

2 Siehe vor allem James G. March (Hrsg.), *Entscheidung und Organisation: Kritische und konstruktive Beiträge, Entwicklungen und Perspektiven*, dt. Wiesbaden 1990; Karl E. Weick, *Der Prozeß des Organisierens*, dt. Frankfurt am Main 1985; Massimo Warglien und Michael Masuch (Hrsg.), *The Logic of Organizational Disorder*,

Ausgerechnet die Ökonomen beglücken uns mit der Erkenntnis, dass wir es bei Organisationen *sozial* mit Vorgängen zu tun haben, die *systematisch nicht perfekt* sind. Eine Zeit lang hatte man sich noch an der Vermutung orientiert, dass der »Anarchie« des Marktes eine »Despotie« (Karl Marx), mindestens aber eine Ordnung der Hierarchie gegenübergestellt werden kann, mit deren Hilfe wenn schon nicht sachlich, so doch zumindest sozial für Planbarkeit gesorgt werden kann.[3] Die *principal/agent*-Diskussion hat aber zu einem Ergebnis geführt, das Michael C. Jensen in der schönen Formulierung der »*no-perfect-agent-proposition*« fasst:[4] Zu keinem Auftraggeber, so lässt sich diese Aussage ausbuchstabieren, gibt es einen perfekten Auftragnehmer. Und es lässt sich zum Unglück jener Mitarbeiter, die sich nach sicheren Verhältnissen sehnen, hinzufügen: Es gibt auch zu keinem Auftragnehmer einen perfekten Auftraggeber. Solange wir es nicht mit (dummen) Maschinen, sondern mit (intelligenten) Leuten zu tun haben, setzt der Auftraggeber (*principal*) den Auftragnehmer (*agent*) dadurch, dass er ihm zur Erfüllung seines Auftrags auch die dafür erforderlichen Ressourcen an die Hand geben muss, in die Lage, die Ressourcen auch anderen, eigenen Zwecken zuzuführen, deren Deckungsgleichheit mit den Zwecken des Auftraggebers reiner, durch keine Ideologie des »geteilten Verstehens« zu garantierender Zufall wäre. Und umgekehrt kann sich der Auftragnehmer noch so sehr darum bemühen, seine abweichenden Zwecke, falls er noch welche haben sollte, hintanzustellen und den Auftraggeber mit mustergültiger Auftragserfüllung zu beglücken: Nichts kann sicherstellen, dass der Auftraggeber sich beim nächsten Auftrag an den Musterknaben erinnert und ihn erneut beauftragt – wenn er denn mit der Erfüllung zufrieden war.

Vor allem, und erst das schließt diese Einsicht in die mangelnde Perfektion ab, hat es keinerlei Sinn, sich dennoch immer wieder

Berlin 1996; Carol A. Heimer, Arthur L. Stinchcombe, »Remodelling the Garbage Can: Implications of the Origin of Items in Decision Streams«, in: Morten Egeberg, Per Lægreid (Hrsg.), *Organizing Political Institutions: Essays for Johan P. Olsen*, Oslo 1999, S. 25-75.

3 Siehe Karl Marx, *Das Kapital: Kritik der politischen Ökonomie*, Bd. 1, Berlin 1980; Oliver E. Williamson, *Markets and Hierarchies: Analysis and Antitrust Implications. A Study in the Economics of Internal Organization*, New York 1975.

4 Siehe Michael C. Jensen, *A Theory of the Firm: Governance, Residual Claims, and Organizational Forms*, Cambridge, Mass., 2000.

an derselben Baustelle abzuarbeiten und die Perfektion dennoch erreichen zu wollen. Karl E. Weick hat zu Recht darauf hingewiesen, dass die Mitarbeiter einer Organisation in der Verwendung gemeinsam verfügbarer Mittel übereinstimmen, sich aber in der Setzung ihrer Zwecke systematisch unterscheiden.[5] Deswegen kann die Organisationsforschung auch diesseits aller Bemühung um politische Korrektheit davon sprechen, dass Organisationen sozial und kulturell *divers* aufgestellt sind: Differenzen im Alter und Geschlecht, in der Herkunft und Ausbildung, in religiöser und ethnischer Zugehörigkeit, in Sprache und Intelligenz garantieren Differenzen in der Auffassung aller denkbaren Perspektiven, unter denen in der Organisation die Organisation und ihre Entscheidungen beobachtet, kommentiert und ernst genommen werden. *Diversitätsmanagement* startet daher mit der Einsicht in die »Duplikation der Auffassungsperspektiven« (Luhmann): Jedem Ego steht ein Alter gegenüber, das von den Auffassungen des Ego schon deswegen abweicht, weil Alter nicht mit Ego verwechselt werden möchte und Ego ebenfalls Wert darauf legt, dass diese Verwechslung nicht stattfindet. Individualisierung ist Pflicht. Und sie ist nicht etwa deswegen Pflicht, um der Geschäftsführung das Leben schwer zu machen, sondern deswegen, um die Organisation in die Vielzahl ihrer gesellschaftlichen Umwelten einbetten zu können. Denn was würde man noch beobachten können, wenn alle in die gleiche Richtung schauten?

Die mangelnde Perfektion von *agents* und *principals* bildet in der Organisation die gesellschaftliche Wirklichkeit ab, in der diese sich bewähren muss. Brauchbar ist gerade in sozialer Hinsicht nur das, was nicht perfekt ist.

In der *Zeitdimension* des Sinns heißt die hier maßgebende Vokabel: *unbekannte Zukunft*. In der Gesellschaft könnte man sich mit dieser Vokabel ja einigermaßen abfinden und auf Fatalität und Gottvertrauen umstellen. In der Organisation jedoch entwickelt sie daraus ihre Sprengkraft, dass sie allem zu widersprechen scheint, was die Organisation tut und macht. Mit allen ihren Entscheidungen (von ihren Plänen ganz zu schweigen) unterstellt sich die Organisation ein Wissen über die Zukunft, das vor dem Hintergrund von Erfahrung und Statistik, also historisch, so abgesichert sein

5 Siehe *Der Prozeß des Organisierens*, a.a.O.

mag, wie man es sich nur wünschen kann, und dennoch zu jedem Zeitpunkt von unerwarteten und unvorhersehbaren Entwicklungen durchkreuzt werden kann. Deswegen konzentriert sich die Organisation darauf, Entscheidungen, die sich morgen als falsch herausstellen können, dennoch heute nach den Standards der Organisation so richtig zu treffen, dass denen, die sie getroffen haben, kein Vorwurf gemacht und die unerfreulichen Ergebnisse der Umwelt der Organisation zugerechnet werden können. James G. March spricht von einem *postdecision regret*, dessen je aktuelle Antizipation dazu führt, möglicherweise zukünftiges Bedauern dadurch zu minimieren, dass man Vorkehrungen trifft, um die Verantwortung von sich schieben zu können.[6] Und das ist kein individueller Defekt, den man durch die Aufforderungen zu mehr Mut zur Verantwortung, eingebettet in eine Kultur der »Fehlerfreundlichkeit«, korrigieren könnte, sondern die Form, in der die Organisation sicherstellt, dass sie von der Unbekanntheit der Zukunft nicht in ihrem Lauf gebremst wird.

Karl E. Weick ebenso wie Niklas Luhmann leiten aus der Einsicht in die unbekannte Zukunft Bemühungen ab, die Organisation *evolutionär* zu denken, das heißt, jede einzelne Entscheidung, die kleinen operativen ebenso wie die großen strategischen, auf die Differenz der drei evolutionären Mechanismen Variation, Selektion und Retention zu beziehen.[7] Wohlgemerkt: auf die *Differenz* der Mechanismen! Diese Differenz ist der Stellvertreter der unbekannten Zukunft in einem evolutionsfähigen System. Sie kann nirgendwo verwaltet werden, sondern muss anheimgestellt werden. Sie ist das Ereignis einer immer überraschenden Bezugnahme von positiver oder negativer Selektion auf einzelne Variationen (die meisten rauschen unbemerkt vorüber) im Kontext einer grundsätzlich opaken Restabilisierung oder Retention des Gesamtsystems. Nach dem Motto: Variieren ist leicht, Selektieren möglich, aber Restabilisieren nach erfolgter positiver oder negativer Selektion die Kür.

Die Organisation, so Luhmann, ist gegen den Zeitfluss der Gesellschaft gebaut.[8] Nimmt die Gesellschaft an, dass die Vergangen-

---

6 Siehe March, *Entscheidung und Organisation*, a. a. O.

7 Siehe Weick, *Der Prozess des Organisierens*, a. a. O.; Niklas Luhmann, *Organisation und Entscheidung*, Opladen 2000.

8 Siehe Luhmann, *Organisation und Entscheidung*, a. a. O.

heit fix und die Zukunft offen ist, so plant die Organisation ihre Zukunft und begreift zu diesem Zweck ihre Vergangenheit als ein Reservoir auflösbarer und rekombinierbarer Möglichkeiten. Das aber heißt, dass der Plan evolutionär zu denken ist; und sosehr dies den intelligenten Praktiken vieler Organisation entsprechen mag, so wenig wird es in ihrem Selbstverständnis und in ihrer Sprache abgebildet. Dies geschieht aber aus guten Gründen: Nur so kann die Differenz von Plan und Evolution, von gesetzter Zukunft und bearbeitbarer Überraschung, sichergestellt werden.

All das ist bekannt und wird von der akademischen Literatur mit wachsender Ermüdung und von der Praktikerliteratur mit wachsender Begeisterung immer wieder rauf- und runterbuchstabiert.[9] Offenbar hat sich die rechte Balance zwischen Komplexität und Komplexitätsreduktion immer noch nicht eingestellt.[10]

Aus dem Bauch heraus

Entlastung bietet nur die von der Neurophysiologie unterstützte Wiederentdeckung jener Intuition und Kreativität, die ein Gespür für richtiges Entscheiden haben, weil sie es offenlassen, woher dieses Gespür kommt. Die einen verlassen sich auf ihren »Bauch«, die anderen auf ihr unbewusst mitlaufendes »Gehirn«, die dritten auf einen durch ihre »Sozialisation« erworbenen Schatz an Erfahrungen. Vermutlich treffen diejenigen, die sich auf ihren Bauch verlassen, die beste Entscheidung, weil man über diesen Bauch am wenigsten, aber immerhin weiß, dass sich in ihm mentale Intelligenz, sozialer Sinn und körperliche Robustheit mental, sozial und körperlich unverfügbar vernetzen. Wer sich auf seinen Bauch verlässt, verlässt sich darauf, dass er sich nur auf eine bewegliche Differenz verlassen kann.

Aus der Sicht des akademischen Theoretikers kann man diese Projektion von Komplexität nur unterstützen. Und vermutlich sollte man an dieser Stelle aufhören, diesen Aufsatz zu schreiben oder zu lesen. Ich füge dennoch einige Zeilen an, die nichts anderes

9 Siehe auch ausführlicher meinen Beitrag »Organisation als temporale Form«, in diesem Band.
10 Siehe auch meinen Versuch »Einfache Komplexität« in: Dirk Baecker, *Organisation als System: Aufsätze*, Frankfurt am Main 1999, S. 169-197.

anbieten als weitere Schleifen, weil ich den Eindruck habe, dass man die Einsicht in die Tugend des Umgangs mit Differenzen noch ein wenig abrunden kann.

Plädoyer für Rekursivität

Ich denke, dass wir in der Organisationsforschung und Managementlehre inzwischen so weit sind, dass wir statt von »Komplexität« auch von »Rekursivität« reden können. Heinz von Foerster hat die Bielefelder Schule der Theorie sozialer Systeme, angeführt von Niklas Luhmann, immer wieder dazu aufgefordert.[11] Die Beobachtung von Rekursivität hat den Vorteil, dass sie sich versuchsweise und vorsichtig auf die Eigenwerte rekursiver Funktionen verlässt, ohne dabei das Chaos der diese Eigenwerte immer wieder verfehlenden und dann doch wieder durchlaufenden Operationen aus den Augen zu verlieren.

In diesem Sinne kann man versuchen, für die drei eingangs genannten Formulierungen (*garbage can, no perfect agents, evolutionäre Organisation*) einer auf die drei Sinndimensionen heruntergebuchstabierten Komplexität der Organisation drei Eigenwerte in der Form von Ausdrücken des Kalküls von George Spencer-Brown zu finden,[12] die auf einen Blick – das ist der Vorteil einer solchen Notation – auf den Punkt bringen, worum es geht. Dafür gibt es mehrere Möglichkeiten, denn auch die Rekursivität liefert keine Eindeutigkeit, sondern nur (aber immerhin) Beobachterperspektiven, von denen wir hier eine aufgreifen.[13]

Wenn es im Chaos der *garbage can* einen rekursiven Eigenwert gibt, dann besteht er in der Redundanz und Varietät der Netzwerke, in denen sich die Identitäten von Problemen, Themen, Gefühlen, Personen, Lösungen und Routinen zu immer wieder neuen Versuchen wechselseitiger Kontrolle zusammenfinden und Motive

---

11 Siehe Heinz von Foerster, »For Niklas Luhmann: ›How Recursive is Communication?‹«, in: ders., *Understanding Understanding: Essays on Cybernetics and Cognition*, New York 2003, S. 305-323.

12 Im Anschluss an George Spencer-Brown, *Laws of Form* [1969], intern. Ausgabe, Leipzig 2008.

13 Siehe eine Alternative zum Folgenden in: Dirk Baecker, »Postheroisches Management 2.0«, in: *Revue für postheroisches Management,* Heft 1 (2007), S. 121-123.

sammeln, sich wieder zu trennen. Ein Spencer-Brown-Ausdruck dafür könnte so aussehen:[14]

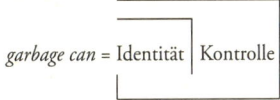

garbage can = Identität │ Kontrolle

Das heißt, sachlich gesehen können in einer *garbage can* nur diejenigen Entscheidungen getroffen werden, die in der Lage sind, sowohl den Zusammenhang von Identität und Kontrolle als auch deren Unterscheidung in Rechnung zu stellen. Wir sprechen von einem »Entscheiden als Rechnen«, um dieses Oszillieren in einer selbst getroffenen Unterscheidung zu benennen. Die Oszillation sammelt immer wieder neu die Gesichtspunkte, die man für die Situierung einer Entscheidung braucht, und sie ist sich dabei im Klaren darüber, innerhalb einer selbst gesetzten Unterscheidung zu oszillieren und damit neben der Sammlung guter Erfahrungen auch die Motivation wachsen zu lassen, die Unterscheidung zu wechseln.

Für die *no perfect agents*-Aussage wechseln wir auf das Terrain einer vertrauten soziologischen Unterscheidung, indem wir formulieren:

no perfect agents, no perfect principals = Willkür │ Herrschaft

Auch hiermit ist zweierlei gesagt. In der Sozialdimension des Sinns muss jedes Entscheiden sowohl Willkürchancen einräumen, sonst könnte man das Rekrutierungsproblem des Personals (auf allen Ebenen) nicht lösen und keinerlei Entscheidungskompetenzen bereitstellen, als auch dafür sorgen, dass die Art und Weise der Wahrnehmung und Ausbeutung von Willkür durch Herrschaft, das heißt durch die Ausübung von Macht unter bestimmte Bedin-

---

14 Wir formulieren unter Bezug sowohl auf W. Ross Ashby, »Requisite Variety and Its Implications for the Control of Complex Systems«, in: *Cybernetica* 1, Heft 2 (1958), S. 83-99, als auch auf Harrison C. White, *Identity and Control: A Structural Theory of Action*, Princeton, NJ, 1992.

gungen positiver (*Anreize, Belohnungen*) und negativer (*Drohungen, Bestrafungen*) Sanktionen gestellt werden kann.[15]

Und auch hier ist die Oszillation entscheidend. Nicht das Bestehen auf Willkür und nicht die Ausübung von Herrschaft charakterisieren die Organisation, sondern das eine im Kontext des anderen. Die Diskussion um *corporate governance*, die gerne geführt wird,[16] macht deutlich, dass die Oszillation hier nicht vermieden, sondern gesucht werden muss. Regelung, Steuerung und Führung sind darauf angewiesen, Willkürchancen einzuräumen und zugleich einzugrenzen. Wäre dem nicht so, hätten Organisationen keine Probleme, sondern könnten als Techniken oder Automatismen eingerichtet werden. Stattdessen müssen und können sie das Problem der Ausübung von Willkür in die Lösung der Formatierung von Willkür übersetzen, wohl wissend, dass ohne die Ausübung von Macht und den dadurch freigesetzten Willen zur Beobachtung von Alternativen kaum Willkürchancen entstehen würden.

Deswegen kann sich die Berechnung einer Entscheidung darauf konzentrieren, zu beobachten und zu setzen, wer durch diese Entscheidung (möglicherweise ungewollt, dann aber »mitzuwollen«) mit welchen Willkürchancen ausgestattet wird und wessen Willkürchancen (möglicherweise ungewollt, dann aber »mitzuwollen«) beschnitten werden. Man weiß, dass ein Großteil der Intelligenz von Organisationen genau mit dieser Berechnung und damit, sie nicht publik werden zu lassen, beschäftigt ist.

In der Zeitdimension schließlich kann man wiederum auf eine praktisch wie theoretisch vertraute Unterscheidung zurückgreifen und – ausgehend von der Notwendigkeit der Formatierung von Risiken – Tradition und Innovation unterscheiden und dadurch in Bezug setzen:

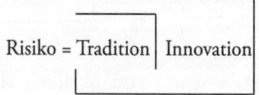

Risiko = Tradition | Innovation

15 Siehe dazu nach wie vor einschlägig Niklas Luhmann, *Macht*, Stuttgart 1975; Michel Crozier und Erhard Friedberg, *Macht und Organisation: Die Zwänge kollektiven Handelns*, dt. Königstein im Taunus 1979.

16 Siehe zum Ausgangspunkt nur Edward H. Bowman und Michael Useem, »The Anomalies of Corporate Governance«, in: Edward H. Bowman und Bruce Kogut (Hrsg.), *Redesigning the Firm*, New York 1995, S. 21-48.

Damit ist gesagt, dass im Umgang mit der unbekannten Zukunft und einer nicht zu planenden Evolution (obwohl man einiges für die Differenzierung der drei evolutionären Mechanismen tun kann) Entscheidungen darin bestehen, ihr eigenes, von ihnen selbst gesetztes Risiko (wer seinen Regenschirm nicht mitnimmt, riskiert nicht, ihn irgendwo stehen zu lassen, wohl aber, nass zu werden)[17] dadurch zu strukturieren, dass man laufend für notwendig gehaltene Innovationen mit bewahrenswerten Traditionen abgleicht und umgekehrt. Der daraus entstehende Eindruck einer grundsätzlich dilemmatischen Entscheidungssituation kann nur gestützt und gefördert werden, weil es das Dilemma ist, das zur Beobachtung der Situation befähigt. Man muss es genau so lange aushalten (oder auch einkapseln und für einige Zeit auf sich beruhen lassen), bis man merkt, dass sich die Waage zugunsten der Tradition oder der Innovation neigt. Beide Seiten der Unterscheidung sind positiv bewertet, das heißt, nichts ist bereits vorentschieden, wenn man mit ihr arbeitet. Und genau das ist ihr Rechensinn.

Entscheiden als Rechnen heißt, sich im zirkulären und heterarchischen Netzwerk von Identität und Kontrolle, Willkür und Herrschaft, Tradition und Innovation zu bewegen. Wenn man das weiß, tut es nicht mehr so weh, und man entwickelt jenen Blick für Redundanz und Varietät, für den die Kybernetiker immer schon geworben haben.[18] Die Medaille hat zwei Seiten; wer sie fallen lässt und nur noch mit einer rechnet, hat verloren, gleichgültig, welche es ist.

Unbekannte Zukunft

Wer möchte, kann sich diesen Zusammenhang zurück in den Ausgangspunkt übersetzen:

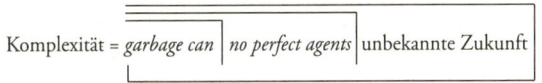

Komplexität = *garbage can* | *no perfect agents* | unbekannte Zukunft

17 Siehe Niklas Luhmann, *Soziologie des Risikos*, Berlin 1991.
18 Siehe nur Norbert Wiener, *Cybernetics, or Communication and Control in the Animal and the Machine*, 2. Aufl., Cambridge, Mass., 1961.

Man sieht, dass man aus der identifizierenden Beobachtung der Probleme nichts, aus dem differentiellen Rechnen mit ihnen jedoch sehr viel gewinnt. Die Beobachtung der Komplexität führt, da »Komplexität« als Überforderung des Beobachters definiert ist,[19] zum verzweifelten Ruf nach Einheit, Ordnung und Übersicht. Das Rechnen mit der Rekursivität befreit und macht geduldig. Man schaut genauer hin, überprüft brauchbare Unterscheidungen, wechselt sie, sucht Zusammenhänge und löst sich aus ihnen, bis die Situation reif ist.[20] Schneller rechnen, langsamer entscheiden: das ist die Empfehlung, die, ist man hinreichend normativ gestimmt, aus diesen Überlegungen abgeleitet werden kann.

Man könnte von einer Kultur der Differenz sprechen, wenn unter »Kultur« Pflege, Vergleich und Ambivalenz gleichermaßen verstanden werden dürfen. Aber auch das fasst nur zusammen, was in den vergangenen Jahrzehnten längst erarbeitet worden ist.

19 Siehe Edgar Morin, »Complexity«, in: *International Social Science Journal* 26 (1974), S. 555-582.
20 Im Sinne von François Jullien, *Über die Wirksamkeit*, dt. Berlin 1999.

Das Personal der Universität

»Auftrag« versus »Ungewissheit«

Vom »Personal« der Universität lässt sich nur in Abhängigkeit von der »Organisation« der Universität reden. Beides ist immer noch etwas ungewöhnlich, weil es unwillkürlich die Frage nach möglichen Alternativen, nach unterschiedlichen Optionen der Gestaltung von Organisation und der Anforderungen an ihr Personal auf den Plan ruft. Die Universität jedoch versteht sich eher als »Institution« denn als »Organisation«,[1] und das bedeutet, dass sie gegenüber der Frage nach Alternativen der Organisation, nach Optionen der Gestaltung ihrer Abläufe und nach verschiedenen Politiken im Umgang mit ihrem Personal auf das Selbstverständliche verweist und diese Frage für bereits entschieden hält. Die Universität ist als Einrichtung für Forschung und Lehre organisiert; ihr Personal lehrt, forscht, assistiert, studiert und verwaltet. Welche Fragen lässt dies noch offen?

Diese Flucht in die Suggestion der Selbstverständlichkeiten einer Institution[2] hat die Universität mit anderen Organisationen gemeinsam. Auch Behörden und Theater, Krankenhäuser und Rechtsanwaltskanzleien, Armeen und Kirchen verstehen sich im Zweifelsfall als Institutionen, die allesamt bereits organisiert sind und zwar professionell verwaltet werden müssen, aber nur innerhalb begrenzter Spielräume unterschiedlich gestaltet werden können.

Und auch die professionelle Verwaltung dieser Einrichtungen orientiert sich im Zweifel nicht an den Verwaltungswissenschaften und ihrer Frage nach unterschiedlichen Strukturen der Verwaltung beziehungsweise, mit einem der Nobelpreisträger der Wirtschaftswissenschaften formuliert, an der Frage nach dem »Design« verschiedener »Mechanismen« für die Sicherstellung einer effizienten

---

1 Siehe zu daraus resultierenden Phänomenen und Problemen bereits Niklas Luhmann, »Die Universität als organisierte Institution«, in: ders., *Universität als Milieu: Kleine Schriften*, Bielefeld 1992, S. 90-99.

2 Siehe Niklas Luhmann, »Institutionalisierung: Funktion und Mechanismus im sozialen System der Gesellschaft«, in: Helmut Schelsky (Hrsg.), *Zur Theorie der Institution*, Düsseldorf 1970, S. 27-41.

Ressourcenallokation,[3] sondern an den Selbstverständlichkeiten der jeweiligen Professionen. Armeen werden militärisch, Kirchen werden seelsorgerisch, Theater werden künstlerisch, Rechtsanwaltskanzleien juristisch und Universitäten akademisch geführt.[4] Die Organisationsfragen, die aus einem derartigen professionellen Selbstverständnis heraus nicht beantwortet werden können, werden traditionellerweise mit den Hinweisen auf Hierarchien (orientiert am militärischen Vorbild), Arbeitsteilung (orientiert am industriellen Vorbild) und Rechtmäßigkeit (orientiert am Vorbild von Behörden) beantwortet. Das lässt viele weitere, aber hinreichend eingeschränkte Fragen offen, die im Medium willkommener mikropolitischer Konflikte und ihrer Regulierung bearbeitet werden können[5] und in diesem Medium jeder einzelnen Organisation ihren individuellen Charakter geben und damit hinreichende Intransparenzchancen nach außen und differentiell gestaltbare Insiderkenntnisse nach innen sicherstellen.

Tatsächlich hat dieser institutionelle Blick auf die Organisation auch viel für sich. Er verknüpft jede einzelne Organisation verlässlicher mit gesellschaftlichen Erwartungen, als dies der modernen, gar betriebswirtschaftlich inspirierten Organisationstheorie je gelungen ist. Ebenso tatsächlich jedoch ist die moderne Organisationstheorie explizit gegen traditionelle Erwartungen einer in Sitte und Brauch verankerten Organisationspraxis formuliert. Aber nicht nur das. Man geht vermutlich nicht zu weit, wenn man annimmt, dass die moderne Organisationstheorie mit ihren Fragen nach Alternativen und Optionen des Designs einer Organisation genau die Funktionsstelle einnimmt, die ehemals – und historisch gewachsen – vom institutionellen Selbstverständnis der Organisation besetzt war. Im Zeichen von mehr Effizienz für mehr Fortschritt oder von mehr Rationalität für mehr Modernisierung ersetzt sie die Berufung auf

3 Leonid Hurwicz, »The Design of Mechanisms for Resource Allocation«, in: *The American Economic Review Papers & Proceedings* 63 (1973), S. 1-30.

4 Vgl. Dirk Baecker, *Organisation und Management: Aufsätze*, Frankfurt am Main 2003, S. 293 ff.

5 Siehe Tom Burns, »Micropolitics: Mechanisms of Institutional Change«, in: *Administrative Science Quarterly* 6 (1961), S. 257-281; Willi Küpper und Günther Ortmann (Hrsg.), *Mikropolitik: Rationalität, Macht und Spiele in Organisationen*, Opladen 1988; Michel Crozier und Erhard Friedberg, *L'acteur et le système: Les contraintes de l'action collective*, Paris 1977.

Autorität und Respekt, nicht ohne dann für beides nach organisationsintern begründeten Substituten zu suchen.

Eine Organisation war in dem Maße Institution, in dem sie sich sicher sein konnte, worin ihre gesellschaftlichen Aufgaben bestehen und welche Spannbreite ihr für unterschiedliche Interpretationen und Variationen dieser Aufgaben zur Verfügung stehen. Solange sie sich als Institution verstehen konnte, war sie nicht nur an einen gesellschaftlichen Auftrag gebunden, sondern konnte sich auch sowohl als Mittel zum Zweck wie als Sachwalter und Treuhänder sowohl des Zwecks als auch der Mittel zur Erreichung dieses Zwecks gerieren. Daraus konnte all jene Autorität gewonnen werden, die man braucht, um die Organisation gegen mögliche Anfechtungen von außen (»Legitimität«) und mangelnde Kooperation im Inneren (»Disziplin«) zu verteidigen. Gleichzeitig sicherte die Durchsetzung der Disziplin die Aufrechterhaltung der Legitimität und die Sicherstellung der Legitimität umgekehrt die Durchsetzungschancen der Disziplin.

Man muss diese Inszenierung der Organisation als Institution praktisch wie theoretisch noch einmal würdigen, weil damit für viele Jahrhunderte eine Einheit der Differenz von Organisation und Gesellschaft geleistet war, die gegenwärtig sehr viel Kopfzerbrechen verursacht. Nicht umsonst werden unter diesem Gesichtspunkt heute sogar die klassischen Formen der Bürokratie wieder geschätzt, weil man eingesehen hat, dass in diesen Formen jene Autonomie der Organisation einerseits und Wiedereinbettung der Organisation in die Gesellschaft andererseits garantiert waren,[6] um die man sich heute im Zeichen der »Netzwerkorganisation« erst einfallsreich wieder bemühen muss. Man versteht ohne weiteres Nachdenken, welche Evidenzerlebnisse mit dieser Inszenierung der Organisation als Institution verbunden waren, wenn man sich vor Augen hält, wie viel Kommunikation über einzelne Organisationen man sich sparen konnte, indem man darauf verwies, worin der Habitus und die Attitüde eines Beamten, Professors oder Studenten,

---

6 Siehe Arthur L. Stinchcombe, *Creating Efficient Industrial Administrations*, New York 1974; ders., *When Formality Works: Authority and Abstraction in Law and Organizations*, Chicago 2001; Dirk Baecker, »Kapitalismus und Bürokratie«, in: ders., *Wozu Soziologie?*, Berlin 2004, S. 150-188; Johan P. Olsen, »Maybe it is Time to Rediscover Bureaucracy?«, in: *Journal of Public Administration Research and Theory* 16 (2006), S. 1-24.

eines Unternehmers, Theaterdirektors oder Chefarztes, eines Offiziers, Priesters oder Richters bestanden.

Dieser Habitus und diese Attitüde sind heute nur noch Stoff für Romane und Filme, während Organisationen aller Art damit beschäftigt sind, sich ein neues Selbstverständnis laufend neu zu erarbeiten, für das die Referenzen und Ressourcen zunehmend ungewiss sind. Wir haben uns angewöhnt, den behaupteten gesellschaftlichen »Auftrag« einer Organisation nicht mehr einfach hinzunehmen, sondern zu »hinterfragen«, seit wir lernen mussten, dass auch die am besten legitimierten Organisationen (Krankenhäuser, Schulen, Kirchen) letztlich mehr daran interessiert sind und interessiert sein müssen, ihren Nachschub an Aufgaben zu sichern, als sich tatsächlich um die Lösung ihrer Aufgaben zu kümmern.[7] Kirchen predigen Schuldbewusstsein, Krankenhäuser machen krank, Schulen bewirken einen Bedarf an Weiterbildung, Armeen drohen mit Konflikten, Behörden schaffen sich bürokratisch immer neue Arbeit, Richter schicken Halbkriminelle in Gefängnisse, aus denen sie als Vollkriminelle wieder herauskommen, Theater verführen zu mehr Theater und Fabriken versorgen den Markt mit Produkten, denen ihre Obsoleszenz gleich mit auf den Weg gegeben wird. Kritik dieser Art führte zwar nicht dazu, dass die kritisierten Organisationen, überzeugt von der Berechtigung der Kritik, ihren Betrieb einstellten, aber doch immerhin dazu, dass sich ihre institutionelle Selbstverständlichkeit verflüchtigt und sie es nun mit jener Ungewissheit zu tun haben, die auch andernorts, nämlich vor allem in den Funktionssystemen und in der Kultur der modernen Gesellschaft, das Zeichen der Moderne schlechthin ist.[8]

Der Abschied der Organisation von der Institution ist insofern inklusive einer zuweilen wehmütigen Reinszenierung des institu-

---

7 Stilbildend Charles Perrow, »Demystifying Organizations«, in: Rosemary C. Saari und Yeheskel Hasenfeld (Hrsg.), *The Management of Human Services*, New York 1978, S. 105-120; Ivan Illich u. a., *Disabling Professions*, London 1977; John W. Meyer und Brian Rowan, »Institutionalized Organizations: Formal Structure as Myth and Ceremony«, in: *American Journal of Sociology* 83 (1977), S. 340-363; Nils Brunsson, *The Organization of Hypocrisy: Talk, Decision and Actions in Organizations*, Chichester 1989.

8 Siehe zur Umstellung von »Auftrag« auf »Ungewissheit« Niklas Luhmann, *Organisation und Entscheidung*, Opladen 2000; zur Kontingenz als »Eigenwert« der modernen Gesellschaft: ders., »Kontingenz als Eigenwert der modernen Gesellschaft«, in: ders., *Beobachtungen der Moderne*, Opladen 1992, S. 93-128.

tionellen Charakters der Organisation ein Merkmal ihrer Modernisierung, gegen die man, das ist bekannt, schlechterdings keine Einwände haben kann, weil sie nichts anderes ist als ein Ausdruck der dynamischen Stabilität der Gesellschaft. Diese dynamische Stabilität ist die Form, in der sich die Gesellschaft auf den Buchdruck und damit auf eine allfällige Beobachtung zweiter Ordnung eingestellt hat, gegen die eine Berufung auf Autorität keine wirkliche Chance mehr hat. Von der Sache versteht man zwar nicht mehr als vorher, aber Bescheid weiß inzwischen jeder,[9] und auch darauf muss man sich einstellen.

Organisation und Personal

Schauen wir uns also, um uns der Frage nach dem Personal der Universität angemessen behutsam zu nähern, zunächst an, womit wir es zu tun bekommen, wenn wir die Universität nicht als Institution, sondern als Organisation in den Blick nehmen. Wir tun dies hier auf eine soziologische Art und Weise und sind uns darüber im Klaren, dass wir den Betriebswirten, die es gelernt haben, Organisationen zwar nicht auf Herz und Nieren, aber doch auf Effizienz und Effektivität hin zu prüfen, zum einen entgegenkommen, ihnen jedoch zum anderen widersprechen, weil unsere Reduktion der Institution auf eine Organisation nicht so weit gehen wird, diese Organisation nur als Betrieb zu interpretieren. Stattdessen halten wir an dem Versuch einer Gesellschaftstheorie der Organisation, der in den beiden Vokabeln der »Institution« und der »Bürokratie« implizit mitlief,[10] fest, wohl wissend, dass die Explizierung der Gesellschaftstheorie einen Aufwand bedeutet, der ungeduldige, eher betriebswirtschaftlich gestimmte oder politisch engagierte Leser auf eine gewisse Probe stellt. Aber der Aufwand lohnt sich. Erich Gutenberg, der Begründer der Betriebswirtschaftslehre, wusste, dass

9 So Theodor W. Adorno, »Kulturkritik und Gesellschaft«, in: ders., *Prismen: Kulturkritik und Gesellschaft*, Frankfurt am Main 1955, S. 7-31, hier: S. 8 f.
10 Siehe zur Bürokratietheorie der Organisation als einer Gesellschaftstheorie der Organisation Max Weber, *Wirtschaft und Gesellschaft: Grundriß der verstehenden Soziologie*, 5., rev. Auflage, Studienausgabe, Tübingen 1990, S. 125 ff. und 551 ff.; Robert K. Merton u. a. (Hrsg.), *Reader in Bureaucracy*, Glencoe, Ill., 1952; Renate Mayntz (Hrsg.), *Bürokratische Organisation*, Köln 1968.

man die Komplexität der Organisation ausklammern, als »Quelle eigener Probleme« ausschalten muss,[11] wenn man sie einem betriebswirtschaftlichen Kalkül unterwerfen können will, das sowohl theoriefähig als auch praxistauglich ist. Wir stellen diese Klammer im Folgenden nicht in Frage, plädieren jedoch dafür, sich auch ihre Verschiebung vorstellen zu können.

Gutenberg, das sei nebenbei bemerkt, verwies darauf, dass das Ausschalten der Organisation als Quelle eigener Probleme nicht als Negation der Organisation, sondern als ihre Neutralisierung zu verstehen sei. Es fällt der heutigen Betriebswirtschaftslehre schwer, auch das sei angemerkt, an die erkenntnistheoretische Präzision ihrer Grundlegung anzuschließen. Heute sucht sie nach komplexitätstauglichen »*tools*« und findet diese auch, wenn auch nicht mehr theoriegeleitet, sondern nur noch adhokratisch und damit auf eine leistungsfähige Art und Weise opportunistisch und pragmatisch.[12] An die Einklammerung der Komplexität bei Gutenberg kann und muss man heute anknüpfen, jedoch nur unter der Voraussetzung, dass man ein zureichendes Bild davon hat, was es mit dieser Komplexität auf sich hat und welche Reduktionen sich im Umgang mit ihr derart bewähren, dass man es nicht schneller, als einem lieb sein kann, mit Trivialitäten zu tun bekommt, die eher etwas mit guten Absichten als mit soliden Kenntnissen zu tun haben.

Wir plädieren im Folgenden nicht für einen Versuch, die Komplexität der Universitätsorganisation »angemessen« zu würdigen. Ein derartiger Versuch würde nicht ernst nehmen, was mit dem Begriff der Komplexität zum Ausdruck gebracht wird, nämlich eine prinzipielle Überforderung des Beobachters, die dieser nicht mit verdoppelten Bemühungen darum, komplexe Sachverhalte dennoch zu verstehen, sondern nur mit der Einsicht beantworten kann, komplexen Sachverhalten die Fähigkeit zur Selbstorganisation zuzugestehen und im Umgang mit diesen Sachverhalten von »Verstehen« auf »Kontrolle«, das heißt auf die Überwachung der eigenen Erwartungen und ihre aus Erfahrungen motivierte Kor-

---

11 So Erich Gutenberg, Die Unternehmung als Gegenstand betriebswirtschaftlicher Theorie, Berlin 1929, S. 29.

12 Siehe Richard Whitley, »The Development of Management Studies as a Fragmented Adhocracy«, in: *Social Science Information* 23 (1984), S. 775-818; ders., »The Management Sciences and Managerial Skills«, in: *Organization Studies* 9 (1988), S. 47-68.

rektur, umzustellen.[13] Wir halten das betriebswirtschaftliche Verfahren, wie Gutenberg es begründet hat, vielmehr als ein Verfahren der Reduktion von Komplexität für unverzichtbar,[14] suchen jedoch nach Alternativen, die in der Lage sind, nicht nur den wirtschaftlichen (»Effizienz«) und technischen (»Effektivität«), sondern auch den gesellschaftlichen Kontext einer Organisation für diese allfälligen Reduktionen in Rechnung zu stellen.[15]

Was also ist unter einer Organisation gesellschaftstheoretisch zu verstehen, wenn auch die Universität eine Organisation ist und wenn aus diesem Umstand Konsequenzen dafür gezogen werden sollen, mit welcher Art des Personals die Organisation der Universität zu rechnen hat?

Wir können mindestens fünf verschiedene Auffassungen von »Organisation« unterscheiden, wenn wir noch nicht einmal weiter als bis ins letzte Jahrhundert zurückschauen; und bereits darin besteht eine wichtige Erkenntnis. Denn diese fünf verschiedenen Auffassungen stehen in einem aufschlussreichen Kontrast zum Versuch jeder Organisation, Eindeutigkeit zu schaffen.[16] Sollte es so sein (und genau dazu neigen die Sozialpsychologie und die Soziologie), dass die Organisation am besten als jener ausgezeichnete gesellschaftliche Ort zu verstehen ist, an dem immer wieder neu jene Mehrdeutigkeiten produziert werden, die Anlass zur immer neuen Suche nach Eindeutigkeit geben, zugleich jedoch durch die Ergebnisse dieser Suche die vielen Eindeutigkeiten auch wieder auf das gelungenste reproduziert werden? Ist die Organisation jener mehrdeutige Ort, der dafür geschaffen ist, den unterschiedlichen Bedarf an Eindeutigkeiten sowohl zu bedienen als auch auszuhalten und ihm durch die Kombination dieser Eindeutigkeiten Struktur zu geben?

13 Siehe Warren Weaver, »Science and Complexity«, in: *American Scientist* 36 (1948), S. 536-544; W. Ross Ashby, »Requisite Variety and Its Implications for the Control of Complex Systems«, in: *Cybernetica* 1 (1958), S. 83-99; Edgar Morin, »Complexity«, in: *International Social Science Journal* 26 (1974), S. 555-582; hermeneutisch: Hans-Georg Gadamer, *Wahrheit und Methode: Grundzüge einer philosophischen Hermeneutik*, 6. Aufl., Tübingen 1990, S. 270 ff.

14 Im Sinne von Niklas Luhmann, »Soziologische Aufklärung«, in: ders., *Soziologische Aufklärung 1: Aufsätze zur Theorie sozialer Systeme*, Opladen 1970, S. 66-91; ders., »Komplexität«, in: Erwin Grochla (Hrsg.), *Handwörterbuch der Organisation*, 2., völlig neu gest. Auflage, Stuttgart 1980, Sp. 1064-1070.

15 Siehe Baecker, *Organisation und Management*, a. a. O., S. 218 ff.

16 Siehe auch Gareth Morgan, *Images of Organization*, Beverly Hills, CA, 1986.

Der Anfang des jüngeren Interesses an Organisation war viel versprechend. Der Philosoph Bertrand Russell hat dazu eine Monographie geschrieben, die hier unsere erste Auffassung von Organisation ist – nennen wir sie die historische Auffassung.[17] Historisch ist die Organisation im 19. Jahrhundert, nach den Wirren der Französischen Revolution, mitten im Prozess der europäischen Nationenbildung und als Träger des Prozesses der Industrialisierung mindestens zweierlei: Insel der Ruhe und Hort der Unruhe. Wenn es einen Ort gibt, von dem aus sich ein gewisser Überblick über das Treiben der Geschichte gewinnen lässt, dann sind es die Behörde, das Unternehmen, die Kirche, das Krankenhaus, das Opernhaus, die Schule, die Universität, das Heer und die Marine, jeweils als Organisation verstanden. Hier lassen sich Entscheidungen treffen und durchsetzen, Abläufe planen und kontrollieren, Erfahrungen sammeln und auswerten. Hier treten ausgewählte und korrigierbare Beziehungen zur gesellschaftlichen und natürlichen Umwelt an die Stelle eines chaotischen Mittreibens im Fluss des Geschehens. Hier kann die Freiheit zur Verfolgung selbst gesetzter Ziele genutzt werden, die sich die sich liberalisierende und individualisierende Gesellschaft auf die Fahnen geschrieben hat.

Und zugleich und auf der anderen Seite ist dieselbe Organisation genau damit auch der Hort der Unruhe. Denn die Möglichkeiten der Ausdifferenzierung, der »Verselbständigung des Geschäfts«, von denen Werner Sombart gesprochen hat (von der Ausdifferenzierung zur »Ratio«, dem Bruch zwischen Soll und Haben, dank der Buchhaltung, zur »Firma«, als einer durch eine Unterschrift [ital. *firma*] beglaubigten Handlungseinheit dank des Rechts, und zur Kreditaufnahme dank der Kreditmärkte),[18] sind identisch mit den Möglichkeiten der Wahrnehmung von Chancen der Abweichung. Dies ermöglicht die Durchführung von Programmen der Aktenbearbeitung, der Investition und Produktion, der Seelsorge, der Krankenbehandlung, der Inszenierung von Kunst, des Unterrichts, der Forschung und Lehre und der Kriegsführung, von denen sich die Gesellschaft noch kurz zuvor nichts hätte träumen

17 Siehe Bertrand Russell, *Freedom versus Organization, 1814-1914: The Pattern of Political Changes in the 19th Century European History*, New York 1934.
18 Siehe Werner Sombart, *Der moderne Kapitalismus: Historisch-systematische Darstellung des gesamteuropäischen Wirtschaftslebens von seinen Anfängen bis zur Gegenwart*, 3 Bde., Nachdruck München 1987, Bd. 2, S. 101 ff.

lassen. Der gesellschaftliche »Auftrag« wird ja in jedem einzelnen Fall nur hinterhergeschoben, um zu »rationalisieren«, was sich in Wirklichkeit dem ungebundenen, eben »freien« Willen der jeweiligen Organisation verdankt, die anders nicht behaupten könnte, Entscheidungen zu treffen.

Interessant ist, wie sich diese Dopplung von Ordnung und Unordnung auf der Personalseite der Organisation niederschlägt. Woran erkennt man einen fähigen Beamten, einen tatkräftigen Unternehmer, einen guten Priester, einen engagierten Chefarzt, einen brillanten Opernhausintendanten, einen umsichtigen Schulleiter, einen weitsichtigen Universitätsrektor oder einen klugen General? Man erkennt sie allesamt an der Disziplin und Autorität ihres Willens, das heißt daran, dass sie in der Lage sind, einen eigenen Willen zu haben, und daran, dass sie diesen Willen auch zu beherzigen, zu zügeln und gegenüber anderen darzustellen wissen. Auch hier herrschen die Fähigkeit zur Abweichung – denn was ist ein Wille anderes als die Fähigkeit, sich vom Geschehen nicht einfach mitreißen zu lassen? – und die Fähigkeit zur Ordnung gleichermaßen und gleichzeitig! Man sieht es den Porträts solcher Leute bis in die Mitte des 20. Jahrhunderts hinein an, wie sie in der Lage sind, sich nach den kategorischen Imperativen eines Immanuel Kant als sich selbst begründende Ursachen des eigenen Handelns zu setzen und auf dieser Grundlage Freiheit und Planung als die beiden Seiten einer Medaille zu denken, gleich weiten Abstand haltend zu den Klippen sowohl des Anarchismus als auch des Determinismus. Und gerade noch rechtzeitig wird die Kategorie des »Fortschritts« erfunden, die wieder einfängt, was hier losgelassen (»emanzipiert«) wurde: Jede Abweichung, so das seither geübte Mantra, ist nichts anderes als eine vorwegeilende und vorwegnehmende Anpassung an eine bessere Zukunft. Vom Personal dieser historischen Auffassung der Organisation verlangt man, dass es dies stellvertretend für alle anderen Mitglieder der Gesellschaft glaubt und diesen Glauben wie eine Standarte vor sich her trägt, obwohl es doch weiß, auf wie schwankendem, eben »freiem« Boden seine Entscheidungen tatsächlich zustande gekommen sind.

Die zweite Auffassung der Organisation, die betriebswirtschaftliche, steht durchaus in der Tradition dieser historischen Auffassung. Sie wendet sich den Bedingungen zu, unter denen Planung im Kontext freier Entscheidungen möglich ist, und entdeckt die

Kriterien der Effizienz und der Effektivität als Rationalitätskriterien, die es erlauben, beliebigen Zwecken eine streng kontrollierte Auswahl an Mitteln, mithilfe deren sie erreicht werden können, zuzuordnen.[19] Dass die kausale Kontrolle dieser Mittel im Zuge des horizontalen Arbeitsflusses und die hierarchische Kontrolle dieser Mittel durch einen vertikalen Organisationsaufbau nicht zur Deckung zu bringen sind, sondern grundsätzlich in einem Spannungsverhältnis stehen, spricht nicht gegen diese Rationalität, sondern verweist auf die ständig mitlaufende Nachbesserung durch ein betriebswirtschaftlich beratenes Management, das sich denn auch prompt als eine der eigenständigen neuen Professionen der Moderne einstellt und eine ungeahnte Erfolgsgeschichte hinter sich bringt.[20]

Das Personal der Organisation erkennt man dieser Auffassung von Organisation zufolge daran, dass es in der Lage und willens ist, sich Sachzwängen zu stellen und zu unterwerfen. Das gilt technisch wie kulturell, das heißt auf der Ebene findiger Ingenieurleistungen ebenso wie auf der Ebene einer mitlaufenden Interpretation der Verhältnisse, die an Sachzwängen deswegen festhält, weil man andernfalls nichts hätte, woran man sich festhalten könnte. Das »psychophysische Subjekt«, von dem Erich Gutenberg noch gesprochen hat,[21] der Unternehmer mit Leib und Seele, wird als irrationales, weil Zwecke setzendes Moment zwar anerkannt, aber eingeklammert und an die Spitze der Organisation verbannt, wo es nur dann »abgerufen« wird, wenn der Mittelhaushalt neu zu ordnen ist; ansonsten ist es freigestellt, die Autorität des freien Willens und die Übersicht über die Verhältnisse nach außen und nach innen zu symbolisieren.[22] Irrational ist dieses Subjekt, weil es die

19 Siehe Erich Gutenberg, *Grundlagen der Betriebswirtschaftslehre*, Bd. 1: *Die Produktion*, 24. Aufl., Berlin 1983.

20 Zur Dekonstruktion der behaupteten Isomorphie von Kausalität und Hierarchie: Niklas Luhmann, *Zweckbegriff und Systemrationalität: Über die Funktion von Zwecken in sozialen Systemen*, Neuausgabe Frankfurt am Main 1977; zur Erfolgsgeschichte des Managements: Alfred D. Chandler, jr., *The Visible Hand: The Managerial Revolution in American Business*, Cambridge, Mass., 1977; zum Paradigma der Nachbesserung: Michel Serres, *Der Parasit*, dt. Frankfurt am Main 1981.

21 *Die Unternehmung als Gegenstand betriebswirtschaftlicher Theorie*, a. a. O., S. 29; und *Grundlagen der Betriebswirtschaftslehre*, Bd. 1, a. a. O., S. 7 f., 132 f. und 147.

22 Siehe Jeffrey Pfeffer, »The Ambiguity of Leadership«, in: *Academy of Management*

Zwecke, die es setzt, nicht als Mittel zu höheren Zwecken darstellen kann, denn das widerspräche der Freistellung zur freien Willkürentscheidung an der Spitze (und nur dort) der Organisation. Dass diese Irrationalität an der Spitze nicht eingestanden, sondern allenfalls dramaturgisch zur Darstellung von »Autorität« genutzt wird und ansonsten durch Ideologien der Arbeit im gesellschaftlichen Auftrag (»Fortschritt«, »Wohlfahrt«, »Kundennutzen« …) ummantelt und vernebelt wird, widerspricht dieser Analyse nicht, sondern unterstützt sie.[23]

Das restliche Personal der Organisation profitiert sowohl von dieser Autorität, die aus der Beherrschung selbst gewählter Sachzwänge stammt, als auch von der Entlastung, welche die Sachzwänge bieten, sobald sie einmal in die Technik der Zuordnung bloßer Mittel zum Zweck umgesetzt sind. Der Preis dafür ist die Unterdrückung des unternehmerischen Moments beim Personal der Organisation. Es wird verdrängt in den unternehmerischen Umgang mit den Zwängen der Organisation und wird damit zum Medium von Machtspielen, in denen die Vorgesetzten den Untergebenen signalisieren, wie viel Widerstand sie an welchen Stellen hinnehmen, wenn an allen anderen Stellen Unterwerfungsbereitschaft besteht.[24]

Die dritte Auffassung der Organisation ist die der Organisationstheoretiker. Ihnen fällt die Aufgabe zu, die von den Betriebswirten ausgeklammerte Irrationalität der Organisation in den Gegenstand wieder einzuführen und auf die Mehrdeutigkeit, das alltägliche Durcheinander, die Ineffektivität und Ineffizienz, das Auseinanderfallen von hehren Zielen und tatsächlichen Handlungen, die lose Kopplung von Hierarchie und Kausalität hinzuweisen, die nicht etwa bloß das Menschlich-Allzumenschliche und damit Unvollkommene der Organisation, sondern ihre soziale Wirklichkeit und damit Existenzgrundlage sind.[25] Die Irrationalität und die lose

Review 2 (1977), S. 104-112; ders., *Power in Organizations*, Cambridge, Mass., 1981.

23 Siehe dazu auch Niklas Luhmann, »Die Paradoxie des Entscheidens«, in: *Verwaltungsarchiv* 84 (1993), S. 287-310.

24 Siehe zum Konzept der »brauchbaren Illegalität« Niklas Luhmann, *Funktionen und Folgen formaler Organisation*, 4. Aufl., mit einem Epilog 1994, Berlin 1995, S. 304 ff.; vgl. Crozier und Friedberg, *L'acteur et le système*, a. a. O., S. 78 ff.

25 Siehe Michael D. Cohen, James G. March und Johan P. Olsen, »A Garbage Can Model of Organizational Choice«, in: *Administrative Science Quarterly* 17 (1972), S. 1-25; Karl E. Weick, »Educational Organizations as Loosely Coupled Systems«,

Kopplung sind das Medium, in dem es innerhalb der Organisation zu einer Zwecksetzung, das heißt zu einer Entscheidung überhaupt kommen kann. Ohne diese Zwecksetzung, die laufend und auf allen Ebenen der Organisation erforderlich ist, könnten die Mittel weder identifiziert noch nachjustiert werden, die die Organisation einsetzt, um ihre Zwecke zu erreichen. Der Plandeterminismus der Betriebswirtschaftslehre tut so, als könne man die Organisation erst in irgendeinem Außerhalb der Organisation planen, dann auf der Ebene der Mittel laufen lassen und in einem dritten Schritt wieder wie von außen die erreichten oder verfehlten Ziele kontrollieren.[26] Dabei übersieht er zum einen, dass all dies innerhalb der Organisation durchgeführt wird, nämlich vom Management, das dabei vom Rest der Organisation beobachtet wird, und zum anderen, dass nur die internen Spielräume der Organisation jene Informationen liefern, die anschließend zu neuen Zwecksetzungen führen können. Das Management mag sich noch so sehr aus der Arbeit heraushalten, und die internen Spielräume mögen noch so sehr als Wahrnehmung von technischen, wirtschaftlichen, politischen und sonstigen Fragen in der Umwelt der Organisation stilisiert werden, es bleibt doch dabei, dass all dies innerhalb der Organisation stattfindet und auch nur innerhalb dieser auf eine entweder fruchtbare oder lähmende Art und Weise umstritten sein kann.

Spätestens jetzt wird die Organisation als ein soziales System verstanden, das nicht nur wie eine Maschine seinen Auftrag erfüllt, sondern seine Umwelt und sich selbst beobachtet und dabei sogar beobachtet, wie es beobachtet.[27] Jahrzehntelang haben sich die Organisationen, unterstützt von den Verwaltungswissenschaften, der Betriebswirtschaftslehre und vor allem von ihrem eigenen Autoritätsbedarf, gegen diese Einsicht in ihre Realität als soziale Systeme gewehrt. Aber in dem Maße, in dem die stabilen den turbulen-

in: *Administrative Science Quarterly* 21 (1976), S. 1-19; ders., *The Social Psychology of Organizing*, 2. Aufl., Reading, Mass., 1979 (dt. 1985).

26 Siehe den Ordnungsversuch von Horst Steinmann und Georg Schreyögg, *Management: Grundlagen der Unternehmensführung: Konzepte – Funktionen – Fallstudien*, 3., überarb. Aufl., Wiesbaden 1993; vgl. die Sammlung der »unmöglich« zu bearbeitenden Komplexität bei Wolfgang H. Staehle, *Management: Eine verhaltenswissenschaftliche Perspektive*, 6., überarb. Aufl., München 1991.

27 Siehe Dirk Baecker, *Die Form des Unternehmens*, Frankfurt am Main 1993; ders., *Postheroisches Management: Ein Vademecum*, Berlin 1994; Niklas Luhmann, *Organisation und Entscheidung*, a. a. O.

ten Umwelten gewichen sind und damit der Bedarf unabweisbar wurde, innerhalb der Organisationen zu thematisieren, welche Entscheidungsmöglichkeiten taktisch und strategisch Sinn machen und welche nicht,[28] kamen die Organisationen nicht darum herum, sich insbesondere von systemisch informierten Organisationsberatern zeigen zu lassen, dass sie schon tun, was sie erst noch lernen wollen: kommunizieren, und dies nicht nur nach außen, wie es die Kommunikationsabteilungen bis heute suggerieren, sondern sogar nach innen, ja nicht nur *nach* innen, sondern schlicht und ergreifend *innen*, wo denn und wie denn auch sonst?[29]

Aber damit öffnet sich die Büchse der Pandora. Parallel zur so genannten »Autoritätskrise« und zum »Wertewandel« in der zweiten Hälfte des 20. Jahrhunderts individualisiert sich auch das Personal der Organisation. Es hat seine eigenen Ziele, Launen und Stimmungen. Es hat seine eigene Psychophysik (inklusive eines eigenen Geschlechts), die nicht mehr nur diejenige eines möglichst tayloristisch einzusetzenden Arbeitsfaktors ist,[30] sondern die jetzt auf eine Subjektivität verweist, die kurz davor steht, als Kreativität nicht nur wiederentdeckt, sondern auch wiedereingefangen zu werden.[31] Das Personal der Organisation kann nicht nur motiviert werden, es kann auch demotiviert werden, und Letzteres nicht zuletzt durch Versuche der Motivation.[32] Es ist emotional und intel-

---

28 Siehe F. E. Emery und E. L. Trist, »The Causal Texture of Organizational Environments«, in: *Human Relations* 18 (1965), S. 21-32; Tom Burns und George M. Stalker, *The Management of Innovation*, London 1961.

29 Siehe Edgar H. Schein, »Organisationsentwicklung und die Organisation der Zukunft«, in: *Organisationsentwicklung* 17, Nr. 3 (1998), S. 41-49.

30 Siehe Frederick Winslow Taylor, *Scientific Management*, Westport, Conn., 1972; Max Weber, »Zur Psychophysik der industriellen Arbeit«, in: ders., *Gesammelte Aufsätze zur Soziologie und Sozialpolitik*, Nachdruck Tübingen 1988, S. 61-255

31 Siehe Uwe Schimank, »Technik, Subjektivität und Kontrolle in formalen Organisationen: Eine Theorieperspektive«, in: Rüdiger Seltz, Ulrich Mill und Eckart Hildebrandt (Hrsg.), *Organisation als soziales System: Kontrolle und Kommunikationstechnologie in Arbeitsorganisationen*, Berlin 1986, S. 71-91; Rudolf M. Lüscher, *Henry und die Krümelmonster: Versuch über den fordistischen Sozialcharakter*, Tübingen o. J. [1988].

32 Siehe Reinhard K. Sprenger, *Mythos Motivation: Wege aus einer Sackgasse*, Frankfurt am Main 1991; vgl. F. J. Roethlisberger und William J. Dickson, *Management and the Worker: An Account of a Research Program Conducted by the Western Electric Company, Hawthorne Works, Chicago*, Cambridge, Mass., 1949; Elton Mayo, *The Social Problems of an Industrial Civilization*, Boston 1945.

ligent, es bringt sich ein und es weicht aus, es streitet, kämpft und schlichtet, es kann ermüdet werden[33] und sich begeistern;[34] und es tut all dies in den mehr oder minder geordneten Bahnen eines informellen Netzwerks, in dem jedem Mitarbeiter einer Organisation neben seiner offiziellen eine inoffizielle Aufgabe zugewiesen wird: zu spionieren, Geschichten zu erzählen, schlechte Witze zu machen, die Beichte abzunehmen, zu intrigieren und zu soufflieren, aufzuregen und abzuregen, zu ironisieren und den Ernstfall zu markieren.[35]

Kann man dies noch in eine Fassung bringen, die sich für die Zwecke eines intelligenten Designs von Organisationen nutzen lässt? Ja, man kann. Neville Moray hat gezeigt, wie man den subjektiven, menschlichen Faktor des Personals in Rechnung stellen muss, wenn man verstehen will, warum Menschen immer wieder zuverlässig in der Lage sind, wohldefinierte Systeme so durcheinanderzubringen, dass sie zu schlecht definierten werden, und umgekehrt in den schlecht definierten Systemen so geschickt zu agieren, dass sie zu wohldefinierten werden: In diesen langweilen wir uns, und dann kommen wir auf die Kurzweil garantierende Idee, sie zu testen, bis sie nachgeben; von jenen fühlen wir uns herausgefordert und zeigen unser Können, bis sie dank unserer Beiträge verlässlich werden.[36] Karl E. Weick und Kathleen Sutcliffe haben jüngst gezeigt, dass es gerade für die Ansprüche an »*high-reliability organizations*« (also für die Organisation von Intensivstationen in Krankenhäusern, Überwachungsanlagen von Kernkraftwerken oder die Arbeit auf dem Deck eines Flugzeugträgers) keine bessere Idee gibt, als sich auf den subjektivsten Faktor des Personals zu verlassen und durch Training, Weiterbildung und Anerkennung immer wieder

---

33 Nicht zuletzt durch Verfahren; so Niklas Luhmann, *Legitimation durch Verfahren*, 2. Aufl., Frankfurt am Main 1989.

34 Im Zweifel auch für eine andere Organisation.

35 Siehe mit dem Theorem des »*second job*« Terence E. Deal und Allen A. Kennedy, *Corporate Cultures: The Rites and Rituals of Corporate Life*, Reading, Mass., 1982, S. 85 ff.; mit dem eindrucksvollen Beispiel der zunächst steilen, dann abstürzenden Karriere John DeLoreans bei General Motors Joanne Martin und Caren Siehl, »Organizational Culture and Counterculture: An Uneasy Symbiosis«, in: *Organizational Dynamics* 12 (1983), S. 52-68.

36 Siehe Neville Moray, »Humans and Their Relation to Ill-Defined Systems«, in: Oliver G. Selfridge, Edwina L. Rissland und Michael A. Arbib (Hrsg.), *Adaptive Control of Ill-Defined Systems*, New York 1984, S. 11-20.

klarzustellen, dass man sich auf es verlässt: auf seine in Wahrnehmungsfähigkeit verankerte Aufmerksamkeit beziehungsweise Achtsamkeit (»*mindfulness*«).[37]

Man traut sich kaum, es zu sagen, aber ausgerechnet die Ökonomie, die uns die vierte Auffassung der Organisation liefert, hat inzwischen aus der Organisationstheorie ihre Lehren gezogen und schickt sich an, eine Betriebswirtschaftslehre 2.0 auf die Beine zu stellen, die nicht mehr an den Rationalitätskriterien der Effizienz und Effektivität orientiert ist, sondern an der Kapitalmarkttheorie, wenn man unter dieser Theorie eine Lehre versteht, die Fragen einer unwahrscheinlichen Koordination unter den Bedingungen divergenter Einzelinteressen nachgeht.[38] Die Organisation tritt hier in einer doppelten Rolle auf. Erstens ist sie ein Auftragnehmer (*agent*), der für einen Auftraggeber (*principal*) arbeitet, den man sich am besten als Kapitalgeber (Investor, Spekulant) vorstellt, wenn man unter »Kapital« nicht nur monetäre, sondern auch andere riskante Vertrauensvorschüsse versteht.[39] Und zweitens ist sie selbst ein Auftraggeber im genannten Sinne, der Auftragnehmer beschäftigt, die die angenommenen Aufträge bearbeiten, mehr oder minder treu umsetzen und dabei laufend überwacht werden müssen (*monitoring* in der Form von *supervision* und *coaching*), weil sie eigene Interessen verfolgen und jederzeit in der Lage sind, Gelegenheiten zu erkennen, die dazu genutzt werden können. Die so genannte Transaktionskostentheorie der Ökonomen beschäftigt sich mit fast nichts anderem als mit der Frage, welche »*institution-*

37 Siehe Karl E. Weick und Kathleen M. Sutcliffe, *Managing the Unexpected: Assuring High-Performance in an Age of Complexity*, San Francisco 2001 (dt. *Das Unerwartete Managen: Wie Unternehmen aus Extremsituationen lernen*, Stuttgart 2003).

38 Grundlegend: John Roberts, *The Modern Firm: Organizational Design for Performance and Growth*, Oxford 2004.

39 Siehe einen entsprechend generalisierbaren Kapitalbegriff bei Talcott Parsons und Neil J. Smelser, *Economy and Society: A Study in the Integration of Economic and Social Theory*, Reprint London 1984, S. 72; natürlich bei Pierre Bourdieu, »Ökonomisches Kapital, kulturelles Kapital, soziales Kapital«, in: Reinhart Kreckel (Hrsg.), *Soziale Ungleichheit*, (=Soziale Welt, Sonderband), Göttingen 1983, S. 183-199; sowie in der Sozialkapital-Diskussion der Ökonomen, etwa mit dem Hinweis darauf, dass es sich bei »*social capital*« nur um »*networks*« handele, bei Kenneth J. Arrow, »Observations on Social Capital«, in: Partha Dasgupta und Ismail Serageldin (Hrsg.), *Social Capital: A Multifaceted Approach*, Oxford 2000, S. 3-5.

al designs« (von Hierarchien, Märkten oder neuerdings auch von Hybriden) geeignet sind, Verhaltensunsicherheiten auszuräumen, die aus dieser Neigung zu opportunistischem Verhalten stammen.[40]

Die entscheidende Entdeckung auf diesem Feld, formuliert von Michael C. Jensen, lautet jedoch: »Leute sind keine perfekten Auftragnehmer für andere. Mit anderen Worten: Leute werden nicht im Interesse anderer (ihrer Auftraggeber oder Partner) handeln, wenn das ihren eigenen Präferenzen zuwiderläuft.«[41] Jensen nennt dies die »no-perfect-agent-proposition«:[42] *Für keinen Auftraggeber gibt es einen perfekten Auftragnehmer.* Dieses Theorem darf man sicherlich durch ein zweites ergänzen und abrunden: *Und für keinen Auftragnehmer gibt es einen perfekten Auftraggeber.* Erst dann sieht man deutlich, worum es geht: Die Idee, das Design und die Kontrolle einer Organisation über die Konvergenz der Ziele aller Beteiligten laufen zu lassen, geht ebenso in die Irre wie der Versuch, die Mitarbeiter beziehungsweise das Personal einer Organisation vorsichtshalber nicht als Beteiligte zu sehen, sondern zu bloßen Ausführenden zu degradieren.[43] Stattdessen muss die Organisation als Form im Medium der Divergenz der Interessen betrachtet werden und kann nur in dieser Form intelligent gestaltet werden.

Eine der Ideen, die sich in diesem Zusammenhang dann unter Umständen bewährt, ist die von Kenneth J. Arrow für Märkte beobachtete Maxime, dass es nur dann zu »Gleichgewichten« des

---

40 Siehe vor allem Oliver E. Williamson, *Markets and Hierarchies: Analysis and Antitrust Implications. A Study in the Economics of Internal Organization*, New York 1975; ders., *The Economic Institutions of Capitalism: Firms, Markets, Relational Contracting*, New York 1985; ders., *The Mechanisms of Governance*, Oxford 1996; vgl. Harold Demsetz, »The Theory of the Firm Revisited«, in: Oliver E. Williamson und Sidney G. Winter (Hrsg.), *The Nature of the Firm: Origins, Evolution, and Development*, New York 1991, S. 159-178.

41 So Michael C. Jensen, *A Theory of the Firm: Governance, Residual Claims, and Organizational Forms*, Cambridge, Mass., 2000, S. 5.

42 Ebd.

43 Siehe zu den Konsequenzen der »Infantilisierung« der Mitglieder einer Organisation durch die ihnen vorenthaltene Reife einer eigenständig verantwortlichen Tätigkeit bereits Chris Argyris, *Personality and Organization*, New York 1957; ein gewisses Gegengewicht besteht darin, Arbeit für Gewerkschaften und Betriebsräte zu konzedieren, in deren Rahmen auch abhängig Beschäftigte durch Lohnforderungen und Streikdrohungen Ansprüche auf Respekt erwerben können; so Parsons und Smelser, *Economy and Society*, a. a. O., S. 147 ff.; vgl. Dirk Baecker, *Wozu Gesellschaft?*, Berlin 2007, S. 162 ff.

Verhaltens aller Beteiligten kommen kann, wenn man anerkennt, dass alle Beteiligten unter der Bedingung der Risikoaversion handeln, das heißt die Risiken zu reduzieren suchen, auf die sie sich mit ihrem Verhalten zugleich und zwangsläufig einlassen.[44] Wie sieht dieses Verhalten unter der Bedingung der Risikoaversion aus? Legt man Annahmen sowohl der Ökonomie von Information und Risiko als auch der soziologischen Netzwerktheorie zugrunde,[45] so wird man annehmen können, dass riskantes Verhalten innerhalb von ebenso wie zwischen Organisationen genau dann koordiniert werden kann, wenn alle Beteiligten sich wechselseitig überzeugend signalisieren können, dass sie nicht nur bereit sind, ein Risiko einzugehen, sondern auch in der Lage sind, das eingegangene Risiko zu tragen. Die eingegangenen Risiken dürfen daher weder so groß sein, dass sie Hasardeure anlocken, noch so klein, dass sie keine Bindungseffekte entfalten können.[46]

Man wagt kaum auszusprechen, welches Bild des Personals dieser ökonomischen Auffassung von Organisation entspricht. Das Personal ist, wie sich dies Adam Smith nicht besser hätte denken können, zugleich egoistisch und altruistisch, indem es für jede Handlung, Entscheidung und Kommunikation davon ausgeht, dass es seine Interessen nur erreichen kann, wenn es zugleich im Interesse anderer handelt, mit denen es sein Handeln verknüpft sieht.[47] Den Interessen anderer kann man nur ausweichen, wenn

44 Siehe Kenneth J. Arrow, *Essays in the Theory of Risk-Bearing*, Amsterdam 1974, S. 90 ff.

45 Im Sinne von Bruce Greenwald und Joseph E. Stiglitz, »Information, Finance, and Markets: The Architecture of Allocative Mechanisms«, in: *Industrial and Corporate Change* 1 (1992), S. 37-68; ders., »Information and Economic Analysis: A Perspective«, in: *Economic Journal Conference Papers* (1985), S. 21-41; Harrison C. White, *Identity and Control: A Structural Theory of Action*, Princeton, NJ, 1992.

46 Vgl. zum Konzept der Risikostruktur: Dirk Baecker, *Womit handeln Banken? Eine Untersuchung zur Risikoverarbeitung in der Wirtschaft*, Frankfurt am Main 1991, S. 135 ff.; ders., *Information und Risiko in der Marktwirtschaft*, Frankfurt am Main 1988, S. 243 ff.

47 Siehe das Beispiel des Bäckers, der aus dem Verkauf seiner Brötchen nur dann Gewinn zieht, wenn er die Brötchen in der Qualität backt und zu dem Preis verkauft, dass auch die Interessen der Käufer bedient werden können, bei Adam Smith, *Der Wohlstand der Nationen: Eine Untersuchung seiner Natur und seiner Ursachen*, dt. München 1978, S. 16 ff.; vgl. im Anschluss daran mit präziser Konsequenz: Gary S. Becker, *The Economic Approach to Human Behavior*, Chicago 1976 (dt. 1982).

man dafür Sorge trägt, dass diese Interessen kein Verhalten motivieren können, das dem eigenen Interesse entgegensteht. Das läuft entweder über Macht und Herrschaft oder, aber das ist fast dasselbe, über die Enteignung eigener Motive durch Religion, Erziehung und sonstige Politik. Macht und Herrschaft haben den Vorteil, dass sie auffallen, aber auch Religion, Erziehung und sonstige Politik können sich in der Geschichte der Gesellschaft nur um den Preis ihrer dauernden Neuformatierung halten.[48] In allen anderen (welchen?) Fällen jedoch muss das Personal als egoistisch-altruistisch gedacht werden und es lohnt sich, die Organisation daraufhin zu untersuchen, welche Eigenmotive sie zu bieten hat.

Dementsprechend vorsichtig ist denn auch die fünfte und letzte Auffassung von Organisation, die wir hier vorstellen wollen, bevor wir uns wieder der Universität und ihrem Personal zuwenden. In der soziologischen Theorie wird die Organisation im Wesentlichen als eine Einrichtung verstanden, die sich nur um den Preis vom Rest der Gesellschaft (den »einfachen« Interaktionssystemen der Begegnung zwischen den Leuten und den »schwierigen« Funktionssystemen der Verhandlung über Politik und Wirtschaft, Recht und Erziehung, Kunst und Wissenschaft, Religion und Sozialhilfe) unterscheiden darf, dass sie gleichzeitig dafür Sorge trägt, dass sie mit diesen Systemen kompatibel bleibt. Das lief von Anfang an, auch wenn man dies nur selten so gesehen hat, über die Bürokratie,[49] denn diese liefert sowohl Verhaltensmuster, die sich auch interaktiv bewähren, als auch Orte (nämlich Büros), an denen die Ansprüche der Funktionssysteme aufgegriffen, uminterpretiert und an den Rest der Organisation weitergereicht werden können. Und heute läuft es überdies in einem noch weithin unterschätzten Ausmaß über Netzwerke zwischen Organisationen, die häufig durch die neuen Informations- und Kommunikationstechnologien unterstützt werden und wechselseitige Formen der Beobachtung zweiter Ordnung ausbilden, in denen laufend überwacht wird, mit

48 Siehe Max Weber, *Wirtschaftsgeschichte: Abriß der universalen Sozial- und Wirtschaftsgeschichte*, 5. Aufl., Berlin 1991; Charles Tilly, *Coercion, Capital, and European States, AD 990-1992*, Cambridge, Mass., 1992; vgl. mit einem Modell der zugrunde liegenden »politischen Ökonomie«: Erving Goffman, »On Cooling the Mark Out: Some Aspects of Adaptation to Failure«, in: *Psychiatry: Journal of Interpersonal Relations* 15 (1952), S. 451-463.

49 Siehe oben, Fußnote 6.

welchen gesellschaftlichen Identitäts- und Reproduktionschancen jede einzelne Organisation ausgestattet ist.[50]

Das Personal erscheint in dieser soziologischen Auffassung von Organisation als eine »Entscheidungsprämisse«, die nicht mehr nur, wie einst in der hierarchischen Organisation, über Disziplin und Motivation so zugerichtet werden muss, dass sie die zugeschriebenen Aufgaben mithilfe der ebenfalls zugeschriebenen Kompetenzen erledigen kann, sondern die zunehmend an jener höchst anspruchsvollen Stelle in Anspruch genommen wird, an der die Kontingenzchancen jeder Entscheidung erkannt und mit den Abläufen der Organisation und den Anforderungen der Netzwerke, in denen sie agiert, kompatibel gemacht werden müssen.[51] Das Personal ist hierbei eine von drei Entscheidungsprämissen, die ebenso wie die anderen beiden Prämissen (die Kommunikationswege innerhalb einer Organisation und innerhalb des Netzwerks, in der eine Organisation operiert, sowie die Programme oder »Aufgaben«, an denen sie arbeitet) dazu dient, die Ungewissheit zu absorbieren, mit der es jede Organisation laufend zu tun hat.[52] Ohne die Orientierung an einer dieser Prämissen oder, besser noch, an einer Kombination dieser Prämissen könnte die einzelne Entscheidung das Problem ihres jeweiligen Risikos, sei dies sachlich, zeit-

50 Siehe nur Nitin Nohria und Robert G. Eccles (Hrsg.), *Networks and Organizations: Structure, Form, and Action*, Boston 1992; Jörg Sydow, *Strategische Netzwerke*, Wiesbaden 1992; Gernot Grabher (Hrsg.), *The Embedded Firm: On the Socio-Economics of Industrial Networks*, London 1993; ders. und David Stark (Hrsg.), *Restructuring Networks: Legacies, Linkages, and Localities in Postsocialism*, New York 1996; Edward H. Bowman und Bruce Kogut (Hrsg.), *Redesigning the Firm*, New York 1995; Barry Wellman (Hrsg.), *Networks in the Global Village: Life in Contemporary Communities*, Boulder, CO, 1999; Olivier Favereau und Emmanuel Lazega (Hrsg.), *Conventions and Structures in Economic Organization: Markets, Networks, and Organizations*, Cheltenham 2002; Paul DiMaggio (Hrsg.), *The Twenty-First Century Firm: Changing Economic Organization in International Perspective*, Princeton, NJ, 2001.

51 Siehe Luhmann, *Organisation und Entscheidung*, a. a. O., S. 424 ff. und 279 ff.

52 Siehe zum Konzept der Entscheidungsprämisse Herbert A. Simon, *Administrative Behavior: A Study of Decision-Making Processes in Administrative Organization*, 4. Aufl., New York 1997; zum Konzept der Ungewissheitsabsorption James G. March und Herbert A. Simon, *Organizations*, 2. Aufl., Cambridge, Mass., 1993; zu beidem sowie zur Unterteilung der Entscheidungsprämissen in Kommunikationswege, Programme und Personal Luhmann, *Organisation und Entscheidung*, a. a. O., S. 222 ff.

lich oder sozial begründet, nicht lösen, das heißt, sie hätte keine Möglichkeit, jetzt schon sicherzustellen, dass eine Entscheidung, von der sich möglicherweise anschließend herausstellt, dass sie falsch war, immerhin »richtig«, nämlich gemäß den geforderten und bewährten Verfahren getroffen worden ist.[53] Das Personal fungiert als jene Entscheidungsprämisse, in der für jede Organisation mehr oder minder präzise vorgegeben ist, wie viel Subjektivität im Sinne erstens einer abweichenden Individualität und zweitens der Möglichkeit der Berufung auf Wahrnehmung in Ergänzung zur Kommunikation erlaubt und erfordert ist. Je unschärfer die einst scharf gezogenen Grenzen zu den verschiedenen Umwelten der Organisation verlaufen (zu anderen Organisationen, zu Kunden und Partnern, zu Kritikern und Regelsetzern), desto präziser werden die Anforderungen an das Personal, diese unscharfen Grenzen durch eigene Leistungen fallgebunden sowohl nachzuschärfen als auch für andere Fälle hinreichend offenzuhalten.[54]

Mit anderen Worten: Man nimmt Abschied von alten Modellen der Organisation, in denen unterstellt war, dass Organisationen nur kollektiv handeln können, das heißt über einen an der Spitze gebündelten und moderierten Willen verfügen, der von allen anderen Teilen der Organisation nur ausgeführt wird, und entdeckt für alle Stellen, auf allen Ebenen und in allen Abteilungen der Organisation eine kommunikative Rolle des Personals, die darin besteht, die kommunikativen Spielräume der Organisation sowohl laufend auszutesten als auch laufend einzuschränken, und die durch die Festlegung von Kommunikationswegen und Programmen nicht restlos substituiert werden kann. In Netzwerken müssen Programme ständig nachjustiert werden können und müssen Wege so verlässlich wie variabel sein, so dass ohne die Beobachtung, welche Entscheidungen von welchem Personal tatsächlich getroffen wird, die Organisation weder gesteuert noch gestaltet werden kann.

Die Anforderungen, die gemäß dieser soziologischen Auffassung der Organisation auf das Personal zukommen, sind nicht identisch mit älteren Vorstellungen von der »Humanisierung« des Arbeitslebens oder der »Demokratisierung« des Betriebs. Diese Vorstellun-

53 So J. Richard Harrison und James G. March, »Decision Making and Postdecision Surprises«, in: *Administrative Science Quarterly* 29 (1984), S. 26-42.
54 Vgl. Dirk Baecker, *Studien zur nächsten Gesellschaft*, Frankfurt am Main 2007, S. 14 ff.

gen sind nicht viel mehr als willkommene Gewänder, in die die ebenso vorsichtige wie unverzichtbare Herauslösung des Personals aus seinem alten Rollenschema disziplinierter Aufgabenerfüllung gekleidet wird, um den schwierigen Übergang zum neuen Schema der funktionalen Einbindung sowohl der Wahrnehmungsfähigkeit von Individuen als auch ihrer kommunikativen »Agententätigkeit« im doppelten Sinne des Wortes (selbständiger Agent im Auftrag eines anderen) etwas zu erleichtern.

Intelligenz- und Einflussbank

Kommen wir zurück zum Personal der Universität. Es war erforderlich, die fünf verschiedenen und hier nur grob skizzierten Auffassungen von Organisation vorzustellen, weil sie alle fünf nach wie vor eine Rolle spielen, wenn es darum geht, sich bei Organisationsgründungen und Reformvorhaben der Bilder zu vergewissern, vor deren Hintergrund man sich den Aufbau und die Abläufe einer Organisation vorstellt. Wer das Stichwort »Personal« auch nur ausspricht, hat unweigerlich ein mehr oder minder elaboriertes Bündel an Vorstellungen über Disziplin und Autorität, Sachkompetenz und Aufmerksamkeit, Eigeninteresse und Integrationsbedarf vor Augen, das für das Personal der Universität ebenso gilt wie für dasjenige anderer Organisationen.

Im Unterschied zu anderen Organisationen ist es jedoch – von Personalräten abgesehen – noch unüblich, eine Universität im Hinblick auf ihren Personalfaktor zu untersuchen und zu beschreiben. Und auch Personalräte sind meist Vertretungsorgane des nichtwissenschaftlichen Personals einer Universität und kommen nur selten auf die Idee, auch das wissenschaftliche Personal anders denn als Angestellte, deren Rechte es zu schätzen und wahrzunehmen gilt, in den Blick zu nehmen. Darüber hinaus wird die Kategorie des Personals allenfalls genutzt, um durchzuzählen, wie viele Leute der Universität angehören und fallweise sicherzustellen, dass alle erreicht werden, wenn es ausnahmsweise einmal darum geht, alle anzusprechen. Die Frage, ob etwa die Studierenden ebenso zum Personal einer Universität gehören wie die Verwaltungsangestellten und die Dozenten, wagt man schon gar nicht zu stellen, weil vollkommen unklar ist, aufgrund welcher Kriterien sie beantwortet werden könnte. Da erklärt man jene schon lieber zu »Kunden« einer Universität oder, falls sie über Studiengebühren an deren Finanzierung beteiligt sind, zu *stakeholders* (oder vielleicht sogar zu *shareholders*, sobald man zur Kenntnis nimmt, dass sie eine Wahl haben und sowohl kommen als auch wieder gehen können?).

Wir führen eine weitere soziologische Idee ein, um sowohl die Frage, wer zum Personal einer Universität gehört, etwas genauer betrachten zu können als auch klären zu können, worin sich das Personal einer Universität möglicherweise vom Personal anderer Organisationen unterscheidet. Das heißt, wir gehen im Folgenden weiterhin soziologisch und nicht betriebswirtschaftlich vor. Wir akzeptieren zwar den Verlust des einzigartigen institutionellen Charakters der Universität zugunsten der Entdeckung, dass auch die Universität eine Organisation ist, lassen uns davon jedoch nicht an der Einsicht hindern, dass sich die Universität in anzugebenden Hinsichten von Behörden und Unternehmen, Theatern und Krankenhäusern, Schulen und Kirchen unterscheidet (sosehr es sich im Einzelfall lohnen mag, den Unterschied dazu zu nutzen, um Vergleiche anzustellen).

Die Universität hat eine einzigartige und verblüffend robuste Geschichte,[55] vergleichbar allenfalls mit der Geschichte der Kirche, des Militärs und der Banken. Sie ist die einzige Einrichtung, die unter dem Anspruch steht, sich mit dem *ganzen* Wissen zu befassen, das Menschen verfügbar ist (und das schon deswegen problematisch ist, weil man nicht weiß, wo es anfängt und wo es aufhört und welches Wissen zugänglich ist und welches nicht[56]). Die Generationendifferenz, mit der die Universität unverzichtbar arbeitet, unterstreicht die Problematik des ganzen Wissens, weil dieses auf

55 Siehe Rudolf Stichweh, *Der frühmoderne Staat und die europäische Universität: Zur Interaktion von Politik und Erziehungssystem im Prozeß ihrer Ausdifferenzierung (16. bis 18. Jahrhundert)*, Frankfurt am Main 1991; ders., »Universitätsmitglieder als Fremde in spätmittelalterlichen und früh-modernen europäischen Gesellschaften«, in: Marie Theres Fögen (Hrsg.), *Fremde der Gesellschaft: Historische und sozialwissenschaftliche Untersuchungen zur Differenzierung von Normalität und Fremdheit*, Frankfurt am Main 1991, S. 169-191; ders., *Wissenschaft, Universität, Professionen: Soziologische Analysen*, Frankfurt am Main 1994.

56 Siehe die Denkfigur des »Waltens im Ganzen« bei Martin Heidegger, *Die Grundbegriffe der Metaphysik: Welt – Endlichkeit – Einsamkeit*, Frankfurt am Main 1983, S. 501 ff., der gemäß jedes Seiende und daher auch jedes Wissen von einem Seienden immer ein ergänzungsbedürftiges, aber auch ergänzungsfähiges ist.

der Seite der Lehre als bereits vorhanden, wenn auch ungewiss, und auf der Seite des Lernens als noch nicht vorhanden, wenn auch versprochen, gelten kann, so dass man an der Universität nicht umhinkommt, laufend mitzubeobachten, wer was weiß und wissen kann und wer nicht.[57]

Diesen ausgezeichneten Umgang mit einem Wissen, das in der Sachdimension und in der Sozialdimension des Sinns problematisch ist und schon deswegen am ehesten in der Zeitdimension, nämlich in Studiengängen und in Forschungsprojekten, verwaltet werden kann, macht sich die Universität zunutze, um sich in der Gesellschaft als »Intelligenzbank« und »Einflussbank« zu etablieren.[58] Als Intelligenzbank verwaltet sie jene Differenz zwischen dem Organismus des Menschen, der physikalisch-chemischen Welt, dem allgemeinen Handlungsystem und möglichen telischen Vorstellungen, die Parsons als »the human condition« gefasst hat.[59] Und als Einflussbank agiert sie innerhalb des Sozialsystems der Gesellschaft und verwaltet dort treuhänderisch einen Teil der latenten Muster und Spannungen, die aus den Ansprüchen der Anpassungsfunktion der Wirtschaft, den Zielsetzungen der Politik und dem Integrationsbedarf der Gesellschaft resultieren.[60] Man muss die leicht etwas zwanghaft wirkende Kreuztabellenschematik von Talcott Parsons nicht teilen, um aus diesen Ideen dennoch einige für unseren Zusammenhang brauchbare Konsequenzen zu ziehen.[61]

Der wesentliche und bis heute aufschlussreiche Punkt dieser Überlegungen besteht nämlich darin, die Universität als eine ebenso einzigartige wie riskante Einrichtung zu fassen, die gerade insofern »Institution« ist, als zwar ihre Funktion, jedoch nicht ihre jeweils

57 Vgl. Baecker, *Studien zur nächsten Gesellschaft*, a. a. O., S. 116 ff.

58 Siehe Talcott Parsons und Gerald M. Platt, *Die amerikanische Universität: Ein Beitrag zur Soziologie der Erkenntnis*, dt. Frankfurt am Main 1990, S. 403 ff.

59 Talcott Parsons, *Action Theory and the Human Condition*, New York 1978, insbes. S. 352-433.

60 Siehe zum *action system* und *social system* vor allem Talcott Parsons, *Social Systems and the Evolution of Action Theory*, New York 1977; Parsons und Smelser, *Economy and Society*, a. a. O., S. 46 ff.

61 Siehe mit entsprechenden Lockerungsbemühungen Niklas Luhmann, »Talcott Parsons – Zur Zukunft eines Theorieprogramms«, in: *Zeitschrift für Soziologie* 9 (1980), S. 5-17; ders., »Warum AGIL?«, in: *Kölner Zeitschrift für Soziologie und Sozialpsychologie* 40 (1988), S. 127-139.

konkrete Organisation unverzichtbar ist.[62] Mit anderen Worten: Als Organisation ist sie nicht nur gestaltbar, sondern auch ersetzbar, solange es nur etwas gibt, was ihre Funktion erfüllt. Die Gesellschaft benötigt einen Ort, an dem Menschen ihre Angewiesenheit auf Intelligenz (verstanden als Medium des Erwerbs und der Anwendung kognitiver Kompetenzen[63]) sowie ihre Angewiesenheit auf Chancen der Ausübung von Einfluss (verstanden als Medium der Überzeugung durch Prestige, gedeckt durch abschreckende Autorität und Teilhabechancen) so befriedigen können, dass sie einerseits an diesen Medien partizipieren können und andererseits ihren eigenen Beitrag zur Regenerierung dieser Medien leisten können.[64]

Der Ort, den die Universität besetzt, ist insofern eine Bank, als diese beiden Medien der Intelligenz und des Einflusses (wie auch andere Medien durch andere Banken[65]) nur dann gesellschaftlich erhalten, verwendet und variiert werden können, wenn beobachtet und überwacht wird, in welcher Menge sie zirkulieren, wofür sie ausgegeben werden, wodurch sie gedeckt sind und gegen welche Sicherheiten beziehungsweise Aussichten ein Kredit aufgenommen werden kann.[66]

Wir müssen diesen Ansatz zu einer soziologischen Gesellschafts-

---

62 So der Begriff der Institution bei Bronislaw Malinowski, »Eine wissenschaftliche Theorie der Kultur«, in: ders., *Eine wissenschaftliche Theorie der Kultur und andere Aufsätze*, dt. Frankfurt am Main 2005, S. 45-172, hier: S. 78 ff.

63 Siehe Parsons und Platt, *Die amerikanische Universität*, a. a. O., S. 100 ff.; vgl. Niklas Luhmann, »Gibt es ein ›System‹ der Intelligenz?«, in: Martin Meyer (Hrsg.), *Intellektuellendämmerung: Beiträge zur neuesten Zeit des Geistes*, München 1992, S. 57-73.

64 Vgl. zur Medientheorie Parsons, *Social Systems and the Evolution of Action Theory*, a. a. O., S. 204 ff.

65 Siehe Peter Sloterdijk, *Zorn und Zeit: Politisch-psychologischer Versuch*, Frankfurt am Main 2006; vgl. Dirk Baecker, »Ein Medium kommt selten allein«, in: Marc Jongen, Sjoerd van Tuinen und Konrad Hemelsoet (Hrsg.), *Die Vermessung des Ungeheuren: Philosophie nach Peter Sloterdijk*, München 2009, S. 388-399.

66 Siehe für den Fall der Bank im Wirtschaftssystem Douglas W. Diamond, »Financial Intermediation and Delegated Monitoring«, in: *Review of Economic Studies* 51 (1984), S. 393-414; Maurice Allais, »The Credit Mechanism and its Implications«, in: George R. Feiwel (Hrsg.), *Arrow and the Foundations of the Theory of Economic Policy*, Basingstoke 1987, S. 491-561; Niklas Luhmann, *Die Wirtschaft der Gesellschaft*, Frankfurt am Main 1988, S. 131 ff.; Baecker, *Womit handeln Banken?*, a. a. O.

theorie der Universität als Intelligenz- und Einflussbank hier nicht ausarbeiten, um dennoch einige Konsequenzen für unsere Suche nach einem Verständnis des Personals der Universität ziehen zu können. Denn dieses ist nach den Vorgaben der von uns referierten Organisationsauffassungen nicht nur über die Denkfiguren von Befehl, Gehorsam und Disziplin, des kompetenten Umgangs mit Sachzwängen, der aufmerksamen Fähigkeit zur Korrektur unvollkommen definierter Systeme, eines altruistischen Egoismus und einer Fähigkeit zur aktiven wie passiven Inszenierung als Entscheidungsprämisse zu begreifen, sondern zudem auch den gesellschaftlichen Maßstäben der Universität als Institution zu unterwerfen. Das Personal der Universität muss nicht nur organisatorisch funktionieren, es muss darüber hinaus mit Ansprüchen von Intelligenz und Einfluss umgehen. In einer aktuelleren Terminologie formuliert, können wir sagen: Das Personal muss etwas von den kognitiven Ansprüchen im Umgang mit der Lage der Menschen in der Auseinandersetzung mit Welt und Gesellschaft verstehen, und es muss eine Ahnung davon haben, welche Art von Prestige in Anspruch genommen und gepflegt werden muss, um im sozialen System der Gesellschaft für diese kognitiven Ansprüche einstehen und sie durchsetzen zu können.

Was unter diesen Anforderungen an das Personal der Universität zu verstehen ist, erkennt man vielleicht am besten, wenn man sich ansieht, dass und wie die Organisation der Universität auf Intelligenz- und Einflussmärkten mit möglichen anderen Organisationen und Einrichtungen um die Chance konkurriert, die Funktion der Intelligenz- und Einflussbank auszuüben. Auf welchen gesellschaftlichen Ort schaut man, wenn man sich fragt, wo am ehesten kognitive Kompetenzen im Umgang mit Mensch, Welt und Gesellschaft gepflegt, aber auch riskiert und weiterentwickelt werden? Und wo kann man das Prestige erwerben, erproben und sich bewähren lassen, aus dem Anspruch auf kognitive Kompetenzen auch Formen des Einflusses zu gewinnen, die gerade deswegen überzeugen, weil sie nicht mit Formen der Macht identisch sind? So abstrakt, weil gesellschaftstheoretisch informiert diese beiden Fragen auch sein mögen, es ist dennoch möglich, an ihnen Beobachtungen gesellschaftlicher Praktiken zu orientieren, die als *benchmarks* für Fragestellungen der Gestaltung von Universitäten dienen können.

Ist nicht die Arbeit im Bereich künstlerischer und kultureller

Praktika, auf Kirchentagen und in Protestbewegungen, in NGOs und internationalen Organisationen, in Vorstandsreferaten und Stiftungen zuweilen längst attraktiver als das Universitätsstudium? Ist nicht die Fortsetzung der intellektuellen Arbeit in außeruniversitären Forschungseinrichtungen, in der industriellen Forschung und Entwicklung, in der Publizistik und in der Politik für manchen Nachwuchsgelehrten reizvoller als die Übernahme von Verantwortung in Forschung und Lehre und Selbst- und Drittmittelverwaltung an Universitäten? Ist nicht das Verwaltungspersonal an Universitäten längst auf der Suche nach Einrichtungen im Stiftungswesen, in der Bildungspolitik oder auch auf dem weiten Feld des Online- und Offline-Publikationswesens, die größere Spielräume, aber auch eine bessere Ergebnisorientierung im Umgang mit Problemstellungen und deren wiedererkennbarer und zurechenbarer Profilierung ermöglichen?

Man wird sagen, dass alle diese und weitere Felder ohne die Rückbindung an das Universitätsstudium, die universitäre Forschung und vielleicht sogar an universitäre Verwaltungserfahrungen kaum existieren würden und dass nur an der Universität jene theoretischen und methodischen Kompetenzen zu erwerben sind, die eine gewisse Unabhängigkeit vom Tagesgeschäft und damit ein längerfristiges Überleben und einen nachhaltigeren Erfolg auf jenen Feldern garantieren können. Das mag sein. Aber wie lange ist dies noch der Fall? Wie sichert sich die Universität den Status einer Intelligenz- und Einflussbank, der es unausweichlich macht, dass Einlagen und Kredite an Intelligenz und Einfluss bei ihr eingezahlt und aufgenommen werden und nicht über »Verbriefung« (*securitization*) auf Märkten gehandelt werden, die von Banken zunehmend unabhängig werden?

Antworten auf diese Fragen, darauf will ich hier hinaus, entscheiden sich nicht im Raum gesellschaftlicher Unbestimmtheit, sondern am und mit dem (studentischen, wissenschaftlichen und administrativen) Personal der Universität, also mit jenen, die unter dem Gesichtspunkt zu gewinnen und zu prüfen sind, dass sie eine Ahnung davon haben, was es heißt, mit Intelligenz- und Einflusschancen umzugehen. Wenn man beobachten muss, dass die klügsten Leute und die überzeugendsten Argumente nicht mehr an Universitäten zu finden sind, sondern im Prekariat, in *think tanks*, bei Wikipedia und Software-Entwicklern, in Zeitungsredaktionen,

Forschungs- und Entwicklungsabteilungen von Unternehmen und in den Trendbüros der Werbeagenturen, dann wissen die Universitäten, dass die Funktion der Intelligenz- und Einflussbank auf Wanderschaft gegangen ist und dass nichts sicherstellen kann, dass sie in einem hinreichenden Maße auch wieder zur Universität zurückkehrt.

In dieser Situation hilft nur die strenge Reflexion auf den Ort und die Funktion der Universität in der Wissensgesellschaft, gemessen an der Möglichkeit der Universität, Intelligenzeinlagen zu akquirieren und Prestigekredite zu geben. Wenn an diesen beiden Stellen nichts mehr läuft, dann weiß man, dass man ein Problem hat, das man auf der Ebene der Einführung neuer Studiengänge, der Sicherstellung von Akkreditierungen, des Einwerbens von Drittmitteln für die Forschung, des Gewinns weiterer Sponsoren sowie des erfolgreichen Werbens um eine internationale Studenten- und Dozentenschaft nicht lösen kann. Diese bürokratischen Kriterien können nur Indikatoren für einen möglichen Erfolg als Intelligenz- und Einflussbank sein; sie können diesen Erfolg jedoch nicht ersetzen.

Es entbehrt nicht der Ironie, dass die Frage nach dem Personal der Universität nicht mehr nur betriebswirtschaftlich oder verwaltungswissenschaftlich als Frage danach gestellt werden kann, welche Kompetenzen Universitäten brauchen, um ihren Aufgaben nachkommen zu können, sondern auch soziologisch als Frage danach gestellt werden muss, welche Kompetenzen Universitäten brauchen, um für Studierende, Lehrende und Verwaltende attraktiv werden oder bleiben zu können. Doch nur so machen Universitätspolitik und Universitätsdesign Sinn: als laufende Selbstüberprüfung anhand der Beobachtung, ob jenes fragilste Moment aller Organisationsgestaltung, die individuelle Partizipation, sichergestellt werden kann oder nicht. Nur solange Studierende, Lehrende und Verwaltende der Universität ihre Einlagen an Intelligenz und möglichem Einfluss anvertrauen, muss man sich um die Universität als Ort der Erfüllung ihrer gesellschaftlichen Funktion keine Sorgen machen. Würde man beobachten, worauf manche Anzeichen deuten, dass die Attraktivität von Universitäten für ihr Personal auf anderen Feldern zu suchen ist – als »Wartesaal« für arbeitslose Jugendliche, als »schwarzes Loch« für ausgebrannte Forscher und als Ersatzlösung für andernorts gescheiterte Administratoren –, dann wüsste man, dass die Universitäten ein Problem haben und möglicherweise über kurz oder lang durch andere Einrichtungen ersetzt werden.

Deswegen ist die Frage nach dem Personal der Universität so wichtig. Sie ist der Einstieg in eine anspruchsvolle, aber aufschlussreiche Selbstbeobachtung der Universität. Wird sie administrativ zu kurz gefasst, bleibt diese Selbstbeobachtung stumpf. Deswegen hat dieser Aufsatz den Versuch gemacht, in das Verständnis der Universität als Organisation und gesellschaftlicher Institution wieder so viel Spiel zu bringen, dass die Frage nach dem Personal signifikant werden kann. Die Frage nach dem Personal ist nicht technisch zu beantworten, damit Studierende, Lehrende und Verwaltende jene Stellen und Verfahren vorfinden, die es ihnen erlauben, ihren andernorts definierten Aufgaben nachzugehen, sondern sie ist nur kommunikativ zu beantworten: vom Personal selbst, das zu diesem Zweck mit dem passenden Organisationsdesign zu konfrontieren ist. Und wer muss diese Konfrontation des Personals mit dem passenden Organisationsdesign übernehmen und verantworten? Genau: das Personal. Denn wer sonst kann eine Organisation gestalten?

Die Rolle des Staates

Zum Abschluss unserer Überlegungen müssen wir jedoch etwas Wasser in den Wein der Organisationsgestaltung und Personalpolitik einer Universität schütten. Wir haben auf den vorigen Seiten die institutionellen Selbstverständlichkeiten der Universität aufgelöst und durch Hinweise auf mögliche Variable im Design der Organisation einer Universität ersetzt, nur um anstelle einer altehrwürdigen Tradition einer nach wie vor faszinierenden Einrichtung eine »Bank« zu Gesicht zu bekommen, die auf unterschiedlichen Ebenen auf eine Art und Weise mit der Gesellschaft verknüpft ist, die es fast aussichtslos erscheinen lassen, hier nach Gusto gestaltend und reformierend eingreifen zu können. Haben wir unversehens die institutionelle Selbstverständlichkeit durch eine institutionelle Notwendigkeit ersetzt? Ist die Gesellschaft, von der sich die Organisation auch der Universität qua Ausdifferenzierung unterscheidet und absetzt, immer schon mit von der Partie, weil sich andernfalls die Frage nicht beantworten ließe, woher die Universität ihr Personal gewinnt und wie es ihr gelingen kann, dieses Personal auch zu halten?

Tatsächlich dürfte es nicht nur am Personal liegen, dass die Universität gesellschaftlich vielfältig vernetzt und damit in ihrer Identität, wie man netzwerktheoretisch sagt,[67] durch eine Reihe anderer Faktoren in der Gesellschaft kontrolliert wird. Am Personal zeigt sich, was andernorts strukturell bereits entschieden wurde. Und beim Nachdenken über die Gestaltungsmöglichkeiten des Personalfaktors wird offenkundig, dass es nicht zuletzt darum geht, seitens der Universität die Spielräume zu Gesicht zu bekommen, die innerhalb dieser strukturellen Gegebenheiten möglicherweise noch existieren. In genau dieser Hinsicht sind auch der verwaltungswissenschaftliche und insbesondere der betriebswirtschaftliche Ausgangspunkt einer Einschätzung der möglichen Rolle des Personals nicht zu unterschätzen. Im Zeichen einer »rationalen«, »effizienten« und »effektiven« Organisationsgestaltung unterbrechen sie die Interdependenzen, die die Organisation der Universität mit der Gesellschaft verknüpfen, und binden sie diese Organisation versuchsweise an ihre eigenen Setzungen und Entscheidungen.

Aber dies nur bis zu einem bestimmten Grad. Der Hinweis auf ein Verständnis der Universität als Intelligenz- und Einflussbank macht nämlich nicht nur deutlich, welches Interesse die Universität daran haben muss, ihre kognitiven Kompetenzen und ihre durch Prestige gedeckte Überzeugungskraft zu pflegen, sondern auch, welches Interesse die Gesellschaft daran haben muss, dass sowohl die kognitiven Kompetenzen als auch die Überzeugungskraft der Universität die Kirche gleichsam im Dorf lassen, das heißt andere Institutionen und Funktionen der Gesellschaft nicht gefährden, sondern allenfalls und angemessen »kritisch« unterstützen.

Dies gilt vor allem im Verhältnis zur Politik. Man kann die Rolle des Personals der Universität nicht zureichend diskutieren, wenn man dieses Verhältnis nicht mit in den Blick nimmt. In allen fünf von uns genannten Hinsichten (im Hinblick auf die Autorität des freien Willens, die Kompetenz im Umgang mit Sachzwängen, das aufmerksame Engagement von Subjektivität, diejenigen Interessen, die in einem altruistischen Egoismus zur Geltung kommen können

---

67 Im Sinne von White, *Identity and Control*, a. a. O.

und im Hinblick auf die Reichweite der Inszenierung einer Person als Entscheidungsprämisse zur Absorption der Ungewissheit des Organisationshandelns) ist das Personal der Universität nicht nur an die Aufgaben von Erziehung und Wissenschaft, von Forschung und Lehre gebunden, sondern darüber hinaus auch an die politischen Bedingungen des Umgangs mit dem Vertrauenskapital von Intelligenz und Einfluss.

Wir beschränken uns daher zum Abschluss unserer Überlegungen auf dieses Verhältnis zur Politik, zumal wir annehmen dürfen, dass im Medium dieses Verhältnisses der Streit der Universität auch mit anderen Funktionsbereichen der Gesellschaft (traditionell mit der Kirche, in der Moderne vor allem mit der Wirtschaft) ausgetragen wird. Unsere Frage lautet, wie viel Politik in die Personalpolitik einer Universität Eingang findet. Diese Frage ist auch in der Auseinandersetzung einer soziologischen mit einer betriebswirtschaftlichen Gestaltungspraxis der Organisation von Bedeutung, weil man spätestens dann, wenn es darum geht, Kriterien der Effizienz und der Effektivität bürokratisch zu implementieren, sehen kann, wie Betriebswirte auf Transaktionskostenregime zurückgreifen, die zwar nicht expliziert werden, darum aber nicht weniger wirksam sind.

Mit der Beschreibung der Universität als Intelligenz- und Einflussbank sind die Politik im Allgemeinen und der Staat im Besonderen gleich dreifach aufgerufen, sich dafür zu interessieren, was in der Universität getrieben wird. Erstens ist unter Intelligenz der Modus einer Auseinandersetzung des allgemeinen Handlungssystems (im Sinne von Parsons) mit der Umwelt dieses Handlungssystems zu verstehen, was einen Staat nicht unbetroffen lassen kann, der seinerseits einen Anspruch darauf erhebt, der Gesellschaft im Prozess ihrer Selbsterhaltung Ziele setzen und diese mit Priorität ausstatten zu können. Sollte die Universität kognitive Kompetenzen mobilisieren, die gegenüber politischen Zielen indifferent oder gar avers sind, wird damit nicht nur ein Ausdifferenzierungsanspruch der Universität erhoben, von dem man sich anschauen könnte, ob er zu etwas führt oder nicht, sondern auch ein politischer Konflikt adressiert, der den Staat als Geldgeber, Förderer und Abnehmer (von Forschungsergebnissen und Absolventen) auf den Plan ruft. Zweitens ist unter dem Medium des Einflusses auf der Ebene des Sozialsystems der Gesellschaft (wiederum im Sinne von Parsons) ein Medium des Anspruchs auf Überzeugungskraft zu verstehen, das sich zwar vom Medium der Macht unterscheidet, aber doch in mehr oder minder subtilen Beziehungen zu diesem steht. Wenn das Medium der Macht darin besteht, Absichten unter Verweis auf die Androhung von Gewalt durchsetzen zu können,[68] so wird diese Androhung gesellschaftlich immer daran interessiert sein, sich überzeugend legitimieren und dafür auf einflussreiche Argumente berufen zu können. Sollte die Universität Argumentationen mit Einfluss ausstatten, die sich zu den Machtressourcen des Staates indifferent oder gar avers verhalten, so bedeutet auch dies den politischen Konfliktfall.

Drittens ruft der gesellschaftliche Streit um Intelligenz und Einfluss den Staat jedoch vor allem deswegen auf den Plan, weil die Universität nicht etwa jeweils bereits intelligent und einflussreich ist, sondern weil sie als Bank in den Medien der Intelligenz und des Einflusses Einlagen aufnimmt und Kredite gibt, die mit einer nicht nur riskanten, sondern darüber hinaus ungewissen Zukunft rechnen.[69] Das »Kapital«, das dazu erforderlich ist, sich auf eine riskante und ungewisse Zukunft einzulassen, wird in allen uns bekannten Gesellschaften jedoch bislang entweder von der Familie (im weitesten Sinne des Wortes, das heißt als Verwandtschaft und Clan verstanden) oder von der Politik bereitgestellt. Im Fall der Medien der Intelligenz und des Einflusses wird man hinzufügen dürfen, dass hier die Familie kaum eine Rolle spielt, sondern sehr früh die Politik ihre Chance wahrgenommen hat, sich aus den Kapitalbindungen der Familie zu befreien. Der Staat, so müssen wir annehmen, stellt den Funktionssystemen der Erziehung und der Wissenschaft ebenso das erforderliche Vertrauenskapital zur Verfügung wie laut Parsons und Neil J. Smelser dem Funktionssystem der Wirtschaft.[70]

Begründet ist diese Annahme nicht etwa in besonderen Eigenschaften der Medien Intelligenz, Einfluss und Geld, sondern in der allgemeinen Eigenschaft aller Medien, sich nur dann reproduzieren zu können, wenn der Bezug auf eine unbekannte Zukunft so gestaltet wird, dass bestimmte Erwartungen gedeckt werden kön-

---

68 Siehe Niklas Luhmann, *Macht*, Stuttgart 1975.
69 Statistisch berechenbares »Risiko« und statistisch unberechenbare »Ungewissheit« im Sinne von Frank H. Knight, *Risk, Uncertainty, and Profit*, Reprint New York 1965.
70 Siehe Parsons und Smelser, *Economy and Society*, a. a. O., S. 72.

nen beziehungsweise dafür Sorge getragen werden kann, dass unter Umständen enttäuschte Erwartungen nicht etwa mit dem Nichts konfrontieren, sondern durch andere Erwartungen ersetzt werden können. Jede Bank in welchem Funktionssystem auch immer ist darauf angewiesen, dass inflationäre und deflationäre Prozesse unter Kontrolle gehalten werden können (durch die Unterstellung so genannter Nullsummenspiele) und dass im Fall eines Runs auf eine Bank (weil die Einlagen nicht mehr als sicher gelten) oder massiver Kreditausfälle ein *lender of last resort* zur Verfügung steht, der Liquiditätsengpässe ausgleichen, zu diesem Zweck die Medienmenge variieren und mithilfe begleitender Maßnahmen das Vertrauen wiederherstellen kann. Auf diese »begleitenden Maßnahmen« jedoch kommt es letztlich an. Weil sie erforderlich sind, sind Eingriffe des Staates erforderlich, denn nur er kann über Prozesse kollektiv bindender Entscheidungen eine allzu offene Unsicherheit aus dem System der Gesellschaft herausnehmen und durch Einschränkungen ersetzen, an denen sich ein verloren gegangenes Vertrauen wieder aufrichten kann.

Diese Rückbindung der Universität, verstanden als Intelligenz- und Einflussbank, an den Staat ist keineswegs abstrakt, sonst würde sie nicht funktionieren. Sie nimmt strukturell die Form der Universität als nachgeordneter Behörde an, die in die ministerielle Ämterhierarchie eingebunden und über diese Einbindung an das Wählerkalkül der Politik rückgekoppelt wird.[71] Dies lässt der Autonomie von Forschung und Lehre zwar gewisse, zuweilen in den Rang eines Grundrechts oder einer Verfassungsnorm gehobene Spielräume, ist aber dennoch alles andere als trivial. Erst recht lässt sie sich nicht durch die Gestaltung weiterer Autonomiespielräume für die Universität, etwa in der Budgetpolitik oder bei Personalentscheidungen, kurzerhand korrigieren. Denn die Rückbindung der Universität an die Politik ist letztlich nicht administrativ, sondern medial begründet. Löst man die eine oder andere Ämterbindung auf, wird man feststellen, dass an anderen Stellen und in einer anderen Form sofort etwas nachwächst, das diese konkrete Bindung ersetzt. Und wiederum kann man dies nicht zuletzt daran erkennen, welches Personal in der Universität möglicherweise ab- und an anderen Stellen aufgebaut wird.

71 Siehe zum Ämterkalkül Niklas Luhmann, *Die Politik der Gesellschaft*, Frankfurt am Main 2000, S. 88 ff.; vgl. Baecker, *Wozu Gesellschaft?*, a. a. O., S. 102 ff.

Entscheidend für die strukturelle Rückbindung der Universität an die Politik ist die in die Medien eingebaute Garantie einer unbekannten Zukunft. Weder Intelligenz und Einfluss noch Geld oder Macht würden gesellschaftlich funktionieren, wenn jeweils historisch oder aktuell bereits feststünde, welche Problemstellungen sich bewähren, aus welchen Argumenten Prestige zu gewinnen ist, welche Vermögenspositionen gehalten werden können und wer sich durch welche Androhungen von Gewalt in Schach halten lässt. Die Gesellschaft koordiniert sich im Umgang mit einer unbekannten, nicht mit einer bekannten Zukunft. Sie gewinnt ihre Sensibilität im Umgang mit sich selbst daraus, dass sie weiß, dass sie nicht weiß, wie genau es in jedem einzelnen Fall weitergeht. Alles andere würde sie in einer Sicherheit wiegen, die sozial genauso riskant wäre wie psychisch und ökologisch.

Genau das ist ja die Chance der Universität, in den Medien der Intelligenz und des Einflusses, wenn wir bei Parsons' und Platts Formulierung bleiben, eigene Formen zu erproben. Aber genau das bindet sie auch zurück an eine Politik, die in der Gesellschaft die einzigartige Funktion hat, angesichts der unbekannten Zukunft Willkürchancen sowohl auszubilden als auch einzuschränken. Deswegen »dominiert« in der Gesellschaft das Medium der Macht. Nur in diesem Medium kann sowohl auf der Seite der Überlegenen wie der Unterworfenen entdeckt werden, dass Willkürchancen bestehen und ihr eigenes, präzises Risiko haben, nämlich die Chance der Willkür, Anweisungen zu geben, die unter Umständen nicht befolgt werden, und die Chance der Willkür, Anweisungen zu befolgen, obwohl man sie auch überhören kann.[72] Diese Willkürchancen sind das bestgehütete Geheimnis der modernen Gesellschaft, sorgsam verpackt in Ideologien der Freiheit, Gleichheit und Brüderlichkeit und unterfüttert durch Ideen der Modernisierung, Liberalisierung und Individualisierung. Ein Geheimnis sind sie dennoch, weil kaum jemand, mit den bemerkenswerten Ausnahmen Michel Foucault und Niklas Luhmann, darauf schaut, wie eng der Takt strukturiert ist, nach dem sie nur im Maße ihrer Einschränkung freigegeben werden.[73]

Die Universität wird von der Politik in genau dem Maße »re-

72 Vgl. Luhmann, *Die Gesellschaft der Gesellschaft*, a. a. O., S. 355 f.; ders., *Die Politik der Gesellschaft*, a. a. O., S. 59 ff.
73 Siehe Michel Foucault, *Was ist Kritik?*, dt. Berlin 1992.

giert«, in dem sie den Anspruch erhebt, entweder neue Willkürchancen zu setzen oder alte zu variieren. Das kann man an ihren Forschungs- und Lehrprogrammen zeigen, es wird aber im Zusammenhang der Überlegungen dieses Artikels auch und gerade auf der Ebene des Personals erkennbar. Beschränken wir uns auf Deutschland und die jüngere Vergangenheit, so erkennen wir drei Kulturformen,[74] in denen die Universität in enger Absprache mit der Politik ihre Willkürchancen zur Setzung eigener Schwerpunkte sowohl ausnutzte als auch einschränkte, die Ordinarienuniversität, die Gremienuniversität und die Bolognauniversität, wobei letztere mit ihren Schwerpunkten im Bereich der Neuorganisation der Lehre in einer gewissen Konkurrenz zur Exzellenzuniversität steht, die den Versuch macht, die Forschung neu zu organisieren.

Die Ordinarienuniversität, die Gremienuniversität und die Bolognauniversität sichern auf der Ebene ihrer Programme und ihres Personals jenen Einfluss des Staates, der sicherstellen kann, dass die Universität ihre Autonomiespielräume hat und ausnutzt. Jede dieser Formen der Universität hat (mindestens) zwei Seiten, die zwischen der Organisation der Universität und der Politik laufend neu gesetzt und ausgehandelt werden. Die Ordinarienuniversität ist im Wesentlichen Beamtenuniversität. Sie agiert im staatlichen Auftrag und verdankt ihren institutionellen Erfolg zumal in Deutschland in erster Linie der Ausbildung von Staatsbeamten (Juristen) und Lehrern und erst in zweiter Linie der Forschung, zunächst in den Naturwissenschaften, dann in den Geisteswissenschaften. Das Personal dieser Universität wird über Aufstiegsversprechen gewonnen, die die Universität parallel zur Kirche und zum Militär an den überlieferten Formen der sozialen Schichtung vorbei zur Verfügung stellen kann und die mit großer Trennschärfe zu regulieren vermögen, welche Ansprüche vom Personal der Universität erhoben werden und welche nicht. Die wenigen Aristokraten und Privatgelehrten, die dennoch ihren Weg hierher finden und Aufstiegsversprechen entweder nicht nötig haben oder unempfindlich ihnen gegenüber sind und die mit abweichenden Themen auf sich aufmerksam machen, kann sich diese Universität leisten.[75]

74 Im Sinne von Luhmann, *Die Gesellschaft der Gesellschaft*, a. a. O., S. 410 f.: Kulturformen als Formen der Verarbeitung von durch die Verbreitungs- und Erfolgsmedien der Gesellschaft produziertem Überschusssinn.

75 Siehe für das französische Beispiel und unter dem Stichwort der »academia me-

Der Ordinarius ist das »*boundary object*«,[76] das die Schnittstelle zwischen Universität und Staat zu markieren erlaubt und gleichzeitig sicherstellt, dass diese Schnittstelle, wie sich das gehört, sowohl trennt als auch verbindet. Er (fast nie: sie) ist Beamter, durch Politik diszipliniert, der seine Aufgaben dann korrekt wahrnimmt, wenn er so forscht, dass auch gelehrt werden kann. Das Studieren und Lernen ergibt sich von selbst. Es ist (oder war), ausgezeichnet mit allen Konzessionen gegenüber Studierenden, die ihre Willkürfähigkeit sowohl entdecken als auch zügeln lernen müssen, ein Prozess der Nachwuchsrekrutierung für die »Eliten« der Gesellschaft.[77]

Die Gremienuniversität hat die Ordinarienuniversität in dem Maße ersetzt, wie der staatliche Auftrag ungewiss wurde, weil er über die Ausbildung von Beamten und Lehrern hinauszuwachsen begann und sich auf eine »Wissensgesellschaft« einstellte, die in allen Funktionsbereichen Rückgriffe auf Intelligenz und Einfluss erforderlich machte, die von der Politik nicht mehr direkt gesteuert werden konnten. Die Politik verlegte sich auf ein indirektes Steuerungsmodell, das darin bestand, die politischen Ansprüche an die Universität und in der Universität explizit werden zu lassen (»Demokratisierung«) und durch diese selbstreferentielle Wendung sicherzustellen, dass die Probleme der Gesellschaft in der Universität zwar behandelt, aber nicht gelöst werden können. Das läuft nach wie vor über Beamte, deren Loyalität jetzt allerdings zunehmend von der Parteipolitik und nur sekundär von der Ämterhierarchie des Staates in Anspruch genommen wird. Nach wie vor locken Aufstiegschancen, die jedoch zunehmend durch ihre Inflationierung unterlaufen werden und die in dieser Form den Blick vom Staat weg- und zur Gesellschaft und deren Reputationsversprechen hinlenken.

Das *boundary object* der Gremienuniversität ist das Gremium, in dem die Ansprüche einer Vielzahl gesellschaftlicher Bereiche zu-

diocritas« Pierre Bourdieu, *La Noblesse d'État: Grandes écoles et esprit de corps*, Paris 1989; aufschlussreich hierzu auch Wolf Lepenies, *Kultur oder Politik: Deutsche Geschichten*, München 2006.

76 Im Sinne von Susan Leigh Star, »The Structure of Ill-Structured Solutions: Boundary Objects and Heterogenous Distributed Problem Solving«, in: Les Gasser und Michael N. Huhns (Hrsg.), *Distributed Artificial Intelligence*, Bd. 2, London 1989, S. 37-54.

77 Vgl. mit der These, dass Eliten bis heute die gesellschaftliche Funktion haben, Willkürchancen auszuweisen und einzuschränken, Baecker, *Wozu Gesellschaft?*, a. a. O., S. 183 ff.

gunsten von Kompromisslösungen verhandelbar gemacht werden. Nach wie vor wird gelehrt und geforscht, doch werden die Themen, die zuvor frei wählbar waren, solange sie nur Beamten und Lehrern vermittelt werden konnten (hierfür war das Stichwort der »Bildung« von unschätzbarem, weil mit einem offenen Themenhorizont kombinierbaren Wert), jetzt an Kriterien gesellschaftlicher »Relevanz« gebunden, die nach Bedarf theoretisch, methodisch und didaktisch eng geführt werden.[78] Was sich in Gremien der Selbstverwaltung als akademisch und wissenschaftlich bewährt, das und nur das kann auch gemacht werden. Das Personal der Universität ist jetzt vor allem gremienfähig und beäugt kritisch jeden Umgang mit Intelligenz und Einfluss, der sich nicht vorab der Zustimmungsfähigkeit in einem Gremium der curricularen Selbstverwaltung, der Forschungsförderung oder der interdisziplinären und internationalen Kooperation rückversichert hat.

Immerhin entdeckte die Universität in der Kulturform der Gremienuniversität ihre eigene Organisation. Auch wenn dies selbstreferentiell schneller stillgestellt wurde, als es dem Erschließen von neuen Forschungsfeldern und Lehrkompetenzen förderlich sein konnte,[79] so wurde dies doch relativ rasch auch in Autonomieforderungen gegenüber einem staatlichen Einfluss umgemünzt, von dem man nicht mehr genau wusste, wozu man ihn (abgesehen von der Sicherstellung der Gehälter des Personals und der Finanzierung der Studienplätze) überhaupt brauchte. Nicht zuletzt und weniger mit dem Blick auf die alte Vorreiterrolle kirchlicher als vielmehr auf die neue Vorreiterrolle privater Universitäten wurde generell in Frage gestellt, in welcher Form die Universität auf einen staatlichen Einfluss angewiesen ist.[80]

78 Siehe mit Distanz zu fragwürdigen Versuchen, die »Theorie« hier herauszuhalten, Herbert Marcuse, »Bemerkungen zu einer Neubestimmung der Kultur«, in: ders., *Kultur und Gesellschaft 2*, Frankfurt am Main 1965, S. 147-171, hier: S. 161 ff.; David Carroll (Hrsg.), *The States of »Theory«: History, Art, and Critical Discourse*, New York 1990.

79 Siehe zur auch deswegen »kritischen« Auseinandersetzung der (Ordinarien-) Universität mit der Studentenbewegung unter dem Stichwort *»the university >bundle‹«* Parsons, *Action Theory and the Human Condition*, a. a. O., S. 133 ff.

80 Die »freie Selbstverwaltung des Geisteslebens« fordert schon Rudolf Steiner, *Die Kernpunkte der sozialen Frage in den Lebensnotwendigkeiten der Gegenwart und Zukunft*, 1. Aufl. 1919, 6. Aufl., Dornach 1961; siehe auch Konrad Schily, *Der staatlich bewirtschaftete Geist: Wege aus der Bildungskrise*, Düsseldorf 1993.

In der jüngsten Kulturform der Universität, der Bolognauniversität, wird diese Entdeckung der Organisation politisch aufgegriffen und zugleich konterkariert. Im Zuge der Zielsetzung eines Gewinns der internationalen Vergleichbarkeit von Studienabschlüssen verlagert die Politik die Kontrolle der Willkürchancen der Universitäten auf die Ebene der Anpassung an politische Vorgaben. Es geht nicht mehr um die Ausbildung von Beamten und Lehrern, es geht auch nicht mehr um Beiträge zu einer demokratischen Selbstverwaltung der Gesellschaft, sondern es geht um den Erwerb von Fitness innerhalb einer globalen Konkurrenz um Standortvorteile. Mit rasanter Geschwindigkeit werden ehemals offene wissenschaftliche Problemstellungen und Lerninhalte in technologische Anwendungsfelder und didaktische Vermittlungsaufgaben umformuliert, die nur noch darauf warten, vom neuen Personal der Curriculagestaltung und Forschungsförderung an den Universitäten erkannt, an das Lehr- und Forschungspersonal weitergereicht und dort programmgemäß umgesetzt zu werden.

Boundary objects der Bolognauniversität sind die Forschungs- und Lehrdekane. Sie nehmen nach allen Regeln der Kunst eine strategische Verortung der weltweit angebotenen Ressourcen einerseits und der am Standort jeweils vorgehaltenen beziehungsweise entwicklungsfähigen Kompetenzen andererseits vor[81] und versuchen, ihre gewonnenen Einsichten den Dozenten und Studierenden ihrer Universität derart zu vermitteln, dass diese erkennen, worin die Vorteile der jeweiligen Wetten auf eine nach wie vor unbekannte Zukunft bestehen. Insofern muss ich meine Überlegungen zur »nächsten Universität«[82] zugunsten einer stärkeren Berücksichtigung politischer Einflüsse ergänzen, wenn nicht sogar korrigieren.

Für das Personal der Bolognauniversität, das sich in diesem entscheidenden Punkt allerdings vom Personal der Exzellenzuniversität kaum unterscheidet, hat dies die Konsequenz, sich laufend auf Wetten einlassen zu müssen, von denen man weiß, dass sie mindestens so sehr in das Feld der *self-fulfilling* wie der *self-defeating prophecies* gehören.[83] Man muss mitspielen, weil andere darauf an-

81 Ein Blick ins Lehrbuch genügt: Michael E. Porter, *Competitive Advantage: Creating and Sustaining Superior Performance*, New York 1985.

82 In: *Studien zur nächsten Gesellschaft*, a. a. O., S. 98 ff.

83 Siehe Daya Krishna, »›The Self-Fulfilling Prophecy‹ and the Nature of Society«,

gewiesen sind, dass man mitspielt, und nur dann ihren Teil an Ressourcen für das Spiel zur Verfügung stellen. Und man weiß, dass man schon deswegen, weil man mitspielt, Konkurrenten auf den Plan ruft, die Gegenpositionen einnehmen müssen, weil ihnen andernfalls die Felle davonschwimmen. Und man muss, das ist möglicherweise der Witz an der Sache, beides begrüßen, denn nur in der Form dieser höchst riskanten, aber auch hochgradig vernetzten Wette befähigt sich die Universität zur Teilnahme an einer erregten Gesellschaft, die im Strukturwandel der Globalisierung ebenso steckt wie im Strukturwandel der Umstellung von der Kultur der Buchdruckgesellschaft auf die Kultur der Computergesellschaft und die nur noch weiß, dass sie nicht weiß, in welche Felder sie ihre Intelligenz und ihren Einfluss am besten investieren soll.

In den Kulturformen der Bologna- und der Exzellenzuniversität wird die Universität auch in der aktuellen Gesellschaft zu einem Mitspieler in den Risikostrukturen der Gesellschaft. Und mehr kann und darf sie sich nicht wünschen. Ihrem Personal allerdings sollte klar sein, dass der Streit um die Autonomie der Universität nach wie vor nichts anderes ist als ein Streit um die Art und Weise, wie die Politik in der Universität welche Art von Macht ausübt. Diese Macht ist nicht das böse Andere, mit dem es Forschung und Lehre allenfalls als Gegenstand, aber nicht als eigene Struktur zu tun haben, sondern sie ist das Medium, in dem die Gesellschaft nach ihren Willkürchancen sucht, entdeckt, dass ihre Freiheit von der Einschränkung dieser Chancen abhängt, und der Universität den Auftrag (also doch!?) gibt, ihre Intelligenz und ihren Einfluss darauf zu verwetten, hier den einen oder anderen Akzent zu setzen.

in: *American Sociological Review* 36 (1971), S. 1104-1107; Robert K. Merton, »The Self-fulfilling Prophecy«, in: ders., *Social Theory and Social Structure*, erg. und erw. Aufl., New York 1968, S. 475-490.

Forschung, Lehre und Verwaltung

Die unbedingte Universität

Die unbedingte Universität ist eine unmögliche Universität. Das weiß auch Jacques Derrida. Um die Unmöglichkeit der Unbedingtheit kreist sein auf Einladung von Jürgen Habermas in Frankfurt am Main gehaltener Vortrag.[1] Sie ist der Ausgangspunkt, den zahlreichen Bedingungen auf die Spur zu kommen, auf welche die Universität so angewiesen ist, wie sie sie auf Abstand halten muss, um ihren selbst gesetzten institutionellen Auftrag zu erfüllen. Unmöglich ist es der Universität vor allem, so Derrida im Abschluss an die Begrifflichkeit der Sprachphilosophie von John L. Austin,[2] eine konstatierende, einen Sachverhalt feststellende Aussage zu treffen, ohne dieser Aussage durch ihre eigene Performanz nicht erst die Glaubwürdigkeit verschaffen zu müssen, auf die sie angewiesen ist. Die Universität muss die Sachverhalte allererst schaffen, von deren Existenz sie dann handelt, als sei diese unabhängig von ihr gegeben.

Zugleich ist die Universität der Ort, an dem diese Unmöglichkeit nicht unbemerkt bleibt. Nicht umsonst sind an der Universität Verfahren der kritischen Diskussion, der hermeneutischen Auslegung und der empirischen Überprüfung entwickelt worden, mit deren Hilfe Philosophen, Text- und Naturforscher immer wieder neu den selbst gestellten Fallen auf die Spur kommen und immer wieder neu zu sortieren vermögen, welche Aussagen der eigenen Performanz und welche der Sache selbst zuzuschreiben sind. Dass die Sache, wenn sie spricht, anders spricht als die Universität, ist dabei hinlänglich bekannt und unter Schlagwörtern wie »Natur«, »Geschichte« oder »Selbstorganisation« immer wieder festgehalten worden.

Sie dennoch zur Sprache, zum Bild, zum Modell, zur Formel, zum Mechanismus zu bringen, ohne dabei die Differenz zu verkennen, die die Universität von der Sache trennt, ist das eigentliche Geschäft der Universität, ein Geschäft freilich, dass intern ebenso hingebungsvoll betrieben wie nach außen kunstvoll verhüllt wird.

1 Jacques Derrida, *Die unbedingte Universität*, dt. Frankfurt am Main 2005.
2 John L. Austin, *Zur Theorie der Sprechakte (How to do Things with Words)*, 2. Aufl., bibliogr. erg. Ausg., dt. Stuttgart 2002.

Um der Unbedingtheit willen, die es zu schützen gilt, verschont man die Gesellschaft mit der Beschreibung der eigenen Unmöglichkeit und unterstreicht stattdessen die Leistung, die man laufend und nur dank der Bearbeitung der Unmöglichkeit erbringt. Nicht zuletzt ist es die an Sprachregelungen von Programmen und Anträgen versus Gutachten und Publikationen erkennbare Differenz zwischen Betrieb und Gesellschaft, die es der Universität ermöglicht, ihre Unbedingtheit auszubauen und ihr eine eigene Form zu geben. Auch dass diese Differenz verwischt wird und man laufend Anleihen auf beiden Seiten der Differenz aufnimmt, gehört zum Geschäft der Ausdifferenzierung (Soziologen ergänzen: und Wiedereinbettung) dazu.

Ungewisse Erträge

Es lohnt sich nicht nur in der aktuellen Diskussion um »Bologna«, »Exzellenz« und »Studiengebühren«, die von Derrida identifizierte Unbedingtheit und Unmöglichkeit der Universität noch einmal einer genaueren Überprüfung zu unterziehen. Nicht umsonst fordert er in seinem Vortrag, sich ausführlicher als bisher mit der Arbeit und der Geschichte des Professors zu beschäftigen.[3] Immerhin ist es diese Arbeit, die in Forschung und Lehre die Universität prägt, und immerhin sind die Erträge dieser Arbeit auf beiden Feldern ungewiss. Erst diese Ungewissheit verwickelt die Universität in ihr eigenes Problem und damit in ihre Unmöglichkeit. Die Forschung sucht ebenso nach Erkenntnissen, die man noch nicht hat und von denen man noch nicht weiß, ob man sie auf dem eingeschlagenen Weg erreichen kann, wie die Lehre Studierende auf Aufgaben vorbereitet, von denen man nicht weiß, ob sie sich noch stellen, wenn ihr Studium abgeschlossen ist – ganz zu schweigen von der Frage, ob sie sich draußen je so stellen, wie sie drinnen wahrgenommen werden.

3 Siehe dazu auch Rudolf Stichweh, »Universitätsmitglieder als Fremde in spätmittelalterlichen und frühmodernen europäischen Gesellschaften«, in: Marie Theres Fögen (Hrsg.), *Fremde der Gesellschaft: Historische und sozialwissenschaftliche Untersuchungen zur Differenzierung von Normalität und Fremdheit*, Frankfurt am Main 1991, S. 169-191; ders., *Wissenschaft, Universität, Professionen: Soziologische Analysen*, Frankfurt am Main 1994.

Vor diesem Hintergrund sind die Idee von »Bologna«, dass diejenige Lehre erfolgreich ist, die Studenten in die Lage versetzt, die Universität zu wechseln, und die Idee der »Exzellenzinitiative«, dass diejenige Forschung förderungswürdig ist, die zitiert wird, nicht nur hilflose Versuche der Verwaltung, eines tieferen Problems Herr zu werden, sondern möglicherweise ernst zu nehmende operative Umsetzungen der eigentlichen Unmöglichkeit der Universität. Immerhin kann man nur wechseln, wenn man weiß, wohin, und wenn man die nötigen Voraussetzungen erfüllt. Das verpflichtet die Lehre auf den internationalen Vergleich. Und zitiert wird nur das, was irgendwie weiterführt, und sei es in die Bestätigung des eigenen Ansatzes. Das verpflichtet die Forschung auf die Suche nach Resonanz und damit nach Tragfähigkeit.

Studiengebühren schließlich sind der Versuch, die Studenten zu Komplizen der Unmöglichkeit werden zu lassen. Sie sind der Verzicht darauf, ihnen vorzugaukeln, dass der Staat, wer immer das ist, bereits weiß, welche Bildung, was immer das ist, Studenten erwerben sollten. Sie sind der Verzicht auf den Staat und die Bildung als emphatische Formeln, die so tun, als sei die Universität in jedem Fall bereits die Antwort auf ihr eigenes Problem. Sie verlangen vom Studenten eine Investition und damit ein Kalkül der Reichweite seiner Entscheidung. Erst mit Studiengebühren hängt die Universität am seidenen Faden ihrer Bemühung darum, nach wie vor Angebote einer wissenschaftlich fundierten Ausbildung machen zu können, die in der Konkurrenz mit anderen Angeboten, vor allem mit beruflichen Karrieren in Organisationen, aber auch mit Projektkarrieren unternehmerischer Art, bestehen können. Alles, was Studierenden dabei hilft, sich nach Alternativen umzuschauen, hilft auch der Universität. Denn nur so hat sie Anlass, sich um die Besten zu bemühen.

Mediale Bedingtheit

Aus einer soziologischen Sicht würde man nicht von der »Unmöglichkeit« der Universität sprechen. Man würde vielmehr sagen, dass sie als gesellschaftliche Institution singulär ist und dass diese Singularität sowohl ihren evolutionären Erfolg als auch nach wie vor ihre evolutionäre Unwahrscheinlichkeit ausmacht. Neben dem Militär,

Tempeln, Krankenhäusern, Klöstern, Unternehmen und Banken ist sie eine der ältesten organisierten Institutionen der Gesellschaft, die zwischen Akademie und Massenuniversität in mannigfachen Formen aufgetreten ist und doch immer als Universität, als Bemühung um das ganze Universum ohne Ausschluss von Fächern, Themen, Problemen und Meinungen, erkennbar geblieben ist. Selbst die Kritik an ihr arbeitet an dem, was sie ist, am Einschluss weiterer Fächer, Themen, Probleme und Meinungen.

Doch dieser evolutionäre Erfolg ist keine Bestandsgarantie der Universität, sondern die Beschreibung ihrer gesellschaftlichen Bedingtheit in der Auseinandersetzung dieser Gesellschaft mit ihrer Umwelt und mit sich selbst. Nichts garantiert, dass das, was die Universität bisher geleistet hat, nicht auch anders geleistet werden kann. Immerhin ist sie nicht nur das Produkt von Forschung und Lehre, sondern auch von Schrift und Buchdruck. Diese sind auf Bibliotheken angewiesen, sobald es darum geht, Texte zu pflegen, zu kommentieren, zu vergleichen und durch neue Texte zu ergänzen, für die wiederum dasselbe gilt. Ohne die Autopoiesis der Texte und ihrer Derivate, Tabellen, Modelle und Formeln gibt es keine Universität.

Was also, wenn Forschung und Lehre sich im Medium des Computers und dessen Vernetzung neu formatieren und Erkenntnissuche ebenso wie theoretische und methodische Ausbildung sich in der Abhängigkeit von immer umfangreicheren und leistungsfähigeren Datenbanken am Ort der jeweiligen Praxis neu konstituieren? Archäologen wären in einer fernen Zukunft, so sie der Menschheit vergönnt ist, immer noch in der Lage, am Modus der universellen Vernetzung möglichen Wissens und Nichtwissens, möglicher Wahrheiten und Unwahrheiten die alte Universität wiederzuerkennen. Aber sie wäre längst in die Gesellschaft diffundiert und so unsichtbar geworden, wie man es auch für die Computer erhofft.[4] Wie diese würde sie zur *everyware*.

---

4 Siehe Adam Greenfield, *Everyware: The Dawning Age of Ubiquitous Computing*, Berkeley, CA, 2006.

Empirisch gesichert

Machen wir uns die Unmöglichkeit der Universität noch einmal klar. Vielleicht können wir einen Algorithmus identifizieren, der die Arbeit der künftigen Archäologen erleichtert, universitäre Prozesse der kritischen Erkenntnisproduktion auch dann noch zu identifizieren, wenn deren Infrastruktur von Forschung und Lehre nicht mehr an universitäre Einrichtungen wie Fakultäten, Institute, Fachzeitschriften, Vorlesungen, Seminare und Prüfungen gebunden ist. Vielleicht gibt es so etwas wie einen Kalkül unmöglichen Wissens, der bisher in der Universität institutionell verankert war und sich nun verselbständigt, weil er einerseits in Datenbanken, semantischen Netzwerken und eingebetteten Computern eine neue Infrastruktur findet und andererseits in überholten Formen der schulischen Ausbildung eher verstellt als unterstützt wird. Vielleicht ist die »*app economy*«, die gegenwärtig rund um Apples iPhone und die mannigfachen *applications*, die für dieses entworfen werden, entsteht, nur ein Vorbote dessen, was längst auch die industrielle Produktion, die Firmenlogistik, den Börsenhandel, die Diagnose und Therapie von Krankheiten, die Kriegsführung und andere Einsatzfelder des Computers beschäftigt.

Wir müssen uns der Unmöglichkeit der Universität nicht zuletzt deshalb vergewissern, weil es sein kann, dass sie in dem Moment, in dem sie überflüssig zu werden beginnt, nötiger ist als je zuvor. Man stelle sich nur einmal vor, dass die gegenwärtig vom Intergovernmental Panel on Climate Change (IPCC) verwaltete Erkenntnisproduktion über mögliche Ursachen des Klimawandels und mögliche Gegenmaßnahmen *nicht* an Universitäten auf ihre Verfahren, Ergebnisse und Empfehlungen hin kritisch beobachtet wird. So beeindruckend diese Arbeit und die Organisation dieser Arbeit in wissenschaftlichen Großeinrichtungen auch ist, so sehr gilt nach wie vor die von Willard Van Orman Quine aufgestellte Behauptung, dass die Erkenntnisse der Wissenschaft nur insgesamt, das heißt nur im Kontext ihres gesamten institutionellen Apparats, empirisch gesichert sind.[5] Und jede Einzelerkenntnis, so

---

5 Siehe Willard Van Orman Quine, »Zwei Dogmen des Empirismus«, in: ders., *Von einem logischen Standpunkt. Neun logisch-philosophische Essays*, dt. Frankfurt am Main 1979, S. 27-50.

Karl Popper,[6] muss mit ihrer Falsifikation rechnen, so umfangreich auch der Aufwand sein mag, der in der Kooperation verschiedener Institute für ihre bisherige Bestätigung betrieben wurde. Zu anfällig ist diese Kooperation für politische Absichten, wirtschaftliche Anreize und institutionelle Zutrittsbeschränkungen, das heißt für die Bindung an Bedingungen aller Art, als dass man sie der kritischen Begleitung durch unabhängige, sich selbst rekrutierende Beobachter entziehen dürfte.

Empirisch gesichert ist die Wissenschaft nur in ihrer Vorläufigkeit. Schon Wilhelm von Humboldt verwies darauf, dass dies die Bedingung dafür ist, dass der Staat, verstanden als Instanz der Machtausübung eines Kollektivs über sich selbst, aufgefordert werden muss, Hochschulen mit Professoren und Studenten einzurichten, die das Wissen um diese Vorläufigkeit, das »noch nicht ganz Gefundene und nie ganz Aufzufindende«,[7] zu ihrer Sache machen. Auf die Sicherung dieser Vorläufigkeit[8] des wissenschaftlich konstatierten und performierten Wissens zielt der universitäre Kalkül, verstanden als ein Kalkül des unmöglichen Wissens. Jede einzelne an einer Universität zu machende und zu pflegende Erkenntnis sei »unverständlich und verworren«, beobachtete auch Friedrich Schleiermacher,[9] verständlich werde sie nur in ihrem Zusammenhang mit allem anderen, das heißt in der Universität, die diesen Zusammenhang pflege und zu diesem Zweck vom Staat zu stiften sei.

Ein universitärer Kalkül?

Wie also funktioniert dieser universitäre Kalkül? Wie stellt er jene Differenz sicher, welche die konstatierende von der performativen Aussage, den Gegenstand von der Erkenntnis, aber auch den Beob-

6 Siehe Karl Popper, *Logik der Forschung*, 11. Aufl., hrsg. von Herbert Keuth, Tübingen 2005.

7 So Wilhelm von Humboldt, »Über die innere und äußere Organisation der höheren wissenschaftlichen Anstalten in Berlin«, in: *Gelegentliche Gedanken über Universitäten*, hrsg. von Ernst Müller, Leipzig 1990, S. 273-283, hier: S. 275.

8 Mit Jacques Derrida, *Die différance: Ausgewählte Texte*, dt. Stuttgart 2004: auf die Sicherung der *différance*.

9 So Friedrich Schleiermacher, »Gelegentliche Gedanken über Universitäten in deutschem Sinn nebst einem Anhang über eine neu zu errichtende«, in: *Gelegentliche Gedanken über Universitäten*, a. a. O., S. 159-258, hier: S. 161.

achter von seiner Erkenntnis, die Forschung von der Lehre und den Lehrenden vom Lernenden trennt, indem sie immer wieder neu jene Einheiten schafft, aus denen sich die Universität reproduziert? Denn darum geht es. Jede dieser Einheiten, ein Studiengang, ein Forschungsprojekt, ein Institut oder ein Lehrstuhl, gibt diesen Differenzen eine neue, wie immer prekäre, sich selbst nur unvollkommen rechtfertigende Form. Die Unmöglichkeit der Universität darf daher ihre Wirklichkeit nicht in Abrede stellen. Die Unmöglichkeit zieht jene Grenze zwischen der Unbedingtheit und der Bedingtheit der Universität, die es dieser ermöglicht, ihren eigenen Zielen zu folgen, ihre eigenen Probleme zu stellen und ihre eigenen Beobachtungen anzustellen, ohne sich mit all dem aus dem Netzwerk der gesellschaftlichen Kommunikation zu entfernen. Die Unmöglichkeit ist die Bedingung dafür, dass die Universität sich mit keiner ihrer Möglichkeiten je bereits zufrieden gibt, sondern dass sie laufend jenen Abstand zu sich sucht, jenes Misstrauen gegenüber ihr selbst, geboren aus einem nur allzu guten Wissen um die Verführbarkeit aller ihrer Mitarbeiter, die sie wieder einen Einsatz suchen lässt, der zunächst einmal unmöglich ist.

Wir übersetzen Derridas Diagnose der Unmöglichkeit in die These der Entfaltung einer Paradoxie. Die Paradoxie macht die Universität zumindest für Beobachter (denn die Praxis, so Karl Marx, stört sich nicht am Widerspruch) unmöglich, ihre Entfaltung macht sie möglich. Diese Entfaltung lässt die Paradoxie, wie Niklas Luhmann vielfach gezeigt hat,[10] unsichtbar werden, ohne sie verschwinden oder gar unwirksam werden zu lassen. Wir bekommen es daher in der Universität mit Beobachtern zu tun, die sich an einer Paradoxie schon deswegen (nicht) stören, weil ihnen auffällt, dass sie sie nicht an der Arbeit hindert. Dieser Sachverhalt beunruhigt eine Universität mehr als andere Einrichtungen, da die Universität sich zumindest im Abendland auf eine Wissenschaft eingelassen hat, die sich das paradoxienfreie Wissen auf ihre Fahnen geschrieben hat und die Paradoxie allenfalls für ein Instrument rhetorischer Verblüffung, meist jedoch darüber hinaus für das In-

---

10 Siehe Niklas Luhmann, »Tautologie und Paradoxie in den Selbstbeschreibungen der modernen Gesellschaft«, in: *Zeitschrift für Soziologie* 16 (1987), S. 161-174; speziell zur Erziehung ders., »Das Erziehungssystem und seine Umwelten«, in: ders. und Karl Eberhard Schorr (Hrsg.), *Zwischen System und Umwelt: Fragen an die Pädagogik*, Frankfurt am Main 1996, S. 14-52.

strument eines verantwortungslosen Umgangs mit der Wahrheit hält. An der Universität, soweit die Wissenschaft auf sie angewiesen ist, hätte sich diese Wissenschaft immer schon eines Besseren belehren lassen können. Aber sie zieht es vor, ausgerechnet Hochschullehrer dafür zu gewinnen, jenes widerspruchsfreie Wissen zu predigen, das diese selbst täglich widerlegen.

Wir sehen die Unbedingtheit der Universität dort sichergestellt, wo es ihr gelingt, sich im Medium der Entfaltung ihrer Paradoxie die Bedingungen auszusuchen, auf die sie sich einlässt. Bedingt wäre die Universität erst dann, wenn sie die Möglichkeit zur Wahl ihrer Bedingungen nicht mehr hätte. Solange sie diese aber hat und jede einzelne Wahl ebenso hermeneutisch wie kritisch beobachtet, ist sie von jeder einzelnen Bedingung – wenn auch nur zugunsten anderer Bedingungen – unabhängig. Mehr jedoch kann man nicht wollen. Selektivität ist die Bedingung und der Preis für eine Ausdifferenzierung, also Autonomie, die zugleich als Form der Wiedereinbettung verstanden werden muss.

In der aktuellen Diskussion um die Universität gewinnt man den Eindruck, dass ihre Paradoxie darin besteht, dass sie keine Universität ist. Professoren, Studierende und Verwalter beklagen sich gleichermaßen darüber, dass die Universität nicht leistet, was sie leisten könnte. Ihre Forschung ist nicht *up to date*, ihre Lehre ist weder praktisch effektiv noch intellektuell reflektiert, und ihre Verwaltung ist blockiert durch die Zwickmühle von Autonomie und Reform. Argumente jedoch, die die Universität an der Differenz von Ist und Soll messen und regelmäßig Defizite feststellen, findet man in der gesamten Geschichte der Universität, wie auch immer sie regional und historisch unterschiedlich ausgeprägt ist. Einen Universitätsbetrieb ohne kritische Bemerkungen von externen und internen Beobachtern gibt es vermutlich nicht.

Um die Paradoxie, dass die Universität keine ist, geht es hier nicht, obwohl sie sicherlich in das semantische und strukturelle Umfeld der Paradoxie gehört, die ich meine, die aber etwas komplizierter gebaut ist. Sie beruht zum einen auf der Einheit der Differenz konstatierender und performativer Aussagen, wie sie Derrida beschrieben hat, und zum anderen auf den beiden Paradoxien der Erziehung und der Wissenschaft, die ihrerseits, was hier jedoch nicht zu zeigen ist, paradoxal verankert sind, weil sie nur so in der Gesellschaft ausdifferenziert werden können. Die Paradoxie der Erziehung hat bereits Kant identifiziert. Sie besteht darin, dass man Zwang braucht, um zur Freiheit erziehen zu können.[11] Und die Paradoxie der Wissenschaft ist bereits angeklungen. Sie besteht darin, dass die Wissenschaft glaubt, zwischen wahr und unwahr am Gegenstand unterscheiden zu können, obwohl sie es ist, die diese Unterscheidung trifft, und sie keine Möglichkeit hat, festzustellen, ob die Unterscheidung zwischen Wahrheit und Unwahrheit ihrerseits wahr oder unwahr ist.[12]

Es liegt auf der Hand, dass man sich mit solchen Feststellungen weder in der Erziehung und ihrer Pädagogik noch in der Wissenschaft und ihrer Wissenschaftstheorie Freunde macht. Darauf kommt es hier jedoch nicht an. Wesentlich ist, dass die Universität aus beiden Paradoxien institutionell das Beste zieht, indem sie ihre Lehre sowohl schulisch als auch akademisch anlegt, das heißt mit Prüfungen (Zwängen) arbeitet, um zum Selbststudium (Freiheit) zu motivieren, und in ihrer Forschung antragsorientiert arbeitet, das heißt Erkenntnisse in Aussicht stellt (mögliche Unwahrheiten), die sie aktuell noch nicht hat (sichere Wahrheit). Hinzu kommt die Paradoxie jeder Organisation, mithilfe eigener Zielsetzungen eine Zukunft festzulegen, die sich definitionsgemäß nicht festlegen lässt.[13]

Es kommt uns hier wie gesagt nicht darauf an, uns angesichts dieser Paradoxien vergnügt die Hände zu reiben und zu schauen, wie die Akteure der Erziehung, der Wissenschaft und der Organisation trotz allem mit ihrer Praxis zurande kommen, nicht ahnend, was die Soziologie über die Kontexte, in denen sie operieren, herausgefunden hat. Dazu ist die Sache zu ernst, und dazu ist es viel zu reizvoll, sie auch ernst zu nehmen und entgegen der Tradition der Wissenschaft eher mit Paradoxien zu rechnen als gegen sie.

11 Siehe Immanuel Kant, *Über Pädagogik*, in: Werke XII: *Schriften zur Anthropologie, Geschichtsphilosophie, Politik und Pädagogik*, Frankfurt am Main 1964, S. 691-761.
12 Siehe Niklas Luhmann, *Die Wissenschaft der Gesellschaft*, Frankfurt am Main 1990, S. 268 ff.
13 So Niklas Luhmann, *Organisation und Entscheidung*, Opladen 2000.

Negation und Implikation

Der Reiz der Sache liegt nicht zuletzt darin, dass eine Mathematik zur Verfügung steht, mit deren Hilfe in der Tat mit Paradoxien im strengen Sinne des Wortes gerechnet werden kann. George Spencer-Brown hat seinen Indikationenkalkül explizit in der Absicht entwickelt, mit Variablen rechnen zu können, die nicht sind, was sie sind, und in dieser Form etwas anderes *und* sich selbst implizieren.[14] Die Paradoxie ist hier genau dort platziert, wo wir sie soziologisch brauchen, nämlich neben (*para*) einer Sache beziehungsweise, noch besser, neben einer Meinung von ihr (*doxa*), derart, dass diese Sache nur aus dem Kontext erschlossen werden kann, der sie gleichwohl selbst nicht ist.

Es liegt auf der Hand, dass das einer Wissenschaft und damit einer universitären Praxis wie auf den Leib geschnitten ist, die genau darauf angewiesen ist, sich selbst als selektive Kontextualisierung eines selektiv gesetzten Gegenstandes mitzudenken. Im Übrigen ist sie darauf nicht deshalb angewiesen, um sich zur Freude von Philosophen und Intellektuellen immer wieder in Selbstzweifel zu stürzen, sondern um anhand der Reflexion auf ihre eigene Perspektive die Kontexte wechseln und so die Chancen der nicht vorschnell identifizierenden, sondern differenzierenden Beobachtung ihres Gegenstandes steigern zu können.

Wir rekonstruieren den universitären Kalkül im Folgenden, indem wir mit der Notation des Indikationenkalküls von Spencer-Brown arbeiten. Wir verwenden die von ihm eingeführte *mark of distinction*,⌐, ganz in seinem Sinne als die Markierung einer als Implikation zu verstehenden Negation.[15] Das hört sich komplizierter an, als es ist. Die gerade verwendete Formulierung greift zwar auf Begriffe der Logik zurück, führt jedoch zum Nachweis von Zusammenhängen, die fast zu viel praktische Evidenz auf ihrer Seite haben. »Fast«, weil die Verführung groß ist, Kontexte zu identifizieren, ohne zu überprüfen, ob diese auch eine Bedeutung in der beobachteten Praxis haben. Auch diese wissenschaftliche Vorgehensweise wird hier sowohl offengelegt als auch auf den Punkt gebracht: Wissenschaftler sind Beobachter, die ihre Perspektiven

14 Siehe George Spencer-Brown, *Laws of Form*, intern. Ausgabe, Leipzig 2008.
15 So in einem Anhang zur Interpretation des Kalküls für Zwecke der Logik: ebd., S. 90 ff.

selbst wählen, dafür in einer komplexen Welt beachtliche Spielräume haben und deshalb viel Aufwand, genannt »Empirie«, treiben müssen, um nachzuweisen, dass die von ihnen identifizierten Unterscheidungen im Gegenstand selbst eine Rolle spielen. Dieser Nachweis ist seinerseits nur wissenschaftlich zu führen, führt aus dem Dilemma also nicht heraus, sondern tiefer in es hinein, doch das ist nicht tragisch, wenn Beobachtung und Nachweis zu einer Interaktion mit dem Gegenstand derart beitragen, dass dieser eine Chance zur Sprache oder zumindest zum Widerspruch hat. Im Umgang mit Komplexität hilft so oder so nur die Kontrolle der eigenen Operationen weiter.[16]

Genug der Vorwarnungen, probieren wir aus, wie weit wir kommen.

Unser Ausgangspunkt ist denkbar schlicht und sucht zunächst einmal den Anschluss an die gegenwärtige Diskussion, dass die Universität offenbar dazu neigt, sich als das Gegenteil ihrer selbst darzustellen, vertreten durch Professoren, Studenten und Verwalter, die aus meist unterschiedlichen Gründen genau diese Behauptung aufstellen:

$$\overline{\text{Universität} = \text{Universität}}$$

Zu lesen ist diese Gleichung hier als Gleichsetzung der Universität mit ihrer eigenen Negation. Die Universität ist keine Universität – eine klare Paradoxie, wie oben bereits erwähnt. Wie diese Gleichsetzung gemeint ist, erläutert Spencer-Brown durch seine Definition des Gleichheitszeichens als Operation der Verwechslung (»*is confused with*«).[17] Diese Definition enthält zwei Aufforderungen, denen man folgen kann, wenn man die mögliche Wahrheit oder Unwahrheit der Verwechslung aufklären will. Die eine Aufforderung fragt nach dem Beobachter: Wer trifft hier welche Unterscheidung? Und die andere fragt nach der dem Buch von Spencer-Brown den Titel gebenden Form: Denn »Form« soll hier heißen, die Innenseite und die Außenseite der Unterscheidung im Kontext zum einen der Operation der Unterscheidung und zum anderen des Raums der Beobachtung, der durch diese Operation hervor-

16 So W. Ross Ashby, »Requisite Variety and Its Implications for the Control of Complex Systems«, in: *Cybernetica* 1 (1958), S. 83-99.
17 *Laws of Form*, a. a. O., S. 57.

gerufen wird, zu beobachten. Spencer-Browns auf den ersten Blick binäre Unterscheidung arbeitet in Wirklichkeit mit mindestens vier Werten, die zusätzlich dadurch erweitert werden können, dass mehrere Unterscheidungen ineinandergeschachtelt werden.

Das müssen wir hier jedoch nicht im Einzelnen erläutern.[18] Wir fragen stattdessen, was die Universität impliziert, wenn sie sich, immer stellvertretend durch ihre Akteure im Netzwerk ihrer Struktur und ihrer Semantik, selbst negiert. Aller bisherigen Universitätsgeschichte (wir konzentrieren uns auf die deutsche Geschichte, wohl wissend, dass es andernorts aufschlussreiche Varianten gibt, nicht zuletzt dank unterschiedlicher Ausdifferenzierungsgrade der Wissenschaft, unterschiedlicher Anbindungen an Berufs-, Arbeits- und Bildungsmärkte sowohl für Studierende als auch für Dozenten und dank unterschiedlicher Finanzierungsmodalitäten) zufolge impliziert die sich selbst negierende Universität mindestens dreierlei: Forschung, Lehre und Verwaltung. Unter »Verwaltung« verstehen wir sowohl die interne Administration der Organisation einer Universität als auch externe Instanzen der politischen und rechtlichen Aufsicht, Akkreditierung und Finanzierung.

Setzen wir diese drei Implikationen der Universität in der Reihenfolge ihrer zumindest für die Humboldt'sche Universität typischen Prominenz in die Spencer-Brown-Gleichung ein, die wir bei dieser Gelegenheit mithilfe der *mark of re-entry*, auch gleich in sich selbst schließen, erhalten wir die folgende Form:

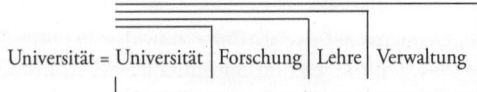

Der Gewinn der Formulierung dieser Gleichung in der Notation des Indikationenkalküls liegt erstens darin, dass wir jede einzelne Variable (die *marked states* »Universität«, »Forschung«, »Lehre« und »Verwaltung« auf der Innenseite und den *unmarked state* auf der Außenseite der Form) als Produkte des aktuellen Vollzugs der Unterscheidung durch einen Beobachter untersuchen können. Wir

18 Siehe dazu Dirk Baecker (Hrsg.), *Kalkül der Form*, Frankfurt am Main 1993; Tatjana Schönwälder, Katrin Wille und Thomas Hölscher, *George Spencer Brown: Eine Einführung in die »Laws of Form«*, Wiesbaden 2009.

haben es hier nicht (nur) mit der kategorialen Ordnung eines Sachverhalts zu tun, sondern (zugleich) mit einem Mechanismus, der das untersuchte Phänomen hervorbringt, wenn er denn empirisch nachweisbar vorliegt.

Zweitens formuliert die Gleichung die These, dass es die Unterscheidungen zwischen der Universität und der Forschung, zwischen der Forschung und der Lehre, zwischen der Lehre und der Verwaltung und zwischen der Verwaltung und dem *unmarked state* sind, die konstant definieren, was eine Universität ist beziehungsweise womit sie jederzeit verwechselt werden kann. Der Kalkül der Universität wird damit auf einer Ebene zweiter Ordnung formuliert, auf der er als Eigenwert einer rekursiven Funktion verstanden werden kann, die mit unterschiedlichen Ausprägungen der Variablen realisiert werden kann.[19] Erst damit gewinnen die Variablen jenes Spiel einer interdependenten Abstimmung, auf dessen Beobachtung es uns hier ankommt.

Denn drittens kann jetzt jede Variable als ein an und für sich leerer *shifter* verstanden werden,[20] dem es nur im Netzwerk der Bezüge auf alle anderen Variablen gelingt, sich zu bestimmen.[21] Und genau darauf kommt es uns an. Jede Variable ist paradox konstruiert, da sie ist, was sie nicht ist, und kann deshalb als ihre eigene Potentialisierung im Kontext alternativer Ausprägungen ihrer selbst beschrieben werden.[22]

Und viertens wird erst so der Kalkül der Form intelligent, wenn man so will. Denn um jede einzelne Variable als Negation und Implikation jeder anderen Variable im Netzwerk der Selbstbestimmung der Form auszudifferenzieren, bildet der Kalkül der Form Positiv- und Negativsprachen aus,[23] die die Form (hier: die Universität) jederzeit und dies aus eigenen Ressourcen heraus sowohl zu bejahen als auch zu kritisieren erlauben.

19 Im Sinne von Heinz von Foerster, *Understanding Understanding: Essays on Cybernetics and Cognition*, New York 2003.

20 Vgl. Roman Jakobson, »Shifters, Verbal Categories, and the Russian Verb«, in: ders., *Selected Writings*, Bd. II: *Work and Language*, Den Haag 1971, S. 130-147.

21 Dazu Louis H. Kauffman, »Network Synthesis and Varela's Calculus«, in: *International Journal of General Systems* 4 (1978), S. 179-187.

22 Siehe Yves Barel, *Le paradoxe et le système, essai sur le fantastique social*, 2., erw. Aufl., Grenoble 1989.

23 Im Sinne von Gotthard Günther, »Identität, Gegenidentität und Negativsprache«, in: *Hegel-Jahrbuch 1979*, Köln 1980, S. 22-88.

Lob der losen Kopplung

Die Universität ist ein lebendiger Organismus, der sich reproduziert, indem er zu sich selbst Abstand nimmt und aus der Universität in die Forschung (= Wissenschaft), aus der Forschung in die Lehre (= Erziehung) und aus der Lehre in die Verwaltung (= Organisation) ausweicht. Die Universität ist nie da, wo man sie gerade vermutet, kommt aber jederzeit genau dorthin zurück, sobald niemand mehr versucht, sie dort festzuhalten. Was Beobachter für frivol halten und was innen wie außen eher zynisch als vergnügt verfolgt und beschrieben wird, ist tatsächlich die Überlebensbedingung einer Institution, an der nicht umsonst die Vorzüge der losen Kopplung zuallererst aufgefallen sind.[24]

Wer die Universität sucht, trifft auf Wissenschaftler und wissenschaftliche Absichten: Die Universität dient der Forschung. Wer sich darüber wundert, dass zwar viel publiziert wird, in diesen Publikationen aber nicht unbedingt Erkenntnisse und Entdeckungen mitgeteilt, sondern häufig eher überprüft, kritisiert und bestätigt werden, erfährt, dass die Universität zugleich der Lehre dient: Die Universität ist eine höhere Schule im Erziehungssystem der Gesellschaft. Wem auffällt, dass diese Lehre Defizite aufweist, die sich in einem schlechten Betreuungsverhältnis, in überholten Formen autoritären Frontalunterrichts, im Vorlesen von Lehrbüchern und in der Einübung methodischer und theoretischer Alternativlosigkeit zeigen, wird entweder zurück auf die Forschung oder auf die Notwendigkeit der Verwaltung verwiesen: Die Universität ist ein Ort der Selbstverwaltung. Und wer nachfragt, warum an diesem zweifellos großen Privileg der Selbstverwaltung (im engen Korsett staatlicher Vorgaben durch das Hochschulrecht) dennoch niemand rechte Freude zu haben scheint, dem wird gesagt, dass dieses Privileg einen paradigmatischen Wert hat, der alleine garantieren kann, dass Forschung und Lehre den unbestimmten Problemen und Möglichkeiten der »Gesellschaft« (eine der möglichen Benennungen der Außenseite der Form der Universität) angepasst werden kann, ohne sich diesen Problemen und Möglichkeiten bedingungslos zu unterwerfen.

Das ist in dieser knappen Beschreibung natürlich eine Kari-

---

24 Siehe Karl Weick, »Educational Organizations as Loosely Coupled Systems«, in: *Administrative Science Quarterly* 21 (1976), S. 1-19.

katur, die jedoch nicht sehr weit hergeholt ist. Forschung, Lehre und Verwaltung setzen, negieren und implizieren sich im Kontext der Universität laufend selbst. Das ist jedoch kein Zeichen dafür, dass es noch niemandem gelungen ist, diese Institution ordentlich zu organisieren, und dass es nur an den andernorts ja so bewährten Managementkenntnissen und ihrer politisch nachdrücklichen Durchsetzung fehlt, um den Laden doch noch auf Vordermann zu bringen. Jeder Versuch der Linearisierung und Finalisierung von Forschung, Lehre und Verwaltung ist im Fall der Universität immer wieder gescheitert. Es gibt keine Ziele und Zwecke, Ursachen und Wirkungen, auf die die Adressaten dieser Einrichtung, Professoren wie Studenten, derart eingeschworen werden könnten, dass sie aufhören würden oder auch nur könnten, sich zur Forschung und zur Lehre in ein skeptisches und daher zur Verwaltung in ein kritisches Verhältnis zu setzen. Diese Selbstsetzung ist vielmehr ein Zeichen dafür, dass die Universität einen Weg gefunden hat, ihre eigene Paradoxie ernst zu nehmen und zu entfalten, das heißt produktiv werden zu lassen.

Im Medium – um einen weiteren Begriff zu nennen, der auf die Bedeutung von loser Kopplung verweist[25] – von Forschung, Lehre und Verwaltung entfaltet die Universität ihr Paradox zur Form ihrer selbst. Die selbstreferentiell rekursive Negation und Implikation der Variablen Forschung, Lehre und Verwaltung führt je nach historischen, regionalen, kulturellen und sonstigen gesellschaftlichen Bedingungen dazu, dass immer wieder neu Formen gefunden und praktiziert werden können, die immer wieder neu in das Repertoire alternativer Möglichkeiten ihrer selbst zerfallen und so das Medium konstituieren, in dem der Prozess jederzeit von Neuem starten kann.

Das gilt für jede soziale Form, aber es gilt für die Universität auf auffallend paradigmatische Weise. Denn wie es der Zufall will, es aber kein Zufall sein kann (siehe oben zur Wahrheit und Unwahrheit wissenschaftlicher Erkenntnis), entsprechen die drei Variablen nahezu perfekt den drei Sinndimensionen sozialer Phänomene, die Niklas Luhmann unterschieden hat.[26] Wer sich auf Forschung, Lehre und Verwaltung einlässt, der kann die Paradoxie der Univer-

25 Siehe Fritz Heider, *Ding und Medium*, Nachdruck Berlin 2005.
26 Niklas Luhmann, *Soziale Systeme: Grundriß einer allgemeinen Theorie*, Frankfurt am Main 1984, S. 111 ff.

sität, selbst performieren zu müssen, was sie doch nur konstatieren möchte, in sachlicher, sozialer und zeitlicher Hinsicht entfalten, ohne diese Variablen so weit auseinanderdriften zu lassen, dass das Netzwerk der Form bedroht wäre, denn im Kontext einer sozialen Form verweisen alle drei Dimensionen aufeinander. Sie erfordern sich wechselseitig, weil sie je für sich das Problem der zugrunde liegenden Paradoxie nicht lösen können. Wenn die aktuelle Debatte um »Bologna«, »Exzellenz« und »Studiengebühren« einen Sinn hat, dann demnach den, der Verwaltung der Universität neben der Forschung und der Lehre den ihr gebührenden Rang einzuräumen und so den Gedanken ernst zu nehmen, dass die Universität eben nicht nur sich selbst erklärende Institution und träges Milieu, sondern auch eine Organisation ist, die über sich selbst (in Grenzen) Entscheidungen fällen kann.[27]

Forschung heißt, zu jedem Sachverhalt eine konträre Position einnehmen zu können, hier eine Unwahrheit zu vermuten, wo andere eine Wahrheit sehen, dort einen ausgeblendeten Aspekt zu identifizieren, wo andere mit der Beschreibung der Sache schon zufrieden sind. Theorie, Methode und Disziplin stehen jederzeit zur Diskussion. Kein Forschungsprogramm kann garantieren, dass man nicht auf anderen Wegen zu besseren Ergebnissen kommt. Keine Fakultät, sosehr sie auch ihre eigene Möglichkeit und Fähigkeit (*facultas*) betont und feiert, entgeht dem Streit der Fakultäten, der an der Universität ein sozialer Streit um Stellen und Ressourcen ist, der jedoch *sachlich* und damit in der Auseinandersetzung mit einer je unterschiedlich imaginierten Natur, Kultur und Gesellschaft ausgetragen werden muss.

Lehre heißt, jede denkbare Erkenntnis, jede denkbare Problemstellung, jede denkbare Forschungsfrage wieder zurückzuverwandeln in die Frage, ob Studenten sich mit diesen Erträgen der Wissenschaft ebenso anfreunden können wie Dozenten. Dabei geht es nicht um Fragen der Didaktik, der Vermittlung und Überzeugung, sondern um die Ausnutzung jener basalen sozialen Intelligenz, die in der Differenz von Jung und Alt, Experte und Novize, Lehrer und Schüler ganz selbstverständlich bereits verankert ist: Es geht um die Differenz der Perspektive und damit um die Chance der Beobachtung des eigenen blinden Flecks. In der Lehre wird die Paradoxie

27 Siehe Niklas Luhmann, *Universität als Milieu. Kleine Schriften*, Bielefeld 1992.

der Universität *sozial* entfaltet, indem man ausprobiert, was sich denkfähige Lebewesen, die in unterschiedlichen Bezügen zu Natur, Kultur und Gesellschaft stehen, bieten lassen und was nicht. Selbstverständlich werden alle Mittel der Rhetorik und der Institution ausgenutzt, um die Differenz durch Überzeugungen und Prüfungen in Grenzen zu halten. Aber das betont zugleich den sozialen Druck und fördert damit die inhärente Unruhe der Universität.

Verwaltung schließlich heißt, dem Streit um die Sache und der sozialen Unruhe einen zeitlichen Rahmen zu setzen. Die Verwaltung arbeitet mit *Fristen* und nur mit Fristen. Das Studium bekommt eine Dauer und das Forschungsprojekt eine Laufzeit. Der Dozent befristet sich selbst, indem er sich, mehr oder minder unterstützt von der Verwaltung seiner Universität, an Zielvereinbarungen hält, bis wann welche Publikationen realisiert und Evaluationen verbessert worden sind. Man sieht, dass zumindest die staatliche deutsche Universität auf diesem Feld noch einen gewissen Spielraum hat. Ein Erbe der Humboldt'schen Universität besteht wie oben beschrieben in einem Wissen um die Vorläufigkeit der Wissenschaft, das verbeamtete Professoren mit Geschick in die Legitimation eines tendenziell unendlichen Aufschubs der Publikation ihrer eigenen Erkenntnisse verwandelt haben (vom Aufschub der endlich gelingenden Lehre ganz zu schweigen).

Der Streit um die Sache, die soziale Unruhe und die Moderation der Fristen sind nur auszutragen, indem die Forschung Anleihen bei der Lehre (»Ideologisierung«), die Lehre bei der Forschung (»kritische Reflexion«), die Lehre bei der Verwaltung (»Prüfungsamt«), die Forschung bei der Verwaltung (»Drittmittel«), die Verwaltung bei der Forschung (*»journal impact factor«*) und die Verwaltung auch bei der Lehre (»Evaluation«) nimmt. Wenn man nicht sieht, welche Funktion diese Anleihen im Kalkül der Universität zur Entfaltung der eigenen Paradoxie erfüllen, hat man keine Chance, hier mit Augenmaß zu operieren und allfällige Übertreibungen in Grenzen zu halten. Und wenn man nicht sieht, dass selbst die Übertreibung eine Entfaltung darstellt, ist man nicht in der Lage, den Kalkül der Universität zurückzurechnen auf die gesamtgesellschaftliche Problematik, in der sich die Universität bewegt.

Wiedereinschluss der Verwaltung

Es hilft alles nicht: Die Verwaltung muss als ausgeschlossener Dritter in den altehrwürdigen Dualismus von Forschung und Lehre wieder eingeschlossen werden. Nur so lange sie draußen ist, kann die Forschung mit der Suche nach der Wahrheit und kann die Lehre mit dem akademischen Gespräch emphatisch verwechselt werden und können diese beiden Verwechslungen den Blick auf die Wirklichkeit von Forschung und Lehre verstellen. Natürlich haben diese beiden Verwechslungen ihre eigene Funktionalität. Sie rekrutieren idealistische Motivationen, die vom bloßen Betrieb der Wissenschaft und der Erziehung nicht unterstützt werden. Und sie verdecken eine Wirklichkeit der Orientierung sowohl an den Stellen des Universitätsbetriebs als auch an den Arbeitsmarktchancen der universitären Ausbildung, die es Forschern wie Studierenden unter der Hand sehr wohl ermöglicht, mit der Unmöglichkeit der Universität ihren Frieden zu machen.

Aber das Ergebnis dieses Ausschlusses der Verwaltung aus dem Selbstverständnis der Universität ist ein Auseinanderklaffen der hehren Semantik von Forschung und Lehre, Einsamkeit und Freiheit einerseits und schwieriger Wirklichkeit, ebenjener der Planung von Forscherkarrieren und der Auswahl von Studienzielen und Studiengängen, andererseits. Dies macht es fast unmöglich, über die Universität eine ebenso nüchterne wie angemessene, eben unbedingte Diskussion zu führen.

Erst wenn die Verwaltung neben der Forschung und der Lehre einen ihr angemessenen Platz erhält, kommt die Universität als organisierte Institution in den Blick.[28] Der Vorteil des hier skizzierten Kalküls besteht darin, diesen Wiedereinschluss des ausgeschlossenen Dritten nicht mit der Anerkennung administrativer Kontrollillusionen zu erkaufen, sondern die Verwaltung ebenso wie Forschung und Lehre in einer supplementären, die Universität laufend um die Bedingungen ihrer unbedingten Möglichkeit ergänzenden Position zu belassen. Forschung, Lehre und Verwaltung determinieren die Universität nur zu dritt, nie alleine. Jede dieser drei Positionen ist in der Rolle eines Jokers, der, lange Zeit

---

28 Siehe Luhmann, *Universität als Milieu*, a. a. O.; Dirk Baecker, »Das Personal der Universität«, in diesem Band.

unsichtbar, gezogen werden muss, wenn das Spiel unvermittelt ins Stocken gerät.[29]

Es kommt darauf an zu sehen, dass die Verwaltung die Universität ebenso wenig hierarchisieren kann wie Forschung und Lehre, obwohl sie vielfach – und unterstützt durch ein herrschendes Organisationsverständnis – genau dies versucht. Daraus resultieren die beobachtbaren Positionskämpfe zwischen Verwaltern, die auf ihrer Entscheidungsmacht bestehen, Professoren, die ihre Chancen optimieren, an andere Universitäten berufen zu werden, wo sie bessere Bedingungen vorfinden, und Studenten, die bislang allenfalls partizipative Rechte in Gremien hatten, jetzt aber über die Hebel der Studiengebühren und des Universitätswechsels eine durchaus eigenständige Rolle spielen können. Diese Positionskämpfe sind ebenso nötig wie vergeblich, nötig, um sich zu behaupten, und vergeblich in der Absicht, sich an die Spitze der Hierarchie zu manövrieren und dort zu halten.

Tatsächlich führt es weiter, die Organisation der Universität nicht als eine Hierarchie, sondern als eine Heterarchie zu verstehen,[30] in der es zwar immer wieder und fallweise zu Hierarchisierungen kommt, die tatsächliche Logik jedoch eine zirkuläre und damit ambivalente, ebenso selbstreferentielle wie paradoxale ist. Diese Heterarchie bedeutet nichts Geringeres als die Möglichkeit, sich auf die Unmöglichkeiten der Forschung (verstanden als möglicherweise unwahre Bemühung um die Wahrheit), der Lehre (verstanden als Fremdkontrolle des Selbststudiums) und der Verwaltung (verstanden als Entscheidung des Unentscheidbaren) einzulassen, weil man immer dann, wenn man in Gefahr gerät, auf eine der Paradoxien aufzulaufen, auf eine andere Variable des Kalküls ausweichen und diese als Joker ziehen kann, um sich am eigenen Schopf aus dem Sumpf zu ziehen. Die Unwahrheiten der Forschungsanträge bekommen eine Frist, bis zu der sie ihre Wahrheit unter Beweis stellen können. Die Fremdkontrolle der Lehre endet in Prüfungen, nach deren Abschluss der Student tatsächlich sich selbst überlassen ist. Die Entscheidungen der Verwaltung

---

29 Siehe Derrida, *Grammatologie*, a. a. O.; Michel Serres, *Der Parasit*, dt. Frankfurt am Main 1981.

30 Im Sinne von Warren S. McCulloch, »A Heterarchy of Values Determined by the Topology of Nervous Nets«, in: ders., *Embodiments of Mind*, 2. Aufl., Cambridge, Mass., 1989, S. 40-45.

stützen sich auf Forschungsabsichten und Studienpläne, die sich im Vergleich der Universitäten untereinander, also auf genau den Märkten, auf denen Professoren und Studenten sowieso unterwegs sind, bewähren.

Das Erfreuliche an diesem Kalkül ist, dass sich die Variablen von selbst melden. Sie bringen sich, vertreten durch Professoren, Studenten und Verwalter, positiv wie negativ selbst in Stellung, weil sie die Elemente eine Netzwerks sind, das nur funktioniert,[31] solange sich die in sich leeren (selbstreferentiellen, unmöglichen, unbedingten, paradoxen) Variablen aufeinander beziehen, um sich mit jenem Material anzureichern, in jene soziale Spannung zu begeben und mit jenen Fristen und den an sie gebundenen Verabredungen (inklusive Verträgen) auszustatten, die die Universität als solche definieren.

Die Verwaltung vertritt die temporale Dimension dieses Netzwerks; das ist nicht nichts.[32] Es ist ganz im Gegenteil die Wiedereinführung des Realitätsprinzips in die Träume von der Erkenntnis der Wahrheit und von der Unerschöpflichkeit der Bildung. Man knickt mit der Anerkennung dieses Realitätsprinzips nicht vor der verwalteten Welt ein, sondern gewinnt die Freiheit, sich auf Fristen einzulassen, die es erlauben, Dinge und Beziehungen sowohl zu beginnen als auch zu beenden, um wieder andere zu beginnen. Ganz im Gegensatz zum bürokratischen Bild von der Verwaltung bedeutet diese, die Dinge und Beziehungen zu mobilisieren und zu flexibilisieren, wie es dann zu Recht auch kritisch heißt. Nichts garantiert, dass dies auf effiziente und effektive Weise passiert. Im Gegenteil, die Fristen können zu lang oder zu kurz bemessen sein. Sie können Forschung und Lehre am langen Arm der Gleichgültigkeit verhungern lassen oder beide in der Hektik des Betriebs ersticken. Aber über Fristen zu streiten und die Verwaltung im Medium dieses Streits sachkundig und sozialkundig werden zu lassen führt in der Universität allemal weiter, als in der Verwaltung per se den Sündenfall zu sehen.

---

31 Im Sinne von Harrison C. White, *Identity and Control: How Social Formations Emerge*, 2. Aufl., Princeton, NJ, 2008.

32 Siehe auch Dirk Baecker, »Organisation als temporale Form«, in diesem Band.

Der theoretische Apparat, der in Stellung gebracht werden muss, um das Spiel der Universität im Medium ihrer eigenen Widersprüche zu verstehen und zu beschreiben, ist, wie gezeigt, nicht unaufwendig. Aber einfacher scheint es im Moment nicht zu gehen, wenn man in Rechnung stellt, dass die Intelligenzbanken der Gesellschaften, als die Talcott Parsons und Gerald M. Platt die Universitäten beschrieben haben,[33] so viel Grund zur Sorge um ihren Zustand und so viel Anlass zur Auseinandersetzung um ihre mögliche Reform bieten.

Die Exzellenz-, die Bologna- und die Studiengebührenuniversität sind Formen der Zuspitzung der Auseinandersetzung um Forschung, Lehre und Verwaltung, vermutlich im Übergang von der modernen zur nächsten Gesellschaft.[34] Die Exzellenzuniversität globalisiert den Streit um die Sache, indem sie die Forschung an internationalen Zitationsstandards misst, sosehr man auch um deren Unvollkommenheit angesichts der »Zitationskartelle« der *scientific communities* weiß. Die Bolognauniversität erprobt neue Formen einer sozialen Unruhe unter Studenten und Dozenten, indem sie die Studenten zum Wechsel der Universitäten auffordert und so die Dozenten zur Reflexion ihrer Lehre im Spiegel der Konkurrenz einlädt. Die Studiengebührenuniversität legt das Verwaltungsproblem der Universität offen, indem es die Studenten an ihm beteiligt und den Staat zumindest partiell aus der allzu emphatisch in Anspruch genommenen Verantwortung nimmt.

Mit all dem sind die Probleme noch nicht gelöst, aber immerhin werden neue Formen und Formate (der Forschung, Lehre und Verwaltung) erprobt, die das Formenrepertoire des Mediums der universitären Möglichkeiten erweitern und die nur auf Akteure warten, die mit scharfem Blick kalkulieren können, welche Profi-

---

33 Am Beispiel der amerikanischen Universität! Siehe Talcott Parsons und Gerald M. Platt, *Die amerikanische Universität. Ein Beitrag zur Soziologie der Erkenntnis*, dt. Frankfurt am Main 1990.

34 Siehe dazu Dirk Baecker, »Die Universität als Algorithmus: Formen des Umgangs mit der Paradoxie der Erziehung«, in: Stephan Laske u. a. (Hrsg.), *Universität im 21. Jahrhundert: Zur Interdependenz von Begriff und Organisation der Wissenschaft*, München 2000, S. 47-76; sowie die Beiträge »Erziehung zur Wissenschaft« und »Die nächste Universität«, in: Dirk Baecker, *Studien zur nächsten Gesellschaft*, Frankfurt am Main 2007, S. 116-146 und S. 98-115.

le sich für Studierende, Professoren und Administratoren jetzt zu lohnen beginnen und von welchen man besser Abstand gewinnen sollte. Zu Recht bewegt sich die Universität damit inmitten der Gesellschaft, die über sie streitet. Ihre Lösungen wird sie jedoch nur selbst finden können. Kein Staat, keine *boards*, keine Akkreditierungsagenturen, kein Wissenschaftsrat und keine Hochschulrektorenkonferenz wird ihnen diese Aufgabe abnehmen können. Aber auch diese und andere Akteure produzieren im Netzwerk der Auseinandersetzung über Forschung, Lehre und Verwaltung Ideen, mit denen sich immer dann sinnvoll experimentieren lässt, wenn man sie im Zustand ihrer losen Kopplung ernst nimmt und nicht etwa mit kausalen Zugriffen gleichsetzt.

Im Übrigen verwechsle man nicht die allgemeine institutionelle Form der Universität mit einer ihrer konkreten Ausprägungen. Sogar für die Universität, diese die *universitas* adressierende Einrichtung, gilt, dass sie immer nur als singuläre realisiert werden kann, sosehr sie für ihre jeweilige konkrete Form dann auch wieder populationsökologisch angeregte Anleihen bei vergleichbaren Fällen ihrer selbst nehmen muss.[35] Mit dem allgemeinen Kalkül von Forschung, Lehre und Verwaltung ist daher buchstäblich nichts gesagt; er benennt nur die Variablen, behauptet nur die Konstanz ihrer Unterscheidung. Welche Werte diese Variablen annehmen können, muss jede einzelne Universität selbst herausfinden und ausprobieren.

Und sie kann dies nur, wenn und indem sich ihre Beobachter einmischen und eine Bestimmung der Variablen riskieren. Die Interdependenz der Variablen kommt ihnen dabei zu Hilfe, aber diese Hilfe hält sich in Grenzen, da jede Variable doppelt auftritt, als positiver und als negativer Fall ihrer selbst, und daher jeder Beobachter laufend dazu verführt wird, Gegenpositionen einzunehmen. Aber auch das gehört dazu. Man darf gespannt sein, ob es der Universität gelingt, neben Studierenden und Professoren auch Administratoren zu rekrutieren, die sich mit dem erforderlichen Fingerspitzengefühl auf Fragen des Fristenmanagements konzentrieren und sich weder in den Streit um die Sache (»Forschungsziele«) noch in die soziale Unruhe der Erziehung (»Kompetenzen«) über Gebühr einmischen.

35 Vgl. Michael T. Hannan und John Freeman, *Organizational Ecology*, Cambridge, Mass., 1989.

Was ist eine Universität?

Das jedenfalls wäre eine erste Skizze des Kalküls der Universität, gewonnen aus der paradoxen Diagnose ihrer eigenen Unmöglichkeit, orientiert am Versuch, zu beschreiben, wie eine gesellschaftlich so mannigfach bedingte Institution im Medium dieser mannigfachen Bedingungen ihre Unbedingtheit erreichen und erhalten kann.

Die Pointe dieser Skizze lautet, dass eine Universität immer dann unbedingt ist, wenn es ihr gelingt, den Streit der Forschung, die Unruhe der Lehre und die Moderation der Fristen differentiell, das heißt positiv wie negativ aufeinander zu beziehen. Jede Linearisierung und Finalisierung der Universität zugunsten einer bestimmten Forschung, die mit definierten Fristen in eine bestimmte Lehre umgesetzt wird, setzt die Universität aufs Spiel und verschenkt ihre Intelligenz.

Umgekehrt heißt das freilich, dass jeder Kalkül, der den sachlichen Streit mit der sozialen Unruhe und der Organisation von Fristen zu kombinieren vermag, Anspruch darauf hat, »Universität« genannt zu werden, auch wenn weit und breit keine Lehrstühle, Fakultäten, Studiengänge, Prüfungs- oder Verwaltungsämter zu erkennen sind. Die Universität hätte sich in diesem Fall nicht nur virtualisiert,[36] sondern sie hätte andere und neue Formen ihrer Institutionalisierung gefunden. Nach allem, was man hört, sind manche Vorstandsetagen, Kirchentage, Gewerkschaftskonferenzen, Geschäftsführungen von Nichtregierungsorganisationen, Stiftungsräte, Medienredaktionen und Dramaturgen- und Kuratorenbüros auf dem besten Weg, zumindest einige dieser Ansprüche zu erfüllen.

Je verlässlicher diese von leistungsfähigen, das heißt mitrechnenden Datenbanken unterstützt werden und je beweglicher und einfallsreicher diese von der Blogosphäre und anderen Formen massenmedialer Diskussion begleitet, unterstützt und konterkariert werden,[37] desto besser können einst universitäre Funktionen und Leistungen sowohl von der Wissenschaft als auch von der

---

36 Im Sinne von Peter Littmann und Stephan A. Jansen, *Oszillodox: Virtualisierung – die permanente Neuerfindung der Organisation*, Stuttgart 2000.

37 Siehe Aaron Barlow, *The Rise of the Blogosphere*, Westport, Conn., 2007; und Kevin Kelly, *Out of Control: The New Biology of Machines, Social Systems, and the Economic World*, Redwood City, CA, 1990.

Erziehung entkoppelt werden und in neuen Formaten das leisten, worauf die Gesellschaft nach wie vor angewiesen bleibt: die Produktion einer kritischen und handlungsfähigen Intelligenz, die die Ungewissheit der Gesellschaft dort steigert,[38] wo diese sich andernfalls allzu schnell auf eine leere Bestätigung ihrer eigenen Weltsicht, ihrer bewährten Technologien und ihrer bisherigen Formen der Rekrutierung des Nachwuchses für alle Positionen der Gesellschaft einpendeln würde.

Doch würde die Universität in diesem Sinne verschwinden, käme sicherlich jemand auf die Idee, sie neu zu erfinden. Zu attraktiv ist die Idee, Jung und Alt zusammenzubringen, um Streitfragen auszutauschen und einer Sache auf den Grund zu gehen, ohne darüber zu vergessen, dass auch der Streit seine Frist hat und daher mit einem möglichst offenen Ergebnis beendet werden muss, um sich anderen Betätigungsfeldern in der Gesellschaft zuwenden zu können. Der Grund, den man findet, ist nur ein vorläufiger, und er muss dennoch belastbar sein. Auch das leistet die Universität ja mit beeindruckender Konsequenz: Jede Publikation zieht eine weitere Publikation nach sich, jede Prüfung hält offen, an welches Wissen und Nichtwissen sich der Absolvent tatsächlich gebunden fühlt, und jede administrative Frist sucht nur das Ende, um einen Neuanfang mit weiteren Projekten machen zu können. Und dennoch zählt jede Publikation, jede Prüfung und jede Frist. Man muss sich festlegen und kann danach anders weitermachen als zuvor.

Diese Parallelität von Schließung und Öffnung entwickelt ihre eigene Dynamik und ihre eigene Trägheit. Auch in diesem Zusammenhang ist der Blick auf die Form der Universität hilfreich. Er erschließt, dass außerhalb der Universität anders kommuniziert und gehandelt wird. Diese Alternative ist mitzuführen, denn an ihr ist die Universität zu messen.

---

38 Siehe Luhmann, *Die Wissenschaft der Gesellschaft*, a. a. O.

Kunst und Management

Ich zögere. So pfiffig es zu sein scheint, zwei getrennte Welten wie die der Kunst und die des Managements zusammenzubringen oder auch nur aufeinander zu beziehen, so sehr sollte man des Ausmaßes und des Sinns der Trennung gewahr sein. Kunst zu treiben heißt, sich mit dem Schönen zu beschäftigen und ergänzend mit dem Hässlichen, insoweit auch dieses vom Schönen als seinem oft nur erahnbaren Gegenteil spricht. Kunst zu treiben heißt, Gedichte und Romane zu schreiben und zu lesen, Musik zu komponieren und zu hören, Theateraufführungen zu konzipieren und zu genießen, Bilder zu malen und anzuschauen, Installationen zu planen und zu erarbeiten. Eine Welt der Formen und ihrer Durchkreuzung. Eine Welt vor allem, in der die Künstler sich etwas einfallen lassen und die Betrachter, mit offenen Konsequenzen für ihr Leben, dem Treiben nur zuschauen, ohne daran teilnehmen oder gar mitwirken zu müssen – gängige Versuche, auch diese Form zu durchkreuzen, gehen nie so weit, zu erwarten, dass die Betrachter anschließend etwas ganz Bestimmtes tun. Die Selbstmordwelle nach der Publikation von Goethes *Die Leiden des jungen Werther* oder der Beginn der belgischen Unabhängigkeitsbewegung nach der Aufführung von Aubers Oper *Die Stumme von Portici* im Théâtre de la Monnaie in Brüssel im Jahr 1830 sind gesellschaftliche Unfälle und nicht die Regel.

In der Kunst, so hatte Niklas Luhmanns Soziologie herausgearbeitet, wendet sich ein handelnder Künstler, in freier Entscheidung, wenn auch in dauernder und harter Auseinandersetzung mit dem Material, seine eigenen Einfälle realisierend, an das ungebundene, auf keinerlei Konsequenzen festzulegende und gerade deswegen attraktive, wenn auch in seiner Ungebundenheit provozierende Erleben des Kunstbetrachters. Anders könnte das Spiel mit der Form mit seiner Insistenz auf der Möglichkeit des Möglichen gesellschaftlich nicht freigegeben werden. Es wäre so riskant, wie es der Rattenfänger von Hameln in der denkwürdigen Parabel vor Augen führt.[1]

---

1 Siehe dazu Niklas Luhmann, »Das Medium der Kunst«, in: *Delfin*, Heft VII, 4. Jg. (1986), S. 6-15; ausführlich ders., *Die Kunst der Gesellschaft*, Frankfurt am Main 1995.

Ganz anders das Management. Nichts wäre ihm unheimlicher, als von ungebundenen Betrachtern auf seine eigene Kreativität hin beobachtet zu werden, sooft auch genau das in vielen Unternehmen zu geschehen scheint. Auch muss man es von jedem Verdacht freisprechen, ein freies Spiel mit Formen zu sein, sosehr es auch dort auf Innovationen ankommt, die sich nicht dadurch bremsen lassen dürfen, dass man es bisher so noch nie gemacht hat. Wichtiger ist jedoch, dass das Management ein Handeln ist, dem es darauf ankommt, dass anschließend auch andere handeln. Es wendet sich nicht an das Erleben von Genießern, es beeindruckt nicht durch die Vorführung von Schönem oder Hässlichem, das indirekt auf das Schöne verweist, sondern es will, dass auch andere wollen, was es selbst will (wenn auch möglicherweise aus anderen Gründen).

Dem Management geht es um die Freisetzung und Bindung des Willens, wenn nicht sogar der Willkür, im sozialen Medium der Macht, das heißt in der Auseinandersetzung mit dem in der Regel abweichenden und nur im seltenen Fall der Win-win-Situation konformen Willen aller anderen.

Das schließt es nicht aus, von einer Kunst auch des Managements zu sprechen. Dem eigenen Willen im Medium des abweichenden Willens aller anderen zum Zuge zu verhelfen, setzt mindestens so viel Subtilität in der gleichsam machiavellistischen Beobachtung, Berücksichtigung und Einvernahme des Gegenübers voraus, wie sie der Künstler an den Tag legt, der den Geschmack des Betrachters trifft, indem er von ihm abweicht. Der entscheidende Unterschied zwischen Kunst und Management jedoch besteht darin, dass die Kunst unorganisiert und das Management organisiert stattfindet. Natürlich gibt es alle Arten von Kunstinstitutionen, in denen organisatorische Bedingungen festgeschrieben und variiert werden, und es gibt künstlerische Werkstätten, in denen Arbeitsprozesse geregelt und kontrolliert werden, wie dies in jedem Unternehmen auch der Fall ist, aber in ihrer Rezeption und auch in ihren Einfällen ist die Kunst nicht zu organisieren, sosehr Öffentlichkeitsarbeit und Kunstvermittlungskampagnen sich am Beweis des Gegenteils abmühen.

Das Management hingegen hat in der Organisation nicht nur seinen Gegenstand, sondern auch die Voraussetzungen seiner Wirksamkeit. Versuche, den freien Willen anderer nicht nur ungebunden anzusprechen oder zu »begeistern«, wie man dann auch gerne sagt, sondern ihn darüber hinaus auch zu binden, lässt sich die Gesellschaft nur im Rahmen von Organisation, das heißt im Rahmen der laufenden Klärung einiger zusätzlicher Bedingungen, gefallen. Die Sache, um die es geht, muss ebenso eingeschränkt sein wie die Fristen, für die man sich bindet. Auch die Art und Weise des Umgangs miteinander ist nicht in das Belieben der Einzelnen gestellt. Und nicht zuletzt hat man es sich in der modernen Gesellschaft spätestens mit der Abschaffung der Sklaverei angewöhnt, einen Mitarbeiter, der sich binden lässt, ebenso wie den Manager, der die Mühe der Bindung auf sich nimmt, für die Bindungen, auf die sie sich einlassen, zu entlohnen, das heißt mit Geldzahlungen auszustatten, deren Verwendung nicht gebunden, sondern freigegeben ist. Versuche kapitalistischer Patriarchen oder sozialistischer Führer, die Arbeiter dort ihr Geld auch wieder ausgeben zu lassen (in firmen- beziehungsweise parteieigenen Wohnungen und Läden), wo sie es verdient haben, haben sich langfristig nicht bewährt.

Die Organisation ist jedoch nicht nur die lästige Einschränkung des Managements und auch nicht nur die gesellschaftliche Voraussetzung dafür, dass sich binden lässt, wer dafür entlohnt wird, sondern die Organisation ist auch die Voraussetzung dafür, dass das Management erreichen kann, was es erreichen möchte. Wie die Leinwand des Malers, die Bühne des Schauspielers, das Papier des Dichters oder die Noten des Komponisten ist die Organisation für das Management das Medium, in das es die Formen einprägen kann, die andernfalls weder denkbar wären noch erprobt und variiert werden könnten. Genauso wie man das Kunstwerk als die überzeugende Korrektur des Fehlers, damit überhaupt angefangen zu haben, verstehen kann, so ist auch das Management laufend damit beschäftigt, im Medium der Organisation zu erreichen, was gerade in diesem Medium denkbar unwahrscheinlich ist, nämlich zum einen die Sicherstellung einer Routine und zum anderen die Überwindung der gerade noch sichergestellten Routine durch eine Innovation.

Organisation heißt, dass Entscheidungen getroffen, durchgesetzt, befolgt und variiert werden können, zu denen in jedem Moment (und dies schon deswegen, weil sie als Entscheidungen sichtbar gemacht werden müssen) Alternativen denkbar sind.[2] Die

2 Das ist die Einsicht in Niklas Luhmann, *Organisation und Entscheidung*, Opladen 2000.

Kunst des Managements besteht darin, die gefundenen Entscheidungen gegen die Alternativen zu profilieren und zugleich die Alternativen daraufhin zu beobachten, ob sie nicht möglicherweise aussichtsreicher sind als die bisher getroffenen Entscheidungen. Unter dieser Bedingung, die je nach Bedarf sachlich, sozial oder zeitlich scharf gemacht werden kann (andere Entscheidungen, andere Entscheider, andere Taktung), lässt sich Willkür nicht nur individuell, wie im Fall des Künstlers, sondern sozial in eine Form bringen. Meine Macht, so teilt das Management den Mitarbeitern mit, ist eure Macht, wenn wir es schaffen, einen Prozess zu organisieren, in dem sich unsere Macht darauf beschränkt und konzentriert, genau dort Willkürchancen zu sehen und zu setzen, wo sie für jeden von uns mit dann möglicherweise ganz unterschiedlichen Aussichten einhergehen. Der Prozess des Organisierens, so hat Karl E. Weick herausgefunden, besteht nicht darin, sich auf gemeinsame Ziele, sondern darin, sich auf gemeinsame Mittel zu einigen.[3] Die Rede von gemeinsamen Zielen ist die klingende Münze, die man ausgibt, um davon abzulenken, dass die gemeinsamen Mittel aus abweichenden Gründen interessieren. Nur so bekommt die Organisation die lebendige Spannung, mit der das Management dann arbeiten kann.

Was wird nach all dem aus dem unscheinbaren Wörtchen »und«, das im Titel dieses Beitrags Kunst und Management miteinander verbindet oder doch zumindest in einen Zusammenhang setzt, sei dieser auch, wie so oft (Oben/Unten, Innen/Außen, Mann/Frau, Politik/Wirtschaft …), durch einen Unterschied gestiftet, definiert und strukturiert? Man braucht, auch das weiß man aus der Struktur von Zusammenhängen, die sich einem Unterschied verdanken (und andere Zusammenhänge kann es definitionsgemäß nicht geben), einen vergleichenden Standpunkt, von dem aus Unterschied und Zusammenhang gleichermaßen sichtbar werden. Für Oben und Unten ist dieser die Hierarchie, für Innen und Außen der Raum, für Mann und Frau die sexuelle Lust und Unlust, für Politik und Wirtschaft interessanterweise weder die Politik noch die Wirtschaft, sondern die Gesellschaft.

Für Kunst und Management gibt es mehrere mögliche vergleichende Standpunkte. Einige haben wir bei unserem Versuch, sie

3 Siehe Karl E. Weick, *Der Prozess des Organisierens*, dt. Frankfurt am Main 1985.

auseinanderzuhalten, gestreift (der Umgang mit Willkür, gemeinhin Freiheit genannt, gehört sicherlich dazu). Ich möchte hier jedoch einen anderen Punkt nennen, der zwar nicht nur für Kunst und Management interessant, jedoch für das jüngere Interesse an ihrem Zusammenhang mitverantwortlich ist. Ich meine die Problematik der Wahrnehmung, die in Differenz zur Kommunikation gesehen wird und die Frage betrifft, wie sehr Menschen mit Leib und Seele, Haut und Haar, Auge, Ohr, Nase, Tastsinn und Geschmack mehr und mehr zum Engpassfaktor anspruchsvoller sozialer Prozesse werden. Gemeint ist nicht, dass Menschen stören, indem sie irgendeinen imaginären Prozess der rationalen Automatisierung vieler Abläufe in Verwaltung und Gesellschaft an seiner Vollendung hindern, sondern gemeint ist ganz im Gegenteil, dass ohne Menschen, die merken und spüren, was läuft und was nicht läuft, gerade die sensibelsten Vorgänge nicht eingerichtet werden können. Gerade in Krankenhäusern, Atomkraftwerken und, man sieht es, wenn es fehlt, Investmentbanken kommt es darauf an, dass die Mitarbeiter mit allen ihren Sinnen bei der Sache sind, um gerade die kleinen, unscheinbaren Fehler rechtzeitig zu entdecken und zu korrigieren, die sich sonst so leicht zu Katastrophen auswachsen können.[4]

Die Kunst interessiert das Management möglicherweise gerade deswegen, weil sie sich explizit an die Wahrnehmung richtet, ohne dieser etwa bloß gefallen zu wollen, sondern ganz im Gegenteil, um sie zu rahmen, zu reflektieren, auf sich selbst aufmerksam zu machen und so mit Alternativen zu ihr selbst auszustatten.[5] Sich für Kunst zu interessieren heißt, die eigene Wahrnehmung, das Hören, Sehen, Empfinden und Erleben, für hinreichend interessant zu halten, um es sich leisten zu können, ihr nicht über den Weg zu trauen, weil viel zu vieles sich Reflexen, Vorurteilen und Ängsten verdankt, die schneller entstehen und sich festsetzen, als man auch nur mitbekommt, dass etwas geschehen ist. Dafür interessiert sich auch das Management. Denn im Umgang mit dem Produkt, mit dem

4 Siehe zur »mindfulness« als Bedingung des Arbeitens in und Managens von »high-reliability organizations« Karl E. Weick und Kathleen M. Sutcliffe, *Das Unerwartete managen*, dt. Stuttgart 2003.

5 Siehe Dirk Baecker, »Etwas Theorie«, in: ders., *Wozu Soziologie?*, Berlin 2004, S. 43-49; ders., »Zu Form und Funktion der Kunst«, in: ders., *Wozu Gesellschaft?*, Berlin 2007, S. 315-343.

Kunden und dem Kollegen sind diese Gewohnheiten der Engpass-faktor Nummer eins.[6] Und sie werden nicht etwa von einem neuen Menschen überwunden, sondern von dem Menschen, mit dem wir es immer schon zu tun haben, wenn er in puncto Wahrnehmung und darüber hinaus auch Kommunikation auf sich aufmerksam wird, was schwer genug ist. Interessanterweise interessiert sich dafür dann auch wieder die Kunst. Wenn das Management beginnt, die Menschen dort ernst zu nehmen, wo sie von keinem Computer ersetzt werden können, dann wird auch die Kunst wissen wollen, wie eine Organisation Kommunikation und Wahrnehmung der Menschen formatiert, und sich von ihrem kritischen Vorurteil verabschieden, in der Organisation ginge es nur um Entfremdung.

---

6 Siehe auch Dirk Baecker, »Das innovative Unternehmen«, in: ders., *Studien zur nächsten Gesellschaft*, Frankfurt am Main 2007, S. 14-27.

Zumutungen des Kulturmanagements

Einleitung

Organisation, so hat Niklas Luhmann einmal sinngemäß formuliert, sei Kommunikation über Arbeit: Einerseits gehe es darum, einem bestimmten Kreis von Leuten ein Arbeit genanntes, anforderungsreiches Verhalten zuzumuten; andererseits darum, dieses Arbeiten so zu gestalten, dass es als Vollzug von Entscheidungen beobachtet und variiert werden könne.[1] Beides versteht sich nicht von selbst. Und beides etabliert die Organisation als ein widerständiges und sperriges Phänomen inmitten einer Gesellschaft, die im Kontrast zur Organisation durch einen geringeren Zumutungsgehalt eines bestimmten Typs von Verhalten (nämlich Arbeit) und eine geringere Insistenz auf der Möglichkeit und Rechtfertigung von Entscheidungen, damit jedoch auch durch geringere Möglichkeiten zur Kontrolle und Gestaltung von Verhalten auffällt. Kommunikation in der Gesellschaft ist unspezifisch, so lautete einmal der Ausgangspunkt der Organisationstheorie, in der Organisation jedoch spezifisch und durch Entscheidungen immer wieder neu spezifizierbar.[2] Je nach Geschmack und Situation kann man im Anschluss an diese Differenz die Organisation als Ort des Zwangs kritisieren und die Gesellschaft als Ort der Freiheit preisen oder umgekehrt die Organisation als Ort der Planung loben und die Gesellschaft als Ort der Anarchie beklagen.

Wir könnten uns die folgenden Überlegungen sparen, wenn die Spezifizierung des Arbeitens und Entscheidens durch die Organisation mit jenen Zielsetzungen identisch wäre, von denen die Betriebswirtschaftslehre spricht. Dann könnte man sich überlegen, ob kulturelle Einrichtungen und Projekte Ziele (und wenn ja, welche) verfolgen, und sich auf die Suche nach den dazu passenden Mitteln und nach alternativen Mitteln machen, falls das eine oder andere nicht mehr verfügbar ist. Damit wäre bereits viel erreicht,

1 Siehe Niklas Luhmann, »Organisation«, in: Joachim Ritter und Karlfried Gründer (Hrsg.), *Historisches Wörterbuch der Philosophie*, Bd. 6, Darmstadt 1984, Sp. 326-1328.
2 Siehe James G. March und Herbert A. Simon, *Organizations*, 2. Aufl., Cambridge, Mass., 1993.

gibt es doch hinreichend viele Opernhäuser und Theater, Orchester und Museen, die unbekümmert um eine Klärung ihrer Ziele an bewährten Traditionen und Routinen festhalten und sich darauf verlegen, zu hoffen, dass alles so bleibt, wie es ist. Hier wäre eine Klärung der Zielsetzung zwar riskant, weil man nicht genau wüsste, ob man Ziele findet, und weil man erst recht nicht wüsste, ob diejenigen, die man findet, künstlerisch und politisch kommunizierbar sind, aber anders als im Rahmen einer Verständigung auf mögliche Ziele müsste man auf jede Kommunikation in der Auseinandersetzung um die Schärfung des künstlerischen Profils oder um die Fortsetzung und den Ausbau einer politischen Förderung verzichten. Und erst recht gilt im Bereich der Mittelfindung, dass man nur dann auf Änderungen in den Themenpräferenzen des Publikums, bei den Gagen, im Vertragswesen mit Musikern und Technikern, in der Verfügbarkeit von Urheberrechten oder in der Finanzierung der Projekte reagieren kann, wenn man sich vor Augen geführt hat, dass es sich dabei nicht um in Stein gemeißelte Notwendigkeiten, sondern um alternative, das heißt substituierbare Voraussetzungen der kulturellen Verwaltung künstlerischen Arbeitens handelt.

Insofern gehört der klassisch betriebswirtschaftliche Kalkül sinnvoller Ziele und verfügbarer Mittel noch vor jedem Errechnen von Kosten / Nutzen-Relationen zum kleinen Einmaleins auch des Kulturmanagements.[3] Doch wie gesagt, wenn es so einfach wäre, könnte man den Kulturmanagern ein Managementhandbuch empfehlen[4] und in den Kulturwissenschaften zur Tagesordnung der Erforschung interessanterer Themen übergehen. Tatsächlich jedoch hatte bereits der Gründer der Betriebswirtschaftslehre, Erich Gutenberg, den Verdacht, dass das Spezifische der Organisation im Kontrast mit dem Unspezifischen der Gesellschaft nicht unbedingt mit den Erwartungen einer Ziel / Mittel-, geschweige denn einer Kosten / Nutzen-Rationalität identisch ist. Gutenberg verstand diese betriebswirtschaftliche Rationalität daher als eine *Theorie*, die von der Komplexität der Organisation *abstrahiert* und diese Komplexität den Abstraktionen von technischen Effektivitäts- und

---

3 Siehe etwa Armin Klein (Hrsg.), *Kompendium Kulturmanagement: Handbuch für Studium und Praxis*, 2., stark erw. und verb. Aufl., München 2008.

4 Zum Beispiel Fredmund Malik, *Führen, Leisten, Leben: Wirksames Management für eine neue Zeit*, Stuttgart 2000.

wirtschaftlichen Effizienzüberlegungen *unterwirft*.[5] Die Spezifizität von Arbeit und Entscheidung ist demnach keine naturgegebene Angelegenheit der Organisation, sondern das Produkt einer Unterwerfung der Organisation unter Gesichtspunkte der Gestaltung, Planung und Kontrolle, die von außen kommen, im Fall der Betriebswirtschaftslehre aus der Technik und der Wirtschaft.

Auch das könnte man auf sich beruhen lassen und dem Kulturmanagement empfehlen, sich die grandiose Erfolgsgeschichte eines betriebswirtschaftlich konzipierten Managements anzuschauen und daraus zu lernen, wenn dem nicht zwei Überlegungen entgegenstünden. Die erste Überlegung lautet, dass sich der Bezug der Betriebswirtschaftslehre auf die Kosten / Nutzen-Kriterien der Wirtschaft zwar für privatwirtschaftliche Unternehmen von selbst versteht, aber nicht so ohne Weiteres auch für kulturelle Einrichtungen gelten kann, die als administrative Einheiten staatlicher Behörden oder als Projekte in einem mehr oder minder freien Feld von Förderinstitutionen agieren. Auch in der Betriebswirtschaftslehre verliert man zuweilen aus den Augen, dass die Effizienz und die Effektivität der Produkt-, Verfahrens-, Personal- und Marktkalküle erheblichen Schaden nehmen würden, wenn man nicht ein so relativ eindeutiges Kriterium wie das Gewinnkriterium hätte, um rasch und unbestreitbar (abhängig von der Phantasie im Umgang mit Soll und Haben der Buchführung einerseits und den Zeithorizonten der Gewinnziele andererseits) zu kommunizieren, was zu tun und was zu unterlassen ist.[6] Diese »Übersetzungsschwierigkeiten« (um es vorsichtig zu sagen) einer betriebswirtschaftlichen Rationalität (die auch in jedem Unternehmen zu beobachten sind, das gelernt hat, die Sprache der Gewinne in eine Sprache der Erwartung von Gewinnen zu transformieren[7]) teilen kulturelle Einrichtungen und Projekte mit Organisationen in der Politik, im Gesundheitswesen, im Militär, im Erziehungswesen oder im Sport, die bislang ebenfalls nach anderen professionellen

5 Siehe Erich Gutenberg, *Die Unternehmung als Gegenstand betriebswirtschaftlicher Theorie*, Berlin 1929.

6 Vgl. Dirk Baecker, *Organisation und Management: Aufsätze*, Frankfurt am Main 2003, S. 237 ff.

7 Siehe hierzu Robert G. Eccles und Harrison C. White, »Firm and Market Interfaces of Profit Center Control«, in: Siegwart Lindenberg, James S. Coleman und Stefan Nowak (Hrsg.), *Approaches to Social Theory*, New York 1986, S. 203-220.

Kriterien gestaltet und geführt worden sind als denen der Betriebswirtschaft.

Schwerwiegender jedoch ist die zweite Überlegung, die darauf hinweist, dass es in Organisationen ohne den Eingriff betriebswirtschaftlicher Effektivität und Effizienz nicht etwa keine, sondern eine ganz besondere Spezifizität gibt. Diese ist das Thema einer Organisationstheorie, die deswegen seit der Gründung der Betriebswirtschaftslehre neben dieser existiert und offenbar um keinen Preis mit ihr zusammengeführt werden kann. James G. March und Herbert A. Simon haben dieser Spezifizität den Namen »Ungewissheitsabsorption« gegeben.[8] Organisationen entscheiden unter allen Umständen so, dass die Ungewissheit jeder einzelnen Entscheidung auf eine Art und Weise bearbeitet und bewältigt werden kann, dass die Anschlussentscheidung die vorherige Entscheidung als nur im Ausnahmefall zu bezweifelnde Prämisse ihrer eigenen Ungewissheitsbearbeitung und -bewältigung nehmen kann. Von einer Ungewissheits*absorption* ist deswegen die Rede, weil die insgesamt bestehende Ungewissheit der Projekte, Programme und Profile der Organisation (unter diesen Bedingungen ihrer »Kleinarbeitung« in einzelne Entscheidungen) dann nirgendwo mehr auftauchen kann und deswegen mit relativ hohem Aufwand innerhalb der Organisation von *Strategen* rekonstruiert werden muss, die sich nicht zufällig auf *Kritiker* außerhalb der Organisation stützen, weil Kritiker, qua Negation des Ganzen,[9] noch am ehesten die Fähigkeit zum Blick aufs Ganze haben.

Spezifisch ist die Kommunikation in Organisationen vor jeder Intervention eines betriebswirtschaftlichen Managements bereits aus den Gründen der Selbstorganisation der Organisation. Nur deswegen ist diese Intervention ja zum einen nötig – als Erinnerung an technische und wirtschaftliche Bedingungen der Reproduktion der Organisation – und zum anderen möglich, da sie nur so auf Kompetenzen und Routinen trifft, die aufgefordert werden können, Überlegungen der Effizienz und Effektivität mehr Raum zu gönnen, als sie dies von sich aus tun. Es gibt die Organisationstheorie, weil es innerhalb jeder Organisation, auch der privatwirtschaftlichen, andere Mechanismen der Ungewissheitsabsorption

8 In *Organizations*, a. a. O.
9 Im Sinne von Walter Benjamin, »Der destruktive Charakter«, in: ders., *Denkbilder*, Frankfurt am Main 1974, S. 96-98.

gibt als die der Kontrolle technischer Effektivität und wirtschaftlicher Effizienz. Diese anderen Mechanismen ergeben sich innerhalb der Organisation aus handwerklichen und professionellen Traditionen des Arbeitsverständnisses, aus Stilen der Arbeitsteilung und Arbeitskoordination und aus Auseinandersetzungen um Macht- und Karrierechancen. Außerhalb der Organisation ergeben sie sich aus rechtlichen Bedingungen, politischen Rücksichten, kulturellen Gewohnheiten, religiösen Präferenzen und ökologischen Empfindlichkeiten derart, dass jede einzelne Organisation ein hochgradig individuelles Profil gewinnt, das man zwar auf das einfache Stichwort der Organisationskultur zu bringen versuchen kann,[10] das aber deswegen nicht weniger undurchschaubar ist.

Die Organisationstheorie beschreibt daher jede Organisation als eine »Mülltonne« (garbage can), in der Entscheidungen nach Problemen suchen, auf die sie passen, Themen und Gefühle nach Situationen suchen, in denen sie Ausdruck finden können, Lösungen nach Fragen suchen, auf die sie die Antwort sind, und Personen nach Arbeit suchen, die ihr Verbleiben in der Organisation rechtfertigt und ihre Aussicht auf hierarchische oder Projektkarrieren eher steigert als senkt.[11] Selbstverständlich kann man dieses Durcheinander einer Zielvereinbarung zu unterwerfen versuchen. Und selbstverständlich kann man so tun, als sei eine Organisation nichts anderes als die Aggregation individueller Ziele zu einem Gesamtziel. Aber dabei würde man erstens übersehen, dass individuelle Ziele qua Unklarheit und Heterogenität nicht aggregiert werden können,[12] und müsste zweitens in Kauf nehmen, es nur noch mit Mitarbeitern zu tun zu haben, die sich dieser Fiktion der Aggregierbarkeit entweder unterwerfen oder ihre abweichenden Zielvorstellungen und Einwände für sich behalten. Ein entsprechend mehr oder minder dramatischer Verlust an Intelligenz, auf welche die Organisation zurückgreifen kann, wäre die Folge. Auch deswegen spricht die Organisationstheorie von der »Infantilisierung« jener

10 Siehe Edgar Schein, *Organizational Culture and Leadership*, San Francisco 1985; Karl E. Weick, »The Significance of Corporate Culture«, in: Peter Frost u. a. (Hrsg.), *Organizational Culture*, Beverly Hills, CA, 1985, S. 379-389.
11 Michael D. Cohen, James G. March und Johan P. Olsen, »A Garbage Can Model of Organizational Choice«, in: *Administrative Science Quarterly* 17 (1972), S. 1-25.
12 So Kenneth J. Arrow, *Social Choice and Individual Values*, 2. Aufl., New Haven, NJ, 1963.

Geld nicht immer das?
gemeinsame das?

Organisationen, die sich auf das Sprachspiel der »gemeinsamen Ziele« einlassen.[13]

Stattdessen hat es sich bewährt, von einer Integration der Organisation nicht auf der Ebene ihrer Ziele, sondern auf der Ebene ihrer Mittel auszugehen.[14] Diese nämlich sind heterogen und mehrdeutig und bieten daher erstens einen unmittelbaren Zugang zur Beobachtung der vielfältigen Wirklichkeit einer Organisation und erlauben es zweitens dennoch, von einer Gemeinsamkeit der Wirklichkeit einer Organisation für alle Beteiligten auszugehen oder diese sogar zu pflegen, weil die Mittel der einen die Voraussetzung für die Arbeit der anderen sind. Man ist dabei, weil man »mit Künstlern arbeiten« möchte, weil man »Zugang zu Fördermitteln« haben möchte, weil »man morgens ausschlafen und abends auf der Bühne stehen« kann, weil »das Publikum jeden Abend anders« ist oder einfach weil »die Leute so nett« sind. Auf der Ebene dieser Mittel entstehen die Motive, dabei zu sein und sich zu engagieren, und erst dann, wenn man denn gezwungen sein sollte, sich zu rechtfertigen, sucht man nach Zielen, die sich darstellen lassen.

Der Grund für die relativ weit ausholenden Überlegungen dieses Aufsatzes ist, dass die beiden Ideen der Ungewissheitsabsorption und der Mittelintegration einen besseren Zugang zum Verständnis der Bewegungsspielräume kultureller Einrichtungen und Projekte in einem zunehmend unübersichtlichen gesellschaftlichen Feld bieten als betriebswirtschaftliche Ideen der Kosten- und Nutzenkontrolle. Jedes Kulturmanagement bewegt sich nicht nur in diesem unübersichtlichen Feld, sondern es gewinnt aus ihm seine interessantesten Anregungen. Andernfalls hätte dieses Management nichts mit Kultur zu tun. Denn die Pointe des Kulturmanagements (nicht nur in kulturellen Einrichtungen und Projekten, sondern auch bei der Gestaltung und Entwicklung einer Organisationskultur in Unternehmen und Behörden, Kirchen und Universitäten, Armeen und Sportvereinen) besteht darin, dass kaum etwas die kulturellen Bedingungen, unter denen und an deren Varation man unter Umständen arbeitet, besser zu beleuchten vermag als die Beobachtungen der Zumutungen, die sich für Arbeit, Kultur und Entscheidung aus der Arbeit, Kultur und Entscheidung der eigenen Einrichtung, des eigenen Projekts ergeben. Die folgenden

13 Vgl. Chris Argyris, *Personality and Organization*, New York 1957.
14 Siehe Karl E. Weick, *Der Prozeß des Organisierens*, dt. Frankfurt am Main 1985.

Überlegungen zu möglichen Ansatzpunkten einer über die (deswegen nicht geringer zu schätzenden) handwerklichen Aspekte des Kulturmanagements hinausreichenden professionellen Ausdifferenzierung und Reflexion des Kulturmanagements gehen daher davon aus, die Form des Kulturmanagements als die beste verfügbare Sonde zur Erkundung und Ausgestaltung seiner Möglichkeiten zu begreifen. Am Ende des Tages steht jeder Kulturmanager mit einem kleinen Team von Mitarbeitern und Vertrauten vor seiner Einrichtung und hat nichts anderes als jene, um den Erfolg dieser zu sichern und auszubauen. Alternativ bleibt nur die Kündigung, die jedoch als Instrument der Selbsterkenntnis nicht unterschätzt werden sollte.

Das Verfahren, auf das wir uns im Folgenden einlassen, besteht nicht darin, die Komplexität der organisierten Arbeit im Gegensatz zur Abstraktion der Betriebswirtschaftslehre in die Organisation wieder hineinzuholen, so als wäre diese Komplexität identisch mit der Wirklichkeit der Organisation und als müsste man diese Wirklichkeit in allen ihren Zügen kennen, um in ihr etwas auszurichten. Wer so vorgeht, hat missverstanden, was mit der Problemformel der Komplexität zum Ausdruck gebracht werden soll, nämlich eine grundsätzliche Überforderung des Beobachters durch die Vielfalt und Einheit des Wirklichen.[15] Diese Überforderung wird durch genaueres Hinschauen oder umsichtigere Reflexion nicht etwa reduziert, sondern gesteigert. Die angemessene Reaktion auf Komplexität ist daher die Vorsorge für alternative Reduktionen, um nicht auf eine festgelegt zu sein. Die zur Zielorientierung der Betriebswirtschaftslehre alternative Reduktion, zu der wir im Folgenden einige Hinweise zusammentragen, ist die Beobachtung der Situation. Durchaus im Sinne chinesischer Weisheitslehren,[16] doch eher im Rahmen soziologischer als philosophischer Überlegungen arbeiten wir an einem Verständnis der Situation des Kulturmanagements, die durch die Momente des organisierten Arbeitens, des kulturellen Zugriffs auf Kunst und den Zwang zur Entwicklung eines Alternativenbewusstseins zu jeder getroffenen Entscheidung gekennzeichnet ist. Robust wird diese Reduktion dann, wenn man merkt, dass sich genau diese drei Momente verlässlich wiederho-

---

15 Siehe nur W. Ross Ashby, »Requisite Variety and Its Implication for the Control of Complex Systems«, in: *Cybernetica* 1 (1958), S. 83-99.
16 Siehe François Jullien, *Über die Wirksamkeit*, dt. Berlin 1999.

len, gleichgültig in welcher im Übrigen vielfältigen, überraschenden und überfordernden Situation man sich gerade befindet. Diese Zweiseitenform der Situation unter dem Gesichtspunkt der Wiederholung einerseits und der Überraschung andererseits empfehlen wir dem Kulturmanagement als eine Grundfigur der Erkundung und des Ausbaus der eigenen Möglichkeiten.

Organisation

In der politischen Verwaltung und in der Privatwirtschaft, in Universitäten und in Krankenhäusern, in Kirchen und Armeen hat man sich an die Zumutung von Arbeit und Entscheidung seit Jahrhunderten gewöhnt. Kritik und Lob haben sich auf das Stichwort der *Bürokratie*, der Herrschaft des Büros, eingependelt, unter dessen Vorzeichen sowohl die Forderung organisierten Gehorsams als auch die Eingrenzung dieses Gehorsams auf Bedingungen der Legitimität[17] beschrieben werden konnten.[18] Die *Rationalität* übernahm die Aufgabe, den Bruch zwischen Organisation und Gesellschaft sowohl zu begründen als auch zu überbrücken, indem es unter ihren Gesichtspunkten möglich ist, die Mittel auszutauschen, um bestimmte Zwecke zu erreichen, aber auch die Zwecke auszutauschen, um die Mittel ausnutzen, vielleicht auch weiterentwickeln zu können und diese extreme Beweglichkeit zugleich in jedem Moment als vernünftig darzustellen.[19] Immer dann, wenn die Spannung zwischen den Zumutungen, aber auch den Reichweiten organisierter Arbeit auf der einen Seite und gesellschaftlichen Toleranzen auf der anderen Seite zu groß wurde, konnte man überdies

17 Unter Inkaufnahme bedenklicher Extremwerte siehe Wolfgang Sofsky, *Die Ordnung des Terrors. Das Konzentrationslager*, Frankfurt am Main 1993.

18 Siehe Max Weber, *Wirtschaft und Gesellschaft: Grundriß der verstehenden Soziologie*, 5., rev. Aufl., Studienausgabe, Tübingen 1990, S. 128 ff. und 551 ff.; Dirk Baecker, »Kapitalismus und Bürokratie«, in: ders., *Wozu Soziologie?*, Berlin 2004, S. 150-188; Johan P. Olsen, »Maybe it is Time to Rediscover Bureaucracy?«, University of Oslo, Centre for European Studies, Working Paper, No. 10, 2005.

19 Siehe Niklas Luhman, *Zweckbegriff und Systemrationalität: Über die Funktion von Zwecken in sozialen Systemen*, Neuausgabe Frankfurt am Main 1977; Dirk Baecker, »Rationalität oder Risiko?«, in: Manfred Glagow, Helmut Willke und Helmuth Wiesenthal (Hrsg.), *Gesellschaftliche Steuerungsrationalität und partikulare Handlungsstrategien*, Pfaffenweiler 1989, S. 31-54.

auf ein Verständnis von *Profession* ausweichen, das es erlaubt, ein Sonderwissen in Anspruch zu nehmen und Laien nicht nur auszuschließen, sondern einer von diesem Sonderwissen angeregten Behandlung zu unterwerfen.[20] Aber auch der Profession ist es nicht erlaubt, sich restlos zu verselbständigen. Jede Ausdifferenzierung ist gesellschaftlich an Bedingungen der Wiedereinbettung gebunden, die die Abstraktion zwar gerade nicht verhindert, aber doch abfedert und moderiert.

Der Kulturbereich kann in Theatern, Orchestern, Ateliers und Museen auf eine Geschichte des Umgangs mit Organisation zurückblicken, die sich vor den jahrhundertealten Erfahrungen von Tempeln, Banken, Klöstern, Kommunen und Armeen nicht zu verstecken braucht. Von den Krankenhäusern der Antike und des Mittelalters weiß man, dass sie ihr Führungspersonal zuweilen unter Exsoldaten rekrutierten.[21] Vermutlich waren kulturelle Einrichtungen und Projekte meist zu klein, um eine solche Maßnahme zu rechtfertigen, und man griff eher auf Verwaltungsbeamte jener Höfe zurück, die sich ein Orchester, einen Chor, ein Ensemble von Schauspielern und den dazugehörenden Stab an Künstlern und Technikern leisten konnten. Selbstbeschreibungen des Kulturbereichs als Bereich organisierten Arbeitens sind vergleichsweise selten. Offenbar überwiegt für Ateliers ein handwerklich-privates, für Museen ein archivalisch-administratives, für Orchester ein handwerklich-höfisches und für Theater ein entweder ebenfalls höfisches oder ein vagabundenhaft selbstorganisiertes, von den Gelegenheiten des Jahrmarkts und anderer dörflicher und städtischer Feste abhängiges Selbstverständnis, das jeweils so tut, als verstünde sich hier alle Arbeit handwerklich, administrativ oder publikumsgebunden von selbst. Der Zumutungsgehalt wird dabei in Minimalhierarchien zwischen Meister und Lehrling, Theaterleiter und Ensemble, Konzertmeister und Musiker oder Bürovorsteher und

20 Siehe Michel Foucault, *Wahnsinn und Gesellschaft. Eine Geschichte des Wahns im Zeitalter der Vernunft*, dt. Frankfurt am Main 1969; ders., *Die Geburt der Klinik: Eine Archäologie des ärztlichen Blicks*, dt. Frankfurt am Main 1988; ders., *Überwachen und Strafen: Die Geburt des Gefängnisses*, dt. Frankfurt am Main 1976; Andrew Abbott, *The System of Professions: An Essay on the Division of Expert Labor*, Chicago 1988; Arthur L. Stinchcombe, *When Formality Works: Authority and Abstraction in Law and Organizations*, Chicago 2001.

21 Siehe Cyril Elgood, *A Medical History of Persia and the Eastern Caliphate from the Earliest Times until the Year A. D. 1932*, Cambridge 1951.

Mitarbeiter aufgefangen, ohne andere Entscheidungen als solche zuzulassen, die in bewährten Traditionen und Routinen abgesichert sind und somit nicht als Entscheidungen auffallen.

Von dieser Nähe zum Handwerk, das heißt zu einem Typ von Arbeit, der nicht auf Bürokratie, Rationalität oder Profession im Sinne abstrahierenden Expertentums zurückgreifen muss, um deutlich zu machen, was jeweils erarbeitet werden soll und wie dies geschehen kann, profitiert der Kulturbereich bis heute. Das bedeutet nicht, dass künstlerisches Arbeiten nicht seine eigenen Unwahrscheinlichkeiten hätte, aber wie im Handwerk kann diese Unwahrscheinlichkeit durch Verweise auf Performanz, also auf tatsächliche Leistungen, wenn auch nicht im Bereich nützlicher Werke, so doch immerhin im Bereich der Unterhaltung, abgearbeitet werden. Hinzu kommt ein Kunstmarkt, der die Unwahrscheinlichkeit künstlerischer Arbeit durch zum Teil erhebliche Zahlungsbereitschaften im Rahmen von Reputationskonkurrenz, Sammlerleidenschaft oder Vermögensanlagestrategien auffängt.

Berücksichtigt man außerdem, dass das späte 18. und frühe 19. Jahrhundert individuelle und damit geniale, weil zu Abweichungen vom Gewohnten (vor allem vom Höfischen und Akademischen) bereite Aspekte künstlerischer Arbeit in den Vordergrund gerückt hat,[22] kann nicht mehr überraschen, dass der Kulturbereich, soweit er sich auf die Präsentation künstlerischer Arbeit bezieht (wir kommen darauf zurück), den Umstand, dass diese künstlerische Arbeit organisiert werden muss, mit äußerst geringer Prominenz behandelt hat. Fragen der Atelierorganisation und der Hierarchie im Orchesterbereich gehören eher zum Lokalkolorit und zum willkommenen Anekdotenschatz eines Feldes gesellschaftlicher Tätigkeit, das eigentlich aus ganz anderen Gründen interessiert. Letztlich stellt man sich den Künstler als einen genialen, zwischen Verzweiflung und Übermut oszillierenden Einzeltäter vor, der vom Kulturbereich nichts anderes erwartet als eine sich wiederum aus der Sache selbst ergebende Präsentation der Ergebnisse seines Schaffens. Wie viel Gesellschaft in die künstlerische Arbeit und die kulturelle Präsentation tatsächlich eingeht, kann man zwar spätestens seit Giorgio Vasari und Jacob Burckhardt in jeder Künstlerbiographie nachlesen, dies wird aber erst in jüngerer Zeit

---

22 Siehe Harrison C. White und Cynthia A. White, *Canvases and Careers: Institutional Change in the French Painting World,* Neudruck Chicago 1993.

wieder ausdrücklich untersucht.[23] Dabei spielen Gesichtspunkte der Organisation häufig eine Rolle, jedoch nur selten in der organisationssoziologischen Zuspitzung, die wir uns wünschen müssen, wenn es um die Eigenarten der organisierten Arbeit im Kunst- und Kulturbereich geht.

Kultur

Andererseits kann man die Überlegung in den Raum stellen, dass Fragen der Organisation im Kulturbereich auch deswegen vergleichsweise selten thematisiert werden, weil das Stichwort der Kultur schon hinreichend viele Organisationsleistungen enthält, deren Wahrnehmung und Umsetzung bereits ein professionelles Selbstverständnis im Umgang mit künstlerischen Prozessen und Werken anregt, das dann auch als Managementleistung gelten kann.

Für diese Überlegung ist es hilfreich, auf eine Differenz zwischen Kunst und Kultur hinzuweisen, deren Bedeutung und Reichweite umstritten ist und die möglicherweise nicht viel mehr als eine Nuance ausmacht, die jedoch für Anschlussüberlegungen zur Profession des Kulturmanagements nicht unwichtig ist. An anderer Stelle habe ich von einer »Ellipse der Kultur« gesprochen,[24] um die Eigentümlichkeit zu beschreiben, dass das moderne Kulturverständnis um die beiden Schwerpunkte des Interesses an Kunst einerseits und der Sorge um kulturelle Zustände der Gesellschaft andererseits kreist, so als verstünde sich das eine ganz selbstverständlich im Hinblick auf das andere. Aber worin liegt die Gemeinsamkeit der künstlerischen Arbeit mit Bild, Musik, Text, Skulptur, Szene, Film, Fernsehen und Video einerseits und einer Kultur der Gesellschaft

---

23 Siehe etwa neben White und White, *Canvases and Careers*, a. a. O., auch Howard S. Becker, *Art Worlds*, Berkeley 1982; Robert R. Faulkner, *Music on Demand: Composers and Careers in the Hollywood Film Industry*, New Brunswick, NJ, 1983; Martin Warnke, *Hofkünstler: Zur Vorgeschichte des modernen Künstlers*, Köln 1986; Diana Crane, *The Transformation of the Avant-Garde: The New York Art World, 1940-1985*, Chicago 1987; Vera L. Zolberg, *Constructing a Sociology of the Arts*, New York 1990; Pierre Bourdieu, *Die Regeln der Kunst: Genese und Struktur des literarischen Feldes*, dt. Frankfurt am Main 1999; Niklas Luhmann, *Die Kunst der Gesellschaft*, Frankfurt am Main 1995; Jürgen Gerhards (Hrsg.), *Soziologie der Kunst: Produzenten, Vermittler und Rezipienten*, Opladen 1997.

24 In: *Wozu Kultur?*, 2., erw. Aufl., Berlin 2001, S. 181 ff.

andererseits? Mit dem Begriff der Hochkultur konnte diese Frage immer als beantwortet gelten: Als kultiviert erwies man sich, indem man durch seine Fähigkeit zum Umgang mit Kunstwerken seinen guten Geschmack oder ersatzweise zumindest seine Kennerschaft bewies. Aber dieses Verständnis von Kultur als Hochkultur war nur ein Überbleibsel der Kopie aristokratischer Distinktion durch das Bürgertum und konnte sich in einer modernen Gesellschaft, die Distinktionen des Stils und des Geschmacks nicht mehr vertikal und hierarchisch nach Hochkultur und Unkultur, sondern horizontal und heterarchisch nach Milieu und Subkultur ordnet, nicht lange halten.[25] Die Referenz von Kultur auf Kunst jedoch hat sowohl die Egalisierung der Gesellschaft als auch die weitgehende Ethnologisierung des Kulturbegriffs überstanden.

Wie kommt es zu diesem elliptischen Verständnis von Kunst und Kultur? Warum interessiert sich die Kultur immer auch für Kunstwerke und nicht nur für Sitten und Bräuche ferner und naher Völker, für Begräbnisrituale, Essgewohnheiten, Feste, Arbeitsstile, Gottesvorstellungen, den Umgang mit Tieren und Pflanzen, mit Körper und Geschlecht, den Ausdrücken von Trauer und Freude, Hass und Liebe, die großen und kleinen Tricks der Suche nach dem Sinn des Lebens und der Beheimatung auf diesem Planeten? Warum belässt es die Kulturarbeit nicht an einem Interesse an der Pflege von Folklore? Warum folgt man nicht dem Rat von Platon und verbietet Dichtern und Geschichtenerzählern wie Homer und Hesiod das Wort, die mit ihren schrecklichen, lächerlichen und in jedem Fall unwahren Geschichten Jünglingen (und jungen Frauen) nur den Kopf verdrehen?[26] Warum beschränkt man die Kulturarbeit nicht auf das Loblied des Guten und Gerechten, um den Menschen Halt und Orientierung zu geben?

Fragen dieser Art sind nur zum Teil rhetorisch gemeint. Es gab und gibt in verschiedenen Regionen der Weltgesellschaft hinreichend viele Belege für ein Interesse an einer Kulturarbeit, das sich

---

25 Siehe Richard Hoggart, *The Uses of Literacy: Aspects of Working-Class Life, with Special References to Publication and Entertainments*, London 1957; Raymond Williams, *Culture and Society 1780-1950*, London 1958; Pierre Bourdieu, *Die feinen Unterschiede: Kritik der gesellschaftlichen Urteilskraft*, dt. Frankfurt am Main 1982.

26 So Platon, *Politeia*, in: *Sämtliche Werke*, Bd. 2., dt. Hamburg 2000, S. 195-537, hier: 386 ff.

auf die Feier der Gemeinschaft, die Veranstaltung von Festen und die Pflege von Ritualen beschränkt. Man übersieht zu häufig, dass die Auseinandersetzung mit der modernen Kunst für Schriftkulturen (von Stammesgesellschaften zu schweigen), die nicht durch die leidvolle Geschichte einer Dynamisierung der Gesellschaft in der Auseinandersetzung mit den Folgen des Buchdrucks gegangen sind,[27] eine Zumutung erster Ordnung darstellt. Erst die Buchdruckkultur mit ihrem doppelten Interesse an Redundanz und Varietät hat begonnen, den Umgang mit Form und Farbe, Geste und Klang, Bild und Ton freizugeben und einer individuell abweichungsfähigen Wahrnehmung zuzuordnen, so dass die Kunst einerseits mehr ausprobieren kann als je zuvor, ihre Produkte und Prozesse allerdings auch schneller als je zuvor individuell abgelehnt werden können. Genau das beschreibt die Soziologie unter dem Begriff einer »Ausdifferenzierung« von Kunst.[28] Schriftkulturen hingegen beziehen Kunstwerke nicht auf individuelle Künstler und Betrachter, mit entsprechender Toleranz für Form und Stil, sondern auf Gemeinschaften und ihre Rituale, mit entsprechend geringen Chancen individueller Abweichung sowohl in der Produktion als auch in der Rezeption von Kunst. Wer abweicht, muss sich dafür des Rückhalts nicht nur in einer Gruppe oder in einem Milieu, sondern in der Gesamtgesellschaft vergewissern. Das geht nur im Rausch oder im Gelächter und ist dann streng genommen keine Abweichung, sondern eine zeitlich begrenzte Umkehrung der dadurch eher bestätigten als unterlaufenen Ordnung.[29] Interessanterweise haben fundamentalistische Regime und totalitäre politische Systeme an der Schwelle zwischen Schriftkultur und Buchdruckkultur an dieser Form von Umkehrung nur ein inoffizielles Interesse, moderiert (wie etwa in der Sowjetunion) durch einen seinerseits laufenden Wechsel zwischen »Eiszeit« und »Tauwetter«,[30] wodurch es in der gegenwärtigen Weltgesellschaft immer wieder

27 Im Sinne von Marshall McLuhan, *The Gutenberg Galaxy: The Making of Typographic Man*, Toronto 1962.

28 Siehe Niklas Luhmann, *Die Ausdifferenzierung des Kunstsystems*, Bern 1994; ders., Die Kunst der Gesellschaft, a. a. O.; vgl. Arnold Gehlen, *Zeit-Bilder: Zur Soziologie und Ästhetik der modernen Malerei*, 3., erw. Aufl., Frankfurt am Main 1986.

29 Siehe Michail Bachtin, *Rabelais und seine Welt: Volkskultur als Gegenkultur*, dt. Frankfurt am Main 1995.

30 Siehe Ilja Ehrenburg, *Tauwetter*, dt. Berlin 1975.

zu bemerkenswerten Turbulenzen in der Auseinandersetzung mit einer Kultur der Kunst kommt.

Unsere Frage nach der Referenz von Kultur auf Kunst beantwortet sich demnach nicht von selbst. Die Kunst ist nicht der hehre Gegenstand interesselosen Wohlgefallens, auf den sie eine moderne Gesellschaft sowohl konzentriert als auch reduziert hat, sondern als eine Form der Auseinandersetzung mit dem Schönen, dem Hässlichen und dem Erhabenen (darunter auch dem Schrecklichen[31]) ihrerseits eine Zumutung, mit der sich die Gesellschaft nicht freiwillig und auch nicht ungestraft traktiert. Diese Zumutung resultiert daraus, dass die Produktion und die Rezeption von Kunst in allen ihren Formen individuelle Wahrnehmung sichtbar macht und zu dieser herausfordert.[32] Kunst ist Kommunikation über Wahrnehmung, die sich damit, das macht den Zumutungsgehalt aus, nicht mehr von selbst versteht, und dies schon deswegen nicht, weil in der Kommunikation Differenzen zwischen den individuellen Eindrücken einerseits und ihrem geselligen Ausdruck andererseits auffallen, von denen sich weder das Individuum noch die Gesellschaft zuvor etwas hätten träumen lassen. An der Art und Weise, wie schnell sich die Kommunikation über Kunst in den »*sensus communis*« (Kant),[33] in bestimmte Konventionen der Formulierung von Geschmacksurteilen (»schön«, »hässlich«, »erhaben«, »neu« …) flüchtet, bemerkt man bis heute eine gewisse Peinlichkeit des Redens über individuelle Wahrnehmungen, die zu den Hochzeiten der bürgerlichen Kunst nicht zu Unrecht durch die Regel aufgefangen wurde, dass gemeinsamer Kunstgenuss möglichst schweigend vollzogen werden solle. Denn nur so könne er nicht dadurch verdorben werden, dass das Individuum einerseits seine abweichenden

31 Siehe Alexander Gottlieb Baumgarten, *Theoretische Ästhetik: Die grundlegenden Abschnitte aus der »Aesthetica« (1750/58)*, Hamburg 1983; Immanuel Kant, *Kritik der Urteilskraft*, in: *Werke*, Bd. 5, Frankfurt am Main 1968; Theodor W. Adorno, *Ästhetische Theorie*, Frankfurt am Main 1969.

32 Siehe Jean Paul, *Vorschule der Ästhetik*, Hamburg 1990; Alfred Baeumler, *Das Irrationalitätsproblem in der Ästhetik und Logik des 18. Jahrhunderts bis zur Kritik der Urteilskraft*, Darmstadt 1974; vgl. Dirk Baecker, »Zu Funktion und Form der Kunst«, in: ders., *Wozu Gesellschaft?*, Berlin 2007, S. 315-343.

33 Siehe dazu Hans Graubner, »›Mitteilbarkeit‹ und ›Lebensgefühl‹ in Kants *Kritik der Urteilskraft*: Zur kommunikativen Bedeutung des Ästhetischen«, in: Friedrich Kittler und Horst Turk (Hrsg.), *Urszenen: Literaturwissenschaft als Diskursanalyse und Diskurskritik*, Frankfurt am Main 1977, S. 53-75.

(weil nur so individuellen) Wahrnehmungen und andererseits eine gewisse Gemeinsamkeit der Betrachtung zum Ausdruck zu bringen versuchen muss.

Diese gesellschaftlich riskante Kommunikation über Wahrnehmung kann und muss man sich sowohl als Künstler als auch als Betrachter erst einmal leisten. Die entsprechenden Vokabeln der Ausdifferenzierung von Kunstproduktion und Kunstgenuss lauten gegen Ende des 18. Jahrhunderts »Genie«, »Scharfsinn« und »Witz«.[34] Doch das leistet sich nicht jedermann, und wer es sich leistet, tut es im Schutz gesellschaftlicher Vorkehrungen (die dann allerdings auch als »spießig« gelten beziehungsweise diejenigen, die sich an sie halten, als »Philister« markieren[35]), welche die hier erbrachten Sonderleistungen als solche markieren und den Rest der Gesellschaft, Arbeit und Familie, Politik und Erziehung, Wissenschaft und Religion, vor ihr schützen. Über individuelle Wahrnehmung wird kaum irgendwo ungestraft gesprochen. Sie ist Sache des »Subjekts« und entsprechend verdächtig. Will man den »Respekt« vor seiner »Würde«, so die Kategorien der Tradition, nicht verlieren, behält man seine Wahrnehmungen in allen anspruchsvollen Momenten für sich und lässt sie den anderen im Kontext dessen, was dann bereits als Beweis des Vertrauens, wenn nicht der Freundschaft gilt, allenfalls erahnen. Alles andere wäre in genau dem Sinne aufdringlich, den die Moderne dann zum Normalfall erklärt.

Macht man sich dieses Unruhemoment der Kunst in der modernen Gesellschaft deutlich, diese dauernde Bedrohung des Einklangs von Individuum und Gesellschaft im Umgang mit den Zeichen und Symbolen, die ihre Welt definieren, diese dauernde Herausforderung des Individuums zu einer Individualisierung, die definitionsgemäß fast ungeschützt, nur gestützt auf die Idiosynkrasiefähigkeit des Individuums ablaufen muss, ist leichter nachvollziehbar, warum die Kultur in ihren Formen der Arbeit an sich so gerne auf die Kunst zurückgreift, ja kaum umhinkommt, genau dies zu tun. Denn was ist Kultur? Trauen wir uns eine Antwort auf diese Gretchenfrage der Moderne zu?[36] Gibt es einen begriff-

34 So Jean Paul, *Vorschule der Ästhetik*, a. a. O.

35 Siehe Clemens Brentano, *Der Philister vor, in und nach der Geschichte: Scherzhafte Abhandlung*, Zürich 1988.

36 Siehe immerhin Niklas Luhmann, »Kultur als historischer Begriff«, in: ders., *Gesellschaftsstruktur und Semantik: Studien zur Wissenssoziologie der modernen Ge-*

lichen Kern, der die heterogene Vielzahl jener Gesichtspunkte organisiert, deren Diskussion wir unter Stichworten wie »Pluralität«, »Alternität«, »Diffusität« oder »Hybridizität« seit vielen Jahren erleben?[37]

Angesichts dieser Diskussion gilt es ja schon fast als politisch inkorrekt, wenn man die Frage nach Begriff und Funktion der Kultur auch nur stellt, geschweige denn beantwortet. Schaut man sich jedoch (durchaus im Rahmen dieser Diskussion, wenn auch von dieser fast unbemerkt) den Vorschlag an, den der Anthropologe und Soziologe Bronislaw Malinowski zum Ende seines Lebens nach ausgiebigen Erfahrungen »im Feld« formuliert hat, wird schnell sichtbar, wie sehr unsere Frage nach Konzepten eines Kulturmanagements im Besonderen und die Kulturwissenschaften im Allgemeinen von diesem profitieren würden. Malinowski versteht unter »Kultur« den Mechanismus der wechselseitigen Abstimmung zwischen den Institutionen und Ritualen, den Menschen und ihren Bedürfnissen, den praktischen Tätigkeiten und den Normen einer Gesellschaft, die als diese Abstimmung von außen und von innen unter den laufenden Druck einer immer neuen Anpassung an wechselnde Verhältnisse gesetzt wird.[38] Wohlgemerkt: Die Kultur ist hier nicht der Normenhaushalt, bei dem man sich rückversichert, wie man mit wechselnden Anforderungen falsch oder richtig umgeht, sondern sie ist der Mechanismus, mit dessen Hilfe die Normen variabel gehalten werden können, die diese Unterscheidung zwischen falschem und richtigem Verhalten anleiten.

Für die anschließende soziologische und ethnologische Forschung ist dieser Unterschied zentral, obwohl sich herausgestellt

sellschaft, Bd. 4, Frankfurt am Main 1995, S. 31-54; Terry Eagleton, *Was ist Kultur?*, dt. München 2001; Baecker, *Wozu Kultur?*, a. a. O.

37 Siehe A. L. Kroeber und Clyde Kluckhohn, *Culture: A Critical Review of Concepts and Definitions*, Reprint New York 1963; Yuri M. Lotman und B. A. Uspensky, »On the Semiotic Mechanism of Culture«, in: *New Literary History* 9 (1978), S. 211-232; Stuart Hall, »Cultural Studies and its Theoretical Legacies«, in: Lawrence Grossberg, Gary Nelson und Paula A. Treichler (Hrsg.), *Cultural Studies*, London 1992, S. 277-294; Homi Bhabha, *The Location of Culture*, London 1994; Byung-Chul Han, *Hyperkulturalität: Kultur und Globalisierung*, Berlin 2005; Andreas Reckwitz, *Die Transformation der Kulturtheorien*, Studienausgabe mit einem neuen Nachwort, Weilerswist 2006.

38 Siehe Bronislaw Malinowski, *Eine wissenschaftliche Theorie der Kultur und andere Aufsätze*, dt. Frankfurt am Main 2005.

hat, dass es nicht immer leicht ist, ihn durchzuhalten.[39] Tatsächlich findet man diesen Unterschied schon bei Platon, wenn er im Rahmen seiner Überlegungen zu einer angemessenen Erziehung (*paideia* – jener Begriff, der bei den Griechen am ehesten das trifft, was man später unter »Kultur« verstand[40]) der Wächter seiner gerechten Stadt diese von guten Hunden unterscheidet: ein Hund unterscheidet spontan zwischen Fremden und Bekannten und ist diesen gegenüber freundlich und jenen gegenüber böse; ein Wächter jedoch lernt, zu verstehen und nicht zu verstehen, und bestimmt erst dann das Verwandte und das Fremdartige.[41] Wir können auch sagen, ein zur Kultur erzogener Wächter lernt, die Unterscheidung zwischen falsch und richtig den Verhältnissen anzupassen und die Fremden von gestern als die Freunde von heute zu begrüßen und umgekehrt.

Die doppelte Pointe an diesem von Malinowski formulierten Kulturbegriff besteht darin, dass wechselseitige Abstimmungs- und Anpassungsleistungen (inklusive, das darf nicht vergessen werden, der Pflege dazu erforderlicher Spannungen und Konflikte – immerhin haben wir es von Anfang an mit einer differenzierten Gesellschaft zu tun) im Normen- und Institutionenhaushalt der Gesellschaft einerseits an eine mitlaufende Abstimmungs- und Anpassungsleistung an den menschlichen Bedürfnishaushalt andererseits gebunden werden. Wenn sich die Kognitionswissenschaften heute eine multireferentielle Untersuchung der Koevolution von und Akkomodation zwischen Körper, Gehirn, Bewusstsein, Gesellschaft und Natur vorstellen könnten (was leider nicht der Fall ist), bei Malinowski würden sie auf der Suche nach dem passenden Forschungsprogramm fündig. Das muss uns hier nicht interessieren,[42]

---

39 Siehe etwa Talcott Parsons, »Culture and Social System Revisited«, in: Louis Schneider und Charles M. Bonjean (Hrsg.), *The Idea of Culture in the Social Sciences*, Cambridge 1973, S. 33-46; Clifford Geertz, *Dichte Beschreibung: Bemerkungen zu einer deutenden Theorie von Kultur*, dt. Frankfurt am Main 1987.

40 So Jörg Fisch, »Zivilisation, Kultur«, in: Otto Brunner, Werner Conze und Reinhart Koselleck (Hrsg.), *Geschichtliche Grundbegriffe: Historisches Lexikon zur politisch-sozialen Sprache in Deutschland*, Bd. 7, Stuttgart 1992, S. 679-774, hier: S. 682 f.

41 *Politeia*, a. a. O., 376a-e.

42 Siehe mit unterschiedlichen Ausgangspunkten Talcott Parsons, *Action Theory and the Human Condition*, New York 1978; Francisco J. Varela, *Kognitionswissenschaft – Kognitionstechnik: Eine Skizze aktueller Perspektiven*, dt. Frankfurt am Main 1990.

ist jedoch für die alles andere als selbstverständliche Einbettung akademischer Überlegungen zum Kulturmanagement in die Fachdisziplin der Kulturwissenschaften nicht uninteressant.

Wichtig für die Überlegungen des vorliegenden Aufsatzes ist, dass Kultur vor dem Hintergrund dieses anthropologischen und soziologischen Begriffs als ein Mechanismus sowohl der Codierung als auch der Modalisierung dieser Codierung verstanden werden kann,[43] der über die laufende Pflege, den Vergleich und die Subversion gesellschaftlicher Zustände diese Gesellschaft als Einwand gegen sich selbst zusammenhält und deswegen auf die Kunst zurückgreift, weil von hier aus die gleichsam beweglichste und empfindlichste aller sozialen Differenzen, die Differenz von Individuum und Gesellschaft, am besten adressiert werden kann. Die Kultur der Gesellschaft adressiert die Individualität des Individuums als den Punkt, an dem sich Anspruch und Zumutung der Gesellschaft am sichersten erkennen lassen. In dieser Individualität des Individuums, verstanden als Aussicht auf Glück und Unglück des Menschen im geselligen Verkehr, hat auch die Kulturkritik der Gesellschaft ihre wichtigste Verankerung,[44] und sie war und ist auch der Forschungsschwerpunkt einer philosophischen Anthropologie, der es um die Grenzen der Plastizität des Menschen in seiner Auseinandersetzung mit den Anforderungen der von ihm geschaffenen Gesellschaft ging und geht.[45] Das bedeutet nicht, dass sich unter dem Gesichtspunkt der Kultur, geschweige denn der Kulturkritik bereits die Leistung und die Reichweite der Gesellschaft erkennen lassen, dazu braucht man dann doch ein etwas reichhaltigeres (in erster Linie soziologisches) Begriffsrepertoire als das der Kulturwissenschaften, aber es bedeutet, dass sich unter dieser Perspektive sensible Punkte identifizieren lassen, deren Wahrnehmung anschließend auch andere gesellschaftliche Bereiche, etwa Politik und Wirtschaft, Erziehung und Wissenschaft, Recht und Religion, auf neue Ideen bringen kann.

43 Siehe dazu Karl-Siegbert Rehberg, »Zurück zur Kultur? Arnold Gehlens anthropologische Grundlegung der Kulturwissenschaften«, in: Helmut Brackert und Fritz Wefelmeyer (Hrsg.), *Kultur: Bestimmungen im 20. Jahrhundert*, Frankfurt am Main 1990, S. 276-316.

44 Siehe vor allem Jean-Jacques Rousseau, *Schriften zur Kulturkritik*, Hamburg 1983.

45 Im Sinne von Helmuth Plessner, *Mit anderen Augen: Aspekte einer philosophischen Anthropologie*, Stuttgart 1982.

Die Organisationsleistung der Kultur im Umgang mit der künstlerischen Arbeit wie auch mit anderen Phänomenen der Gesellschaft liegt demnach darin, dass als Kultur nur kommuniziert werden kann, was zum einen die Funktion der Codierung und Modalisierung dieser Codierung erfüllt, die innerhalb des Normen- und Institutionenhaushalts der Gesellschaft wechselseitige Anpassungsleistungen sicherstellt, und was zum anderen eine Notwendigkeit der Adressierung der Individualität von Individuen nicht aus den Augen verliert, die am sichersten, weil sichtbarsten auf dem Weg über die Kunst und deren Adressierung der individuellen Wahrnehmung erreicht werden kann. Eine solche Beschreibung der Organisationsleistung der Kultur schließt die beiden Grenzfälle der Hochkultur und der Unterhaltung im Übrigen nicht aus, sondern ein, denn auch bei der Hochkultur geht es um die Formulierung und Pflege von Anpassungsleistungen, wenn auch meist um unerfüllbare, aber auch in dieser Form zu genießende Maximalwerte der Auseinandersetzung mit Gesellschaft, und auch in der Unterhaltung wird die Individualität der Individuen adressiert, wenn auch in der Form ihrer ihrerseits zu genießenden Entlastung und Entspannung.

Wenn man diese zugegebenermaßen recht umständlichen Formulierungen unserer Überlegungen in ihrer Reichweite nachvollzogen hat, kann man sich auch eine abkürzende Formulierung zurechtlegen. Sie lautet, analog zum Verständnis der Organisation als Kommunikation über Arbeit: Kultur kann hier verstanden werden als Kommunikation über Werte. Noch einmal: Kultur ist nicht die Summe (oder der Haushalt) der Werte, über die eine Gesellschaft zur normativen Regelung ihrer Belange und Verhältnisse verfügt, sondern Kultur ist die Kommunikation dieser Werte als der Variablen, die innerhalb der Gesellschaft Identität und Differenz, Übergang und Überschneidung, Abwägung und Ablehnung zwischen verschiedenen gesellschaftlichen Bereichen zu beobachten, formulieren und gestalten vermögen. Diese Werte wirken in der Regel durch Unterstellung, nicht durch Behauptung, wie Niklas Luhmann formuliert hat,[46] aber das macht es um so einfacher (wenn hier irgendetwas als »einfach« gelten darf), sie in den unterschiedlichsten Kombinationen aufzurufen und darzustellen und daraus

46 In Niklas Luhmann, *Die Gesellschaft der Gesellschaft*, Frankfurt am Main 1997, S. 340 ff.

genau das Medium zu gewinnen, in dem Kulturarbeit und dann auch Kulturmanagement möglich ist.

Sobald künstlerische Arbeit in den Einflussbereich der Kultur und damit der Kommunikation über Werte gerät, wird ihr zugemutet, gesellschaftliche Anpassungsleistungen zu thematisieren (durch Feier, Kritik oder bloße Darstellung) und dies unter Bezug auf individuelle Wahrnehmungsleistungen zu tun (im Medium von Bild und Ton, Geste und Ereignis, Text und Skulptur). Damit gerät sie selbst unter den Druck der kulturellen Moderation. Es gibt keinen Grund anzunehmen, dass dieser Druck der Kunst willkommen ist. Er ist ihr so wenig willkommen wie jedem anderen gesellschaftlichen Bereich, der alle guten Gründe für sein Tun und Lassen auf seiner Seite glaubt und von Rücksichten auf andere gesellschaftliche Bereiche oder auf individuelle Restriktionen möglichst entlastet werden will. Künstlerisches Arbeiten zielt nicht per se auf Kultur, sondern mag mehr Interesse an der individuellen Differenz haben, als es der Kultur bislang nachvollziehbar ist. Nicht zuletzt mag die Kunst mit den Werten, die von einer Kultur kommuniziert werden, mehr Unbehagen als Behagen verbinden. Auch darin liegt dann eine nicht nur künstlerische, sondern auch kulturelle Leistung, aber das bedeutet nicht, dass die jeweilige Phrasierung von Kultur dies bereits verstehen kann.

Das meine ich, wenn ich davon spreche, dass der Zugriff der Kultur auf die Kunst, die »Zähmung« der Kunst durch die Kultur,[47] diese mit Zumutungen überzieht, die das künstlerische Arbeiten, spätestens jedoch seine Präsentation gesellschaftlich zu organisieren vermögen. Aus der Rücksicht auf die kulturellen Anschlüsse (wie auch immer das passende Publikum und Milieu gefunden werden) ergeben sich dann quasi von selbst Zeit und Ort, Dauer und Intensität, Spiel und Ernst der Darstellung, inklusive der Kosten für die Ausstattung und der Preise für die Eintrittskarten. In der Beobachtung der Ellipse von Kunst und Kultur wird man die entscheidenden Anknüpfungspunkte für die Ausdifferenzierung einer Profession der Kulturarbeit vermuten können, und in der Fähigkeit, die Spannung zwischen den beiden Angelpunkten dieser Ellipse aushalten und pflegen zu können, Ansatzpunkte für die Ausbildung einer Virtuosität in dieser Profession.

47 Im Sinne von Baecker, *Wozu Kultur?*, a. a. O., S. 181 ff.

Nach den Zumutungen der Organisation, der Kunst und der Kultur kommen wir zu den Zumutungen des Managements. Als genüge es nicht, über Arbeit, Wahrnehmung und Werte zu kommunizieren, kommuniziert das Management auch noch über Entscheidungen. Management besteht darin, die Möglichkeiten der Organisation, Arbeiten als Vollzug von Entscheidungen zu beobachten und zu variieren, ihrerseits zu variieren. Damit kommt ein weiterer Kontingenzfaktor ins Spiel, der den Sachverhalt des Kulturmanagements einerseits noch komplizierter macht, andererseits jedoch den Anspruch erhebt, im Kontext genau dieser zusätzlichen Komplikation die Fragen der Kommunikation über Arbeit, Wahrnehmung und Werte einfacher als vorher regeln zu können. Denn es werden Kriterien eingeführt, die ihrerseits vom Management wieder aufgehoben und verändert werden können, jedoch für die Dauer ihrer umstrittenen Geltung Vorgaben machen, welche Entscheidungen wie zu treffen sind.

Management ist damit ein Konzept zweiter Ordnung. Es trifft Entscheidungen über Entscheidungen. Beide Typen von Entscheidungen werden innerhalb der Organisation getroffen – wo sonst –, doch die einen gelten dem Vollzug von Arbeit und die anderen der Variation dieses Vollzugs. Diese Unterscheidung öffnet den Raum für die Bearbeitung der Spannung zwischen den Anforderungen an eine Arbeit, die sich aus der Sache ergeben (wie immer Gewohnheit, Handwerk und Profession dieses Sache zu definieren gelernt haben) auf der einen Seite und den Anforderungen an eine Arbeit, die sich aus der Wiedereinbettung der Arbeiter, des Arbeitens und der Arbeitsprodukte in die Gesellschaft ergeben, auf der anderen. Man braucht sich nur für einen Moment den Kontrast zwischen einem Verhalten, das Jagd und Krieg, Feldarbeit und Studium, Fabrikarbeit und Büroarbeit erfordern, auf der einen Seite und dem Verhalten in Familie und in Gesellschaft, auf dem Marktplatz und auf Festen, das heißt im so genannten Alltag, in einer Art habermasianischer »Lebenswelt«, auf der anderen Seite vor Augen zu führen, um sich vorzustellen, dass Gesellschaften irgendeine Form des Managements der Differenz, des Übergangs, des Ausschlusses von Verwechslungen brauchen. Stammesgesellschaften hatten vor ihren Dörfern jeweils ein kleines Lager errichtet, eine Art Quarantänestation, in dem die von der Jagd zurückkehrenden Männer, erregt vom blutigen Geschäft, ein, zwei Wochen erst einmal »abgekühlt« wurden, bevor ihnen wieder die Begegnung mit Frauen, Kindern und Alten gestattet wurde.[48]

Organisationen, so fasste Stanley H. Udy diesen Sachverhalt,[49] sind Einrichtungen des Managements der strukturellen Inkonsistenz zwischen den so genannten physischen und den so genannten sozialen Anforderungen an die Arbeit. Arbeitszeiten und Arbeitspausen,[50] implizite Verträge und noch heimlichere Abstimmungen zwischen Vorgesetzten und Mitarbeitern,[51] aber auch die »*blue hour*«, der »*Apéro*«, der »*drink*« zwischen Feierabend und Heimkehr zur Abkühlung der von der Arbeit und ihren Umständen erregten Gemüter, ganz zu schweigen von Arbeiter- und Berufssubkulturen, in denen der Sinn bestimmter Sonderwerte des Umgangs mit Arbeit durch ihre Tradierung von Generation zu Generation abgesichert werden kann, sind institutionelle Vorkehrungen, die in diesem Sinne Ausdifferenzierung der Organisation aus der Gesellschaft und Wiedereinbettung der Organisation in die Gesellschaft zugleich zu garantieren haben. Es geht um das Management einer Differenz; und es geht darum, dass das Management einer Organisation ohne diese Differenz in der Gesellschaft zur Gesellschaft keinerlei Handhabe hätte, in der Organisation in die Organisation einzugreifen.

Die Kriterien, auf die sich das Management beruft und in denen die Differenz zwischen Organisation und Gesellschaft als Form dieser Differenz (das heißt mit Blick auf Unterscheidung *und* Zusammenhang) enthalten ist, sind unterschiedlicher Art. In jüngerer Zeit, motiviert durch eine eigentümliche Kombination wachsender Finanzierungsprobleme einerseits und steigender Gewinnaussichten andererseits (das heißt einer wachsenden Abhängigkeit auch nichtprivatwirtschaftlicher Organisationen vom Markt und damit

48 So Stanley H. Udy, *Organization of Work: A Comparative Analysis of Production among Nonindustrial Peoples*, New Haven, Conn., 1959.

49 Neben dem gerade genannten Buch auch Stanley H. Udy, *Work in Traditional and Modern Society*, Englewood Cliffs, NJ, 1970.

50 Siehe die berühmte »*banana time*«, an der der Arbeiter misst, ob es ihm gut geht oder nicht: Donald F. Roy, »Banana Time: Job Satisfaction and Informal Interaction«, in: *Human Organization* 18 (1960), S. 156-169.

51 Siehe die »brauchbare Illegalität« bei Niklas Luhmann, *Funktion und Folgen formaler Organisation*, 4. Aufl., mit einem Epilog 1994, Berlin 1995, S. 304 ff.

vom Wettbewerb),[52] erfreuen sich betriebswirtschaftliche Kriterien einer besonderen Prominenz. Diese Kriterien verdanken sich der theoretischen Abstraktion einer Organisation zum Betrieb und bestehen darin, die Komplexität der Organisation auf Fragen ökonomischer Effizienz und technischer Effektivität zu reduzieren. Historische Zufälle wie jener, dass der Begründer der Betriebswirtschaftslehre, Erich Gutenberg, ein Volkswirt gewesen ist, sind mit dafür verantwortlich, dass wir heute eine akademisch verankerte Betriebs*wirtschafts*lehre haben, aber keine Betriebs*technik*lehre (die stattdessen in der Forschungspraxis etwa der Fraunhofer-Institute verankert ist). Weitere Umstände wie zum Beispiel jener, dass die Betriebswirtschaftslehre an den Universitäten sowohl um wissenschaftliche Anerkennung als auch um ihre Abgrenzung von der Volkswirtschaftslehre kämpfen musste, sind dann dafür verantwortlich, dass sie das von Gutenberg unterstrichene theoretische Motiv ihrer Gründung zunehmend aus den Augen verloren und sich stattdessen zu einer praxisnahen Lehre stilisiert hat. In der Kombination von schwacher Theorieprominenz und starker Praxisprominenz ist es der Betriebswirtschaftslehre in der Folge gelungen, ad hoc eine beachtliche Beweglichkeit in der Themenstellung zu entwickeln,[53] zu der in jüngerer Zeit auch wieder eine wiederum durch die ökonomische Theorie angeregte Bemühung um die Konsistenz ihrer Problemstellung hinzugekommen ist.[54]

Die Prominenz der betriebswirtschaftlichen Managementlehre hat andere, aus der Tradition der Verwaltung und aus anderen Professionen stammende Kriterien der Wiedereinführung der Differenz zwischen Organisation und Management in den Hintergrund gedrängt. Aber es gibt sie.[55] Kriterien der Rechtmäßigkeit, der politischen Opportunität, der medizinischen Standards, der Auseinandersetzung mit Häresien, der militärischen Schlagkraft, der aka-

---

52 So Thomas F. Lüscher, »Ist die Medizin ein Business? Was in der Luftfahrt als umsichtige Regulierung gilt, täte auch Spitälern gut«, in: *Neue Zürcher Zeitung*, 20. August 2008, S. 25, mit Blick auf das Gesundheitswesen.

53 Siehe Richard Whitley, »The Development of Management Studies as Fragmented Adhocracy«, in: *Social Science Information* 23 (1984), S. 775-818; ders., »The Management Sciences and Managerial Skills«, in: *Organization Studies* 9 (1988), S. 47-68.

54 Vor allem durch John Roberts, *The Modern Firm: Organizational Design for Performance and Growth*, Oxford 2004.

55 Siehe auch Baecker, *Organisation und Management*, a. a. O., S. 293 ff.

demischen Reputation oder der Kampagnenfähigkeit haben sich als Managementkriterien der Variation von Entscheidungen in Behörden, Parteien, Krankenhäusern, Kirchen, Armeen, Universitäten oder Protestorganisationen bewährt, lange bevor man auf die Idee kam, zusätzlich Kosten / Nutzen-Überlegungen ein gewisses Recht einzuräumen. Es ist für die gegenwärtige Diskussion um Sinn und Unsinn einer betriebswirtschaftlichen Managementlehre wichtig, auf die funktionale Äquivalenz dieser Kriterien hinzuweisen. Sie alle spielen die Rücksicht auf spezifische gesellschaftliche Kontexte in bestimmte Organisationen so wieder hinein, dass dort Entscheidungen (über Entscheidungen) getroffen werden können, die die Eigendynamik (»Autonomie«) der Organisation freisetzen *und* diese Eigendynamik wieder an die Gesellschaft als Randbedingung der Reproduktion der Organisation zurückbinden (»Heteronomie«).

Das gilt *auch* für die Betriebswirtschaftslehre, insofern sich diese auf die Wirtschaft, ihre Märkte und Preise bezieht, um aus dieser die somit gesellschaftlich validierten Kriterien der Variation von Entscheidungen zu gewinnen. Auch die Betriebswirtschaftslehre abstrahiert, darin besteht ihr von Gutenberg herausgestelltes theoretisches Moment, von der Komplexität der Organisation, um diese Organisation in der Organisation Kriterien unterwerfen zu können, die aus der Gesellschaft gewonnen worden sind. Es ist Teil dieser Abstraktion und Teil dieser Unterwerfung, dass die betriebswirtschaftlichen Kosten / Nutzen-Kriterien zuweilen zu objektiven Größen stilisiert werden, die scheinbar nichts mehr mit gesellschaftlichen Auseinandersetzungen und deren Variabilität und Interpretierbarkeit zu tun haben. Mit diesem Mythos der Objektivität, unterfüttert von Behauptungen einer naturgegebenen Knappheit der Ressourcenlage der Menschheit, hat jedoch bereits Karl Marx in seiner Kritik der politischen Ökonomie aufgeräumt, indem er jeden Preis und jeden Lohn als Produkt einer gesellschaftlichen Auseinandersetzung nachgewiesen hat.[56] Damit sollen die physischen und physiologischen Evidenzen des Arguments der Knappheit nicht bestritten werden, aber es soll doch zugleich darauf hingewiesen werden, dass jede konkrete Knappheit das Produkt

---

56 Siehe Karl Marx, *Das Kapital: Kritik der politischen Ökonomie*, 1. Bd., Berlin 1980.

einer sozial durchgesetzten und deswegen sachlich, sozial und
lich nicht weniger umstrittenen Behauptung ist.[57]

Die betriebswirtschaftliche Managementlehre erlaubt nicht den
Ausstieg aus der Unsicherheit (wenn nicht sogar der – angesichts
einer unbekannten Zukunft – prinzipiellen Unentscheidbarkeit)
des Streits um angemessene und erfolgreiche Managementkriteri-
en, sondern sie entscheidet diesen Streit im Moment und unter
Rückgriff auf den oben (im ersten Abschnitt) geschilderten Rati-
onalitätsmythos der Moderne für sich. Darauf hinzuweisen ist in
unserem Zusammenhang nicht überflüssig, weil die betriebswirtschaftliche Managementlehre im Kontext von Überlegungen zu
Konzepten des Kulturmanagements nicht nur wie auch in anderen nichtgewinnorientierten Organisationen als Widerstand gegen
traditionell bewährte Professionskriterien der Entscheidung über
Entscheidungen ihre Rolle spielt. Sie darf überdies ihrerseits als ein
Kulturphänomen erster Güte gelten, dessen Beobachtung reichhal-
tigen Aufschluss über die gegenwärtigen Verhältnisse verspricht.
Denn zum einen lassen sich im Spiegel betriebswirtschaftlicher
Aussagen zur Strategiefindung und zur Produktprofilierung, zur
Personalführung und zum *branding*, zur Kostenkontrolle und zum
fundraising Beobachtungen zur Variabilisierung von lange Zeit eher
als konstant angenommenen und daher kaum noch thematisierten,
geschweige denn problematisierten Verhältnissen anstellen (die von
angeblich oder tatsächlich schwindenden Bereitschaften des Staates zu »freiwilligen« Kulturausgaben über beweglich, um nicht zu
sagen launisch gewordene Publika bis zu Stellgrößen im Bereich
von Produktionskosten, Gagen und Eintrittspreisen reichen). Zum
anderen bewegen sich die Tendenzen zu einer schlagwortartig so
beschriebenen »Ökonomisierung« der Gesellschaft innerhalb eines
Feldes des Streits um gesellschaftliche Zukünfte, der mindestens
ebenso stark durch Bemühungen um »Moralisierung«, »Pädagogi-
sierung«, »Politisierung« oder »Ästhetisierung« gekennzeichnet ist.
Selten bekommt man die Offenheit einer Kultur, verstanden als
Kommunikation über Werte, so eindrucksvoll vorgeführt wie in
vielen der gegenwärtigen Gesellschaften, die innerhalb eines durch
Globalisierung und Informatisierung, Migration und Klimawan-

57 Siehe Xenophon (1956): *Oikonomikos: Die Hauswirtschaftslehre*, in: ders., *Die so-
kratischen Schriften*, dt. Stuttgart 1956, S. 235-302; Gabriel Tarde, *Psychologie économique*, 2 Bde., Paris 1902; Dirk Baecker, *Wirtschaftssoziologie*, Bielefeld 2006.

del ausgelösten Strukturwandels und angesichts einer ganzen Reihe fundamentalistischer Gegenbewegungen (beziehungsweise der Entwicklung robuster Rückfallpositionen für den Fall, dass die Komplexität des Strukturwandels nicht bewältigt wird) genügend Gründe haben, ihre Werte beweglich zu halten.

Niemand wird erwarten, dass Praktiken des Kulturmanagements eine Komplexität der Sachlage im Blick haben, wie sie in diesen Überlegungen geschildert wird. Konzepte des Kulturmanagements, soweit sie sich in der Forschung, Lehre und Beratung an Universitäten bewähren sollen, werden ohne Rücksicht auf diese Komplexität und ohne Problemstellungen, deren Abstraktionen diese Komplexität im Blick behalten, nicht entwickelt werden können, doch die Praxis braucht griffige Reduktionen, mit denen sich arbeiten lässt, ohne zu viel Schaden anzurichten. Dieser Bedingung genügen jene Reduktionen, die sich bei Bedarf wieder in Richtung Komplexität auflösen (»reflektieren«) lassen, ohne dadurch ihre Fähigkeit zu verlieren, wieder neu operationalisiert werden zu können. Angebote, praxistaugliche Ansätze des Kulturmanagements aus einer Rahmung der Betriebswirtschaftslehre durch Konzepte der Öffentlichkeitsarbeit,[58] aus Programmen der Besucherbindung,[59] aus einem Bewusstsein der Konfliktträchtigkeit von Kunst und Kultur[60] oder aus einer Reflexion auf die Offenheit der Entscheidungsprozesse heraus zu entwickeln,[61] liegen vor. Dass für kulturelle Einrichtungen und Projekte das Kriterium der Gewinnorientierung (das in privatwirtschaftlichen Organisationen nach wie vor, da es in laufend neu zu berechnenden Zahlen ausgedrückt werden kann, die am leichtesten zu kommunizierende »Stopp«- und »Go-Regel« für Projekte aller Art ist[62]) nicht gilt, liegt auf der Hand, ändert jedoch nichts daran, dass es in der Form so genannter *soft budgets* (die bei Bedarf vom Träger der Einrichtung aufzufüllen sind) zur Überprüfung der finanziellen Einschränkun-

58 Siehe Peter Bendixen, *Einführung in das Kultur- und Kunstmanagement*, Opladen 2001.

59 Siehe Armin Klein, *Besucherbindung im Kulturbetrieb*, Wiesbaden 2003.

60 Siehe Tasos Zembylas, *Kulturbetriebslehre: Grundlagen einer Inter-Disziplin*, Wiesbaden 2004.

61 Siehe Martin Tröndle, *Entscheiden im Kulturbetrieb: Integriertes Kunst- und Kulturmanagement*, Bern 2006.

62 Vgl. Dirk Baecker, *Organisation als System*, Frankfurt am Main 1999, S. 237 ff.

gen, unter denen man operiert (nicht zuletzt: der monatlichen Gehaltszahlungen), und damit zur Überprüfung der Mission, auf die man sich beruft, dennoch laufend herangezogen wird.[63]

Wir müssen diesen Forschungsergebnissen und den daraus gewonnenen Ansätzen zu einer Lehrbuchliteratur hier keinen weiteren Ansatz hinzufügen. Ich beschränke mich stattdessen darauf, die bisher angestellten Überlegungen in einer knappen Formel zusammenzufassen und aus dieser Formel einige abschließende Überlegungen zu gewinnen. Ich greife auf die Notation des von George Spencer-Brown entwickelten Formenkalküls[64] zurück und stelle folgende Gleichung für das Kulturmanagement (KM) auf:

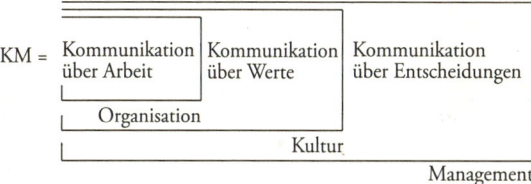

Die Notation der Problemstellung des Kulturmanagements in der Form einer Spencer-Brown'schen Gleichung macht sich drei Vorteile dieses Kalküls zunutze:

– Erstens handelt es sich um eine Notation, die in topologischen Anhängigkeitsbeziehungen denkt. Jede Variable wird inklusive des für sie in jedem konkreten Einzelfall zu findenden Werts als das Produkt einer von einem Beobachter getroffenen Unterscheidung verstanden, die innerhalb eines Kontextes getroffen wird, der die Unterscheidung informiert, aber nicht instruiert. Wir bewegen uns damit in einem kommunikativen, nicht in einem kausalen Beziehungsnetz, ohne damit vielfältige, aber die Sache eben nicht determinierende Kausalitäten auszuschließen.

– Zweitens erlaubt es die Notation, Wiedereintrittsebenen der Unterscheidung in den Raum der Unterscheidung zu benennen,

63 Siehe Paul DiMaggio, *Non Profit Enterprise in the Arts: Studies in Mission and Constraint*, New York 1986.

64 Siehe George Spencer-Brown, *Laws of Form* [1969], intern. Ausgabe, Leipzig 2008.

in unserem Fall »Organisation«, »Kultur« und »Management«, die einerseits jede Variable variabel halten und andererseits als diejenige Ebene gelten können, auf denen die wechselseitige Abstimmung zwischen den Variablen vorgenommen werden kann. Im Verhältnis zu den Formen der Unterscheidung benennen sie das Medium,[65] in dem sich die Akteure bewegen, um ihre Unterscheidungen zu treffen.

– Drittens können wir uns Gleichungen dieser Art als Eigenwerte oder Eigenformen vorstellen,[66] die sich bei laufender Wiederanwendung bestimmter Operationen auf sich selbst (»Rekursion«) herausbilden und so zu robusten Orientierungspunkten in einer im Übrigen turbulenten, wenn nicht chaotischen Praxis werden. Kulturmanagement bedeutet, über Arbeit, Werte und Entscheidungen so zu kommunizieren, dass anschließend weitere Kommunikation über Arbeit, Werte und Entscheidungen möglich ist – nicht mehr, aber auch nicht weniger. Insofern verfolgen wir hier einen »autopoietischen« Grundgedanken,[67] der im strengen Sinne des Wortes alles Mögliche zulässt, solange es nur möglich ist, anschließend auf derselben Spur weiterzumachen. Wir formulieren einen »Navigationscode«, der mit künstlerischer, technischer und administrativer Arbeit in stehenden Einrichtungen oder laufenden Projekten, mit lokalen und globalen, kritischen und affirmativen, politischen und moralischen, religiösen und pädagogischen Werten sowie mit autoritären und partizipativen, routinierten und innovativen, geduldigen und ungeduldigen Managementstilen kompatibel ist, *solange nur das eine für das andere zur Disposition steht, das heißt in jeder konkreten Ausprägung sowohl unterlaufen und variiert als auch bestätigt und befestigt werden kann.* Kulturmanagement heißt, Arbeit und Werte unter wechselseitigem Bezug aufeinander so zu variieren, dass jederzeit darüber Auskunft gegeben werden kann, welche Entscheidungen unter Rekurs auf welche Kriterien der Variation zugrunde liegen.

Wir formulieren diesen Navigationscode hier aus einer soziolo-

---

65 Im Sinne von Fritz Heider, *Ding und Medium*, Neudruck Berlin 2005.

66 Siehe Heinz von Foerster, *Understanding Understanding: Essays on Cybernetics and Cognition*, New York 2003; Louis H. Kauffman, »EigenForm«, in: *Kybernetes* 34 (2005), S. 129-150.

67 Im Sinne von Humberto R. Maturana und Francisco J. Varela, *Autopoiesis and Cognition: The Realization of the Living*, Dordrecht 1980.

gischen Sicht. Wir erwarten demnach nicht, dass die genannten Entscheidungen bewusst, das heißt als Ergebnis entsprechender Intentionen der einzelnen Akteure vollzogen werden. Wir sprechen über eine institutionell verankerte, soziale Praxis, die in allen ihren Konstitutionsmomenten verteilt vorliegt, das heißt von allen Akteuren mit vollzogen und ausgehalten werden muss, aber nicht von einem einzelnen Akteur ausgedacht und durchgeführt werden kann. Auch der Ausweis von Verantwortung kann nur innerhalb der sozialen Praxis des Kulturmanagements selbst vollzogen werden; dann werden sich eventuell Individuen finden, die ihn sich auf ihre Person zuschneiden lassen.

Es muss unterstrichen werden, dass wir damit einen Begriff des Kulturmanagements formuliert haben, der auf die Formatierung künstlerischen Arbeitens in kulturellen Einrichtungen und Projekten bezogen ist, jedoch darüber hinaus reicht, indem er auch Praktiken beschreibt, die etwa auf die Gestaltung und Entwicklung von Organisationskulturen zielen, auf eine Überprüfung also nicht nur des Geschäftsmodells, sondern auch des Kulturmodells einer Organisation (*culture due diligence*) oder auf die Entwicklung kultureller Kompetenzen im weltgesellschaftlichen Zusammenhang.[68]

Man beachte schließlich, dass es eine Spencer-Brown-Gleichung erlaubt, Variablen als Produkt ihrer Unterscheidung nebeneinander anzuordnen, zugleich jedoch die »Tiefe des Raums«, in der sie sich befinden, zu unterscheiden. So befindet sich die Variable »Kommunikation über Arbeit« im tiefsten Raum, s_3, und die Variable »Kommunikation über Entscheidung« im flachsten Raum, der unterschieden ist, s_1, obwohl es mit der Außenseite der gesamten Form noch einen flacheren Raum, s_0, gibt. Je tiefer der Raum, desto zahlreicher sind die Kontextdeterminationen, ablesbar an der Anzahl der horizontalen Balken über der jeweiligen Variable, die abgerufen werden können und müssen, um im Hinblick auf die Bestimmung ihrer Werte auch den jeweils interessierenden Wert zu bestimmen. Unsere Gleichung gibt somit den in der Kunst- und Kulturszene verbreiteten Eindruck wieder, dass die Arbeit (und die kommunizierende Organisation der Arbeit) die anspruchsvollste Tätigkeit im Rahmen des Kulturmanagements ist und dass im Ver-

---

68 Im Sinne von Dirk Baecker, »Zur Kontingenzkultur der Weltgesellschaft«, in: ders., Matthias Kettner und Dirk Rustemeyer (Hrsg.), *Über Kultur: Theorie und Praxis der Kulturreflexion*, Bielefeld 2008, S. 139-161.

gleich damit die Arbeit an den Werten der Kultur und das Management von abnehmender und letztlich dienender Bedeutung sind. Worum es in der künstlerischen Arbeit, verstanden als Arbeit an der Kommunikation individueller Wahrnehmung, geht und gehen kann, versteht man nur, wenn man tatsächlich arbeitet. Das klingt wie eine robuste Tautologie und ist natürlich auch eine, aber es ist zugleich eine Aussage, die darauf hinweist, dass die Kommunikation von Werten und Entscheidungen, wenn sie im Rahmen eines Anspruchs auf Kulturmanagement erfolgt, nicht leichthin erfolgen kann. Ohne den Rekurs auf ein Werk, ein Projekt, einen Prozess wird es nicht gehen, selbst wenn dann nichts anderes als ein Ereignis (»Event«) dabei herumkommt.

Worin also bestehen die Zumutungen organisierten Arbeitens im Kulturbereich? Sie bestehen darin, dass man es aushalten muss, dass die eigene Arbeit, die man tut, und die Werte, auf die man sich beruft, nicht nur im Hinblick auf die Werke, die damit produziert werden, und die Vorstellungen, die damit verankert werden, sondern im Hinblick auf die Entscheidungen, die damit getroffen werden, thematisiert und im Rahmen dieser Thematisierung variiert werden. Von »Zumutungen« ist hier abgesehen von den mehr oder minder geselligen Umständen, unter denen dies geschieht, nicht zuletzt deswegen zu reden, weil Arbeit und Kultur zu den Bereichen gehören, in denen man tendenziell eher nach dem Selbstverständlichen, dem nicht mehr bezweifelbar Gelungenen sucht und nicht nach dem wieder und wieder in Frage zu Stellenden.

Das ist deswegen möglicherweise der Punkt, der das größte Fingerspitzengefühl verlangt. Der Kulturmanager muss in der Lage sein, bei den Künstlern und beim Publikum, bei den Kritikern und bei den Förderern, bei den Technikern und bei den Administratoren die jeweils unterschiedlich gelagerte Schmerzschwelle abzupassen, an der die Befragung des Selbstverständlichen in die Überschreitung des Zulässigen umkippt. Und er muss im Auge behalten, ob an dieser Schmerzschwelle die größten kulturellen Leistungen erst möglich oder bereits unmöglich werden.

Aber es kann auch nicht sehr viel schiefgehen, wenn man einmal Ausnahmen als Ausnahmen gelten lässt. Denn lange bevor die Postmoderne mit der Kategorie des Spielerischen aufwartete, hatte die Romantik bereits die Kategorie der Unverständlichkeit in die Welt gesetzt,[69] mit deren Hilfe die Aufklärungsansprüche der Vernunftkultur davor geschützt werden konnten, bei ihrer Infragestellung des Selbstverständlichen auf nichts als die Leere zu stoßen. In der Moderne wird die Unverständlichkeit zum Medium der Kommunikation über Werte schlechthin. Jede neue Entdeckung und Beschreibung einer Regional-, Sub-, Familien- oder Organisationskultur kann das nur bestätigen. Aber auch hier gilt, dass diese Moderne nicht jedermanns Sache ist. Traditionelle Kulturen haben gegenüber Thematisierungen, die sich immer an der Schwelle zur Problematisierung bewegen, ihre Reserven, und dies erst recht, wenn diese Thematisierungen geradezu lustvoll auf Unverständliches stoßen. Denn diese Unverständlichkeit, auch gepflegt unter Namen wie »das Fremde« oder »das Andere«, ist durch eine jahrhundertealte Kulturpraxis im Umgang mit Schrift und Buchdruck von einem Verständnis jener Geheimnisse getrennt, von denen die traditionellen Gesellschaften sprachen, um Vorgaben dazu zu machen, wer wann worüber sprechen kann und wer nicht.

Form

Der Navigationscode des Kulturmanagements, den wir hier beschreiben, besitzt dank der autopoietischen Interdependenz der drei Variablen[70] eine Dinglichkeit, die sich die Weltgesellschaft insgesamt zum Medium macht. Als »Ding« hat Fritz Heider jede feste Kopplung von Variablen verstanden, die sich in ein »Medium« einprägen kann, das aus denselben Variablen im Zustand der losen Kopplung besteht. In demselben Sinn sprechen wir unter Verweis auf die Begrifflichkeit von George Spencer-Brown von einer »Form«. Eine Form ist das Produkt einer oder mehrerer, dann ineinandergeschachtelter Unterscheidungen, die von einem oder mehreren aufeinander bezogenen Beobachtern getroffen werden,

69 Siehe Friedrich Schlegel, »Über die Unverständlichkeit«, in: ders., *Charakteristiken und Kritiken I*. Kritische Friedrich-Schlegel-Ausgabe, Bd. 2, Paderborn 1967, S. 363-372.
70 Inklusive der Kunst als *»supplément«* der Kultur im Sinne von Jacques Derrida, »Die Struktur, das Zeichen und das Spiel im Diskurs der Wissenschaften vom Menschen«, in: ders., *Die Schrift und die Differenz*, dt. Frankfurt am Main 1972, S. 422-442.

die wir uns nicht notwendigerweise individuell-psychisch, sondern eher als Figuren eines Feldes gesellschaftlicher Möglichkeiten vorstellen, als einen in unterschiedlichen Praktiken und Materialitäten situierten und inkorporierten »Stil«[71] der Auseinandersetzung mit dem Überschusssinn, dem »*overflow*«[72] gesellschaftlicher Problemstellungen.

Der relativ hohe Aufwand in der soziologischen Beschreibung eines solchen Navigationscodes, einer solchen Form und Eigenform der Auseinandersetzung mit Gesellschaft erklärt sich aus der doppelten Anforderung, die Form zum einen als eine rekursive Praxis der Auseinandersetzung mit Gesellschaft zu verstehen und zum anderen nachzufragen, worin die Funktion dieser Praxis besteht und wie groß die Chancen der Gesellschaft sind, sie auszuhalten. Deswegen sprechen wir hier von den »Zumutungen« der organisierten Arbeit im Kulturbereich, wohl wissend, dass sich all jene, die das Privileg genießen, in diesem Bereich arbeiten zu können, glücklich schätzen, nicht mit den Zumutungen anderer Bereiche konfrontiert zu werden. Aber weder bekommt man Kunst und Kultur, geschweige denn künstlerische Arbeit und Kulturmanagement geschenkt, noch betrachtet es die Gesellschaft unumwunden als einen Segen, dass sich Leute mit dem Schönen, dem Hässlichen, dem Erhabenen und dem Interessanten beschäftigen und es so den Blicken aller preisgeben, obwohl es vielleicht genügend Gründe gibt, diese Wahrheiten nicht zu zeigen.

Deswegen müssen wir in der Würdigung von Ansätzen zur Ausdifferenzierung einer Profession des Kulturmanagements in der Lage sein, beide Seiten der Arbeit dieser Form in der Gesellschaft zu betrachten, die Seite der Codierung gesellschaftlicher Möglichkeiten im Zugriff dieses Codes und die Seite der Transformation der Gesellschaft, wie immer begrenzt, durch die Arbeit dieses Codes. Deswegen müssen wir die Form des Codes, die die Variablen benennt, als deren Bestimmung Kulturmanagement verstanden werden kann, von dem Medium dieses Codes unterscheiden, als das die Gesellschaft sich selbst wieder erkennen muss.

Dinglichkeit und Medialität des Codes des Kulturmanagements

---

71 Siehe White, *Identity and Control*, a. a. O., S. 166 ff.

72 So Michel Callon, »An Essay on Framing and Overflowing: Economic Externalities Revisited by Sociology«, in: ders. (Hrsg.), *The Laws of the Markets*, Oxford 1998, S. 244-269.

bestehen in einer »Netzwerksynthese«[73] der Kommunikation über Arbeit, Wahrnehmung, Werte und Entscheidungen, der sich eine Gesellschaft nicht entziehen kann, die darauf angewiesen ist, ihre Selbstbeobachtung und Selbstthematisierung sowohl ernst zu nehmen und auszubauen als auch immer wieder im Hinblick auf mögliche blinde Flecke, ideologische Scheuklappen, Begriffsstutzigkeiten und Rücksichten auf Interessenlagen aller Art subversiv zu unterlaufen. Das Kulturmanagement, von dem wir hier reden, setzt Beobachter frei, überlässt sie ihrer Unbestimmtheit und damit sowohl ihrer Unsicherheit als auch dem mehr oder minder glücklichen Zufall eines Einfalls – und fängt sie wieder ein, um jene Vorurteile in das Netzwerk der Selbstbeobachtung einzuspeisen, aus denen die Gesellschaft, diese Vorurteile ihrerseits beurteilend,[74] Informationen über sich selbst gewinnt.

In dieser Form wird das Kulturmanagement unwiderstehlich und Teil jener »*world polity*«,[75] die weltweit Akteuren unterschiedlicher Art bestimmte Agenturen und Institutionen bereitstellt, die Handlungen Legitimität und Autorität verleihen, von denen sich dieselben Akteure individuell meist keinerlei Vorstellung machen. Man arbeitet aus einer Leidenschaft für die Sache heraus, man vernetzt sich, man nimmt Fördermittel in Anspruch, man akzeptiert programmatische Statements, man reagiert, soweit man sie wahrnimmt, auf die Empfindlichkeiten des Publikums, man lernt, die eigenen Entscheidungen als solche zu sehen und zu variieren – und wird so unversehens zum Teil einer weltweiten Bewegung des Kulturmanagements, die zur Sicherung der eigenen Fortdauer auf die Bedingungen Rücksicht nimmt, die die Chancen dieser Fortdauer erhöhen. Das ist ein einfacher evolutionärer Vorgang,[76] der jedoch nur mittels der Selektions- und Retentionsmechanismen der Gesellschaft zu verstehen ist, die die mehr oder minder glücklichen Variationen der Künstler erst auf

73 So Louis H. Kauffman, »Network Synthesis and Varela's Calculus«, in: *International Journal of General Systems* 4 (1978), S. 179-187.

74 Siehe Hans-Georg Gadamer, *Wahrheit und Methode: Grundzüge einer philosophischen Hermeneutik*, 6. Aufl., Tübingen: 1990, S. 270 ff.

75 Im Sinne von John W. Meyer, *Weltkultur: Wie die westlichen Prinzipien die Welt durchdringen*, dt. Frankfurt am Main 2005.

76 Siehe Donald T. Campbell, »Variation and Selective Retention in Socio-Cultural Evolution«, in: *General Systems* 14 (1969), S. 69-85.

den Plan rufen, die vom Management dann in Form gebracht werden.

Wer darin einen Kurzschluss zwischen Variation und Selektion erkennt,[77] hat nicht Unrecht. Aber irgendwie muss die Gesellschaft sich die Zumutungen, mit denen sie sich selbst traktiert, ja auch wieder vom Leibe halten. Wem es gelingt, die Form des Kulturmanagements auf das Medium seiner Kommunikation über Arbeit, Werte und Entscheidungen zurückzubuchstabieren, erkennt die Spielräume, die Unbestimmtheit, die Zufälle und damit auch die Kontingenz des ganzen Unterfangens. Alles andere ginge auch zu weit. Auch das Kulturmanagement muss sich dem Grundgesetz der Gesellschaft unterwerfen, das darin besteht, dass sie Kommunikation akzeptiert, jedoch nicht Notwendigkeit. Kommunikation bedeutet, dass nach ihr wieder offen ist, wer – wenn überhaupt – darauf wie reagiert. Allerdings gilt das dann auch für die Reaktion: Auch sie bleibt ungehört, wenn sie nicht hineinfindet in das sich unbestimmt selbst bestimmende Netzwerk der Gesellschaft.

77 Ins Auge gefasst von Luhmann, *Die Gesellschaft der Gesellschaft*, a. a. O., S. 494.

Wer rechnet schon mit Führung?

Dieses Kapitel versteht sich als Versuch einer Führungstheorie mit soziologischen, systemtheoretischen und formtheoretischen Mitteln. Die Theorie steht dabei ebenso auf der Probe wie der Gegenstand, dem sie gilt.

Führung ist ein sperriger Sachverhalt. Zu sehr haben wir uns in allen entscheidenden Punkten angewöhnt, Führungsfragen als Sachfragen auszuweisen, um sie gleichsam durch sich selbst zu beantworten. Soziale Leistungen der Führung werden dabei ausgeblendet und Restprobleme durch die Erzeugung von Zeitdruck gelöst. Meist lässt man Fragen der Führung auf sich beruhen, beschäftigt sich stattdessen mit Fragen des Managements und glaubt, auf diese Art und Weise eine eher rätselhafte Ressource in Reserve zu haben, auf die man immer dann zurückgreifen kann, wenn Außergewöhnliches ansteht.

Der vorliegende Aufsatz macht dieses Spiel zum Teil mit: Er verfolgt die These, dass die rätselhafte Ressource der Führung die Gesellschaft selbst ist.

Während das Management anstehende Aufgaben der Gestaltung, Lenkung und Kontrolle mit Blick auf ein Funktionssystem der Gesellschaft (mit Vorliebe, aber nicht notwendigerweise: die Wirtschaft) angeht, greift die Führung zur Lösung derselben Aufgaben auf die Gesellschaft zurück. Da jedoch niemand weiß, was die Gesellschaft ist, können Führungsleistungen (sofern sie vorkommen) nur überraschen und werden dort zugerechnet, wo positiv wie negativ zu verantwortende Überraschungen in unserer Gesellschaft am liebsten zugeordnet werden: beim Individuum.

Ich möchte dazu hier eine Alternative bieten, weil ich der Auffassung bin, dass es ebenso erforderlich wie hilfreich ist, über Führung nicht nur zu rätseln und zu streiten, sondern sie mithilfe einer Unterscheidung zu beobachten. Wir bekommen es auf diese Art und Weise mit einer neuen Überraschung zu tun: Wir lernen anhand von Führung etwas über die Gesellschaft und über das Ausmaß, in dem sie notwendigerweise nicht nur unbestimmt ist, sondern auch unbestimmt bleibt.

Systemreferenz

Die *Systemreferenz* der Führung ist die Organisation, verstanden als Reproduktion von Entscheidungen durch Entscheidungen.[1] Jede dieser Entscheidungen kommuniziert Alternativen, entscheidet sich für eine und muss daher Vorsorge dafür treffen, dass diese Entscheidung vor dem Hintergrund der sichtbar gemachten Alternativen akzeptiert wird. Die Organisation, verstanden als Geschichte aller getroffenen und versäumten (aber erinnerten) Entscheidungen, interveniert in ihrer Differenz zur wahrgenommenen Umwelt als ein Faktor der Bewertung der sichtbar gemachten und ständig mitlaufenden Suche nach und Einschränkung von weiteren Alternativen.

Code

Führung ist *codiert* durch die Differenz von Organisation und Gesellschaft.[2] Das Stichwort »Gesellschaft« formuliert hierbei die Bedingungen und Möglichkeiten der Fortsetzung von Kommunikation, die von der Organisation nur auf eine regeneralisierbare Art und Weise respezifiziert werden dürfen. In diesem Sinn ist Führung Vorbildverhalten, an dem die eigene Organisation, deren gesellschaftlicher Kontext und die Differenz zwischen Organisation und Gesellschaft abgelesen und zur Orientierung des eigenen Verhaltens (inklusive des Führungsverhaltens) genutzt werden kann.[3] Immer dann, wenn – in welcher Form und von wem auch immer – gesellschaftliche Sachverhalte, Rücksichten und Zeithorizonte in ihrer Differenz zur Wirklichkeit der Organisation in dieser zum Tragen gebracht oder auch gegen diese zum Einwand erhoben werden, haben wir es mit Führung zu tun. Voraussetzung dafür ist allerdings die Differenz der Organisation, das heißt die Anerkennung eines Eigenrechts der Organisation, das es erlaubt, diese gesellschaftlichen Sachverhalte, Rücksichten und Zeithorizonte aus

---

1 Vgl. Niklas Luhmann, *Organisation und Entscheidung*, Opladen 2000.

2 So schon Philip Selznick, *Leadership in Administration: A Sociological Interpretation* [1957], Reprint Berkeley, CA, 1984.

3 So Chester I. Barnard, »The Nature of Leadership«, in: ders., *Organization and Management*, Cambridge, Mass., 1948, S. 80-110.

dem Blickwinkel der Organisation zu bewerten. Führung bedeutet, eine Organisation aus Übersetzungsleistungen gesellschaftlicher in organisatorische Fragestellungen immer wieder neu zu erfinden.

Form

Die *Form* der Führung ist die Wiedereinführung des Unterschieds zwischen Organisation und Gesellschaft in die Organisation. Wir verwenden zur prägnanten Formulierung dieses Sachverhalts die mathematische Notation des Formkalküls von George Spencer-Brown:[4]

Führung = Organisation | Gesellschaft

Nichts garantiert, dass die von der Führung vorgenommene Unterscheidung der Gesellschaft auf der Außenseite der Organisation und die Unterscheidung der Organisation auf der Innenseite der Gesellschaft irgend etwas mit der Gesellschaft und der Organisation zu tun haben, die von anderen Beobachtern (zum Beispiel Mitarbeitern, Kunden, Investoren, Behörden oder Journalisten) je unterschiedlich unterschieden werden. Immerhin jedoch impliziert die Form der Führung die Chance, auf der Außenseite der Unterscheidung, in der Gesellschaft, die Differenz verschiedener Beobachtungsperspektiven mitzuverbuchen und daraus nicht zuletzt auch die Annahme einer möglichen Differenz von Beobachtungsperspektiven innerhalb der Organisation abzuleiten. Freilich liegt auch die Möglichkeit nahe, in diesem Punkt auf einem Unterschied zwischen Gesellschaft und Organisation zu bestehen und die Differenz der Beobachtungsperspektiven für die Organisation in Abrede zu stellen und bei jeder Gelegenheit zu unterdrücken.

Die Differenz von Organisation und Gesellschaft markiert den Sachverhalt, dass die Führung einer Organisation gegenüber vorhersehbaren und unvorhersehbaren Aspekten der Gesellschaft gleichermaßen sensibel sein muss. Um sich zu dieser Sensibilität zu befähigen, wird jedoch jede Führung sowohl innerhalb der Orga-

4 Entwickelt in George Spencer-Brown, *Laws of Form*, intern. Ausgabe, Leipzig 2008.

nisation als auch innerhalb der Gesellschaft weitere Differenzierungen vornehmen, die es ihr ermöglichen, Rücksichten abzuwägen und Einflusschancen zu sortieren.

Die wichtigste Differenzierung innerhalb der Organisation ist die Unterscheidung zwischen der Führung der Organisation auf der einen Seite und dem Rest der Organisation auf der anderen. Diese Unterscheidung wird zuweilen so ernst genommen, dass man die Organisation mit dem Rest der Organisation identifiziert und die Führung so konzipiert, als fände sie außerhalb statt. Die klassische Betriebswirtschaftslehre in der Fassung von Erich Gutenberg neigt zu dieser Auffassung, allerdings nicht aus einer Verlegenheit, sondern aus der Konsequenz heraus, dass der Organisation Zweckrationalität unterstellt wird, die der Führung, die Zwecke setzen muss, ohne sie auf höhere Zwecke beziehen zu können, nicht attestiert werden kann. Dementsprechend konnte der unternehmerische, »dispositive« Faktor der Unternehmensorganisation, der selbst nicht auf höhere Zwecke bezogen werden kann (es sei denn auf genau zu diesem Zweck erfundene »ideologische« Zwecke wie jene der Wohlfahrtssteigerung, der Generierung von Steuereinnahmen, der Bereitstellung von Arbeitsplätzen …), von Gutenberg als »irrational« bezeichnet werden.[5]

Empirisch beglaubigt jedoch ist zur Unterscheidung von Führung und Organisation eine Unterscheidung von mindestens drei Ebenen: der Arbeitsebene der Organisation (*technical system*), der Führungsebene der Organisation (*institutional system*) und, zu deren Trennung und Vermittlung, der Managementebene der Organisation (*managerial system*).[6] Man wird heute nur selten so weit gehen müssen, für diese Ebenenunterscheidung auffällig symbolisierte Anhaltspunkte in der Markierung von hierarchischen Positionen und Stellenkompetenzen zu suchen. Dennoch darf man damit rechnen, dass die Unterscheidung funktional bedient werden muss, und sei es nur, um Führung und Geführtwerden zu unterscheiden und in dieser Asymmetrie vorzustrukturieren, in welchen

---

5 Siehe Erich Gutenberg, *Grundlagen der Betriebswirtschaftslehre*, Bd. 1: *Die Produktion*, 24. Aufl., Berlin 1983, S. 6 ff. und 132 ff.

6 So James D. Thompson, *Organizations in Action: Social Science Bases of Administrative Theory*, New York 1967; im Anschluss an Talcott Parsons, »Some Ingredients of a General Theory of Formal Organization«, in: ders., *Structure and Process in Modern Societies*, New York 1960, S. 59-96.

Hinsichten die Organisation erwarten muss, Führungsinitiativen zu erleben.

Ebenso wichtig wie diese erste Anschlussunterscheidung nach innen ist die erste Anschlussunterscheidung nach außen. Keine Organisation – weder eine Behörde, eine Kirche, ein Krankenhaus, ein Theater noch ein Unternehmen – wird sich in ihren Führungsfragen auf die Gesellschaft insgesamt beziehen. Jede Organisation wird vielmehr einen Teilbereich der Gesellschaft wählen, der für sie besonders prominent ist und der es dementsprechend erlaubt, alle anderen Bereiche abgestuft mit einer geringeren Prominenz auszustatten. Typisch für traditionale Gesellschaften war hierfür die Selektion besonderer sozialer Schichten, Kasten, Ethnien und Klientelen, typisch für moderne Gesellschaften ist der Bezug auf Funktionssysteme. Die Religion der Gesellschaft besitzt für die Kirche eine größere Prominenz als das Erziehungssystem der Gesellschaft; deswegen werden Führungsfragen religiös und nicht etwa pädagogisch codiert, so schwer es auch fallen mag, das angesichts von Versuchungen zur Erziehung der Gläubigen auch durchzuhalten. Politische Parteien werden gut beraten sein, ihre Führungsfragen unter Bezug auf das politische System der Gesellschaft, das heißt auf die Frage, ob und wie man sich an der Macht beteiligt, zu klären. Unternehmen wählen, solange sie nicht von politischen Subventionen leben, das Wirtschaftssystem der Gesellschaft mit seinen Vorgaben zur Reproduktion von Zahlungen und seinen Märkten als Gelegenheitsstrukturen dieser Reproduktion als prominentestes Bezugssystem, sosehr sie auch dafür Sorge tragen werden, rechtliche und politische, technologische und kulturelle Entwicklungen nicht aus den Augen zu verlieren, wenn sie für die eigene Produktion von Bedeutung sind.

Wir können daher die oben eingeführte Form der Führung wie folgt differenzieren:

| Führung = Führung | Rest der Organisation | Funktionssystem | Gesellschaft |

Man erkennt an dieser Form, dass die Führung als Führung der Organisation in der Organisation nicht umhinkommt, sich selbst durch jeden Akt der Führung mitzubezeichnen. Wenn die Organisation geführt wird, kommt in dieser Organisation die Führung selbst vor. Das bietet die Chance, die Führung dementsprechend als Teil der Organisation mit dem Rest der Organisation zu vernetzen und Unterschied und Bezug jeweils deutlich zu machen. Das impliziert jedoch auch das Risiko, dass die Führung sich in der Führung der Organisation zunehmend mit sich selbst beschäftigt, die Markierung ihres eigenen Unterschieds pflegt und den Bezug auf den Rest der Organisation nur noch als Sorge um den eigenen Status vorkommen lässt. Organisationen bekommen das schnell spitz und werden der Führung ihre Sorgen durch symbolische Akte der Respekterweisung abnehmen, wenn sie dafür garantiert bekommen, mit Führungsansprüchen verschont zu werden.

Man erkennt an dieser Form ferner, dass die Führung den Bezug auf die Gesellschaft und die Auswahl eines prominenten Funktionssystems für die Organisation natürlich nicht monopolisieren kann. Auch der Rest der Organisation ist Teil der Form, die durch die Führung produziert wird, und mag seine gesellschaftlichen Rücksichten und Prominenzen anders verteilen, als es die Führung für sinnvoll hält. Unter dem Gesichtspunkt des Wertewandels zum Beispiel hat man viele Jahre diskutiert, ob sich die Mitglieder einer Organisation nicht möglicherweise längst auf eine andere Gesellschaft beziehen, als es die Führung der Organisation tut. Aber auch aus der Gesellschaft gewonnene und auf sie bezogene Berufsidentitäten, Ausbildungsansprüche, religiöse und kulturelle Bindungen mögen unter den Mitgliedern einer Organisation andere Führungsimpulse auslösen, als sie von der sich selbst markierenden Führung der Organisation für relevant gehalten werden.

An dieser erweiterten und immer noch minimalen Form erkennt man nicht zuletzt, dass die Führung einer Organisation gut damit beschäftigt sein kann, die Dynamik eines Funktionssystems zu verstehen und abzubilden, dass damit jedoch in keiner Weise bereits garantiert ist, dass die Führung auch das Verhältnis von Funktionssystem und Gesellschaft versteht. Im Gegenteil: Meist wird von Organisationen aller Art das Funktionssystem *pars pro toto* genommen und alle anderen gesellschaftlichen Belange für sekundär gehalten, so dass Einflüsse gesellschaftlicher Verschiebungen auf das eigene Funktionssystem unterschätzt werden. Unsere hier diskutierte Form der Führung, so simpel sie ist, macht immerhin darauf aufmerksam, dass es einen Unterschied zwischen

Funktionssystem und Gesellschaft gibt und dass daher mit mehr Entwicklungen und Möglichkeiten gerechnet werden muss, als das jeweils eigene Funktionslatein es für möglich hält.

Netzwerk

Führung bewegt sich in einem *Netzwerk*, das verschiedene hierarchische Positionen auf der einen Seite[7] und verschiedene Sachfragen und Zeithorizonte auf der anderen Seite (Ressourcen, Personal, Organisation, Steuerung, Marketing, Strategie)[8] miteinander kombiniert und gegeneinander im Hinblick auf Durchsetzungschancen von Kontrollversuchen abwägt. Dieses Netzwerk verknüpft Kontrollversuche, deren Einstiegsbedingung die Bereitschaft ist, sich von denen, die kontrolliert werden sollen, im Gegenzug auch kontrollieren zu lassen.[9] Einflusschancen werden gegen Abhängigkeitsbereitschaften getauscht und laufend daraufhin geprüft, ob der eine dabei nicht besser fährt als der andere. Dies gilt für Personen, Ressourcen, Institutionen und Aktivitäten gleichermaßen. Sie alle müssen, um im Netzwerk der Führung eine Rolle spielen zu können, ihre Dominanz aus ihrer Abhängigkeit heraus entwickeln.

Den Mechanismus, der Netzwerke generiert, hat Harrison C. White mit der Unterscheidung von Identität und Kontrolle bezeichnet.[10] Damit soll gesagt sein, dass heterogene Elemente von Netzwerken (etwa Institutionen, Praktiken, Personen und Ideologien) dann ein verlässliches Netzwerk bilden, wenn die Identität jedes einzelnen Elements dadurch bestimmt ist, dass es sich von allen anderen Elementen in mal schwachen, mal starken Beziehungen, mal bestimmter, mal unbestimmter Hinsicht kontrollieren lässt und seinerseits die Identität dieser Elemente als passend zur eigenen Identität zu kontrollieren versucht. Der Netzwerkbegriff wird dadurch außerordentlich anspruchsvoll. Er bezeichnet Varianzen innerhalb von Relationen, die an keiner einzigen Stelle vorab substantiell, es-

---

7 Siehe Harrison C. White, *A Structural Theory of Action*, Princeton, NJ, 1992, S. 230 ff.

8 Vgl. Rudolf Wimmer, »Wozu brauchen wir ein General Management?«, in: *Hernsteiner* 3, 1993, S. 4-12.

9 So schon Niccolò Machiavelli, *Der Fürst* [1532], dt. Stuttgart 1978.

10 White, *Identity and Control*, a. a. O.

sentiell oder sonstwie kategorial festgelegt werden können.[11] Netzwerke kann man nicht einfach »machen«, sondern man muss sie durch die Beobachtung feingesteuerter Abhängigkeitsverhältnisse, in denen jedes einzelne Element immerhin diejenigen Freiheitsgrade oder diejenige Unbestimmtheit haben muss, die es die eigene Abhängigkeit als wählbar erleben lässt, entstehen lassen.[12]

Eine handliche Übersetzung dieses Mechanismus für den Fall der Führung, aber auch für jeden anderen Fall der Vernetzung kann man in der Regel darin finden, dass soziale Beziehungen, insoweit sie als Netzwerke beschrieben werden, grundsätzlich mindestens drei Handlungsebenen, Kommunikationsadressen oder Positionsrollen spielen und in Anspruch nehmen, niemals nur zwei. Duale und Dyaden konstituieren keine Netzwerke, sondern Beziehungen auf der Suche nach Verknüpfungen. Netzwerke integrieren (das heißt: reduzieren Freiheitsgrade[13]), indem sie jede denkbare Zweierbeziehung auf etwas Drittes beziehen. Der, die oder das Dritte regelt, was die beiden voneinander zu erwarten haben. Michel Serres formuliert in seinem Buch über den Parasiten: »Es gibt ein Drittes vor dem Zweiten; es gibt einen Dritten vor dem anderen. Wie der alte Zenon sagte: Ich muß durch eine Mitte hindurch, bevor ich ans Ende gelange. Es gibt stets ein Medium, eine Mitte, ein Vermittelndes. Und in diesem Spiel zu dritt kann der mittlere Ausdruck auf jeden der drei fallen, je nachdem.«[14] Das Dritte ruft zur Räson, es dient als Widerlager zur Bestimmung einer andernfalls unwahrscheinlichen Gemeinsamkeit, definiert Zielvorgaben (um deren Modifikation man sich dann bemühen kann) oder liefert den erforderlichen kulturellen Hintergrund. Wer oder was auch immer dieses Dritte unter den heterogenen Elementen des Netzwerks ist und wie auch immer der Bezug zu ihm gestaltet ist (als bestimmte Absicherung oder unbestimmte Möglichkeit; man ist versucht zu sagen: als Organisation oder als Gesellschaft), erst wenn dieses Dritte adressiert werden kann und der Bezug zu ihm greifbar ist, kann sich ein Netzwerk konstituieren und erhalten.

11 So auch Stephan Fuchs, *Against Essentialism: A Theory of Culture and Society*, Cambridge, Mass., 2001.
12 Dazu auch François Jullien, *Über die Wirksamkeit*, dt. Berlin 1999.
13 So Luhmann, *Organisation und Entscheidung*, a. a. O., S. 99 ff.
14 Michel Serres, *Le parasite*, Paris 1980, S. 85; dt. *Der Parasit*, Frankfurt am Main 1981, S. 97.

Eine weitere Eigenschaft von Netzwerken, die Selbstähnlichkeit, liefert eine noch einmal handlichere Übersetzungsregel. Diese Eigenschaft postuliert, dass der Vernetzungsmodus unabhängig von der Skalierung, also unabhängig von der Frage, ob man Mikro- oder Makroeigenschaften des Netzwerks betrachtet, immer derselbe ist.[15] Das ist eine andere Formulierung für die Beobachtung einer Form als Eigenwert eines Systems im Sinne von Spencer-Brown. In unserem Zusammenhang bedeutet dies, dass die Führung einer Organisation unabhängig von der Frage, um die Entscheidung welcher Sachverhalte es jeweils geht, an immer derselben Referenz auf ein Drittes erkennbar ist, die als diese Referenz den Sachverhalt und die individuellen Stellungnahmen zu diesem Sachverhalt regelt, das heißt: führt. Bei einer entsprechend sensiblen Beobachtung von Managemententscheidungen, Coachinggesprächen, Beratungsangeboten und Mitarbeiterdebatten müsste es daher möglich sein, dem Eigenwert der Führung, der selbstähnlichen Struktur des Netzwerks und damit dem Netzwerk selbst und seiner Rolle in der Organisation auf die Spur zu kommen.

Medium

Das *Medium* der Führung ist die Macht. Macht ist ein Kommunikationsmedium, das die Willkür des Machtunterworfenen durch die Willkür des Machtüberlegenen konditioniert, dazu jedoch auf beiden Seiten Willkür, also Wahlmöglichkeiten, voraussetzen muss.[16] Führung kann daher schon deswegen gesucht und akzeptiert werden, weil sie dort Wahlmöglichkeiten konstruiert, wo es zuvor möglicherweise keine gab. Dass die Führung die Wahlmöglichkeiten gleich wieder kassiert, die sie konstruiert hat, wird in Kauf genommen und ihr als Stärke ausgelegt. Der Preis für diese Macht ist die Einschränkung auf die Konditionierung der Willkür von Handlungen. Was man beobachtet, während man befiehlt und gehorcht, kann durch die Festlegung der Handlungen nicht

---

15 Siehe Albert-László Barabási und Eric Bonabeau, »Scale-Free Networks«, in: *Scientific American* 288, Nr. 5 (2003), S. 50-59; ders. und Réka Albert, »Emergence of Scaling in Random Networks«, in: *Science* 286 (1999), S. 509-512.

16 So Niklas Luhmann, *Macht*, Stuttgart 1975; ders., *Die Gesellschaft der Gesellschaft*, Frankfurt am Main 1997, S. 355 ff.

mit festgelegt werden, so wahrscheinlich es auch ist, dass Beobachtungen gesucht werden, die die Festlegungen in einem günstigen Licht erscheinen lassen. Immerhin bleibt die Möglichkeit bestehen, Anlässe zu beobachten, die Chancen andeuten, der Führung auf beiden Seiten auszuweichen. Deswegen geht die Macht mit der Ausübung von Sanktionspotential einher. Positiv oder negativ sanktionieren zu können dokumentiert zunächst nur die Fähigkeit zur Willkür. Gleich anschließend jedoch bindet das Sanktionspotential die Führung wie die Geführten daran, die Sanktionen unter Beweis zu stellen, wenn der Führung gefolgt (positive Sanktionen) beziehungsweise ausgewichen wird (negative Sanktionen). Das entwertet die Attraktivität der allzu bestimmten Außenseite der eigenen Handlungen, ersetzt die Unbestimmtheit anderer Möglichkeiten durch die Ungewissheit, ob deren Wahrnehmung nicht bereits Aufkündigung der Führung bedeutet, und schließt dadurch den Kreis der Führung über der Notwendigkeit, die Willkür der eigenen Handlungen an die Willkür der eigenen Handlungen zu binden und dafür immer wieder neu die passenden Anlässe zu suchen.[17]

Evolution

Die klassischen Theorien der Führung oszillieren zwischen den Ideen, die charismatischen Aspekte der Führung für die Variation der Verhältnisse oder ihre herrschaftlichen Aspekte für die Restabilisierung der Verhältnisse verantwortlich zu machen.[18] Tatsächlich liegt ihre *evolutionäre Funktion* wohl eher in der Mitte, in der Wahrnehmung des Mechanismus der Selektion.[19] Führung besteht darin, Variationen dann aufzugreifen, also positiv zu selektieren, wenn sich aussichtsreiche Chancen ergeben, diese Variationen in die be-

17 Siehe auch Michel Crozier und Erhard Friedberg, *L'acteur et le système: Les contraintes de l'action collective*, Paris 1977; Karl E. Weick, »The Spines of Leaders«, in: Morgan W. McCall, jr. und Michael M. Lombardo (Hrsg.), *Leadership: Where Else Can We Go?*, Durham 1978, S. 37-81.

18 Siehe Max Weber, *Wirtschaft und Gesellschaft: Grundriß der verstehenden Soziologie*, 5., rev. Auflage, Studienausgabe, Tübingen 1990, S. 122 ff.

19 Siehe noch einmal Jullien, *Über die Wirksamkeit*, a. a. O.; vgl. zum dazu passenden neodarwinistischen Evolutionsbegriff Donald T. Campbell, »Variation and Selective Retention in Socio-Cultural Evolution«, in: *General Systems* 14 (1969), S. 69-85.

reits bestehenden Verhältnisse einzupassen, oder umgekehrt dann abzulehnen, also negativ zu selektieren, wenn man sich dadurch die bestehenden Verhältnisse gewogen machen und so neuen Rückhalt gewinnen kann. Führung ist per se weder auf der Seite der Innovation noch auf der Seite des Status quo, sondern immer auf der Seite derer, die die Innovationen den Verhältnissen anpassen und den Status quo durch seine Veränderung erhalten. Der evolutionäre Vorteil dieser Konzentration auf den evolutionären Mechanismus der Selektion liegt darin, dass die Anlässe für Variationen zufällig und der Horizont der Retention offen und unbestimmt gehalten werden können. Nicht zuletzt sind dann auch Charisma und Herrschaft Funktionen der Selektion und weder der Variation noch der Retention.

Knoten

Für wenige Phänomene ist so deutlich wie für das Phänomen der Führung, dass hier eine Systemfunktion, eine Form und ein Netzwerk vorliegen, die allesamt auch als »Knoten« verstanden werden können. *Knoten* sind zu bestimmen als Formen, für die die Paradoxie typisch ist, dass ihnen Elemente angehören, die ihnen nicht angehören:[20] In diesen Knoten oszillieren Innenseite und Außenseite der Form, so dass unbestimmbar ist, wann man sich auf der Innenseite oder auf der Außenseite befindet, ohne dass die Unterscheidung zwischen Innen- und Außenseite deswegen in Frage gestellt werden müsste. Dies ist die grundlegende, jeden Grund auflösende Eigenschaft von Unterscheidungen, die in ihren eigenen Raum, das heißt in ihre eigene Form, »wiedereintreten«.[21]

Der Knoten, den die Führung einer Organisation zugleich schnüren und lösen muss,[22] besteht darin, dass die externen Sach-

20 So Louis H. Kauffman, »Knot Logics«, in: ders. (Hrsg.), *Knots and Applications*, Singapore 1995, S. 1-110, hier: S. 33 f.

21 Im Sinne von Spencer-Brown, *Laws of Form*, a. a. O.

22 Denn »jeder Knoten kann aufgehen, zerschnitten oder unterbrochen werden«. Jacques Derrida, »Faith and Knowledge: the Two Sources of ›Religion‹ at the Limits of Reason Alone«, in: ders. und Gianni Vattimo (Hrsg.), *Religion*, Stanford 1998, S. 1-78, hier: S. 64. Siehe jedoch zum Schnüren *und* Wiederauflösen eines Knotens bereits Aristoteles, *Poetik*, griechisch/deutsch, Stuttgart 1982, etwa S. 59.

verhalte, auf die sie intern verweisen muss, um interne Anschlussfragen der Entscheidungs- und Strategiefragen zu klären, immer
schon Sachverhalte sind, die intern konstruiert (beziehungsweise
»*enacted*«[23]) sind. Hinzu kommt, dass die interne Konstruktion der
externen Sachverhalte sich nur in der Auseinandersetzung mit der
Umwelt der Organisation bewähren kann, ohne dass man je wüsste, ob man diese Umwelt zutreffend beschrieben hat und ob das,
was sich bewährt, irgendetwas mit den eigenen Konstruktionen zu
tun hat.

Deswegen oszilliert die Führung einer Organisation zwischen
Willkür und Ungewissheit, genauer: Sie schafft die Ungewissheit,
die sie nur dank eigener Willkür bearbeiten kann, indem ihre eigene Willkür die Frage aufwirft, ob intern (Folgebereitschaft) und
extern (Gelegenheiten) eine hinreichende Rechtfertigung dieser
Willkür gegeben ist oder, alternativ, geschaffen werden kann.

Die allgemeinste Form der Führung lässt sich danach bestimmen als Wiedereintritt der Unterscheidung zwischen Bestimmtheit
und Unbestimmtheit auf der Seite der Bestimmtheit. Führung wird
damit zur *re-entry*-Formel von Kommunikation auf der Seite der
Bestimmtheit, wenn Kommunikation heißen darf, das Informations- und Mitteilungsverhalten an der Relation von Bestimmtem
und Unbestimmtem zu orientieren,[24] und wenn die Festlegung der
Kommunikation auf etwas Bestimmtes als allgemeinste Form der
Führung gelten darf. Diese allgemeinste Form der Führung (noch
vor ihrer Spezifikation für organisierte oder andere Sozialsysteme)
lebt entscheidend, um nicht zu sagen: führend, davon, dass sie ihre
eigene Festlegung im Kontext des Unbestimmten, der dazu mitgeführt werden muss, mit vorführt. Nur das ist Führung. Das schnürt
den Knoten, und das löst ihn.

23 Vgl. Karl E. Weick, *Der Prozeß des Organisierens*, dt. Frankfurt am Main 1985;
    ders., *Making Sense of the Organization*, Oxford 2000.
24 Vgl. Claude E. Shannon, »The Mathematical Theory of Communication«, in:
    ders. und Warren Weaver, *The Mathematical Theory of Communication*, Reprint
    Urbana, Ill., 1963, S. 29-125; Donald M. MacKay, *Information, Mechanism and
    Meaning*, Cambridge, Mass., 1969; Luhmann, *Die Gesellschaft der Gesellschaft*,
    a. a. O., S. 36 ff.; Dirk Baecker, *Wozu Systeme?*, Berlin 2002, S. 111 ff.

Postheroische Führung

Einleitung

Postheroische Führung ist eine Führung, die ein Team, ein Projekt, eine Abteilung, ein Unternehmen, ein Land nicht nur nach außen repräsentiert und nach innen eint, sondern darüber hinaus Repräsentation und Einheit nicht miteinander verwechselt, sondern so voneinander unterscheidet, dass das Innen und das Außen variiert werden können, ohne die Existenz des Teams, des Projekts, der Abteilung, des Unternehmens oder des Landes aufs Spiel zu setzen. Postheroische Führung findet dort statt, wo eine Übersetzung des Außen in das Innen oder umgekehrt des Innen in ein Außen nicht möglich ist und diese Unmöglichkeit in immer wieder neue Strategien und Taktiken der Auseinandersetzung umgesetzt wird. Postheroische Führung ist daher nicht nur situativ, inkrementalistisch und improvisiert, sondern auch in der Hinsicht prozessorientiert, dass immer wieder neu überprüft wird, mit welchen Ideen, Diagnosen, Kompetenzen und Ressourcen man unter welchen Umständen welche Erfahrungen gemacht hat.

Heroische Führung besteht darin, sich diese Arbeit einer postheroischen Führung zu ersparen und stattdessen eine Idee, ein Ziel, einen Angriff an die Stelle dieser Arbeit zu setzen, um mit diesem Ansatz entweder zu triumphieren oder unterzugehen. Heroische Führung bietet nicht nur den Vorteil der Arbeitsersparnis, sondern auch den Vorteil, Recht behalten zu können. Im Fall des Triumphs liegt das auf der Hand, im Fall des Untergangs scheiterte man am Unverständnis der Welt oder an der Inkompetenz der Mitarbeiter. Die heroische Führung kennt zwar ebenfalls einen Unterschied zwischen Team, Projekt, Abteilung, Unternehmen oder Land auf der einen Seite und dem Rest der Welt auf der anderen, aber dieser Unterschied wird nicht genutzt, um ihn zu erhalten und zu pflegen, sondern um ihn zu streichen: Die erfolgreiche heroische Führung unterwirft die Welt der eigenen Organisation, die erfolglose lässt die eigene Organisation in der Welt verschwinden.

Die Welt der heroischen Führung ist einfach. Sie kennt nur Gewinne und Verluste. Und sie preist ihre Helden dafür, dass sie eine klare Orientierung bieten und mit leuchtendem Beispiel, das heißt mit Siegeswillen und Opferbereitschaft, vorausgehen. So oder so wird man im Anschluss etwas zu erzählen haben, wenn man denn die Sache überlebt. Die Welt der postheroischen Führung ist komplex. Sie kennt Gewinne, Verluste und darüber hinaus nicht nur deren Ununterscheidbarkeit, sondern auch die Schnelligkeit, mit der das eine sich als das andere herausstellen kann. Sie muss auf Helden verzichten und dennoch immer wieder neu Orientierung schaffen. Zu erzählen hat sie fast nichts, sieht man davon ab, dass dennoch dauernd Geschichten erzählt werden, denen jedoch auf eine immer wieder enttäuschende Art und Weise die Pointe zu fehlen scheint.

Eine so eindeutige Unterscheidung zwischen heroischer und postheroischer Führung, wie wir sie hier konstruieren, ist ihrerseits heroisch. Sie macht die Dinge zu einfach. Stattdessen wird man es in der Realität immer mit Heroen zu tun haben, die wissen, wann sie auf eine postheroische Intelligenz umstellen müssen, um einen neuen Ansatz zu finden, wenn der alte sich nicht bewährt. Und man wird es immer mit einer postheroischen Führung zu tun haben, die ab und an Helden auszeichnet, wenn es darauf ankommt, an jene heroischen Affekte zu appellieren, die man zuweilen braucht, um eine unmögliche Entscheidung zu treffen.

Die schwierigste Aufgabe von allen besteht daher vermutlich darin, sich der Einheit der Differenz von heroischer und postheroischer Führung bewusst zu sein und auch für diese Einheit eine Formulierung zu finden. Mit einem sehr alten Begriff könnten wir von einer »klugen« Führung sprechen, wenn unter einer politischen Klugheitslehre, wie sie die alten Chinesen ebenso vertraten wie die europäische frühe Neuzeit,[1] eine Lehre verstanden werden darf, die mit Komplexität rechnet, um nicht unbedingt einfache, aber doch unscheinbar wirkungsvolle Entscheidungen zu treffen. Politisch klug ist, wer Unterscheidungen nicht nur anbieten, sondern sie auch verschwinden lassen kann, um dort, wo andere in ihr Verderben rennen, ein neues Spiel eröffnen zu können.

---

1 Siehe François Jullien, *Über die Wirksamkeit*, dt. Berlin 1999; Niccolò Machiavelli, *Der Fürst*, dt. Stuttgart 1978; Baltasar Gracián, *Handorakel und Kunst der Weltklugheit*, dt. Stuttgart 1978; vgl. Dirk Baecker, »Themen und Konzepte einer Klugheitslehre«, in: Akademie Schloss Solitude (Hrsg.), *Klugheitslehre: militia contra malicia*, Berlin 1995, S. 54-74; ders., »Der Umweg über China«, in: ders. u. a., *Kontroverse über China: Sino-Philosophie*, Berlin 2008, S. 31-47.

Hintergrund

Konzepte einer postheroischen Führung wurden wiederentdeckt, als bestimmte Annahmen der Moderne, die darauf hinausliefen, Organisationen als die rationale Form der Umsetzung von Zielen und Aufträgen in dazu passende Mittel und Wege zu verstehen, fragwürdig wurden. Die Moderne hatte dazu geneigt, heroische Führungskonzepte zu pflegen, weil mit ihrer Hilfe die Spitze von Hierarchien ausgezeichnet und so nach außen sichtbar und nach innen auf Distanz gebracht werden konnte. Das ermöglichte es, nach außen Einheit und Kontrolle zu signalisieren und nach innen jene mal lose, mal feste Kopplung von Hierarchie und Prozess einzurichten, unter der das tägliche Arbeiten nur möglich ist.[2] Mit dem Auslaufen moderner Hoffnungen auf Vernunft und mit der Entdeckung, dass Organisationen in enger Abstimmung mit ihrer sozialen Umwelt weniger an ihren Zielen und Aufträgen als vielmehr an der Maximierung der Ressourcen, auf die sie Zugriff haben, interessiert sind,[3] werden Heroismen jedoch zunehmend dysfunktional. Sie richten zu viel Aufmerksamkeit auf insgesamt zu verdächtige Sachverhalte und Prozesse. Die Helden werfen ein schlechtes Licht auf die Wirklichkeit, die von ihnen abweicht. Konnte man sich dies einst leisten, weil die Wirklichkeit hochgradig konventionalisiert war und sich in ihrer Alltäglichkeit weder ändern musste noch konnte, so kippt die einst beruhigende Alltäglichkeit der Wirklichkeit um in ihre Fragwürdigkeit, sobald sie sich laufend ändern kann und muss. Postheroische Führung wird erforderlich, wenn die Varianz der Arbeitsprozesse steigt und sowohl die lose als auch die feste Kopplung zwischen Hierarchie und Prozess gesteigert werden müssen.

2 Siehe Alfred D. Chandler, jr., *The Visible Hand: The Managerial Revolution in American Business*, Cambridge, Mass., 1977; Talcott Parsons, »A Sociological Approach to the Theory of Organizations«, in: ders., *Structure and Process in Modern Societies*, New York 1960, S. 16-58; Niklas Luhmann, *Zweckbegriff und Systemrationalität: Über die Funktion von Zwecken in sozialen Systemen*, Neuausgabe Frankfurt am Main 1977.

3 Siehe John W. Meyer und Brian Rowan, »Institutionalized Organizations: Formal Structure as Myth and Ceremony«, in: *American Journal of Sociology* 83 (1977), S. 340-363; Charles Perrow, »Demystifying Organizations«, in: Rosemary C. Saari und Yeheskel Hasenfeld (Hrsg.), *The Management of Human Services*, New York 1978, S. 105-120.

Nicht zufällig führt Charles Handy das Konzept der postheroischen Führung in einem Buch mit dem Titel *The Age of Unreason* ein: Wenn gefordert werden muss, dass sich der postheroische Führer bei jeder seiner Handlungen und Entscheidungen fragt, »wie jedes Problem so gelöst werden kann, dass es die Fähigkeit anderer Leute entwickelt, mit ihm fertig zu werden«,[4] dann geht es nicht mehr nur um klassische Fragen der Ausbildung und des Trainings der Kompetenzen der Mitarbeiter. Es geht darüber hinaus darum, die Fähigkeit zur Lösung von Problemen nicht mehr an der Spitze einer Organisation zu monopolisieren, sondern sie an die Organisation zu delegieren und in ihr zu diffundieren. Wohlgemerkt: Es sollen nicht nur gefundene und definierte Problemlösungen von der Organisation effizient und routiniert ausgeführt werden, so dass jeder Arbeiter, Lehrer, Beamte, Krankenhausarzt, Hochschullehrer, Priester und Offizier weiß, was er zu tun hat. Vielmehr soll die Fähigkeit zur Problemlösung verteilt und verallgemeinert werden. Und dies schließt, wie man vielleicht zu spät gemerkt hat, die Fähigkeit zur Identifikation eines Problems als Problem, das heißt die Fähigkeit zur Problemstellung und daher auch zur Problemverschiebung, mit ein. Allgemeine Appelle an die zwangsläufig einheitliche Vernunft der Dinge, ihren Sachzwang, können diese Diffusion der Fähigkeit zur Problemlösung wie Problemstellung nur behindern. Hier kommt man nur weiter mit der Anerkennung einer Differenz der aus unterschiedlichen Perspektiven beteiligten Rationalitäten.

Man hat das oft genug beschrieben:[5] Wenn Organisationen keine Maschinen mehr sind, deren Abläufe man wie von außen definieren und kontrollieren kann und deren wirtschaftliche Effizienz und technische Effektivität darauf beruht, dass ihre Routinen laufend optimiert werden können, sondern wenn diese zu sozialen Systemen werden, in die Management und Führung als Orientierungspunkte für Interpretation und Reinterpretation eingeschlossen sind und für die daher Routinen der Veränderung von Routinen entwickelt werden müssen, dann muss die Führung postheroisch werden, und dann können und dürfen Heroismen nur noch fallweise vorkommen, als Opium fürs Volk.

4 Charles Handy, *The Age of Unreason*, Boston 1990, S. 166.
5 Siehe Tom Burns und George M. Stalker, *The Management of Innovation*, London 1991; Karl E. Weick, *Der Prozeß des Organisierens*, dt. Frankfurt am Main 1985; Dirk Baecker, *Postheroisches Management: Ein Vademecum*, Berlin 1994.

Die Organisationstheorie, die sich von der Betriebswirtschafts-lehre durch ihre Rationalitätsskepsis unterscheidet, konzipiert Organisationen daher nicht mehr als zieldefinierte, sondern als zielsuchende Systeme.[6] Und das klassische Bild der Organisation, dem gemäß in einem sorgsam nach außen abgeschotteten Bereich (im Klassenzimmer, Büro, Krankenzimmer, Beichtstuhl oder in der Werkstatt oder der Feldübung) die Arbeit gemacht wird, während sich die Spitze um die Definition und Kontrolle der Aufgaben und eine mittlere Managementebene um die Koordination der arbeits-teilig aufgestellten Organisation kümmern,[7] weicht einem post-klassischen Bild. Diesem zufolge ist die Organisation auf der Ebene ihrer Arbeitsprozesse (also »unten«) in Wertschöpfungsketten ein-gebunden, die über die Grenzen der Organisation hinaus »flussauf-wärts« und »flussabwärts« zu Lieferanten und Abnehmern reichen, während sich die Spitze darum kümmert, jene *corporate identities* herzustellen, die es den eigenen Mitarbeitern, dem Kapitalmarkt, den Aufsichtsorganen und der kritischen Öffentlichkeit ermögli-chen, eine Einheit der Organisation zu unterstellen und zu erken-nen, und die mittleren Managementebenen damit beschäftigt sind, *corporate cultures* zu pflegen, die jene Werte bereitstellen, die für die technische, ökonomische, soziale und emotionale Koordination zunehmend diverser Prozesse nach wie vor erforderlich sind.[8] Die postheroische Führung korrespondiert einer postklassischen Orga-nisation, wenn unter dieser eine Organisation verstanden wird, die dort ihre Unentscheidbarkeiten hegt und pflegt, wo die klassische Organisation nur Entscheidungen kannte: bei der Trennung hier-

6 Siehe Herbert A. Simon, *Administrative Behavior: A Study of Decision-Making Processes in Adminstrative Organization*, 4. Aufl., New York 1997; James G. March und Herbert A. Simon, *Organizations*, 2. Aufl., Cambridge, Mass., 1993; James G. March, *Decisions and Organizations*, Cambridge, Mass., 1988; Niklas Luhmann, *Funktion und Folgen formaler Organisation*, 4. Aufl., mit einem Epilog 1994, Berlin 1995; ders., *Organisation und Entscheidung*, Opladen 2000.

7 Siehe James D. Thompson, *Organizations in Action: Social Science Bases of Ad-ministrative Theory*, New York 1967, im Anschluss an Parsons, »A Sociological Approach to the Theory of Organizations«, a. a. O.

8 Siehe Nitin Nohria und Robert G. Eccles (Hrsg.), *Networks and Organizations: Structure, Form, and Action*, Boston 1992; Gernot Grabher (Hrsg.), *The Embedded Firm: On the Socio-Economics of Industrial Networks*, London 1993; Paul DiMaggio (Hrsg.), *The Twenty-First Century Firm: Changing Economic Organization in Inter-national Perspective*, Princeton, NJ, 2001.

archischer Ebenen, bei der Ziehung von Abteilungsgrenzen, bei der Einrichtung der Arbeitsteilung, bei der Zuweisung von Kompetenzen und nicht zuletzt bei der Kontrolle von Erfolg und Misserfolg. Postheroische Führung besteht darin, ihrer Organisation bei der Suche nach jenen Zielen zu helfen, die nicht vorab definiert sind, sondern gesetzt, getestet und verantwortet werden müssen.

Der Ansatz

Postheroisches Management ist die Wiedereinführung der Differenz von Organisation und Wirtschaft in die Organisation. Postheroische Führung ist die Wiedereinführung der Differenz von Organisation und Gesellschaft in die Organisation.[9] Beide beruhen darauf, dass das Unternehmen im Besonderen wie die Organisation im Allgemeinen spätestens im 20. Jahrhundert damit begonnen haben, die Mechanismen der Absorption von Ungewissheit, die es ihnen bis dato erlaubt hatten, Entscheidungen effizient und effektiv zu technisieren, zu ökonomisieren und zu routinisieren, in die Organisation wiedereinzuführen und dort ihrerseits zum Gegenstand der Entscheidung zu machen.[10] Postheroisches Management wie postheroische Führung laufen daher letztlich darauf hinaus, der Organisation die Selbstreferenz ihrer Gestaltung, Lenkung und Kontrolle wieder zugänglich zu machen, die ihr im Zuge der Durchsetzung eher disziplinärer Konzepte ihrer Etablierung und Institutionalisierung zumindest thematisch verweigert worden waren (»Selbstreferenz? Bei uns kein Thema!« könnte dementsprechend die Auskunft vieler Organisationen nach wie vor lauten),[11] auch wenn ihre jeweilige Praxis ohne Selbstreferenz nicht zu denken ist.

Die Verfügung über Mechanismen der Absorption von Unge-

---

9 Siehe Dirk Baecker, *Die Sache mit der Führung*, Wien 2009.

10 Siehe Dirk Baecker, *Die Form des Unternehmens*, Frankfurt am Main 1993.

11 Siehe exemplarisch Michel Foucault, *Wahnsinn und Gesellschaft: Eine Geschichte des Wahns im Zeitalter der Vernunft*, dt. Frankfurt am Main 1969; ders., *Überwachen und Strafen: Die Geburt des Gefängnisses*, dt. Frankfurt am Main 1976; Erving Goffman, *Asylums: Essays on the Social Situation of Mental Patients and Other Inmates*, Chicago 1962; im Anschluss daran Gareth Morgan, *Images of Organization*, Beverly Hills, CA, 1986.

wissheit, so hatten James G. March und Herbert A. Simon entdeckt, ist die Voraussetzung dafür, dass Entscheidungsprozesse eingerichtet werden können, in denen jede einzelne Entscheidung sich auf vorherige Entscheidungen verlässt und nicht jeweils von Neuem beginnt, Zielsetzung, Ressourcenzugriff, Arbeitsteilung und Kundenangebot zu überprüfen. Stattdessen wirkt jede Entscheidung als Prämisse der ihr folgenden Entscheidung und können darüber hinaus generalisierte Prämissen wie Programme, Kommunikationswege und Personalkompetenzen eingerichtet werden, die der einzelnen Entscheidung einen erheblichen Teil ihrer Ungewissheit abnehmen und es damit erlauben, sich auf den verbleibenden und nach Möglichkeit überschaubaren Teil zu konzentrieren.[12] Diese Prämissen treten an die Stelle der reflexiv nach Belieben unklaren Selbstreferenz der Organisation, geben ihr eine Geschichte, eine Zukunft und ein Gedächtnis und ermöglichen es ihr so, ihren fallweise auftretenden Entscheidungsbedarf abzuarbeiten.

Das postheroische Management – und ernsthaft gibt es kein anderes – adressiert diese Mechanismen der Absorption von Ungewissheit für den Fall der Unterscheidung von Organisation und Wirtschaft, die postheroische Führung – und auch hier gibt es ernsthaft keine andere – für den Fall der Unterscheidung von Organisation und Gesellschaft. Das Modell für diese Denkfigur liefert Erich Gutenberg, der in seiner Habilitationsschrift zur Begründung der Betriebswirtschaftslehre gezeigt hat, dass Management nur möglich ist, wenn es die Komplexität der Organisation einklammert (man denke an Husserls *Epoché*) und statt der komplexen Organisation, die als perfekt und zugleich plastisch gestaltbar vorausgesetzt wird, den »Betrieb« technischen Anforderungen an Effektivität und wirtschaftlichen Anforderungen an Effizienz unterwirft.[13] Gutenberg wurde zum Begründer der Betriebs*wirtschaft*slehre, aber er hätte, wenn man der Idee seines Ansatzes folgt, auch zum Begründer einer Betriebs*technik*lehre werden können. Erstere hat sich an den Universitäten weltweit unter verschiedenen Namen etablieren können, Letztere gibt es nicht als einheitliches Fach, sondern nur in der Summe höchst unterschiedlicher ingenieurwissenschaftlicher An-

12 So Luhmann, *Organisation und Entscheidung*, a. a. O., im Anschluss an Simon, *Administrative Behavior*, a. a. O., und March und Simon, *Organizations*, a. a. O.
13 Siehe Erich Gutenberg, *Die Unternehmung als Gegenstand betriebswirtschaftlicher Theorie*, Berlin 1929.

sätze, wie sie in Deutschland etwa durch die Fraunhofer-Institute vertreten werden.

Gutenbergs Idee jedenfalls bestand darin, die Komplexität der Organisation, von der man schon zu seiner Zeit dank zahlreicher technologischer, soziologischer, psychologischer, biologischer und philosophischer Ansätze durchaus wusste, nicht etwa zu negieren, sondern sie im Wissen um ihre Existenz zu neutralisieren,[14] das heißt als ebenso gegeben wie willig gestaltbar vorauszusetzen, um im Anschluss an diese Neutralisierung mit aller Strenge nur noch Kosten/Nutzen-Fragen (beziehungsweise Zweck/Mittel-Fragen) zu stellen und den Betrieb aus dieser Bewirtschaftung (beziehungsweise Technisierung) der Organisation zu gewinnen.

Die Pointe dieser Operation verschweigt uns Gutenberg. Sie begleitete den Aufbau und den Siegeszug der Betriebswirtschaftslehre allenfalls unter dem Namen »Praxisschock«. Diese Pointe besteht darin, dass die neutralisierte Komplexität nicht etwa stillhält, während der Betriebswirt seine Kosten/Nutzen-Kalküle und der Betriebstechniker seine Zweck/Mittel-Überlegungen anstellt, sondern unruhig wird, sich zu Wort meldet und ihrerseits gewürdigt und gepflegt werden will. Diese Komplexität ist materieller, technischer, sozialer, intellektueller, emotionaler und ökologischer Art. Sie kann nicht als Quelle von Problemen ausgeschaltet werden, wie Gutenberg sich das vorstellte, ganz zu schweigen davon, dass sie in keinem Moment perfekt funktioniert.

Postheroisches Management besteht seither darin, von der Komplexität der Managementaufgaben auszugehen. Und es profitiert davon, dass es die Organisation eben nicht wie von außen kommend in einen Betrieb verwandeln kann, um ihn dann dem ökonomischen Kalkül zu unterwerfen, sondern dass dieses Management selbstverständlich *in* der Organisation arbeitet und wirkt und daher selbst ein Teil der Komplexität dieser Organisation ist. Es leistet willentlich wie unwillentlich, als Beobachter und als Beobachtetes wesentliche Beiträge zum Aufbau und zur Pflege jener Komplexität der Organisation, die anschließend neutralisiert wird, um sie den ökonomischen und technischen Rationalitäten zu unterwerfen. Es verfolgt Eigeninteressen, Karrieren und Leidenschaften, es blockiert Initiativen, sabotiert Strategien und un-

14 Ebd., S. 26.

terläuft Taktiken ganz genau so, wie es der Rest der Organisation auch oder spätestens dann tut, wenn dieser Rest vom Management lernt, wie das geht.

Der Ansatz, den wir hier verfolgen, besteht daher darin, diese Komplexität nicht mehr auszuklammern, sondern in das Zentrum der Managementlehre zu stellen, ohne allerdings den Unterschied, den Gutenberg so präzise gesetzt hat, dabei aus den Augen zu verlieren. Wir konzipieren das Management komplex, indem wir es als ein Paar zweier komplexer Variablen beziehungsweise, in der Notation von George Spencer-Brown,[15] als die Form einer Unterscheidung formulieren:

Management = Organisation | Wirtschaft   *Gleichung PM*

Diese Notation hat viele Vorteile, auf die wir hier nicht näher eingehen können.[16] Die für uns wichtigsten sind jedoch, dass sie es erlaubt, (a) Unterscheidungen zu notieren, von denen jede einzelne von einem als (organisches, psychisches, soziales oder künstliches) System ausdifferenzierten Beobachter *realiter* getroffen werden muss, um eine Rolle spielen zu können, (b) diese Unterscheidungen als Formen von Zusammenhängen zu notieren, da jede Form die Innenseite einer Unterscheidung, ihre Außenseite, die Trennung dieser beiden Seiten und den von der Unterscheidung hervorgebrachten Raum der Unterscheidung umgreift, und (c) auf den Seiten dieser Unterscheidung ihrerseits komplexe Variable zu notieren, die gleichsam nur auf ihre weitere Auflösung in der Form weiterer Unterscheidungen warten.

Jede Form besteht damit aus mindestens einem Paar komplexer Variablen, die um weitere Variable ergänzt werden können, wenn man hinreichende empirische Anhaltspunkte dafür hat, dass es Beobachter gibt, die so beobachten. In unserem Fall genügt ein einziges Paar (aus der Mathematik weiß man im Übrigen, dass ein solches Paar komplexer Variablen für eine imaginäre, das heißt zwi-

15 George Spencer-Brown, *Laws of Form*, intern. Ausgabe, Leipzig 2008.
16 Vgl. jedoch Dirk Baecker, *Wozu Systeme?*, Berlin 2002; ders., *Form und Formen der Kommunikation*, Frankfurt am Main 2005.

schen positiven und negativen Zahlen oszillierende, oder auch: zur Achse reeller Zahlen orthogonal stehende, Zahl steht[17]).

Die *Gleichung PM* bringt zum Ausdruck, dass (postheroisches) Management darin besteht, den Unterschied zwischen Organisation und Wirtschaft zu treffen und in den Raum der Unterscheidung wiedereinzuführen. Praktisch bedeutet dies, dass ein guter Manager beide Seiten der Unterscheidung stärkt, also sowohl die Komplexität der Organisation als auch die Komplexität der Wirtschaft bedient, um dann ebenso selektiv wie konstruktiv (das heißt systemtheoretisch: durch Reduktion von Komplexität, und mathematisch: durch Entscheidung des Unentscheidbaren) Organisation und Wirtschaft aufeinander zu beziehen und Entscheidungen zu treffen, die Programme, Abteilungen und Kontrollen, Produkte, Märkte und Preise betreffen. Jede umgangssprachliche Rede von »Wirtschaft«, die so tut, als könnten Unternehmen und Märkte irgendwie gleichgesetzt werden, führt in die Irre. Tatsächlich stehen Organisation und Wirtschaft im Fall des Unternehmens wie erst recht jeder anderen Organisation orthogonal (das heißt inkommensurabel, nicht aufeinander reduzierbar) zueinander. Der Manager bedient beide Seiten der Unterscheidung, und er tut dies in ihrem Zusammenhang. Daraus beziehen seine Entscheidungen ihre imaginative Qualität:[18] Er muss jeweils erfinden, was sich unter Umständen bewährt; und er muss, soll sich die Erfindung bewähren, die verteilte Intelligenz sowohl der Organisation als auch der Märkte nutzen, um sie vorab, im Vollzug und im Anschluss zu testen.

Das müssen wir hier nicht vertiefen, weil es bekannt ist. Allenfalls kann man unterstreichen, dass dem Aspekt des immer mitlaufenden Testens und den davon abhängigen Reversibilitätsgewinnen trotz irreversibler Entscheidungen möglicherweise bislang zu wenig Aufmerksamkeit gezollt wurde. Immerhin können aus der Notwendigkeit, Möglichkeiten des Testens sowohl aufzuschieben als auch nach Bedarf fokussieren zu können, möglicherweise weit reichende Schlussfolgerungen für den Aufbau und den Ablauf einer

---

17 So John Stillwell, *Mathematics and Its History*, 2. Aufl., New York 2002, S. 383 f.
18 Im Sinne von G. L. S. Shackle, »Information, Formalism, and Choice«, in: Mario J. Rizzo (Hrsg.), *Time, Uncertainty, and Disequilibrium: Exploration of Austrian Themes*, Lexington, Mass., 1979, S. 19-31.

Organisation, verstanden als Engführung und Unterbrechung positiver und negativer Rückkopplungen, gezogen werden.[19]

Wichtiger jedoch ist uns hier die Übersetzung der Gutenberg'schen Gedankenfigur in Fragen einer postheroischen Führung. Wenn Führung nicht gleich Management ist (im Deutschen ebenso wenig wie im Englischen oder in anderen Sprachen), dann können es nicht dieselben komplexen Variablen sein, die die Führung definieren. In der Literatur findet man allenfalls Andeutungen; nimmt man jedoch die Anregung von Edgar Henry Schein ernst, Führung und Organisationskultur zusammen zu denken,[20] und folgt man seinem Verständnis von Kultur als Medium der Kopplung der Organisation mit ihren durch Diversität gekennzeichneten gesellschaftlichen Umfeldern, lässt sich vielleicht die Vermutung begründen, dass die Führung einer Organisation es nicht primär mit wirtschaftlichen, sondern mit gesellschaftlichen Fragen zu tun hat (von denen die wirtschaftlichen nur einen Aspekt unter anderen ausmachen). Das hieße, dass wir es mit folgender Gleichung zu tun bekommen:

Führung = Organisation | Gesellschaft   *Gleichung PF*

Wir würden demnach wieder davon ausgehen, dass auch die Führung etwas ausklammert, nämlich die Komplexität der Organisation, wenn sie die Gesellschaft, und die Komplexität der Gesellschaft, wenn sie die Organisation beobachtet, dieses Ausklammern jedoch nur betreibt, um es gleich anschließend selektiv und konstruktiv wieder aufzuheben.

(Postheroische) Führung unterscheidet die Organisation von der Gesellschaft, um Letztere in Ersterer selektiv und konstruktiv zum Tragen zu bringen. »Gesellschaft« heißt hierbei im Sinne der soziologischen Theorie Reflexion auf die Fortsetzungsbedingungen von Kommunikation unter globalen Bedingungen, das heißt un-

---

19 Siehe Stafford Beer, *Brain of the Firm*, 2. Aufl., Chichester 1981; Fredmund Malik, *Strategie des Managements komplexer Systeme: Ein Beitrag zur Management-Kybernetik evolutionärer Systeme*, 5., erw. und erg. Aufl., Bern 1996.
20 Siehe Edgar Henry Schein, *Organizational Culture and Leadership*, San Francisco 1985.

ter den Bedingungen laufender Variation politischer, wirtschaftlicher, rechtlicher, wissenschaftlicher, religiöser und pädagogischer Bedingungen und technischer, ökologischer und psychologischer Risiken und Gefahren. »Gesellschaft« heißt, dass man nicht weiß, wie es weitergeht, und dennoch und gerade deshalb darauf Rücksicht nehmen muss, wie es weitergeht. »Gesellschaft« ist ein Begriff für die Erwartbarkeit von Überraschungen unter den turbulenten Lebensbedingungen von Menschen. Jede Organisation ist dazu ein Beitrag. Und jede Organisation muss darauf Rücksicht nehmen, da sie ihre eigenen Überlebensbedingungen nur sichern kann, wenn sie gegenüber dieser Gesellschaft durch die Einrichtung von Inseln der Erwartbarkeit von Arbeit und Hierarchie, Produkten und Programmen, Kompetenzen und Karrieren, Zeithorizonten und Fristen einen Unterschied macht.

Die *Gleichung PF* formuliert die Trope, aus der die Rhetorik der Führung gewonnen werden kann, wenn man Jurij M. Lotmans Idee folgt, dass jede Kommunikation solche Tropen voraussetzt und jede Trope aus einem Paar miteinander unvereinbarer, aber dennoch aufeinander bezogener, wechselseitige Übersetzungen herausfordernder bedeutungstragender Elemente besteht.[21] Ein solches Paar ist die kleinste denkbare semiotische Einheit.[22] Sie formuliert eine Spannung, aus der alles Weitere gewonnen und auf die alles Weitere bezogen werden kann. Im Anschluss daran kann man fragen, wo und wie die Führung die Differenz von Organisation und Gesellschaft in der Organisation etabliert, pflegt und fruchtbar werden lässt.

Relevanz

Jeder gesellschaftliche Sachverhalt, auf den sich eine Organisation bezieht, kann zum Komplement einer solchen Trope werden, deren andere Hälfte immer die Organisation selbst ist. Ausgehend davon kann man fragen, in welchen Tropen sich die Führung einer Organisation bewegt, das heißt, wie es ihr gelingt, politische und wirtschaftliche, rechtliche und religiöse, technische und massenmediale Problemstellungen der Gesellschaft in der Organisation

---

21 Siehe in diesem Sinne Jurij M. Lotman, *Die Innenwelt des Denkens: Eine semiotische Theorie der Kultur*, dt. Frankfurt am Main 2010, S. 53 ff.

22 Ebd., S. 10.

sinnstiftend zum Tragen zu bringen, aufeinander zu beziehen, gegeneinander abzuwägen und hinreichend auf Distanz zu halten. Niklas Luhmann hat dies am Beispiel des Erziehungssystems und seiner Umwelten einmal durchgespielt.[23] Hier werden die Außenbeziehungen eines Systems zwar nicht durch Tropen, sondern durch Paradoxien rekonstruiert und über wechselnde Auflösungen der Paradoxie intern verfügbar gemacht, doch die analytische Problemstellung ist dieselbe.

Angefangen bei der Gesellschaft (Einheit einer Vielfalt, Vielfalt einer Einheit) selbst, würde man jeden gesellschaftlichen Bezug, den die Führung einer Organisation aufgreift und intern adressierbar macht, als eine Trope beschreiben, die eine Inkommensurabilität darstellt, die die Organisation zwingt, von Eins-zu-eins-Übersetzungen gesellschaftlicher Anforderungen in organisationale Antworten Abstand zu nehmen und stattdessen eigene Interpretationen und Strategien auszuprobieren, die dank ihrer unreduzierbaren Problematik immer im Kontext von Alternativen und dank ihres Risikos immer im Wettbewerb mit diesen Alternativen innerhalb und außerhalb der Organisation stehen. Man wird daher mit populationsökologischen Redundanzen der Absicherung der Führung einer Organisation an Usancen der Führung anderer Organisationen rechnen dürfen,[24] ohne doch jede einzelne Führung aus der Pflicht entlassen zu können, eine eigene und organisationsspezifische Lösung für das Problem zu finden. Die schlichte Imitation der Lösungswege anderer Organisationen würde die eigene Organisation aus der Trope entlassen. Die Führung würde keinen Rückhalt mehr in der eigenen Organisation suchen und damit darauf verzichten, Führung zu sein. Sie wäre nichts anderes als ein mehr oder minder technisches Signal an die Organisation, welche Restriktionen im Umgang mit gesellschaftlichen Bezügen zu beachten sind, und würde die Organisation zwingen, unterhalb dieser an ihrer Aufgabe versagenden Führungsstruktur eine zweite Führung zu suchen und zu installieren, die den beiden Seiten der Trope gerecht wird.

23 Siehe Niklas Luhmann, »Das Erziehungssystem und seine Umwelten«, in: ders. und Karl Eberhard Schorr (Hrsg.), *Zwischen System und Umwelt: Fragen an die Pädagogik*, Frankfurt am Main 1996, S. 14-52.

24 Siehe Michael T. Hannan und John Freeman, »The Population Ecology of Organizations«, in: *American Journal of Sociology* 82 (1977), S. 929-964.

Man könnte an dieser Stelle auf die Governance-Diskussion Bezug nehmen,[25] die sich als Versuch rekonstruieren lässt, die Komplexität der Gesellschaft so zu fraktionieren, dass sie in einem Mehr-Ebenen-System der wechselseitigen und indirekten Kontrolle von Organisationen handhabbar gemacht werden kann. Interessant wäre daran der Versuch, die fraktale, selbstähnliche Struktur der Tropen zu überprüfen, die durch eine solche Fraktionierung nicht etwa zum Verschwinden gebracht, sondern vielfältig entfaltet und praktisch handhabbar gemacht wird. Die Problemperspektive der Governance verarbeitet die Differenz von Organisation und Gesellschaft in einem heterarchischen Netzwerk von Steuerungsebenen, die von der Fertigung über Wertschöpfungsketten mit Lieferanten und Kunden über betriebliche Hierarchien bis zu Vorständen, Aufsichtsräten, Kapitaleignern, Aufsichtsorganen und Regulierungsbehörden reichen. Jede Steuerungsebene arbeitet nicht nur mit der Trope von Organisation und Wirtschaft, sondern auch mit der Trope von Organisation und Gesellschaft. Karl E. Weicks Ideen zum *sensemaking* innerhalb der Prozesse des Organisierens finden hier ihre strukturelle Verankerung.[26]

Um die Relevanz unseres Ansatzes zu testen, greifen wir hier jedoch eine andere Überlegung jüngeren Datums auf. Diese geht von der Erkenntnis aus, dass sich menschliche Gesellschaften durch die Bildung von Gruppen auszeichnen, deren Größe sich nicht nur an der Größe des menschlichen Neocortex zu orientieren scheint, sondern darüber hinaus einen interessanten skalaren Faktor aufweist, dem gemäß die Größe der jeweils kleinsten Gruppe, die sich in verschiedenen historischen Gesellschaften und verschiedenen gesellschaftlichen Tätigkeitsbereichen auffinden lassen, zwar variiert, der Multiplikationsfaktor, der die Anzahl der Mitglieder der nächstgrößeren Gruppe jeweils angibt, jedoch konstant ist. Dieser Faktor liegt ungefähr bei 3, so dass sich in Stammesgesellschaften, städtischen Nachbarschaften, Armeeeinheiten, Team- und Abteilungsgrößen in Behörden, Firmen und anderen Organisationen etwa folgende Gruppengrößen ergeben:[27] 3-5 Individuen in einer

25 Siehe Helmut Willke, *Smart Governance: Governing the Global Knowledge Society*, Frankfurt am Main 2007.
26 Siehe Karl E. Weick, *Sensemaking in Organizations*, Thousand Oaks 1995; ders., *Making Sense of the Organization*, Oxford 2000.
27 Siehe W.-X. Zhou u. a., »Discrete Hierarchical Organization of Social Group

support clique, die einander bei schweren emotionalen und finanziellen Belastungen helfen, 12-20 Individuen in einer *sympathy group*, mit denen man spezielle Bindungen unterhält und die man etwa einmal im Monat trifft, 30-50 Individuen in einer *band*, mit denen man etwa ein Nachtlager aufschlagen würde (gegeben die Gelegenheit), 150 Individuen in *clans* oder *regional groups*, aus denen die *bands* jeweils ausgewählt werden können, 500 Individuen in einer *megaband* und schließlich 1000 bis 2000 Individuen in einem *tribe*, einer linguistischen Einheit. Ausgegangen war Robin Dunbar seinerzeit von der Beobachtung, dass es bis maximal 149 Individuen möglich ist, dass jedes einzelne Individuum zu jedem anderen persönliche Beziehungen unterhält.

Bestätigt wird diese Beobachtung von einer anthropologischen Forschung, welche die Mechanismen untersucht, mit deren Hilfe bei verschiedenen Gruppengrößen Redundanzen in den Strukturen der Gruppe aufrechterhalten werden können. Eine wichtige Rolle spielen dabei etwa Stars, die Redundanzen bei ihren Fans schaffen, oder Restriktionen von Freiheitsgraden möglichen Verhaltens, die Integration ermöglichen.[28]

Bezieht man diese Forschung einerseits auf die klassischen Überlegungen zu einer funktionsfähigen Kontrollspanne von Führung[29] und andererseits auf jüngere Überlegungen dazu, dass Führung ihrerseits besser durch Teams als durch Einzelpersonen ausgeübt wird,[30] und dies nicht zuletzt, um so besser in die Komplexität und

Sizes«, in: *Proceedings of the Royal Society B 272* (2005), S. 439-444; vgl. Robin Dunbar, »Neocortex Size as a Constraint on Group Size in Primates«, in: *Journal of Human Evolution* 20 (1992), S. 469-493; ders., *The Human Story: A New History of Mankind's Evolution*, London 2004.

28 Siehe Elisabeth Colson, »A Redundancy of Actors«, in: Fredrik Barth (Hrsg.), *Scale and Social Organization*, Oslo 1978, S. 150-162; Robert Anderson, »Reduction of Variants as a Measure of Cultural Integration«, in: Gertrude E. Dole und Robert L. Carneiro (Hrsg.), *Essays in the Science of Culture in Honor of Leslie A. White*, New York 1960, S. 50-62.

29 Vgl. Herbert A. Simon, »The Proverbs of Administration«, in: *Public Administration Review* 6 (1946), S. 53-67.

30 Siehe Charles C. Manz und Henry P. Sims, *Business Without Bosses: How Self-Managing Teams are Building High-Performing Companies*, New York 1993; Bettina Rockenbach, Abdolkarim Sadrieh und Barbara Mathauschek, »Teams Take the Better Risks«, in: *Journal of Economic Behavior & Organization* 63 (2007), S. 412-422; Rudolf Wimmer, »Kann man Führung lernen? Professionalisierungschancen in veränderter wirtschaftlicher Situation«, in: *ratio* 2, Nr. 4 (1996), S. 15-18;

Kontingenz der Organisation verwoben werden zu können,[31] stellt sich die Frage, ob (postheroische) Führung nicht vor allem darin besteht, am konstanten Multiplikationsfaktor von Gruppengrößen anzusetzen, um sicherzustellen, dass in jeder einzelnen Gruppe eine jeweils andere Facette derselben Trope von Organisation und Gesellschaft adressiert wird.

Führung besteht danach darin, arbeitsfähige Einheiten von 3-5 Leuten, Aufgaben definierende Einheiten von 12-20 Leuten, Vertrauensgemeinschaften von 30-50 Leuten, Unternehmensgrößen (in denen jeder jeden kennt) von etwa 150 Leuten, Netzwerkgrößen von 500 Leuten und Milieugrößen von 1000-2000 Leuten zu definieren, die jeweiligen Einheiten voneinander zu unterscheiden und sicherzustellen, dass innerhalb jeder Einheit eine Führung stattfindet, die um die Existenz und die Rolle aller anderen Einheiten weiß. Wir reden hier von »Arbeit«, »Aufgabe«, »Vertrauen«, »Unternehmen«, »Netzwerk« und »Milieu« nur zu illustrierenden Zwecken. Es ist auffällig, dass es zwar Vokabeln gibt, die die gemeinten Sachverhalte einigermaßen treffen, aber keine eingeführte Nomenklatur. Entscheidend sind die Proportionen. Und entscheidend ist, dass wir es hier mit einer strikt gesellschaftlichen Vorgabe, orientiert an Strukturen menschlicher Gesellschaften, zu tun haben, die weder wirtschaftlichen Effizienz- noch technischen Effektivitätsvorgaben entspringt, sondern ihrerseits deren Randbedingungen definiert.

Es sei nur am Rande bemerkt, dass wir Dunbars These der mit der Größe des Neocortex des Menschen definierten Verhältniszahl von Gruppengrößen nicht folgen, um damit einer neurophysiologischen Determination sozialer Strukturen das Wort zu reden.

ders., »Führung und Organisation – zwei Seiten ein und derselben Medaille«, in: *Revue für postheroisches Management*, Heft 4, März 2009, S. 20-33; ders. und Thomas Schumacher, »Führung und Organisation«, in: Rudolf Wimmer, Jens O. Meissner und Patricia Wolf (Hrsg.), *Praktische Organisationswissenschaft: Lehrbuch für Studium und Beruf*, Heidelberg 2008, S. 169-193.

31 Siehe Oswald Neuberger, *Führen und führen lassen: Ansätze, Ergebnisse und Kritik der Führungsforschung*, 6., völlig neu bearb. und erw. Aufl., Stuttgart 2002; Fritz B. Simon, *Gemeinsam sind wir blöd!? Die Intelligenz von Unternehmen, Managern und Märkten*, Heidelberg 2004; Bernhard Krusche, *Paradoxien der Führung: Aufgaben und Funktionen für ein zukunftsfähiges Management*, Heidelberg 2008; Ruth Seliger, *Das Dschungelbuch der Führung: En Navigationssystem für Führungskräfte*, Heidelberg 2008.

Stattdessen gehen wir mit Darwin und einer Reihe jüngerer Forschungsansätze davon aus, dass Neocortex, Bewusstsein und Gesellschaft des Menschen Produkte einer Koevolution sind, in der weder die kognitive noch die psychische noch die soziale Ebene die Führung haben, sondern wechselseitige Spielräume der Überforderung jeweils Anpassungsversuche stimulieren. So scheint die Größe des Neocortex nicht zuletzt damit korreliert zu sein, dass der Mensch sowohl mit der Komplexität sozialer Beziehungen (in denen jedes Alter Ego, mit dem es ein Ego zu tun hat, zugleich Adressat von mehr oder minder bekannten Dritten ist) als auch mit der Sprache und ihren Möglichkeiten der Täuschung zurechtkommen muss. Vermutlich sind hier weitere Paarbildungen komplexer Variablen (Tropen) zu konstruieren, um diesen Verhältnissen auf die Spur zu kommen.

In der zitierten Forschung ist es unklar, wie der konstante Multiplikationsfaktor erklärt werden kann.[32] Im Anschluss an Georg Simmels Überlegungen zur quantitativen Bestimmtheit der Gruppe und der besonderen Rolle, die der Dritte in diesen Überlegungen spielt,[33] kann man jedoch vermuten, dass der Faktor beide ihrerseits komplexen Möglichkeiten der Intimität und der Gesellschaft auf eine komplexe, aufeinander verweisende und voneinander unterschiedene Art und Weise präsent hält und auf jeder neuen Ebene der Gruppenbildung wiederholt. Der Dritte als Individuum wie auf den höheren Ebenen der Gruppenbildung als gleichsam mitlaufende Alternative zur jeweiligen Form der Vergemeinschaftung hält die Möglichkeit der Gesellschaft aufrecht. Ihn auszuschließen hieße, sich auf eine Intimität einzulassen, die man nicht lange aushält.

Der Dritte verunsichert, weil er veruneindeutigt. Er vergemeinschaftet, wenn er sich vereinnahmen lässt, ruft jedoch im selben Moment einen neuen Dritten auf den Plan, der zu der gerade gefundenen Gemeinschaft mit Verweis auf die Gesellschaft Alternativen präsentiert. Gleichzeitig ist der Dritte immer auch Ansatzpunkt für stabile Hierarchiebildungen, weil zwei Ebenen analog zum Herr / Knecht-Schema nicht stabil gehalten, sondern je nach

---

32 Siehe Zhou u. a., »Discrete Hierarchical Organization of Social Group Sizes«, a. a. O., S. 443.

33 Siehe Georg Simmel, *Soziologie: Untersuchungen über die Formen der Vergesellschaftung*, Frankfurt am Main 1992, S. 63 ff., insbes. 114 ff. und 124 ff.

situativen Bedingungen »revolutionär« umgedreht werden können. Eine dritte Ebene von Leuten jedoch hält die obere Ebene oben, weil jene Leute dorthin wollen, und die untere unten, weil jene Leute deren Konkurrenz fürchten.

(Postheroische) Führung heißt demnach, auf einen kürzesten Nenner gebracht, Gruppen (inklusive der Gruppen von Führungskräften) so zu konstituieren, dass sie durch die Präsenz eines Dritten fruchtbar beunruhigt werden können. Im Verweis auf den verunsichernden Dritten beziehungsweise die verunsichernde Alternative liegt dann auch das, was zu Recht als die Macht der Führung beschrieben wurde.[34] Denn Macht resultiert daraus, in einer Organisation und für diese Organisation in einem Raum der Ungewissheit und damit Unentscheidbarkeit jene Chancen zur daher unabdingbaren Willkür bereitzustellen, die mit Verweis auf das, was wir hier »Gesellschaft« genannt haben (die Einheit der Vielfalt anderer Möglichkeiten), gerechtfertigt werden können.

Ausblick

Wir haben den Begriff der postheroischen Führung und die durch diesen Begriff rekonstruierbare Führungsforschung mit den vorstehenden Überlegungen in die Nachbarschaft einer Theorie komplexer Systeme gerückt. »Komplexität« wird hier nach wie vor als paradoxe Einheit einer Vielfalt verstanden,[35] doch werden zusätzlich mathematische und semiotische Möglichkeiten genutzt, diese Komplexität auf ihre Verankerung in Paaren komplexer Variablen beziehungsweise in Tropen hin durchsichtig zu machen. Wir kommen damit Überlegungen zur Beherrschung von Komplexität nicht entgegen, sondern gehen weiterhin davon aus, dass Strategien des Umgangs mit Komplexität nur als Strategien der Selbstkontrolle verstanden und entworfen werden können.[36]

34 Nämlich von Michel Crozier und Erhard Friedberg, *Die Zwänge kollektiven Handelns: Über Macht und Organisation*, Neuausgabe dt. Bodenheim 1993.

35 Vgl. Niklas Luhmann, »Haltlose Komplexität«, in: ders., *Soziologische Aufklärung 5: Konstruktivistische Perspektiven*, Opladen 1990, S. 59-76.

36 So W. Ross Ashby, »Requisite Variety and Its Implications for the Control of Complex Systems«, in: *Cybernetica* 1 (1958), S. 83-99; Heinz von Foerster, »Prinzipien der Selbstorganisation im sozialen und betriebswirtschaftlichen Bereich«,

Aber diese Strategien der Selbstkontrolle, der Führung durch Vorbild, wie man umgangssprachlich vielleicht sagen kann, können erheblich besser als gegenwärtig üblich dadurch informiert und unterfüttert werden, dass man sie daraufhin überprüft, mit welchem Verständnis welcher Tropen sie arbeiten, um im Anschluss daran genau dieses Verständnis sachlich zu differenzieren und mit Zeit- und Sozialhorizonten seiner Entfaltung auszustatten. Eine ihrerseits entsprechend informierte Beratung wird dabei eine Rolle spielen müssen, weil spätestens dann, wenn der Kanon des Führungswissens um gesellschaftliche Fragen des genannten Typs erweitert wird, die Kompetenzen des Personals nahezu jeder Organisation überfordert sind. Daher braucht man Berater, die es der Organisation und ihrer Führung ermöglichen, an ihrer ihnen unverfügbaren, weil in ihre Arbeitsprozesse vielfach integrierten – eher an ihren Prozessen als an ihren Resultaten erkennbaren – Intelligenz zu arbeiten. Für die Diagnose von Prozessen jedoch braucht man Fachleute, die es gewohnt sind, sich dort mithilfe von Verlangsamungen und Beschleunigungen Prozesse anzuschauen, wo alle Beteiligten nur entweder zufrieden oder nicht zufrieden stellende Ergebnisse sehen.

Die hier vorgestellten Überlegungen legen einen nicht unerheblichen Forschungsbedarf offen, der Organisationen aller Art auf die von ihnen verwendeten Tropen und auf die in ihnen vorherrschenden Gruppengrößenverhältnisse hin untersucht und nach betriebswirtschaftlicher Art nach Erfolg und Misserfolg sortiert. Diese Forschung wird interdisziplinär vorgehen müssen, weil die aufgeworfenen Problemstellungen nur durch eine Kombination soziologischer, psychologischer, ökonomischer und anthropologischer Theorien und Methoden bearbeitet werden können. Und sie wird sich an *Supertheorien* (das heißt Theorien, deren Gegenstand Theorien sind) wie der Systemtheorie, der Semiotik und der Mathematik orientieren müssen, um mit Konzepten arbeiten zu können, die der Komplexität der Sach-, Zeit- und Sozialverhalte gewachsen sind.

Die Stichwörter der postheroischen Führung wie des postheroischen Managements werden im Anschluss an die Anregung von Charles Handy zu Synonymen einer Kunst der Problemdefinition,

in: ders., *Wissen und Gewissen: Versuch einer Brücke*, Frankfurt am Main 1993, S. 233-268.

die nur fallweise an Lösungen interessiert ist, jedoch ein viel größeres Interesse daran hat, Probleme als Katalysatoren der immer neuen Herausforderung kreativer Lösungen nicht nur zu begreifen, sondern auch zu konstruieren. Postheroische Führung und Management werden mit Blick auf Gesellschaft und Wirtschaft als Aufgabenstellungen eines Designs von Organisationen verstanden, das diesen Probleme verschreibt, die unlösbar sind, aber zur Suche nach immer neuen Lösungen genutzt werden können. Unternehmerische Initiative ist dort gefordert, wo es gilt, diese passenden Probleme zu finden und zu implementieren.

Das Quantum Management

Transparenz und Intransparenz

Transparenz und Intransparenz sind in einer Organisation das Ergebnis der zureichenden oder unzureichenden Schnelligkeit, Genauigkeit und Verlässlichkeit, mit der die tatsächlichen und die möglichen Zustände der Organisation innerhalb und außerhalb von dieser kommuniziert werden können. Sie definieren »optische«, das heißt auf beobachtbare Zustände und Beobachterperspektiven bezogene Bedingungen des Erwerbs von Informationen im Bedarfsfalle. Eine transparente Organisation ist eine Organisation, in der sich bestimmte Beobachter innerhalb oder außerhalb der Organisation nach Bedarf über für sie interessante Zustände der Organisation informieren können. Eine intransparente Organisation ist eine Organisation, in der das nicht der Fall ist.

Transparenz und Intransparenz sind somit Begriffe, die die Relativität der beobachtbaren Zustände und der Beobachterperspektiven unterstreichen. Eine Organisation kann mit Bezug auf bestimmte Zustände und bestimmte Beobachter transparent und mit Bezug auf andere Zustände und andere Beobachter intransparent sein. Sie kann darüber hinaus für dieselben Beobachter in manchen Hinsichten transparent und in anderen Hinsichten intransparent sein; und sie kann für dieselben Zustände für manche Beobachter transparent und für andere intransparent sein. Nimmt man hinzu, dass die Definition von Zuständen zwischen Beobachtern innerhalb der Organisation und Beobachtern außerhalb der Organisation differieren kann, wird schnell deutlich, dass Transparenz und Intransparenz im strengen Sinne des Wortes Ansichtssache sind.

Im gegenwärtigen Sprachgebrauch lässt man sich auf die Komplikationen der Relativität von Transparenz und Intransparenz meist nicht ein. Man optiert entweder für die Absolutsetzung eines bestimmten Blickwinkels und definiert alle Zustände der Organisation so, wie sie aus diesem Blickwinkel erscheinen, oder man generalisiert die beiden Begriffe und bezeichnet eine Organisation dann als transparent, wenn sie Bedingungen bereithält, die es ermöglichen, sich über beliebige ihrer Zustände aus beliebigen Perspektiven nach Bedarf zu informieren, und als intransparent, wenn das nicht der Fall ist.

Korreliert man die beiden Begriffe der Transparenz und der Intransparenz mit den üblichen Einsichten über die sachliche, soziale und zeitliche Komplexität einer Organisation, das heißt mit dem Wissen, dass man jeden Sachverhalt als Rätsel, jede soziale Beziehung als einen Dissens und jedes Ereignis als Überraschung formulieren kann, wird schnell deutlich, dass Transparenz nur selektiv und als Fiktion gegeben sein kann, während Intransparenz die Regel ist. Innerhalb und außerhalb der Organisation leben wir in undurchsichtigen Verhältnissen, die wir uns nach Bedarf für unsere jeweiligen Zwecke durchsichtig machen können. Transparenz und Intransparenz sind beobachterrelative Begriffe. Den einen gelingt es, die Trennung ihres Beobachterstandorts von bestimmten Sach, Sozial- und Zeitverhalten, also von den Dingen, den Beziehungen und den Ereignissen so zu konzipieren, dass die Trennung durchsichtig und durchlässig wird, so dass die Beobachter sehen können, was sich in der durch die Trennung definierten Distanz abspielt; den anderen gelingt dies nicht. Es liegt auf der Hand, dass nicht nur die Distanz, sondern auch die Ansprüche variiert werden können, wenn es darum geht, Transparenz und Intransparenz zu definieren. Für die einen ist die Welt transparent, weil sie fast nichts über sie wissen und sich in heiliger Einfalt in ihr bewegen; für die anderen ist sie intransparent, weil sie bereits zu viel und damit zu viel über ihre Undurchschaubarkeit wissen; und drittens gibt es diejenigen, die naiverweise glauben, man könne von der Seite der Intransparenz auf die Seite der Transparenz wechseln, wenn alle Beteiligten sich einer »offenen« Kommunikation befleißigen.

Beobachter

Wenn Transparenz und Intransparenz beobachterrelative Konzepte – oder besser: Perzepte, und nicht zuletzt auch: Affekte[1] – sind, können sie nicht als Zustände einer Organisation verstanden werden, so als könne man durchschaubare von undurchschaubaren Organisationen unterscheiden. Sie müssen vielmehr als das Ergebnis von

---

1 Siehe zur Unterscheidung von Konzepten, Perzepten und Affekten Gilles Deleuze, *Unterhandlungen: 1972-1990*, dt. Frankfurt am Main 1993, S. 197 ff.

Zugriffen verstanden werden, für die bestimmte Beobachter verantwortlich gemacht werden können, die wir hier mit dem Begriff des Managements bezeichnen. Transparenz und Intransparenz, so werden wir sagen, sind das Ergebnis von Maßnahmen eines Managements, das (a) die passenden Zustände (Dinge, Beziehungen, Ereignisse), (b) die interessierten Beobachter innerhalb und außerhalb der Organisation (zuständig für Kostenrechnung, Steuerprüfung, Rechtmäßigkeit etc.) und (c) den Zugriff der Beobachter auf die Zustände definiert, präpariert und sicherstellt. Das Management einer Organisation ist nicht nur selbst an einer bestimmten Form von Transparenz interessiert; es ist auch daran interessiert, eine bestimmte Form von Transparenz für andere interessierte Beobachter herzustellen; es ist daran interessiert, die Maßnahmen der Herstellung von Transparenz insoweit transparent werden zu lassen, als der Verdacht der Intransparenz jeweils ausgeräumt werden können muss; und es ist schließlich daran interessiert, diese Maßnahmen in allen Hinsichten intransparent zu lassen, die von der Selektivität der Maßnahmen auf die Fiktionalität ihrer Ergebnisse schließen lassen.

Wenn wir uns von einem linearen Verständnis und einer linearen Darstellung der Wirklichkeit verabschieden müssen, werden Transparenz und Intransparenz zu Produkten der Unterscheidung von Beobachtern, die in dem Maße überzeugen beziehungsweise beunruhigen, in dem diese Unterscheidungen als Korrelate der unterschiedenen Zustände dargestellt werden können. Mit einem etwas pathetischen Wort aus der Sprache der Existentialisten könnte man die entsprechenden Bilder von Transparenz und Intransparenz als »Entwürfe« bezeichnen, die zwar zum einen auf den entwerfenden Akteur zurückfallen, jedoch zum anderen auch etwas mit den entworfenen Zuständen und vor allem mit deren Gestaltung durch den Akteur zu tun haben. Ist man weniger pathetisch und existentialistisch gestimmt, liest man aus dem Wort des Entwurfs nicht zuletzt dessen Unwahrscheinlichkeit heraus: Man bezweifelt die Gestaltbarkeit der immer komplexen Zustände als entweder transparent oder intransparent durch den mit diesen Ansprüchen auftretenden Akteur. Diese Unwahrscheinlichkeit erschließt jedoch eine weitere und möglicherweise abschließende Dimension jedes Transparenz- und Intransparenzmanagements, wenn wir annehmen dürfen, dass ein solches Management darauf zielt, bestimmte

Unterscheidungen zu treffen, Zustände zu definieren und Beobachter derart zu platzieren, dass der Eindruck der Transparenz oder der Intransparenz entstehen kann.

Wir wollen dies im Folgenden als jenes »Quantum« an Management bezeichnen, dem es innerhalb komplexer Verhältnisse gelingt, Zustände, Zugriffe und Beobachter derart zu markieren, dass für einen präzisen Moment eine Übersicht gewonnen wird, die für Anschlussentscheidungen ausgewertet werden kann. Wir sprechen von einem »Quantum« Management, um in Anspielung auf die Quantenmechanik das Management als jene Erbringung von Handlungsenergie zu verstehen, die in der Lage ist, unbestimmte in bestimmte Verhältnisse um den Preis zu verwandeln, daraus nie nur auf objektiv vorliegende Verhältnisse, sondern immer auch auf den eigenen Anteil am Vorliegen dieser Verhältnisse schließen zu können.

Wir bewegen uns damit im Umfeld einer Kommunikationstheorie,[2] die für komplexe und innerhalb komplexer Verhältnisse von Selektionen von Zuständen durch Beobachter ausgeht, deren Maß die Redundanz dieser Selektionen im Verhältnis zu ihrer Varietät ist. Da jeder Beobachter von jeder Situation, in der er sich bewegt, grundsätzlich überfordert sein muss, da er ihre sachlichen Bezüge, ihre soziale Dynamik und ihre zeitliche Interdependenz nicht überschauen kann, bleibt ihm keine andere Wahl, als mit jener Form einer kybernetischen Kontrolle aufzuwarten,[3] die sich dadurch auszeichnet, dass man erstens das eigene Nichtwissen eingesteht und in die beobachterrelative Unbestimmtheit der Situation übersetzt und zweitens gegenüber sowohl der Situation als auch möglichen anderen Beobachtern mit Unterscheidungen (Selektionen) experimentiert, die entweder Informationen generieren, die zum Gegenstand von Kommunikation werden können, oder nicht. Man sucht pragmatische Einsätze, man experimentiert mit Konstruktionen, man setzt auf die Performanz der eigenen Unterscheidungen. Man sucht nicht mehr nach der richtigen Ontologie

---

2 Im Sinne von Claude E. Shannon und Warren Weaver, *The Mathematical Theory of Communication*, Reprint Urbana, Ill., 1963.

3 Siehe Norbert Wiener, *Cybernetics, or Control and Communication in the Animal and the Machine*, 2. Aufl., Cambridge, Mass., 1961; W. Ross Ashby, »Requisite Variety and Its Implications for the Control of Complex Systems«, in: *Cybernetica* 1 (1958), S. 83-99.

der vorliegenden Verhältnisse, sondern nach der passenden Ontogenese im Umgang mit einer Komplexität, die man umso mehr allenfalls aus den Augenwinkeln beobachtet, je genauer man um ihre prinzipielle Qualität der Überforderung jedes Beobachters weiß.[4] Statt der Ontologie einer unbekannten Welt geht es um die Ontogenese der Abstimmung mit den umliegenden Verhältnissen; und statt eines vergeblichen Versuches, die Komplexität einer Situation doch noch zu beherrschen, geht es um die Einrichtung von Rekursivität, das heißt der gleichwohl nie garantierten Möglichkeit, bei Erfolg an sie anknüpfend, bei Irrtümern korrigierend auf sie zurückzukommen.

Unschärfe

Wir postulieren, dass es für dieses Quantum Management, für diese kleinste Einheit an Handlungsenergie, die für einen Moment unbestimmte in bestimmte Verhältnisse übersetzt, eine Unschärferelation gibt, die jener der Quantenmechanik zwischen Ort und Impuls eines Teilchens ähnelt. Wir behaupten damit nicht, dass die Sach-, Zeit- und Sozialverhältnisse in einer Organisation den Gesetzen der Teilchenphysik unterworfen sind, sondern wir lassen uns von Konzepten der Quantenmechanik anregen, Perzepte auszuprobieren, die geeignet scheinen, Problemstellungen der Organisation und ihres Managements zu beschreiben.

Wenn es dem Management für eigene und für fremde Zwecke darum geht, Transparenz in bestimmten Hinsichten herzustellen und Intransparenz in anderen Hinsichten zuzulassen, etwa Transparenz für die Zwecke der Rekursivität aufzubereiten und Intransparenz angesichts der Realität der Komplexität hinzunehmen, so hat es dazu gegenwärtig die Wahl zwischen der Kombination von kommunikativer Transparenz und kultureller Intransparenz oder der Kombination von kultureller Transparenz und kommunikativer Intransparenz. Es kann entweder zwischen Redundanz und Varietät Korrelationen beliebiger Art herstellen, muss dann jedoch auf ein Verstehen der Verhältnisse verzichten, oder es bewegt sich im Einklang mit dem Sinn des Geschehens, muss sich dann aber

4 Siehe Heinz von Foerster, *KybernEthik*, Berlin 1993.

von jeder Varietät überraschen lassen. Es kann entweder rechnen oder verstehen, entweder zählen oder ordnen, muss die Differenz zwischen diesen beiden Möglichkeiten jedoch jeweils den Verhältnissen überlassen. Rechnen und Zählen setzen wir mit »Kommunikation«, Verstehen und Ordnen mit »Kultur« gleich, weil Kommunikation dort in der Schwebe bleibt, wo Kultur die Wertung sucht.

Wir greifen mit dieser These eine Tradition innerhalb der Organisationstheorie auf, welche die Wirklichkeit einer Organisation nicht als entweder perfektes oder korruptes Abbild betriebswirtschaftlicher Konsistenzerwartungen begreift, sondern als spannungsreiche (um nicht zu sagen: lebendige) Entfaltung unlösbarer, das heißt nie endgültig zu entscheidender Dilemmata der effizienten und transparenten Gestaltung der Organisation. Diese Tradition hat Herbert A. Simon mit einem maßgeblichen Aufsatz »The Proverbs of Administration« eröffnet;[5] Michael D. Cohen, James G. March und Johan P. Olsen haben sie mit ihrem »Garbage Can Model of Organizational Choice« zu einem Höhepunkt geführt,[6] der bis heute nachwirkt;[7] und mit Niklas Luhmanns Entdeckung der »Paradoxie des Entscheidens« ist sie sicherlich noch nicht zu einem Abschluss gekommen.[8] Die Pointe dieser Tradition liegt in

5 Herbert A. Simon, »The Proverbs of Administration«, in: *Public Administration Review* 6 (1946), S. 53-67.

6 Michael D. Cohen, James G. March und Johan P. Olsen, »The Garbage Can Model of Organizational Choice«, in: *Administrative Science Quarterly* 17 (1972), S. 1-25.

7 Siehe nur Karl F. Weick, *Der Prozess des Organisierens*, dt. Frankfurt am Main 1985; John F. Padgett, »Managing Garbage Can Hierarchies«, in: *Administrative Science Quarterly* 25 (1980), S. 583-604; Massimo Warglien und Michael Masuch, »The Logic of Organizational Disorder: An Introduction«, in: dies. (Hrsg.), *The Logic of Organizational Disorder*, Berlin 1996, S. 1-34; Carol A. Heimer und Arthur L. Stinchcombe, »Remodelling the Garbage Can: Implications of the Origin of Items in Decision Streams«, in: Morten Egeberg und Per Lægreid (Hrsg.), *Organizing Political Institutions: Essays for Johan P. Olsen*, Oslo 1999, S. 25-75.

8 Siehe Niklas Luhmann, »Die Paradoxie des Entscheidens«, in: *Verwaltungsarchiv* 84 (1993), S. 287-310; ders., *Organisation und Entscheidung*, Opladen 2000; vgl. Manfred F. R. Kets de Vries, *Organizational Paradoxes: Clinical Approaches to Management*, London 1980; Tom Peters, *Thriving on Chaos*, New York 1987; Kim S. Cameron und Robert E. Quinn, »Organizational Paradox and Transformation«, in: Robert E. Quinn und Kim S. Cameron (Hrsg.), *Paradox and Transformation: Toward a Theory of Change in Organization and Management*, Cambridge, Mass., 1988, S. 1-18; Charles Handy, *The Age of Paradox*, Boston 1994; Peter Littmann und

der Entdeckung einer Unentscheidbarkeit der Verhältnisse, die als solche nicht einfach deduzierbare Entscheidungen allererst möglich macht. Ob Simon von den Dilemmata zwischen Zentralisierung und Dezentralisierung, Autorität und Spezialisierung oder zwischen der *span of control* und der *unity of command* spricht, ob Cohen, March und Olsen ein Modell konstruieren, dem gemäß es offen ist, ob sich Probleme Lösungen oder Lösungen Probleme, Personen Arbeit oder die Arbeit Personen und Themen ihre Situationen oder Situationen ihre Themen suchen oder ob Luhmann darauf hinweist, dass Entscheidungen Alternativen zur Wahl stellen, deren Disjunktion nicht zur Wahl steht – immer hat man es mit sachlich, zeitlich oder sozial konstruierten Unmöglichkeiten zu tun, die nicht etwa bedeuten, dass die Menschheit jede Hoffnung auf Organisation fahren lässt, sondern ganz im Gegenteil, dass sich Manager aufgerufen fühlen, mit minimalen Handlungen und maximaler Symbolik jene Entscheidungen zu treffen, die sich nicht selbst treffen.[9]

Die konzeptionelle Nähe dieser Tradition der Organisationstheorie zur Quantenmechanik ergibt sich daraus, dass es hier wie dort in ihrer Minimalität unverzichtbare Quanten von Handlungsenergie sind, die jeweils jene Bestimmtheit herstellen, die die Verhältnisse für einen Moment beschreibbar machen. Es genügt die sprichwörtliche Geste, aber diese ist unverzichtbar. Das Management kontrolliert die Organisation nicht, sondern es wird von dieser kontrolliert, und zwar im Hinblick darauf, zu dieser Geste in der Lage zu sein. Zur Not wird sie abgerufen, wenn das Management sie nicht liefert. Dann entscheidet die Organisation das Unentscheidbare, tut aber so, als sei genau das ein Ergebnis von Management. Die Unentscheidbarkeit der Verhältnisse wird damit um eine weitere Drehung verstärkt, denn jetzt kann das Management offenlassen und entscheiden, ob es entscheidet, was die Organisation bereits entschieden hat, oder entscheidet, worauf in der Organisation noch niemand gekommen ist. Nimmt man hinzu, dass das Management in der Organisation operiert und nicht etwa außerhalb von ihr, so dass es so oder so nur entscheiden kann, was

Stephan A. Jansen, *Oszillodox: Virtualisierung – Die permanente Neuerfindung der Organisation*, Stuttgart 2000.

9 Siehe Alfred D. Chandler, jr., *The Visible Hand: The Managerial Revolution in American Business*, Cambridge, Mass., 1977.

die Organisation entscheidet, ist die Verwirrung und damit Lebendigkeit perfekt.

Schauen wir uns an, ob und wie es zu der von uns postulierten Situation kommen kann, dass das Management nur die Wahl zwischen einem entweder kommunikativen oder kulturellen Verständnis der Lage der Organisation hat, das heißt die eine Option nur um den Preis der anderen realisieren kann und bereits mit diesem Manöver eine Unbestimmtheit der Zustände der Organisation regeneriert, die ihr bereits im nächsten Moment die Möglichkeit liefert, erneut eine Entscheidung zu treffen. Immerhin, das darf man nicht vergessen, geht es bei all dem ja auch darum, die Voraussetzung dafür zu schaffen, dass das Management trotz einer zunehmend routiniert und innovativ arbeitenden Organisation im Spiel bleibt und nicht etwa überflüssig wird.

Ein Modell

Wir formulieren im Folgenden mithilfe des von George Spencer-Brown entwickelten Formkalküls[10] ein Modell, das geeignet scheint, verständlich zu machen, welche Optionen das Management hat, um mit eigenen Handlungsquanten Entscheidungen zu stimulieren, die der Ontogenese der Organisation zugrunde liegen und die Rekursivität ihrer Operationen definieren. Wir machen uns dabei die generelle Eigenschaft dieses Formkalküls zunutze, beweisen zu können, wie mit selbstreferentiellen Operationen, die Zeit in Anspruch nehmen und dadurch generieren, jene Unbestimmtheit gewonnen werden kann, die von weiteren Operationen desselben Typs bestimmt werden kann.[11] Der Beweis läuft über die Figur der Selbstreferenz selbst, die sich nie sicher sein kann, ob die Referenz, die sie vornimmt, etwas trifft, das ein »Selbst« genannt werden kann.

Wir greifen auf Spencer-Browns Vorschlag, seinen Kalkül für

10 Siehe George Spencer-Brown, *Laws of Form*, intern. Ausgabe, Leipzig 2008.
11 Vgl. Dirk Baecker, *Die Form des Unternehmens*, Frankfurt am Main 1993; Niklas Luhmann, »Die Kontrolle von Intransparenz«, in: Heinrich W. Ahlemeyer und Roswita Königswieser (Hrsg.), *Komplexität managen: Strategien, Konzepte und Fallbeispiele*, Wiesbaden 1998, S. 51-76.

die Zwecke der (Boole'schen) Logik zu interpretieren,[12] zurück und führen das Spencer-Brown'sche *cross*, die Markierung einer Unterscheidung, die daraufhin auf ihre Form hin beobachtet werden kann, als einen logischen Operator ein, der sowohl Negation als auch Implikation bedeutet. Das ist so zu verstehen, dass die Negation nicht nur einfach »Nein« zu etwas sagt, sondern, indem sie »Nein« sagt, etwas unbestimmt anderes aufruft, somit impliziert und, wenn man so will, das Etwas, von der sie ausging, zur Reflexion bringt.[13] Diese Denkfigur der Bestimmung und Negation von etwas im Kontext von etwas anderem legen wir im Folgenden einer Gleichung zugrunde, die darzustellen erlaubt, worin die Leistung des Managements in einer Organisation besteht.

Unser Ausgangspunkt ist eine Paradoxie, die schon deshalb auf ihre operative Entfaltung angewiesen ist, weil sie sich anders nicht erklärt. Ihren Sinn hat sie wie jede Paradoxie darin, dass sie zwar die Beobachtung blockiert, die zwischen den beiden Seiten des Widerspruchs ohne eine denkbare Lösung oszilliert, eine Anschlussoperation, die dennoch und möglicherweise dank der blockierten Beobachtung zustande kommt, jedoch passieren lässt. Damit ist die Funktion der Paradoxie bereits angedeutet: Sie blockiert Linearitäts- und Konsistenzerwartungen und ermöglicht den Sprung, den Kontextwechsel, den Handstreich, kurz: die Handlung.[14] In diesem Sinn schreiben wir eine Gleichung, die die Paradoxie formuliert, dass eine Managemententscheidung keine Managemententscheidung ist:

$$\overline{\text{Entscheidung} = \text{Entscheidung}} \qquad\qquad \textit{Gleichung 1}$$

In allen drei Sinndimensionen, die Niklas Luhmann zur Analyse sozialer Systeme unterschieden hat,[15] leuchtet das sofort ein: Sachlich kann die Managemententscheidung keine Managemententent-

12 *Laws of Form*, a. a. O., S. 90 ff.

13 Vgl. Dirk Baecker, »Was leistet die Negation?«, in: Friedrich Balke und Joseph Vogl (Hrsg.), *Gilles Deleuze – Fluchtlinien der Philosophie*, München 1996, S. 93-102.

14 Im Sinne von Harrison C. White, *Identity and Control: How Social Formations Emerge*, Princeton, NJ, 2008, S. 298 ff.

15 Siehe Niklas Luhmann, *Soziale Systeme: Grundriß einer allgemeinen Theorie*, Frankfurt am Main 1984, S. 110 ff.

scheidung sein, weil sie dann in der Organisation keinerlei Halt hätte. Sie wäre sachlich unmotiviert und fiele auf das Management als Dokument der Selbstinszenierung zurück. Sozial kann die Managemententscheidung keine sein, weil sie von anderen ausgeführt werden muss, die dazu auf eigene Entscheidungen zurückgreifen müssen. Und zeitlich kann die Managemententscheidung ebenfalls keine sein, weil ihr etwas vorausgegangen sein muss und ihr etwas folgen muss, wenn sie nicht riskieren will, als (weniger unerhörtes als vielmehr) ungehörtes Ereignis zu verklingen.

In diesen drei Sinndimensionen ist die Paradoxie der Managemententscheidung nichts anderes als ein Hinweis auf deren Vernetzung innerhalb einer Organisation, die dennoch und gerade deswegen darauf angewiesen ist, ihre eigene Vernetzung von allem mit jedem zu unterbrechen und bestimmte Positionen, die des Managements, dafür auszuzeichnen, Entscheidungen zu treffen, die sonst nirgendwo getroffen werden können, eben weil sie es mit einer Unentscheidbarkeit zu tun haben.

Dennoch fällt es uns natürlich schwer, eine solche Paradoxie einfach hinzuschreiben. So sind wir nicht erzogen worden, so etwas macht man nicht. Das ist vor allen Einheits- und Identitätserwartungen, mit denen wir aufgewachsen sind, genauso unsinnig, wie es sich liest.

Interpretiert man jedoch die Negation als Implikation und liest man die Spencer-Brown'sche Markierung als das, was sie ist, die Markierung einer Form, die auf ihre vier Bestandteile hin zu lesen ist – 1) die Innenseite der Unterscheidung, 2) die Außenseite der Unterscheidung, 3) die Trennung zwischen den beiden Seiten und 4) der Raum der Unterscheidung, der durch die Unterscheidung hervorgebracht wird –, dann wird sofort klar, worin der Sinn der paradoxen Formulierung, der Zuspitzung auf die Paradoxie, liegt: Er lenkt den Blick des Beobachters, immer bemüht um Transparenz, auf den Kontext der Unterscheidung, auf den konkreten Sach-, Sozial- und Zeitraum, in dem die Unterscheidung einer Managemententscheidung von allem anderen getroffen wird. Was versteckt sich hinter diesem »allem anderen«? Was ist enthalten in jener Unterscheidung, von der Spencer-Brown sagt, sie sei »perfekte Be-Inhaltung« (»*perfect continence*«)?[16]

16 A.a.O., S.1.

Gleichung 1 gibt keine Antwort auf diese Frage, solange wir sie auch anschauen mögen. Die Antwort gibt nur der Beobachter, der die Unterscheidung der Managemententscheidung praktisch und empirisch trifft, praktisch im Rahmen seiner eigenen Praxis und empirisch als Gegenstand einer diese Praxis zu ihrem Gegenstand machenden Wissenschaft. Wir fragen nach dem Beobachter – und sind doch selbst einer. Was also (glauben wir Wissenschaftler) beobachtet ein Beobachter, der Managemententscheidungen beobachtet und der selbst ein Manager sein kann? Richtig: Er beobachtet jene minimale Rationalitätserwartung an ein Management, die darin besteht, dass eine Managemententscheidung immer und grundsätzlich im Wissen um mögliche (und unmögliche) Alternativen zustande kommt. Davon geht jede Wissenschaft auch dann aus, wenn sie zur scheinbaren Gegenthese wechselt und von »intuitiven« Entscheidungen spricht, die ihre Pointe darin haben, dass sie sich im Zweifel gegen jede Alternative durchsetzen. Einen anderen Ansatzpunkt, ihr eigenes Risiko zu bestimmen, einzugrenzen und zu verteilen, hat die Managemententscheidung nicht.[17] Sie muss ihre Alternativen bestimmen und im Hinblick auf ihre Vor- und Nachteile im Sach-, Sozial- und Zeithorizont der zu treffenden Entscheidung beschreiben:

$$\text{Entscheidung} = \text{Entscheidung} \left| \text{Alternative} \right. \qquad \textit{Gleichung 2}$$

Der Sinn von *Gleichung 2* leuchtet sofort ein: Eine Managemententscheidung ist nur dann eine Managemententscheidung, wenn sie in der Lage ist, sich selbst im Kontext ihrer Alternativen zu negieren. Und eine Managemententscheidung ist deshalb eine und zugleich keine Managemententscheidung, weil diese Alternativen nicht (nur) vom Management, sondern von der Organisation insgesamt bestimmt werden. Jede Entscheidung, auch die des Managements, wird zwar punktuell getroffen und ist nur so adressierbar und zu verantworten, aber sie ist in Wirklichkeit ein hochgradig verteilter Sach-, Sozial- und Zeitverhalt, der, kommt es hart auf hart, Zurechnungen auf die unterschiedlichsten Positionen der

17 Vgl. Dirk Baecker, »Rationalität oder Risiko?«, in: Manfred Glagow, Helmut Willke und Helmut Wiesenthal (Hrsg.), *Gesellschaftliche Steuerungsrationalität und partikulare Handlungsstrategien*, Pfaffenweiler 1989, S. 31-54.

Organisation möglich macht und es sowohl erlaubt, die Spitze der Organisation aus dem Feuer zu nehmen, wie, sie darin verbrennen zu lassen. Davon zeigte sich Ulrich Beck mit seiner die eine Hälfte der Wahrheit aussprechenden Formel von der »organisierten Unverantwortlichkeit« seinerzeit ja so beeindruckt.[18]

Damit halten wir nur fest, was die ökonomische Theorie rationaler Entscheidungen im Ergebnis auch festhalten würde: Managemententscheidungen sind (wie andere Entscheidungen auch) darauf angewiesen, sich im Hinblick auf ihre Alternativen rational zu bestimmen, wobei »Rationalität« als ein zu optimierendes, mindestens aber befriedigendes Zweck/Mittel-Verhältnis zwischen Präferenzen, Ressourcen und Eintrittswahrscheinlichkeiten der gewünschten Zustände definiert ist.[19] Dass diese Rationalität eine zweischneidige Angelegenheit ist, haben Organisationstheoretiker und Managementphilosophen inzwischen entdeckt.[20] Je mehr Alternativen erwogen werden, desto schwerer fällt die Entscheidung, desto zahlreicher sind die Hinsichten, in denen jede Entscheidung im Anschluss bereut werden kann, und desto geringer ist die Motivation, überhaupt eine Entscheidung zu treffen. Man kann von den Kosten der Suche nach Alternativen sprechen, um der Rationalität ein ökonomisches, diese Kosten in eine Relation zum erwarteten Nutzen stellendes Maß zu geben. Man kann die Suche nach Alternativen durch einen Verweis auf die kulturell tradierten Usancen der jeweiligen Organisation begrenzen, die in einem bestimmten Suchraum zu Hause ist und für andere Möglichkeiten keinen Sinn hat. Beides ändert jedoch nichts daran, dass eine Entscheidung negativ, durch den Ausschluss möglicher Alternativen, zu bestimmen ist.

Mit Recht hat man eingewandt, dass schwer einzusehen ist, wie eine Entscheidung motiviert werden kann, die mit tendenziell gleich-gültigen Alternativen verglichen werden muss.[21] Rationalen

18 Siehe Ulrich Beck, *Gegengifte: Die organisierte Unverantwortlichkeit*, Frankfurt am Main 1988.

19 Siehe Kenneth J. Arrow, *Essays in the Theory of Risk-Bearing*, Amsterdam 1974; Herbert A. Simon, *Models of Bounded Rationality*, 2 Bde., Cambridge, Mass., 1982.

20 Siehe nur Nils Brunsson, *The Irrational Organization: Irrationality as a Basis for Organizational Change and Action*, Chichester 1985; Thomas Peters und Robert H. Waterman, *In Search of Excellence*, New York 1982.

21 So G. L. S. Shackle, »Information, Formalism, and Choice«, in: Mario J. Rizzo

Entscheidungen mangelt es unter diesen Umständen an Inspiration, an Attraktivität, an Schwung. Schlimmer noch: Wenn eine Entscheidung errechnet werden kann, braucht sie streng genommen nicht getroffen zu werden.

Wir bleiben unserem Versuch einer paradoxen Bestimmung von Managemententscheidungen nur treu, wenn es uns gelingt, die negative Bestimmung einer Entscheidung durch ihre Alternativen so weit zu treiben, dass wiederum jene Unentscheidbarkeit sichtbar wird, die eine Entscheidung unmöglich macht und genau dadurch erzwingt. Aber wie machen wir das? Wie verhindern wir, wie verhindern Organisationen, dass Entscheidungen errechnet werden, sosehr die ökonomische Theorie auch daran arbeitet, die dafür erforderlichen Modelle bereitzustellen? Wie macht man die rationale Entscheidung unmöglich? So zu fragen ist scheinbar so frivol wie unser Interesse an der Paradoxie, doch man täusche sich nicht. Nur auf diesem Weg stoßen wir auf robuste Entscheidungsmotive, die die Welt des Möglichen nicht mit der Welt des Wirklichen verwechseln. Das Wirkliche kann man errechnen, solange man die Wirklichkeit des Möglichen außer Acht lässt. Das Mögliche jedoch lässt sich nicht errechnen. Es lässt sich nur in die Wege leiten.

Das Unentscheidbare, darauf wollen wir hier hinaus, ist selbst eine Errungenschaft. Es ist eine Konstruktion, vielleicht die kostbarste und schwierigste aller Konstruktionen. Die größte Sorgfalt muss darauf verwendet werden, sie so zu bewerkstelligen, dass der gewünschte Effekt, das Erzwingen einer Entscheidung, tatsächlich möglich wird. Es geht um nichts Geringeres als um die Konstruktion von Notwendigkeit inmitten eines durch jede neue Alternative nur wieder bestätigten und vermehrten Meers an Kontingenzen. Denn notwendig ist nur *die* Entscheidung, die das Unentscheidbare entscheidet.[22]

Wie also konstruiert man das Unentscheidbare, wenn dies überdies nicht auffallen darf, da andernfalls an der Konstruktion deren Kontingenz sofort wieder sichtbar wäre? Man beachte, dass wir hier unsererseits paradox fragen. Wir fragen nach einer Notwendigkeit,

(Hrsg.), *Time, Uncertainty, and Disequilibrium: Exploration of Austrian Themes*, Lexington, Mass., 1979, S. 19-31.

22 So von Foerster, *KybernEthik*, a. a. O.; Jacques Derrida, »Unterwegs zu einer Ethik der Diskussion«, in: ders., *Die différance. Ausgewählte Texte*, Ditzingen 2004, S. 279-333.

um deren Kontingenz wir vorab wissen, weil wir wissen (zu wissen glauben), dass zumindest für Organisationen die Notwendigkeit eine so unverzichtbare Ressource ist, dass man sie nicht in das Belieben des Gegebenseins oder Nichtgegebenseins stellen kann. Die Notwendigkeit kann man nicht *outsourcen*. Sie muss *inhouse* hergestellt werden, und dies so, dass sie als weltgegebenes Faktum unbezweifelbar ist.

»Keine Chance!«, ist man versucht zu sagen. Die Frage muss falsch gestellt sein. Jede Aufklärung wird immer schneller sein als jede kontingente Konstruktion einer Notwendigkeit. Aber auch hier möge man sich nicht täuschen. Der Schein scheint allerorten schneller nachzuwachsen, als er jeweils durchschaut werden kann. Man nehme nur den Nachweis jener sich selbst fundierenden Machtspiele, der Michel Crozier und Erhard Friedberg für Organisationen gelungen ist:[23] Es genügt, die Mitglieder einer Organisation in genau jene Ungewissheit zu versetzen, die nur vom Management aufgelöst werden kann, um sie an eine Macht glauben zu lassen, die dennoch durch und durch Spiel ist.[24]

Können wir diesen Nachweis verallgemeinern? Wie konstruiert man eine Wirklichkeit, die Notwendigkeit, Unmöglichkeit und Freiheit zugleich ist – notwendig, weil unbezweifelbar, unmöglich, weil unerträglich, frei, weil eine Entscheidung erzwingend? Offenbar müsste man sich die alteuropäische Kategorienlehre von Aristoteles über Kant bis Peirce und die Modalitätenlehre von Aristoteles über Leibniz bis Hegel noch einmal neu vornehmen, um in dieser Frage ein Stück weiterzukommen.

Wir kürzen hier ab. Wir orientieren uns an unserer Ausgangsfragestellung und damit daran, dass das Management einer Organisation unter den gegenwärtigen Bedingungen beides leisten muss: Transparenz und Intransparenz. Es benötigt Transparenz, um eine hinreichende Kontrolle über die Kontrollierten (Mitglieder der Organisation) und die Kontrollierenden (Mitglieder von Aufsichtsorganen) ausüben zu können. Es muss Durchschaubarkeit herstellen, damit es mit den Karten spielen kann, die es selbst offengelegt hat.

23 Siehe Michel Crozier und Erhard Friedberg, *Die Zwänge kollektiven Handelns: Über Macht und Organisation*, dt. Neuausgabe Bodenheim 1993.
24 Pierre Granier-Deferre hat 1981 unter dem Titel *Une étrange affaire* (mit Michel Piccoli in der Hauptrolle) einen Film gedreht, der im Spiel des neuen Chefs mit seinem Angestellten präzise zeigt, wie dies zu verstehen ist.

Und es benötigt Intransparenz, um die Kontrolle darüber zu behalten, wie es seine Kontrolle ausübt: Es darf nicht zeigen, welche Karten es noch in der Hand hat. Ich vermute, dass die Wirklichkeit der Notwendigkeit ein Effekt der Gleichzeitigkeit von Transparenz und Intransparenz ist. Und ich würde mir wünschen, ich könnte das empirisch nachweisen. Aber wie?

Ein *commitment*

Als Kulturtheoretiker kennt man sich mit Figuren aus, die Transparenz und Intransparenz zugleich bewirken. Sie heißen Fetische, Totems oder Tabus und funktionieren deshalb, weil sie den Blick des Beobachters zugleich anziehen und abschrecken. Man durchschaut, was man sich anschaut, durchschaut jedoch nicht, was man dabei sieht.

Wenn wir uns an diesen Hinweis halten, brauchen wir nur noch zu fragen, ob es irgendeine Art von Fetischismus auch in Organisationen gibt und ob das Management dafür verantwortlich gemacht werden kann, Fetische sowohl zu konstruieren als auch nach Bedarf zu dekonstruieren. Paradox genug wäre auch dieser Weg, wissen wir doch, dass wir in einer aufgeklärten Moderne leben, die Fetische, Totems und Tabus nicht mehr gelten lässt. Ob das tatsächlich so ist, mag man jedoch bezweifeln.[25] Vielleicht brauchen wir den Fetisch in exakt dieser aufgeklärten, jederzeit dekonstruierbaren Form.

Wenn unsere Ausgangsintuition zutrifft, dass das Management seine Entscheidungen der Unentscheidbarkeit nur treffen kann, wenn es oder die Organisation gleichzeitig dafür sorgt, dass es eine Unbestimmtheit gibt, die als solche in Bestimmtheit aufgelöst werden muss, wenn Anschlusshandeln möglich sein soll, dann können wir Fetische dort vermuten, wo Unbestimmtheit zugunsten von Bestimmtheit und Kontingenz zugunsten von Notwendigkeit entschieden worden ist und verhindert werden muss, dass diese Entscheidung wieder ins Unbestimmte und Kontingente zurückkippt. Kommen wir auf unsere Vermutung zurück, dass die Differenzen von Unbestimmtheit und Bestimmtheit, Kontingenz und Notwen-

25 So Hartmut Böhme, *Fetischismus und Kultur: Eine andere Theorie der Moderne*, Reinbek b. Hamburg 2006.

digkeit, Transparenz und Intransparenz, Unentscheidbarkeit und Entscheidung, obwohl und weil wir sie kategorial nicht hinreichend ordnen können, etwas mit der Differenz von Kommunikation und Kultur zu tun haben. Kommen wir auf unsere Vermutung zurück, dass das Zählen der Möglichkeiten eine Unbestimmtheit und das Ordnen der Möglichkeiten eine Bestimmtheit bewirkt, die beide nicht unproblematisch, weil beide kontingent sind. Dann müssen wir das eine auf das andere beziehen, um eine Kippfigur zu erzeugen, an der Fetischisierungen ansetzen können, ohne deshalb unvermeidbar werden zu müssen.

Wir ergänzen unsere Spencer-Brown-Gleichung um einen dritten Terminus. Wir negieren die Suche nach Alternativen, indem wir annehmen, dass diese Suche nach Alternativen nichts anderes impliziert als die Demotivation der Entscheidung durch die Entdeckung der Gleich-Gültigkeit der endlos abzählbaren kommunikativen Möglichkeiten:

$$\overline{\overline{\text{Entscheidung} = \text{Entscheidung} \mid \text{Alternative} \mid \text{Kommunikation}}} \qquad \textit{Gleichung 3}$$

Das ist die Situation, auf die die Organisationstheorie und die Managementphilosophie gleichermaßen reagiert haben: Das Auszählen der Möglichkeiten zur Bestimmung denkbarer Alternativen informiert über eine Welt, in der es zu jeder Absicht, Erwartung und Zwecksetzung attraktive Alternativen gibt, die jeden Ansatzpunkt für die Begründung einer bestimmten Entscheidung ruinieren.

Nichts ist instabiler als diese Situation. In einer Welt der symmetrischen Möglichkeiten ist letztlich nur die Symmetrie attraktiv, die man jedoch nur kontemplieren kann. Eine Handlung ist hier schon deshalb unmöglich, weil sie stört.

Es hilft alles nichts; man muss ein Problem einführen, das eine Asymmetrie begründet, auf deren Grundlage man schon deshalb handeln muss, weil man ihre Effekte begrenzen muss. Niemand will auf einer abschüssigen Bahn landen. Das einzige, was hilft, ist eine Festlegung, ein *commitment*, und zwar, um Missverständnisse zu vermeiden, ein *self-commitment*, das zugleich ein *precommitment* ist, das dem anderen vorgreift, weil und obwohl sich dieser noch nicht festgelegt hat. Rationalität, so die Entdeckung von Jon Elster nach einer jahrzehntelangen Beschäftigung mit den Subtilitäten der *rational-choice*-Theorie, ist nur als Auseinandersetzung mit *constraints* möglich, die man, damit einem in diesem Punkt niemand zuvorkommt, am besten selbst setzt, eben als *precommitment*.[26]

Wir übersetzen: Bindung erzeugt man durch Kultur. Kultur ist all das, was man in dem Moment, in dem man es braucht, einem Moment der Wiederkehr, schon nicht mehr versteht, weil es indiziert ist mit einer Erinnerung an ein Gestern, das für Handlung und Verstehen gleichermaßen unerreichbar ist. Die Kultur ist der globale und zivile Fetisch schlechthin. Wir lassen uns auf sie ein, weil sie uns mit einer selbst gesetzten Notwendigkeit versorgt, die mindestens darin besteht, sich von ihr nicht komplett an der Nase herumführen zu lassen. Wiederkehr ja, aber als was? Das ist die Form eines Fetischs, dem keine Ontologie, sondern nur, wie Derrida sagt, eine *Hantologie*, eine Geisterkunde, gewachsen ist.[27] Die Kultur erfüllt genau die Funktion, die wir brauchen. Sie führt Ungleichgültigkeiten ein, die umso wirksamer gelten, je unverständlicher sie sind, da Verständlichkeit den Vergleich, der Vergleich die Kontingenz und die Kontingenz schon wieder die Gleichgültigkeit nach sich ziehen würden. Man kann sich kulturtheoretisch darum bemühen, das Wiederkehrende und Unverständliche als Balanceakt der untereinander immer wieder neu abzustimmenden Institutionen einer menschlichen Gesellschaft oder eben einer Organisation zu beschreiben und zu erklären,[28] aber das ändert nichts daran, dass dies die Spezialleistung eines wissenschaftlich trainierten Beobachters ist, der sich eine Komplexität sinnhaft macht, die dem Laien undurchsichtig bleibt.

Wir nehmen den Faktor »Kultur« in unsere Gleichung mit auf und schließen die Form, um zu notieren, dass dieser Faktor als ein *commitment*, *precommitment* und *recommitment* zu verstehen ist, der seine Leistung der Begründung von Asymmetrie und Notwendigkeit nicht mehr daraus bezieht, dass es anders nicht geht, sondern nur noch daraus, dass es nur so geht:

26 Siehe Jon Elster, *Ulysses Unbound. Studies in Rationality, Precommitment, and Constraints*, Cambridge 2000.

27 Siehe Jacques Derrida, *Marx' Gespenster: Der verschuldete Staat, die Trauerarbeit und die neue Internationale*, dt. Frankfurt am Main 1995.

28 Im Sinne von Bronislaw Malinoswki, *Eine wissenschaftliche Theorie der Kultur und andere Aufsätze*, dt. Frankfurt am Main 2005.

Das ist der Moment, auf den es der Negativität der Negation ankommt: Die Entscheidung wird als unmögliche sichtbar, als unvermeidliche erlebbar und als befreiende, weil mit der Einsicht in die Notwendigkeit abgestimmte, attraktiv.

Der Fetisch, den die Organisation als Organisationskultur vor sich herträgt, macht die Intransparenz jener Entscheidungsprämissen, die, obwohl gesetzt, nicht geändert werden können, dann sogar transparent.[29] Aber man hat sich mit ihr abgefunden. Es ist der Preis, den man einer Wirklichkeit zahlt, die dank dieser Kultur nicht an Attraktivität verliert, sondern gewinnt.

Und in der Tat: Wenn Kultur heißt, Werte zu setzen, die eine Prioritätenordnung determinieren, die sich im kulturellen Vergleich als so kontingent erweist wie alles andere,[30] dann heißt das noch lange nicht, das man auf diese Ordnung verzichten kann. Man entdeckt in ihr und in der Möglichkeit, sie zu setzen, und gerade dann, wenn es dafür keine anderen Gründe gibt als die selbst entwickelten, eine Form der eigenen Freiheit, die man nicht aufzugeben bereit ist, sondern als schlicht notwendig definiert. Das gilt allgemein für die Gesellschaft, und es gilt speziell für eine Organisation und ihr Management. So wie das Management sich von einer Organisation dafür gewinnen lässt, zumindest einen Teil ihrer Kultur zu würdigen (und sei es auch nur, um einen anderen umso radikaler umkrempeln zu können), so lässt sich auch die Organisation vom Management dafür gewinnen, die Wiederkehr, die ihr damit versprochen wird, für ein Zeichen der Verlässlichkeit, der Ordnung und der Orientierung in unsicheren Zeiten zu halten.

Das ist unmöglich und deshalb möglich. Es ist transparent und enthält doch sein Maß an Intransparenz. Und es fällt zurück auf

29 Siehe Luhmann, *Organisation und Entscheidung*, a. a. O., S. 239 ff.; Edgar Henry Schein, *Unternehmenskultur: Ein Handbuch für Führungskräfte*, dt. Frankfurt am Main 1995.
30 Siehe Niklas Luhmann, »Kultur als historischer Begriff«, in: ders., *Gesellschaftsstruktur und Semantik. Studien zur Wissenssoziologie der modernen Gesellschaft*, Bd. 4, Frankfurt am Main 1995, S. 31-54.

jenes Quantum Management, das bereit ist, sich dieses eine Mal an eine Notwendigkeit zu halten, die keiner aufklärerischen oder betriebswirtschaftlichen Nachfrage gewachsen ist, aber genau deshalb jene Solidaritätseffekte in der Organisation auslöst, von denen die Soziologie weiß, dass sie affektuell unterfüttert sein müssen, um tatsächlich integrieren zu können.[31] Auch das ist nur in dieser Form der Unmöglichkeit möglich.

Im Netzwerk

Für die klassische Hierarchieform der Organisation galt die Prämisse, dass man nur ihre Spitze beobachten musste, um angesichts der Befehlsgewalt dieser Spitze und ihrer Verantwortung auf den Rest der Organisation schließen zu können. Das immerhin war die Bedingung dafür, dass auch eine so demokratisch gestimmte Gesellschaft wie die amerikanische sich mit so autoritären Einrichtungen wie Organisationen anfreunden konnte.[32] In der Netzwerkorganisation, in der die Spitze zudem gegenüber den Kapitalmärkten weit mehr Verantwortung empfindet als gegenüber der Politik, gilt diese Prämisse nicht mehr. Wenn man hier die Spitze beobachtet, beobachtet man Intransparenzmanöver, die der Profilierung einer Organisationsidentität dienen, die die heterarchische Wirklichkeit sowohl dem Blick entziehen als auch, da die tatsächliche Differenz zur Identität nicht mehr unangenehm auffällt, zu stärken erlauben.

Das aktuelle Management profitiert von dieser neuen Situation der Netzwerkorganisation, wie es bereits von allen Organisationsformen im Kontext der modernen Gesellschaft zu profitieren wusste. Seit Alfred D. Chandlers Untersuchungen zur Geschichte des amerikanischen Unternehmens weiß man, dass das Management der Paradoxiegewinnler schlechthin ist.[33] Nur das Management, so brachte dies Talcott Parsons auf den Punkt,[34] beherrscht die Kunst,

31 Siehe Talcott Parsons, »Some Problems of General Theory in Sociology«, in: ders., *Social Systems and the Evolution of Action Theory*, New York 1977, S. 229-269.

32 So Peter Miller und Ted O'Leary, »Hierarchies and American Ideals, 1900-1940«, in: *Academy of Management Review* 14 (1989), S. 250-265.

33 Siehe Chandler, *The Visible Hand*, a. a. O.

34 Siehe Talcott Parsons, »Some Ingredients of a General Theory of Formal Or-

verschiedene Abteilungen und ebenso verschiedene Hierarchieebenen innerhalb der Organisation sowohl autonom zu setzen, um sie arbeitsfähig zu machen, als auch in die Gesamtorganisation einzubinden, um die Bedingungen definieren zu können, unter denen sie autonom bleiben können. Jede Koordination, jede Kooperation, die in einer Organisation zu leisten ist,[35] wird von einem Management geleistet, das seinerseits mit dem Rest der Organisation zu koordinieren ist.

Die Herstellung von Transparenz unter der Bedingung nicht nur der Aufrechterhaltung von Intransparenz, sondern sogar der Herstellung von transparenten Bedingungen für die Beibehaltung von Intransparenz (»Kultur« genannt) ist in diesem Zusammenhang nur eine zusätzliche Pointe in einem durch Widersprüche und Dilemmata bereits vielfach gehärteten (oder soll man sagen: weich geklopften) Geschäft. Die Fundamentalparadoxie des Managements, das Entscheidungen nur treffen darf, wenn sie gleichzeitig als Entscheidungen qualifiziert werden dürfen, die nicht aus dem Management kommen, legt diese Kunst des Managements nur offen und macht sie damit ihrerseits beobachtbar. Diese Offenlegung dient zum einen den Interessen des Managements, dessen eigene, auf Einheit, Konsistenz und Linearität abstellende Semantik den Blick auf die eigene Praxis so sehr verstellt, dass der Nachwuchs, wenn man ihm nicht durch eine gute Portion Zynismus auf die Sprünge hilft, Jahre braucht, um das Spiel zu verstehen, geschweige denn zu beherrschen. Und die Offenlegung dient zum anderen den Interessen der Gesellschaft, die ein so anspruchsvolles Geschäft wie das des Managements von Unternehmen, Behörden, Kirchen, Krankenhäusern, Universitäten, Armeen und Opernhäusern nicht ganz sich selbst überlassen darf.

Uns jedenfalls war der Zusammenhang dieser Überlegungen willkommen, um auf jenes Quantum Management aufmerksam machen zu können, das die Organisation entgegen klassischen Rationalitätserwartungen sowohl mit Unentscheidbarkeit versorgt als

ganization«, in: ders., *Structure and Process in Modern Societies*, New York 1960, S. 59-96.

35 Und Organisation *ist* Koordination und *ist* Kooperation, so Luther Gulick, »Notes on the Theory of Organization«, in: ders. u. a. (Hrsg.), *Papers on the Science of Administration*, New York 1937, S. 1-45; Chester Barnard, *The Functions of the Executive*, Nachdruck Cambridge, Mass., 1968.

diese auch für den Gewinn von Entscheidungen nutzt, die andernfalls keinerlei Chance hätten, mit irgendeiner Art von Überzeugungskraft aus Notwendigkeit aufzutreten. Denn darauf kommt es an. Das Management einer Organisation besteht darin, einen Knoten schnüren zu können, in dem nur das Management sich nicht verfängt.

Organisation als temporale Form

Der Stand der Dinge

Mit der Umstellung von der Buchdruckkultur der Moderne auf die Computerkultur der nächsten Gesellschaft beschleunigen sich, so die Vermutung von Niklas Luhmann, die Kontrolloperationen der Gesellschaft, auf die die Kultur der Gesellschaft reagieren muss.[1] Jüngere Kulturtheorien der Gesellschaft kommen dieser Vermutung entgegen, indem sie mindestens so viel Wert auf die Gedächtnisoperationen wie auf die Oszillationsfähigkeit der Kultur legen.[2] Gedächtnisoperationen, so kann man aus einer Kombination soziologischer und mathematischer Überlegungen schließen, betten Identitäten in ambivalente Kontexte ein; Oszillationen entkoppeln Kontrollprojekte, indem sie sie mit Negationen ihrer selbst ausstatten.[3]

Wenn diese Vermutung zutrifft, dann hat diese Umstellung nicht nur Folgen für die Organisationen der Gesellschaft, sondern sie müsste in diesen Organisationen auch besonders gut beobacht-

---

1 Siehe Niklas Luhmann, *Die Gesellschaft der Gesellschaft*, Frankfurt am Main 1997, S. 412; vgl. ebd., S. 410 ff., sowie Manuel Castells, *The Rise of the Network Society* (*The Information Age: Economy, Society and Culture*, Bd. 1), Oxford 1996; Peter F. Drucker, *Managing in the Next Society*, New York 2003; Dirk Baecker, »Niklas Luhmann in der Gesellschaft der Computer«, in: *Merkur* 55, Heft 7 (2001), S. 597-609; ders., *Studien zur nächsten Gesellschaft*, Frankfurt am Main 2007; ders., »The Network Synthesis of Social Action«, Teil I: »Towards a Sociological Theory of the Next Society«, und Teil II: »Understanding Catjects«, in: *Cybernetics and Human Knowing* 14 (2007), Heft 4, S. 9-42, und 15, Heft 1 (2008), S. 45-65.

2 Siehe Niklas Luhmann, »Kultur als historischer Begriff«, in: ders., *Gesellschaftsstruktur und Semantik: Studien zur Wissenssoziologie der modernen Gesellschaft*, Bd. 4, Frankfurt am Main 1995, S. 31-54; Dirk Baecker, *Wozu Kultur?*, 2., erw. Aufl., Berlin 2001; Andreas Reckwitz, *Die Transformation der Kulturtheorien, Studienausgabe mit einem neuen Nachwort*, Weilerswist 2006; Dirk Rustemeyer, *Oszillationen: Kultursemiotische Perspektiven*, Würzburg 2006; vgl. Gregory Bateson, »Culture Contact and Schismogenesis«, in: ders., *Steps to an Ecology of Mind*, 2000, S. 61-72; Yuri M. Lotman und B. A. Uspensky, »On the Semiotic Mechanism of Culture«, in: *New Literary History* 9 (1978), S. 211-232.

3 Siehe George Spencer-Brown, *Laws of Form*, intern. Ausgabe, Leipzig 2008; Harrison C. White, *Identity and Control: A Structural Theory of Action*, Princeton, NJ, 1992; Niklas Luhmann, »Die Kontrolle von Intransparenz«, in: Heinrich W. Ahlemeyer und Roswita Königswieser (Hrsg.), *Komplexität managen: Strategien, Konzepte und Fallbeispiele*, Wiesbaden 1998, S. 51-76.

bar sein. Die formalisierte und bürokratische Organisation der modernen Gesellschaft weicht einer Netzwerkorganisation mit ebenso unklaren wie unverzichtbaren Grenzen zu einer Umwelt, die als »Markt« oder »Publikum« zu den strategischen Variablen des Organisationsdesigns gehört.[4]

Es liegt nicht nur im Interesse des Managements dieser Organisationen, sondern auch im Interesse der Gesellschaft, von der Umstellung der Gesellschaft auf eine Computerkultur und von den Konsequenzen dieser Umstellung für die Organisation einen zureichenden Begriff zu haben. Die Soziologie kann diesen Begriff mithilfe entsprechender Beschreibungen liefern, indem sie die inzwischen breite Literatur zur Netzwerkorganisation in eine Gesellschaftstheorie einbettet, die für die Problematik der Einführung des Computers und des Internets aufgeschlossen ist.

Wir schlagen vor, die Anregungen der Gesellschaftstheorie und der Kulturtheorie für eine Analyse der temporalen Form der Organisation zu nutzen und sammeln dafür im Folgenden einige

4 Zur bürokratischen Organisation siehe Max Weber, *Wirtschaft und Gesellschaft: Grundriß der verstehenden Soziologie*, 5., rev. Auflage, Studienausgabe, Tübingen 1990; Reinhard Bendix, *Work and Authority in Industry: Ideologies of Management in the Course of Industrialization*, Reprint New York 1963; Wolfgang Schluchter, *Aspekte bürokratischer Herrschaft: Studien zur Interpretation der fortschreitenden Industriegesellschaft*, Neudruck Frankfurt am Main 1985; Klaus Türk, »*Die Organisation der Welt«. Herrschaft durch Organisation in der modernen Gesellschaft*, Opladen 1995; Arthur L. Stinchcombe, *Information and Organizations*, Berkeley 1990; ders., *When Formality Works. Authority and Abstraction in Law and Organizations*, Chicago 2001. Zur Netzwerkorganisation siehe Walter W. Powell, »Neither Market nor Hierarchy: Network Forms of Organization«, in: *Research in Organizational Behavior* 12 (1990), S. 295-336; Nitin Nohria und Robert G. Eccles (Hrsg.), *Networks and Organizations. Structure, Form, and Action*, Boston 1992; Gernot Grabher (Hrsg.), *The Embedded Firm. On the Socio-Economics of Industrial Networks*, London 1993; Franklin Allen und Peter D. Sherer, »The Design and Redesign of Organizational Form«, in: Edward H. Bowman, Bruce Kogut (Hrsg.), *Redesigning the Firm*, New York 1995, S. 183-196; Ron Ashkenas u. a., *The Boundaryless Organization: Breaking the Chains of Organizational Structure*, San Francisco 1995; Sam Falk, *Organizational Evolution in a »Boundaryless« Organization*, MIT Sloan School of Management 2001; Paul DiMaggio (Hrsg.), *The Twenty-First Century Firm: Changing Economic Organization in International Perspective*, Princeton, NJ, 2001; Grahame F. Thompson, *Between Hierarchies and Markets: The Logic and Limits of Network Forms of Organization*, Oxford 2003; Hubert Schmitz (Hrsg.), *Local Enterprises in the Global Economy: Issues of Governance and Upgrading*, Cheltenham 2004.

Argumente, verweisen ausführlicher als sonst auf die einschlägige Literatur und versuchen ein Modell zu formulieren. Die temporale Form der Organisation, so unsere Hypothese, übernimmt die Führung über die Sachform und die Sozialform der Organisation, um die Organisation der Beschleunigung der Kontrolloperationen der Gesellschaft, die der Einführung des Computers und des Internets zu verdanken sind, anzupassen. Die Beziehungen zwischen Organisation, Kultur und Gesellschaft sind zirkulär, das heißt, die Anpassung der Organisation an die Gesellschaft gelingt nur in dem Maße, in dem in der Organisation ausprobiert wird, mithilfe welcher Kultur auf die Einführung des Computers reagiert wird.

Die temporale Form der Organisation kombiniert Oszillation und Gedächtnis zu einem Formkalkül der Selbsterhaltung. Ausdifferenzierung (decoupling, Autonomie) ist nur um den Preis der Wiedereinbettung (embedding, Kopplung) zu haben, doch daraus entstehen komplizierte Architekturen der Organisation, die die betriebswirtschaftliche ebenso wie die soziologische Forschung vor erhebliche Herausforderungen stellen. In jüngerer Zeit haben die organisationstheoretische und die ökonomische Forschung eine Reihe einfacher, aber robuster Ideen entwickelt, die auf diese Herausforderung zu reagieren beginnen. Zu diesen Ideen gehören das garbage-can-Modell der Organisation,[5] das Modell der losen Kopplung,[6] die principal-agent-Theorie,[7]

---

5 Siehe Michael D. Cohen, James G. March und Johan P. Olsen, »A Garbage Can Model of Organizational Choice«, in: *Administrative Science Quarterly* 17 (1972), S. 1-25; John F. Padgett, »Managing Garbage Can Hierarchies«, in: *Administrative Science Quarterly* 25 (1980), S. 583-604; Massimo Warglien und Michael Masuch, »The Logic of Organizational Disorder: An Introduction«, in: dies. (Hrsg.), *The Logic of Organizational Disorder*, Berlin 1996, S. 1-34; Carol A. Heimer und Arthur L. Stinchcombe, »Remodelling the Garbage Can: Implications of the Origin of Items in Decision Streams«, in: Morten Egeberg und Per Lægreid (Hrsg.), *Organizing Political Institutions: Essays for Johan P. Olsen*, Oslo 1999, S. 25-75.

6 Siehe Karl E. Weick, »Educational Organizations as Loosely Coupled Systems«, in: *Administrative Science Quarterly* 21 (1976), S. 1-19; J. Douglas Orton und Karl E. Weick, »Loosely Coupled Systems: A Reconceptualization«, in: *Academy of Management Review* 15 (1990), S. 203-223.

7 Siehe Michael C. Jensen und William H. Meckling, »Theory of the Firm: Managerial Behavior, Agency Costs and Ownership Structure«, in: *Journal of Financial Economics* 3 (1976), S. 305-360; Michael C. Jensen, *A Theory of the Firm: Governance, Residual Claims, and Organizational Forms*, Cambridge, Mass., 2000; John W. Pratt und Richard J. Zeckhauser (Hrsg.), *Principles and Agents: The Structure*

die governance-Theorie,[8] die Theorie der Organisation als auto-poietisches Sozialsystem[9] und Überlegungen zum strategischen Management,[10] die allesamt interdisziplinärer angelegt sind, als dies bisher in den Wirtschafts- und Sozialwissenschaften der Fall war.[11]

of Business, Boston 1985; vgl. John W. Meyer und Ronald L. Jepperson, »The ›Actors‹ of Modern Society: The Cultural Constitution of Social Agency«, in: *Sociological Theory* 18 (2000), S. 100-120.

8 Siehe Ronald H. Coase, *The Firm, the Market, and the Law*, Chicago 1988; Oliver E. Williamson, *Markets and Hierarchies: Analysis and Antitrust Implications. A Study in the Economics of Internal Organization*, New York 1975; ders., *The Economic Institutions of Capitalism: Firms, Markets, Relational Contracting*, New York 1985; ders., *The Mechanisms of Governance*, Oxford 1996.

9 Siehe Niklas Luhmann, *Organisation und Entscheidung*, Opladen 2000; Dirk Baecker, *Organisation als System. Aufsätze*, Frankfurt am Main 1999; ders., *Organisation und Management. Aufsätze*, Frankfurt am Main 2003; Tore Bakken und Tor Hernes (Hrsg.), *Autopoietic Organization Theory: Drawing on Niklas Luhmann's Social System Perspective*, Oslo 2003; David Seidl und Kai Helge Becker (Hrsg.), *Niklas Luhmann and Organization Studies*, Copenhagen 2005.

10 Siehe H. Igor Ansoff, »Managing Surprise and Discontinuity: Strategic Response to Weak Signals«, in: *Zeitschrift für betriebswirtschaftliche Forschung* 28 (1976), S. 129-152; ders., *Strategic Management*, London 1979; ders., Aart Bosman und Peter M. Storm (Hrsg.), *Understanding and Managing Strategic Change: Contributions to the Theory and Practice of General Management*, Amsterdam 1982; W. Graham Astley u. a., »Complexity and Cleavage: Dual Explanations of Strategic Decision Making«, in: *Journal of Management Studies* 19 (1982), S. 357-375; David J. Hickson u. a., *Top Decisions: Strategic Decision Making in Organizations*, San Francisco 1990; Henry Mintzberg, *The Rise and Fall of Strategic Planning*, Englewood Cliffs, NJ, 1994; William H. Starbuck, »Acting First and Thinking Later: Theory Versus Reality in Strategic Change«, in: Johannes M. Pennings (Hrsg.), *Organizational Strategy and Change: New Views on Formulating and Implementing Strategic Decisions*, San Francisco 1985, S. 336-372; C. K. Prahalad und Richard A. Bettis, »The Dominant Logic: A New Linkage Between Diversity and Performance«, in: *Strategic Management Journal* 7 (1986), S. 485-501; Richard A. Bettis und C. K. Prahalad, »The Dominant Logic: Retrospective and Extension«, in: *Strategic Management Journal* 16 (1995) S. 5-14; Ralph D. Stacey, *Managing the Unknowable: Strategic Boundaries Between Order and Chaos in Organizations*, San Francisco 1992; ders., Douglas Griffin und Patricia Shaw, *Complexity and Management: Fad or Challenge to System Thinking*, London 2000; Peter Littmann und Stephan A. Jansen, *Oszillodox: Virtualisierung – die permanente Neuerfindung der Organisation*, Stuttgart 2000; Harrison C. White, »Strategies and Identities By Mobilization Context«, in: *Soziale Systeme* 8 (2002), S. 231-247; Reinhart Nagel und Rudolf Wimmer, *Systemische Strategieentwicklung: Modelle und Instrumente für Berater und Entscheider*, Stuttgart 2002.

11 Siehe vor allem John Roberts, *The Modern Firm: Organizational Design for Performance and Growth*, Oxford 2004.

Der gemeinsame Nenner dieser Entwicklungen ist ihr Interesse an Entscheidungskalkülen im Kontext von Innovation und Routine. Wir greifen dieses Interesse aus einer soziologischen Perspektive auf, um mit den beiden Ausgangsbegriffen der Struktur und der Kultur von Organisation und Gesellschaft der Art und Weise auf die Spur zu kommen, wie sich eine Organisation ihren Möglichkeitsraum schafft, erkundet und ausbeutet.[12] Der Begriff der Struktur verweist auf Komplexität, das heißt auf verteilte, unübersichtliche, gleichzeitige und daher kausal nicht zu kontrollierende Chancen und Restriktionen der Kommunikation,[13] der Begriff der Kultur auf selektive Verdichtungen des Möglichkeitsraums, die Sinn machen, verglichen, erzählt, erinnert und vergessen werden können.[14]

Man kann die beiden Begriffe der Struktur und der Kultur zum Begriff der Kommunikation zusammenziehen und organisierte Formen des Umgangs mit und der Pflege von Risiken, Konflikten und Zeithorizonten untersuchen. Man kann Innovation und Routine als die beiden Seiten derselben Medaille unterscheiden,[15] weil Innovationen ohne den routinierten Einsatz von Ungewissheit oder von Planung als Grundlage der Beobachtung erforderlicher Korrekturen nicht denkbar sind.[16]

12 Siehe James G. March, »Exploration and Exploitation in Organizational Learning«, in: *Organization Science* 2 (1991), S. 71-87.

13 Siehe Walter L. Bühl, *Sozialer Wandel im Ungleichgewicht: Zyklen, Fluktuationen, Katastrophen*, Stuttgart 1990; Philip W. Anderson, Kenneth J. Arrow und David Pines (Hrsg.), *The Economy as an Evolving Complex System*, Redwood City, CA., 1988; W. Brian Arthur, Steven V. Durlauf und David A. Lane (Hrsg.), *The Economy as an Evolving Complex System II*, Boulder, Col., 1997.

14 Siehe Edgar Henry Schein, *Organizational Culture and Leadership*, San Francisco 1985; Karl E. Weick, *Sensemaking in Organizations*, Thousand Oaks, CA, 1995; ders., *Making Sense of the Organization*, Oxford 2000.

15 Siehe James G. March und Herbert A. Simon, *Organizations*, 2. Aufl., Cambridge, Mass., 1993; Tom Burns und George M. Stalker, *The Management of Innovation*, London 1961; Dirk Baecker, *Die Form des Unternehmens*, Frankfurt am Main 1993; Niklas Luhmann, *Funktionen und Folgen formaler Organisation*, 4. Aufl., mit einem Epilog 1994, Berlin 1995.

16 Siehe Chris Argyris, *Overcoming Organizational Defenses: Facilitating Organizational Learning*, Boston 1990; Richard R. Nelson und Sidney G. Winter, *An Evolutionary Theory of Economic Change*, Cambridge, Mass., 1982; Amar V. Bhidé, *The Origin and Evolution of New Businesses*, Oxford 2000; Martha S. Feldman und Brian T. Pentland, »Reconceptualizing Organizational Routines as a Source

Von Entscheidungen sprechen wir, wenn es der Kommunikation von Innovation und Routine gelingt, mit dem Blick auf erwartete Zukünfte und angesichts sowohl technologischer Ungewissheiten als auch evaluativer Unsicherheiten Reversibilitätschancen von Festlegungen gleich mit festzulegen.[17] Von *klugen* Entscheidungen sprechen wir, wenn diese Festlegungen von Reversibilitätschancen in der Lage sind, auf schwache Signale rechtzeitig zu reagieren, ohne sich von der Aufmerksamkeit auf Signale dieses Typs blockieren zu lassen.[18]

Diese Überlegungen greifen mehrere aktuelle Entwicklungen in den Wirtschafts- und Sozialwissenschaften auf:

Erstens kombinieren sie die soziologische Systemtheorie mit der soziologischen Netzwerktheorie,[19] indem sie die Arbeit an einer soziologischen Formtheorie, einer Theorie rechnender Formen, ermöglichen,[20] die von der Annahme ausgeht, Netzwerke als Eigen-

of Flexibility and Change«, in: *Administrative Science Quarterly* 48 (2003), S. 94-118.

17 So Bo L. T. Hedberg, Paul C. Nystrom und William H. Starbuck, »Camping on Seesaws: Prescriptions for a Self-Designing Organization«, in: *Administrative Science Quarterly* 21 (1976), S. 41-65; Paul C. Nystrom, Bo L. T. Hedberg und William H. Starbuck, »Interacting Processes as Organization Designs«, in: Ralph H. Kilmann, Louis R. Pondy und Dennis P. Sleven (Hrsg.), *The Management of Organization Design*, Bd. 1, New York 1976, S. 209-230; Eric M. Leifer, *Actors as Observers: A Theory of Skill in Social Relationships*, New York 1991; Karl E. Weick, »Organizational Redesign as Improvisation«, in: George P. Huber und William H. Glick (Hrsg.), *Organizational Change and Redesign: Ideas and Insights for Improving Performance*, Oxford 1993, S. 346-379; Niklas Luhmann, »Die Paradoxie des Entscheidens«, in: *Verwaltungsarchiv* 84 (1993), S. 287-310.

18 Etwa: François Jullien, *Über die Wirksamkeit*, dt. Berlin 1999; J. J. Collins, Carson C. Chow und Thomas T. Imhoff, »Stochastic Resonance without Tuning«, in: *Nature* 376 (20. Juli 1995), S. 236-238; Karl E. Weick und Kathleen M. Sutcliffe, *Managing the Unexpected: Assuring High-Performance in an Age of Complexity*, San Francisco 2001, dt. 2003.

19 Siehe zur soziologischen Systemtheorie Talcott Parsons, *The Social System*, New York 1951; Niklas Luhmann, *Soziale Systeme: Grundriß einer allgemeinen Theorie*, Frankfurt am Main 1984; zur soziologischen Netzwerktheorie White, *Identity and Control*, a. a. O.; ders., »Network Switchings and Bayesian Forks: Reconstructing the Social and Behavioral Sciences«, in: *Social Research* 62 (1995), S. 1035-1063; ders., »Social Networks Can Resolve Actor Paradoxes in Economics and in Psychology«, in: *Journal of Institutional and Theoretical Economics* 151 (1995), S. 58-74.

20 Im Sinne von Dirk Baecker, *Form und Formen der Kommunikation*, Frankfurt am Main 2005; Athanasios Karafillidis, *Soziale Formen: Fortführung eines soziolo-*

funktionen komplexer, adaptiver Systeme beschreiben zu können.[21] Netzwerke werden dabei als Verschaltungen von Unterscheidungen verstanden, die einen Raum generieren, der kommunikativ (das heißt handelnd) und erlebend (das heißt eingebettet in Strukturen der Beobachtung zweiter Ordnung) erkundet und gestaltet wird. Eine Unterscheidung, die ihren eigenen Raum hervorbringt und für alles Weitere voraussetzt, nennen wir im Anschluss an den mathematischen Indikationenkalkül von George Spencer-Brown eine »Form«. Diese Form kann durch Expansion und Kontraktion um weitere Unterscheidungen angereichert beziehungsweise auf eine geringere Anzahl von Unterscheidungen reduziert werden. Die soziologische Formtheorie greift Anregungen aus der soziologischen Rahmenanalyse und aus der soziologischen Konversationsanalyse auf,[22] die ihrerseits mit Studien zur Struktur und Semantik der Gesellschaft kombiniert werden können.[23] Die Formtheorie korrigiert Begriffe selbstreferentiell geschlossener Teilsysteme der Gesellschaft (Funktionssysteme, Organisationen, Interaktionen) zugunsten eines Systembegriffs, der *operationale Geschlossenheit* und *enacted environments* übergreift, den Komplexitätsbegriff mit seiner Paradoxie der Einheit einer Vielheit einklammert und nach der Rekursivität vernetzungsfähiger Operationen fragt.[24]

Mit dieser Entwicklung einer soziologischen Formtheorie können wir auf Überlegungen zu einer stärkeren Formalisierung der

gischen Programms, Bielefeld 2010; Maren Lehmann, *Mit Individualität rechnen: Karriere als Organisationsproblem*, Weilerswist 2011.

21 Siehe Louis H. Kauffman, »Network Synthesis and Varela's Calculus«, in: *International Journal of General Systems* 4 (1978, S. 179-187; Robert Rosen, *Anticipatory Systems: Philosophical, Mathematical and Methodological Foundations*, Oxford 1985; Heinz von Foerster, *Understanding Understanding: Essays on Cybernetics and Cognition*, New York 2003.

22 Siehe Erving Goffman, *Frame Analysis: An Essay on the Organization of Experience*, Cambridge, Mass., 1974; Harvey Sacks, *Lectures on Conversation*, Reprint Oxford 1995.

23 Im Sinne von Kenneth Burke, *A Grammar of Motives*, Reprint Berkeley 1969; George Lakoff, *Women, Fire, and Dangerous Things: What Categories Reveal about the Mind*, Chicago 1987; Niklas Luhmann, *Gesellschaftsstruktur und Semantik: Studien zur Wissenssoziologie der modernen Gesellschaft*, 4 Bde., Frankfurt am Main 1980, 1981, 1989, 1995.

24 Siehe W. Ross Ashby, *Design for a Brain: The Origin of Adaptive Behavior*, 2., rev. Aufl., New York 1960; vgl. Dirk Baecker, »Die Umwelt als Element des Systems«, in: ders. (Hrsg.), *Schlüsselwerke der Systemtheorie*, Wiesbaden 2005, S. 55-63.

soziologischen Theorie und Forschung reagieren.[25] Die Methoden und Modelle dieser Formalisierung sind unterschiedlich und umstritten, doch es wird zunehmend deutlich, dass diese Formalisierung in der Lage sein muss, mit impliziter ebenso wie expliziter Kommunikation beziehungsweise mit Wissen ebenso wie mit Nichtwissen umzugehen.[26] Diese Einsicht bringt die soziologische Theorie in die Nachbarschaft mathematischer beziehungsweise metamathematischer Überlegungen zu Kalkülen der Unentscheidbarkeit und Unvollständigkeit,[27] die ihrerseits mit philosophischen Überlegungen zu einer strikt immanenten, endlichen und prinzipiell ergänzungsbedürftigen Fundierung jeglicher Theoriearbeit korrespondieren.[28] Offen ist die Frage, inwieweit diese Kalküle verlässlicher Operationen in unzuverlässigen Systemen[29] mit Frage-

25 Siehe Thomas J. Fararo, *The Meaning of General Theoretical Sociology: Tradition and Formalization*, New York 1989; James S. Coleman, *Foundations of Social Theory*, Cambridge, Mass., 1990; W. Brian Arthur, »Complexity in Economic and Financial Markets«, in: *Complexity* 1 (1995), S. 20-25; Harrison C. White, »PARAMETERIZE! Notes on Mathematical Modeling for Sociology«, in: *Sociological Theory* 18 (2000), S. 505-509; Andrew Abbott, *Chaos of Disciplines*, Chicago 2001; Dirk Baecker, »Rechnen lernen«, in: *Soziale Systeme: Zeitschrift für soziologische Theorie* 9 (2003), S. 131-159; Charles Tilly, »Observations of Social Processes and their Formal Representations«, in: *Sociological Theory* 22 (2004), S. 594-601.

26 So Luhmann, *Die Gesellschaft der Gesellschaft*, a. a. O., S. 36 ff.; Michael Smithson, *Ignorance and Uncertainty: Emerging Paradigms*, New York 1989; Peter Wehling, »Jenseits des Wissens? Wissenschaftliches Nichtwissen aus soziologischer Perspektive«, in: *Zeitschrift für Soziologie* 30 (2001), S. 465-484; ders., *Im Schatten des Wissens? Perspektiven der Soziologie des Nichtwissens*, Konstanz 2006.

27 Siehe Heinz von Foerster, *KybernEthik*, Berlin 1993; Barbara Herrnstein Smith und Arkady Plotnitsky, »Networks and Symmetries, Decidable and Undecidable«, in: *South Atlantic Quarterly* 94 (1995), Nr. 2: Special Issue on Mathematics, Science, and Postclassical Theory, hrsg. von Barbara Herrnstein Smith und Arkady Plotnitsky, Durham, NC, S. 371-388; Gregory Chaitin, *Meta Maths: The Quest for Omega*, London 2007.

28 Siehe Martin Heidegger, *Die Grundbegriffe der Metaphysik: Welt – Endlichkeit – Einsamkeit*, Frankfurt am Main 1983; Stanley Cavell, *This New Yet Unapproachable America: Lectures after Emerson after Wittgenstein*, Albuquerque, NM, 1989; Dirk Rustemeyer, *Sinnformen: Konstellationen von Sinn, Subjekt, Zeit und Moral*, Hamburg 2001; Moth Stygermeer, *Während Sokrates schweigt: Der zweite Anfang der Philosophie in Platons Dialog* Sophistes, Berlin 2005.

29 Im Sinne von John von Neumann, »Probabilistic Logics and the Synthesis of Reliable Organisms from Unreliable Components« sowie ders., »The General and Logical Theory of Automata«, beide in: *The Neumann Compendium*, hrsg. von F. Bródy, T. Vámos, Singapur 1995, S. 567-615 und S. 526-566; John H. Holland,

stellungen eines zunehmend interaktionsbasierten (Mensch / Maschine-, Maschine / Maschine-)Designs von Computern und Computernetzwerken verknüpft werden können.[30]

Drittens wirft die Problematik der Umstellung von Organisationen auf eine Computerkultur der Gesellschaft nicht nur die Frage auf, ob Organisationen diese Evolution der Gesellschaft nach- und mitvollziehen können, sondern zugleich auch die Frage, ob Organisationen ihrerseits evolutionsfähig sind. Mit anderen Worten: Werden die Organisationen im Zuge dieser Umstellung ausgetauscht, was angesichts einer durchschnittlichen Lebensdauer von Organisationen von etwa 30 Jahren nicht sehr schwerfiele,[31] oder gibt es für Organisationen eine Chance, ihrerseits auf die Veränderung der Gesellschaft zu reagieren und mit einer eigenen Evolution ihrer Struktur und Kultur zu antworten?[32] Wird die Frage so gestellt, fällt auf, dass sowohl die Sozialpsychologie als auch die soziologische Systemtheorie der Organisation immer deutlicher von einer Evolutionsfähigkeit der Organisation ausgehen.[33] Der entscheidende Mechanismus ist das »*sensemaking*«, das auf seine Variations-, Selektions- und Retentionsfähigkeit sowie auf lose Kopplungen zwischen *talk* und *action* beziehungsweise zwischen

Emergence: From Chaos to Order, Reading, Mass., 1998; Niklas Luhmann, *Die neuzeitlichen Wissenschaften und die Phänomenologie*, Wien 1996.

30 Siehe Michael Conrad, »The Price of Programmability«, in: Rolf Herken (Hrsg.), *The Universal Turing Machine: A Half-Century Survey*, Oxford 1988, S. 285-307; Susan Leigh Star, »The Structure of Ill-Structured Solutions: Boundary Objects and Heterogenous Distributed Problem Solving«, in: Les Gasser und Michael N. Huhns (Hrsg.), *Distributed Artificial Intelligence*, Bd. 2, London 1989, S. 37-54; dies. und Karen Ruhleder, »Steps Toward an Ecology of Infrastructure: Design and Access for Large Information Space«, in: *Information Systems Research* 71 (1996), S. 111-134; Peter Wegner, »Why Interaction is More Powerful Than Algorithms«, in: *Communications of the ACM* 40, Nr. 5 (1997), S. 80-91; David G. Messerschmitt, *Networked Applications: A Guide to the New Computing Infrastructure*, San Francicso, CA, 1999; Uwe M. Borghoff und Johann H. Schlichter, *Computer-Supported Cooperative Work: Introduction to Distributed Applications*, Berlin 2000.

31 Siehe Michael T. Hannan und John Freeman, *Organizational Ecology*, Cambridge, Mass., 1989.

32 So fragen Jim Hines und Jody House, »Harnessing Evolution for Organizational Management«, MIT Sloan School of Management 1998; dies., »Policy Evolution Within an Organization«, MIT Sloan School of Management 1999.

33 Siehe Karl E. Weick, *The Social Psychology of Organizing*, 2. Aufl., Reading, Mass., 1979; Luhmann, *Organisation und Entscheidung*, a. a. O.; Fritz B. Simon, *Einführung in die systemische Organisationstheorie*, Heidelberg 2007.

practice und *policy* hin beobachtet und beschrieben wird.[34] Unter den Überschriften »Strategieentwicklung«, »Organisationskultur« und »Beratung« liegt inzwischen eine Fülle von Untersuchungen zur Selbstthematisierungsfähigkeit von Organisationen vor, die die Voraussetzung für eine Evolution der Organisation sind, die selbst zum Element des Designs von Organisationen wird.[35] Auch die allgemeine, hier insbesondere für den Bedarf der Chemie formulierte Evolutionstheorie ist in jüngerer Zeit durch auch für die Soziologie interessante Vorschläge erweitert worden, sich die Evolution als einen rekursiven Prozess der Produktion von Objekten durch diese Objekte (Moleküle in der Chemie, Entscheidungen in der soziologischen Organisationstheorie) vorzustellen und so die Konstruktion jener evolutionären Produkte, die erst anschließend Prozessen der Selektion durch eine Umwelt ausgesetzt werden, in den Mittelpunkt der Theoriebemühungen zu stellen.[36]

Und nicht zuletzt reagiert die ökonomische Theorie seit Jahren auf Arbeiten zur Netzwerkorganisation, die das alte Paradigma einer Trennung von volkswirtschaftlicher Marktanalyse und betriebswirtschaftlicher Organisationsanalyse in Frage stellt. Spätestens mit der Transaktionskostentheorie von Ronald H. Coase rücken Fragen der institutionellen Gestaltung von Transaktion und *agency* in den Mittelpunkt der Theorie, die dazu führen, dass die Grenze zwischen Organisation und Markt zum einen komplex und zum anderen variabel wird.[37] Die ökonomische Theorie nutzt ihre Axiome individueller, eigeninteressierter Rationalität in einem liberalen,

34 Siehe Nils Brunsson, *The Organization of Hypocrisy: Talk, Decision and Actions in Organizations*, Chichester 1989; ders. und Johan P. Olsen, *The Reforming Organization*, London 1993.

35 Siehe neben der bereits genannten Literatur Rudolf Wimmer, *Organisation und Beratung: Systemtheoretische Perspektiven für die Praxis*, Heidelberg 2004.

36 So auch Walter Fontana, »Molekulare Semantik: Evolution zwischen Variation und Konstruktion«, in: Valentin Braitenberg und Inga Hosp (Hrsg.), *Evolution: Entwicklung und Organisation in der Natur*, Reinbek b. Hamburg 1994, S. 96-106; ders. und Leo W. Buss, »›The Arrival of the Fittest‹: Toward a Theory of Biological Organization«, in: *Bulletin of Mathematical Biology* 56 (1994), S. 1-64; dies., »The Barrier of Objects: From Dynamical Systems to Bounded Organizations«, in: John Casti und Anders Karlquist (Hrsg.), *Boundaries and Barriers*, Reading, Mass., 1996, S. 56-116.

37 Siehe auch Michael C. Jensen, *Foundations of Organizational Strategy*, Cambridge, Mass., 1998.

das heißt fehlerfreundlichen sozialen Kontext[38] zur Analyse nicht mehr nur des Marktverhaltens, sondern auch des Organisationsdesigns. Ausgehend vom Opportunismusproblem und von Risiken vertraglicher Selbstbindung (*contractual hazards*) wird nach Formen des Umgangs mit diesem Problem und diesen Risiken gefragt, die illusionslos von dem Theorem ausgehen, dass es den perfekten Agenten, das heißt den Agenten, der Eins-zu-eins den vom Prinzipal gesetzten Anreizen folgt, nicht gibt. »Für keinen Auftraggeber gibt es einen perfekten Auftragnehmer«[39] bedeutet zugleich: Für keinen Auftragnehmer gibt es einen perfekten Auftraggeber. Daraus resultieren Anforderungen an das Design der Organisation, die zunehmend mit Formen indirekter, über Märkte und Publika vermittelter Kontrolle arbeiten und in diesem Rahmen Hierarchien einen sekundären, aber gleichwohl nicht überflüssigen Stellenwert einräumen.[40] Zu ihrer eigenen Überraschung stellt die ökonomische Theorie fest, dass »Strategie und Organisation zählen«[41] und dass es deswegen darauf ankommt, neu und anders über Fragen des Managements, der Steuerung und Gestaltung und der *governance* dieser Organisationen nachzudenken.

Ein Leerstellenkalkül der Organisation

Auf diese verschiedenen Diskussionen und Entwicklungsstränge der soziologischen, verwaltungswissenschaftlichen und ökonomi-

---

38 Im Sinne von Friedrich August Hayek, *Individualismus und wirtschaftliche Ordnung*, 2., erw. Aufl., Salzburg 1976.

39 Frei nach Jensen, *A Theory of the Firm: Governance, Residual Claims, and Organizational Forms*, a. a. O., S. 5.

40 Siehe John F. Padgett, »Hierarchy and Ecological Control in Federal Budgetary Decision-Making«, in: *American Journal of Sociology* 87 (1981), S. 75-129; Eric M. Leifer und Harrison C. White, »Wheeling and Annealing: Federal and Multidivisional Control«, in: James F. Short, jr. (Hrsg.), *The Social Fabric: Issues and Dimensions*, Beverly Hills 1986, S. 223-242; Harrison C. White und Robert G. Eccles, »Control Via Concentration? Political and Business Evidence«, in: *Sociological Forum* 1 (1986), S. 131-157; James R. Barker, »Tightening the Iron Cage: Concertive Control in Self-Managing Teams«, in: *Administrative Science Quarterly* 38 (1993), S. 408-437; Michael Power, *The Audit Society: Rituals of Verification*, Oxford 1997.

41 So Roberts, *The Modern Firm*, a. a. O., S. 10.

schen Forschung reagieren wir mit Vorschlägen zur Ausarbeitung eines Leerstellenkalküls der Organisation im Übergang zur Computerkultur der nächsten Gesellschaft. Im Anschluss an Überlegungen zu einer Flußrechnung (*flow analysis*) des organisierten, das heißt sowohl vernetzten als auch in den Grenzen der Pfadabhängigkeit reversiblen Entscheidens,[42] im Anschluss an Überlegungen grundsätzlich spannungsgeladenen und konflikthaften Handelns, Erlebens und Entscheidens in Organisationen[43] und im Anschluss an Überlegungen zu Strategien und Taktiken eines Managements, das Leerstellen identifiziert und besetzt, um andernfalls unbewältigbaren Risiken Strukturwert zu geben,[44] sprechen wir von einem Leerstellenkalkül, der mit Identitäten von Stellen, Zahlungen, Objekten und Fristen im Kontext von Hierarchie und Karriere, Märkten und Verträgen, Technologien und Plänen rechnet.

Mit dem Konzept eines Leerstellenkalküls der Organisation, der die Idee der temporalen Form der Organisation auszubuchstabieren erlaubt, ziehen wir organisationstheoretische, kommunikationstheoretische und mathematische (beziehungsweise semiotische) Überlegungen zusammen und befähigen uns so zu einer theoriegeleiteten empirischen Forschung. Die Leerstelle konfrontiert die Planung mit ihren Risiken,[45] die Netzwerke mit ihren Konflikten[46]

42 Siehe neben der bereits genannten Literatur Harrison C. White, »Control and Evolution of Aggregate Personnel: Flows of Men and Jobs«, in: *Administrative Science Quarterly* 14 (1969), S. 4-11; ders., *Chains of Opportunity: System Models of Mobility in Organizations*, Cambridge, Mass., 1970; W. Brian Arthur, *Increasing Returns and Path Dependence in the Economy*, Ann Arbor, MI, 1994; Xueguang Zhou, »The Dynamics of Organizational Rules«, in: *American Journal of Sociology* 98 (1993), S. 1134-1166; James G. March, Martin Schulz und Xueguang Zhou, *The Dynamics of Rules: Change in Written Organizational Codes*, Stanford, CA, 2000.

43 Siehe Niklas Luhmann, *Zweckbegriff und Systemrationalität: Über die Funktion von Zwecken in sozialen Systemen*, Neuausgabe Frankfurt am Main 1977.

44 Siehe Philip Selznick, *The Organizational Weapon: A Study of Bolshevik Strategy and Tactics*, New York 1952; Kenneth J. Arrow, *Essays in the Theory of Risk-Bearing*, Amsterdam 1974; Dirk Baecker, *Womit handeln Banken? Eine Untersuchung zur Risikoverarbeitung in der Wirtschaft*, Frankfurt am Main 1991; ders. (Hrsg.), *Soziale Systeme: Zeitschrift für soziologische Theorie* 8, Heft 2 (2002): *Management Out of Systems and Networks*.

45 Siehe Dirk Baecker, *Information und Risiko in der Marktwirtschaft*, Frankfurt am Main 1988; Niklas Luhmann, *Soziologie des Risikos*, Berlin 1991.

46 Siehe Robert R. Faulkner, *Music on Demand: Composers and Careers in the Hol-*

und die Evolution mit ihrer Komplexität,[47] um aktuelle Gegebenheiten und potentielle Aussichten voneinander zu unterscheiden und aufeinander zu beziehen. Die Leerstelle macht Sinn (so legen sowohl mathematische und philosophische als auch soziologische Überlegungen nahe[48]), indem sie bestimmte gesetzte Werte zu negieren und durch andere, noch nicht gesetzte Werte zu substituieren erlaubt. Die riskante Planung ist zwangsläufig eine Planung mit noch nicht bekannten Alternativen. Das konflikthafte Netzwerk ist zwangsläufig ein Netzwerk, in dem man sowohl mit einem hohen Integrationsbedarf als auch mit Überraschungen rechnet. Und eine komplexe Evolution ist eine Evolution, die auf allen drei Ebenen – der Variation, der Selektion und der Retention – wiederum mit Varietät, aber auch mit der Einheit der Vielfalt, das heißt mit Zusammenhängen aus loser Kopplung rechnet.

Wir reden von einem Leerstellenkalkül, weil wir davon ausgehen, dass organisiertes Entscheiden nicht etwa darin besteht, die Risiken der Planung, die Konflikte im Netzwerk und die Komplexität der Evolution hinzunehmen und irgendwie, etwa mittels *Durchwursteln* (*muddling through*),[49] zu bewältigen, sondern darin,

lywood Film Industry, 2. Aufl., New Brunswick, NJ, 1987; White, *Identity and Control*, a. a. O.

47 Siehe Kunihiko Kaneko, »Chaos as a Source of Complexity and Diversity in Evolution«, in: *Artificial Life* 1 (1994), S. 163-177; Stephen A. Resnick und Richard D. Wolff, »Rethinking Complexity in Economic Theory: The Challenge of Overdetermination«, in: Richard W. England (Hrsg.), *Evolutionary Concepts in Contemporary Economics*, Ann Arbor, Mich., 1994, S. 39-59; Jason D. Potts, *The New Evolutionary Microeconomics: Complexity, Competence and Adaptive Behaviour*, Cheltenham 2000; Sendil K. Ethiraj und Daniel Levinthal, »Bounded Rationality and the Search for Organizational Architecture: An Evolutionary Perspective on the Design of Organizations and their Evolvability«, in: *Administrative Science Quarterly* 49 (2004), S. 404-437; Eric Beinhocker, *The Origin of Wealth: Evolution, Complexity, and the Radical Remaking of Economics*, New York 2006.

48 Siehe nur Linda R. Waugh, »Marked and Unmarked: A Choice between Unequals in Semiotic Structure«, in: *Semiotica* 38 (1982), S. 299-318; Brian Rotman, *Signifying Nothing: The Semiotics of Zero*, New York 1987, dt. 2000; Gilles Deleuze, *Logik des Sinns*, dt. Frankfurt am Main 1993; Ernesto Laclau, »Why do Empty Signifiers Matter to Politics?«, in: Jeffrey Weeks (Hrsg.), *The Lesser Evil and the Greater Good: The Theory and Politics of Social Diversity*, London 1994, S. 167-178.

49 Im Sinne von Charles E. Lindblom, »The Science of ›Muddling Through‹«, in: *Public Administration Review* 19 (1959), S. 79-88.

Risiken, Konflikten und Zeithorizonten durch ihre Kontrolle eine Struktur zu geben, die kulturell interpretiert und legitimiert werden kann.[50]

Man weiß, dass Risiken Entscheidungen zur Selbstreferenz zwingen,[51] dass Konflikte starke Integrationseffekte enthalten[52] und dass Komplexität qua Ungewissheit zu Strukturen der Beobachtung zweiter Ordnung einlädt, die in unterschiedliche Zeithorizonte ausdifferenziert werden können, die wiederum Raum für Ähnlichkeit und Unähnlichkeit haben.[53] Hiervon ausgehend können Risiken in Risikostrukturen eingebettet werden, in denen alle Akteure um so verlässlicher kalkuliert werden können, je besser sie in der Lage sind, die von ihnen eingegangenen Risiken auch zu tragen und dies glaubhaft zu signalisieren.[54] Es können Konflikte

50 So John W. Meyer, *Weltkultur: Wie die westlichen Prinzipien die Welt durchdringen*, dt. Frankfurt am Main 2005.

51 Siehe Niklas Luhmann, »Risiko und Gefahr«, in: ders., *Soziologische Aufklärung 5: Konstruktivistische Perspektiven*, Opladen 1990, S. 131-169; Klaus P. Japp, *Soziologische Risikotheorie: Funktionale Differenzierung, Politisierung und Reflexion*, Weinheim 1996.

52 Siehe Georg Simmel, *Soziologie: Untersuchungen über die Formen der Vergesellschaftung*, Frankfurt am Main 1992, S. 284 ff.; Thomas C. Schelling, *The Strategy of Conflict*, 19. Aufl., Cambridge, Mass., 2003; Luhmann, *Soziale Systeme*, a. a. O., S. 532 ff.; Calvin Morrill, *The Executive Way: Conflict Management in Corporations*, Chicago 1995; John Arquilla und David Ronfeldt, »Looking Ahead: Preparing for Information-Age Conflict«, in: dies. (Hrsg.), *In Athena's Camp: Preparing for Conflict in the Information Age*, Santa Monica 1997, S. 439-501; Heinz Messner, »Form und Codierung des sozialen Konflikts«, in: *Soziale Systeme* 9 (2003), S. 335-369.

53 Siehe Armen A. Alchian, »Uncertainty, Evolution, and Economic Theory«, in: *Journal of Political Economy* 58 (1950), S. 211-221; Edgar Morin, »Complexity«, in: *International Social Science Journal* 26 (1974), S. 555-582; Robert Axelrod und Michael D. Cohen, *Harnessing Complexity: Organizational Implications of a Scientific Frontier*, New York 2000; Eve Mitleton-Kelly, »Ten Principles of Complexity and Enabling Infrastructures«, in: dies. (Hrsg.), *Complex Systems and Evolutionary Perspectives on Organisations: The Application of Complexity Theory to Organisations*, Oxford 2003, S. 23-50; Roger Strand, Guri Rortveit und Edvin Schei, »Complex Systems and Human Complexity in Medicine«, in: *Complexus* 2, Nr. 1 (2004-05), S. 2-6.

54 Siehe Kenneth J. Arrow, »The Economics of Agency«, in: John W. Pratt und Richard J. Zeckhauser (Hrsg.), *Principals and Agents: The Structure of Business*, Boston 1985, S. 37-51; Joseph E. Stiglitz, »Incentives, Risk, and Information: Notes Toward a Theory of Hierarchy«, in: *Bell Journal of Economics* 6 (1975), S. 552-579; Bruce Greenwald und Joseph E. Stiglitz, »Information, Finance, and Markets:

zu stabilen Artefakten von sozialen Situationen ausgebaut werden, die durch verlässliche Strukturen mimetischer Rivalität gesteuert sind.[55] Und es können temporale Einheiten konstruiert werden, die laufend daraufhin überprüft werden, in welchen Kontexten sie sich wie lange bewähren.[56]

Und man kennt inzwischen die Rolle von Kulturen, die Vielfalt der Möglichkeiten sowohl zu vergegenwärtigen als auch vergleichbar zu halten, mit Ambivalenz auszustatten und untereinander auszutauschen. Erst diese Anwendung von Sinn auf Sinn, wenn man so sagen darf, ermöglicht das Wechselspiel von Identifikation und Differenz, das Entscheidungskalkülen in Netzwerken angemessen ist und von Organisationen ausgebeutet werden kann. Diese Selbstanwendung des Sinns nimmt die Form von Rahmen, Geschichten und Konventionen an, auf die man sich verlassen kann, während man weiß, wie unzuverlässig sie sind.[57]

Interessanterweise ist durch die Erforschung von Kulturen so genannter sozialer Bakterien bekannt, dass sozial stabile »Figuratio-

The Architecture of Allocative Mechanisms«, in: *Industrial and Corporate Change* I (1992), S. 37-68.

55 Siehe Gabriel Tarde, *Les lois de l'imitation: Étude sociologique*, 2., erw. Aufl., Paris 1895; ders., *Psychologie économique*, 2 Bde., Paris 1902; René Girard, *La Violence et le Sacré*, Paris 1972; Michel Aglietta und André Orléan, *La violence de la monnaie*, 2. Aufl., Paris 1984.

56 Siehe Robert Rosen, »Planning, Management, Policies and Strategies: Four Fuzzy Concepts«, in: *International Journal of General Systems* I (1974), S. 245-252; Niklas Luhmann, »Gleichzeitigkeit und Synchronisation«, in: ders., *Soziologische Aufklärung 5: Konstruktivistische Perspektiven*, Opladen 1990, S. 95-130; Daniel M. Dubois, »Theory of Incursive Synchronization of Delayed Systems and Anticipatory Computing of Chaos«, in: Robert Trappl (Hrsg.), *Cybernetics and Systems*, Bd. I. Wien 2002, S. 17-22; Loet Leydesdorff und Daniel Dubois, »Anticipation in Social Systems«, in: *International Journal of Computing Anticipatory Systems* 15 (2004), S. 203-216.

57 Siehe Joanne Martin, »Stories and Scripts in Organizational Settings«, in: Albert H. Hastorf und Alice M. Isen (Hrsg.), *Cognitive Social Psychology*, New York 1982, S. 255-305; dies., *Cultures in Organizations: Three Perspectives*, New York 1992; dies. und Deborah Meyerson, »Organizational Cultures and the Denial, Channeling and Acknowledgment of Ambiguity«, in: Louis R. Pondy, Richard J. Boland, jr. und Howard Thomas (Hrsg.), *Managing Ambiguity and Change*, New York 1988, S. 93-125; Barbara Czarniawska-Joerges, *Exploring Complex Organizations: A Cultural Perspective*, Newbury Park, CA, 1992; dies., *The Three-Dimensional Organization: A Contructivist View*, Lund 1993; dies., *Narrating the Organization: Dramas of Institutional Identity*, Chicago 1997.

nen« (Norbert Elias) aus Anpassungen an den Umgang mit Betrug (*cheating*) und Ausbeutung (*exploitation*) zustande kommen können.[58] Das deutet darauf hin, dass es sich für soziale Systeme allgemein lohnen dürfte, gleichermaßen stabile und flexible Strukturen weniger im Bereich der Isolation gegenüber Risiken und Störungen als vielmehr im Bereich der Einkapselung dieser zu suchen.[59] Nicht zuletzt spielen in diesen Bakterienkulturen die Parameter der Dichte und Enge die wichtige Rolle einer Randbedingung,[60] die auch für die Beobachtung von Prozessen der Globalisierung in der Weltgesellschaft interessante Anregungen geben dürfte.

Harrison C. White hat für soziale Netzwerke einen Kalkül der Ungewissheit vorgeschlagen, der mit den beiden Parametern »Soziale Ungewissheit« (*ambage*) und »Kulturelle Ungewissheit« (*ambiguity*) arbeitet und einen *trade-off* zwischen diesen beiden Typen der Ungewissheit vermutet:[61] Mit Ungewissheit gehen soziale Netzwerke um, indem sie entweder die Möglichkeiten steigern, ihr aus dem Weg zu gehen (*social decoupling*), oder die Möglichkeit schaffen, sie durch Interpretation ambivalent zu gestalten und so die Anschlussmöglichkeiten jeweils passend zu variieren (*cultural embedding*). Beide Fälle korrespondieren den von Gregory Bateson untersuchten Möglichkeiten der Morphogenese von Kultur(en) durch Prozesse der Schismogenese, also der je unterschiedlichen (symmetrischen, komplementären, reziproken) Verarbeitung von Differenz.[62]

Wir schließen an diese Konzepte einer Korrespondenz zwischen Struktur und Kultur an, indem wir eine Reihe von je unterschiedlich ansetzenden Untersuchungen rekursiver Entscheidungspro-

58 So Gregory J. Velicer, Lee Kroos und Richard E. Lenski, »Developmental Cheating in the Social Bacterium *Myxococcus Xanthus*«, in: *Nature* 404 (April 2000), S. 598-601; Francesca Fiegna und Gregory J. Velicer, »Exploitative and Hierarchical Antagonism in a Cooperative Bacterium«, in: *PLoS Biology* 3, Nr. 11 (2005), S. e370; Francesca Fiegna u. a., »Evolution of an Obligate Social Cheater to a Superior Cooperator«, in: *Nature* 441 (Mai 2006), S. 310-314.

59 Siehe Erving Goffman, »On Cooling the Mark Out: Some Aspects of Adaptation to Failure«, in: *Psychiatry: Journal of Interpersonal Relations* 15 (1952), S. 451-463.

60 Siehe Supriya V. Kadam und Gregory J. Velicer, »Variable Patterns of Density Dependent Survival in a Social Bacterium«, in: *Behavioral Ecology* 17 (2006), S. 833-838.

61 Siehe White, *Identity and Control*, a. a. O., S. 17-19 und 103 ff.

62 Siehe Gregory Bateson, »Culture Contact and Schismogenesis«, in: ders., *Steps to an Ecology of Mind*, Reprint Chicago 2000, S. 61-72.

zesse vorschlagen, in denen Eigenwerte und Eigenfunktionen entstehen,[63] die sich mit den Mitteln des Indikationenkalküls von George Spencer-Brown darstellen lassen. Ausgangspunkt hierfür ist die Idee des Mathematikers Louis H. Kauffman, sich Netzwerke von ineinandergeschachtelten Unterscheidungen vorzustellen, die durch idiosynkratische (*prejudiced*) Entscheidungen von Beobachtern synthetisiert werden und andernfalls in Zuständen der Unbestimmtheit verharren.[64] Der Indikationenkalkül hat sich soziologisch auch in anderen Zusammenhängen bewährt und wird hier eingesetzt, um selbstreferentielle komplexe Systeme anhand ihrer Eigenwerte und Eigenfunktionen zu beschreiben.[65]

Mit diesen Untersuchungen gehen wir nach wie vor systemtheoretisch vor, verwenden jedoch den Systembegriff von W. Ross Ashby,[66] der Variablen des Organismus und seiner Umwelt übergreift. Wir untersuchen das Netzwerk der Organisation als Form im sozialen System der Gesellschaft. Der wichtigste Vorteil dieses Vorgehens liegt darin, dass wir mithilfe des Formbegriffs von George Spencer-Brown einen im Sinne der Mathematik unvollständigen, unentscheidbaren und unreduzierbaren Kalkül der Kommunikation von Entscheidungen unterstellen und untersuchen können, der sich an Stellen im Kontext von Hierarchie und Karriere, an Zahlungen im Kontext von Märkten und Verträgen, an Objekten im Kontext von Technologien und an Fristen im Kontext von Plänen orientiert. Jede Entscheidung ist nur aus ihren lokalen Bedingungen heraus zu beschreiben, das heißt im Prinzip identisch mit der unbeschreibbaren Komplexität, die sie verarbeitet. Jede Entscheidung produziert im Rückbezug auf sich selbst die Unbestimmtheit (*indeterminacy*), die sie als Ressource ihrer selbst verwendet. Jede Entscheidung ist eingebettet in ebenso nichttrivi-

63 Siehe Heinz von Foerster, »Prinzipien der Selbstorganisation im sozialen und betriebswirtschaftlichen Bereich«, in: ders., *Wissen und Gewissen: Versuch einer Brücke*, Frankfurt am Main 1993, S. 233-268.

64 Siehe Kauffman, »Network Synthesis and Varela's Calculus«, a. a. O.

65 Siehe Ph. G. Herbst, *Alternatives to Hierarchies*, Leiden 1976, S. 85 ff.; Dirk Baecker (Hrsg.), *Kalkül der Form*, Frankfurt am Main 1993; ders. (Hrsg.), *Probleme der Form*, Frankfurt am Main 1993; Louis H. Kauffman, »Self-Reference and Recursive Forms«, in: *Journal of Social and Biological Structure* 10 (1987), S. 53-72; ders. und Francisco J. Varela, »Form Dynamics«, in: *Journal of Social and Biological Structure* 3 (1980), S. 171-206.

66 Siehe oben, Fußnote 24.

ale wie nichtlineare Rekursionen, die es vorhersehbar machen, dass es unvorhersehbar ist, auf welche Ressourcen sie sich stützen wird, um getroffen zu werden.

Dieser Gewinn von Entscheidungsfähigkeit aus der Einführung und Reproduktion von Unbestimmtheit ist die eigentliche und wichtigste Leistung der Organisation in der Gesellschaft. Sie erst setzt Intransparenz, das heißt Beobachtbarkeit und Widerständigkeit (denn transparente Verhältnisse wären durchsichtige, gegenstandslose Verhältnisse) an die Stelle von Komplexität.

Wir versprechen uns von diesem Vorgehen Beiträge zum Problem der Umstellung der Organisationen der Weltgesellschaft (Unternehmen, Behörden, *Nonprofits*, *Nongovernments*, Universitäten, kulturelle Einrichtungen …) auf die allmählich sichtbar werdenden und von diesen Organisationen ihrerseits zum Teil forcierten Bedingungen der Computerkultur. Fand die Organisation der Buchdruckkultur ihre Eigenwerte und Eigenfunktionen in den bürokratischen Bedingungen der Aktenführung und in Prozessen der Formalisierung, die in Hierarchien und Routinen abgesichert wurden, so findet die Organisation der Computerkultur ihre Eigenwerte und Eigenfunktionen in Netzwerken der Verknüpfung ihrer Entscheidungen in Wertschöpfungsketten »flussaufwärts« in Richtung der Lieferanten und »flussabwärts« in Richtung der Kunden.[67]

Ausgehend von der Beschreibung und Untersuchung eines Leerstellenkalküls der Organisation kann man an einer Evolutionstheorie der Organisation arbeiten, die an vorhandene Ansätze anknüpft,[68] sich darüber hinaus jedoch auf die Idee konzentriert,

67 Siehe Gary Gereffi und Miguel Korzeniewicz (Hrsg.), *Commodity Chains and Global Capitalism*, Westport, Conn., 1994; Michael Storper und Robert Salais, *Worlds of Production: The Action Frameworks of the Economy*, Cambridge, Mass., 1997; Harrison C. White, *Markets From Networks: Socioeconomic Models of Production*, Princeton, NJ, 2002.

68 Siehe neben der bereits genannten Literatur etwa Joel A. C. Baum und Jitendra V. Singh (Hrsg.), *Evolutionary Dynamics of Organizations*, New York 1994; Richard W. England (Hrsg.), *Evolutionary Concepts in Contemporary Economics*, Ann Arbor, Mich., 1994; Richard N. Langlois, »Modularity in Technology and Organization«, in: *Journal of Economic Behavior and Organization* 49 (2002), S. 19-37; ders., »The Entrepreneurial Theory of the Firm and the Theory of the Entrepreneurial Firm«, University of Connecticut Economics Working Paper No. 2005-27; ders. und Paul L. Robertson, »Business Organization as a Coordination Problem: Toward a Dynamic Theory of the Boundaries of the Firm«, in:

das Verhältnis von Innovation und Routine genauer zu fassen. Die moderne Organisation der Buchdruckkultur der Gesellschaft ist im Wesentlichen als ein formalisierter Apparat zur Sicherstellung von Standardroutinen (*standard operating procedures*) zu verstehen, die in einem durchaus nicht immer trivialen Verhältnis zur Hierarchie und zum Arbeitsfluss (*workflow*) stehen. Die »nächste« (Peter Drucker) Organisation der Computerkultur der Gesellschaft wird als eine Organisation zu verstehen sein, die nicht mehr mit dem Problem kämpft, diese Routinen innovativ zu verändern, sondern die stattdessen über Routinen der Innovation verfügt.

Entscheidend wird es daher, die Bedingungen zu klären, unter denen eine Organisation als evolutionsfähig gelten kann. Der um Risiken, Konflikte und Fristen kreisende Leerstellenkalkül ist die Voraussetzung dafür, dass es gelingen kann, die Organisation von einem sozialen System der Sicherstellung einer Erinnerung an die eigenen Voraussetzungen in ein soziales System umzugestalten, das in allen wesentlichen Entscheidungen zwischen mehreren Möglichkeiten oszilliert und diese Oszillation zur Trennung und Relationierung der drei evolutionären Mechanismen der Variation, Selektion und Retention nutzt.[69] Die Voraussetzung für diese Oszillationsfähigkeit ist die Vorstellung einer unbekannten Zukunft, die Organisationen jedoch schwerfällt, da ihre Zielsetzungen, Zwecke und Programme allesamt so tun, als könne die Zukunft gegenläufig zur Gesellschaft, für die das nicht gilt, festgelegt werden. Genau das löst eine Oszillation aus, in die Beobachtungen von Variationen, Selektionshorizonten und Retentionsperspektiven einge-

---

Business and Economic History 22 (1993), S. 31-41; Ulrich Witt, »Imagination and Leadership: The Neglected Dimension of an Evolutionary Theory of the Firm«, in: *Journal of Economic Behavior and Organization* 35 (1998), S. 161-177; Mark Casson, »Entrepreneurship and the Theory of the Firm«, in: *Journal of Economic Behavior & Organization* 58 (2005), S. 327-348; Rudolf Wimmer, »Die Steigerung der Lernfähigkeit von Organisationen: Einige Konsequenzen für das Beratungsgeschäft«, in: Michael Zirkler und Werner R. Müller (Hrsg.), *Die Kunst der Organisationsberatung: Praktische Erfahrungen und theoretische Perspektiven*, Bern 2003, S. 71-102; ders., »Die bewusste Gestaltung der eigenen Lernfähigkeit als Unternehmen«, in: Nino Tomaschek (Hrsg.), *Die bewusste Organisation*, Wien 2007.

69 Siehe Donald T. Campbell, »Variation and Selective Retention in Socio-Cultural Evolution«, in: *General Systems* 14 (1969), S. 69-85; Luhmann, *Die Gesellschaft der Gesellschaft*, a. a. O., S. 413 ff.

bettet werden können, die es erlauben werden, die Organisation als evolutionsfähig zu beschreiben.

Die oszillierende Organisation verabschiedet sich nicht von ihrem Gedächtnis, sondern stellt dieses unter anspruchsvolle Bedingungen der Korrektur und Selbstanpassung.[70]

Man darf vermuten, dass Managementkompetenzen in Organisationen aller Art immer schon darauf beruht haben, die Organisation zum Oszillieren zu bringen und diese Oszillation für evolutionäre Veränderungen zu nutzen. Insbesondere zum konfliktreichen und risikobewussten Prozess der Preisfindung und Preisvariation gibt es hierzu aufschlussreiche Untersuchungen,[71] es fehlt aber eine schlüssige Einbettung einer Managementlehre in die Theorie der oszillierenden und evolutionsfähigen Organisation.

Ein Risiko-, Konflikt- und Plankalkül

Der Indikationenkalkül von George Spencer-Brown ermöglicht es, Eigenwerte und Eigenfunktionen zu analysieren, die aus der Rekursivität selbstreferentieller Operationen komplexer Systeme emergieren.

Entsprechend den drei Sinndimensionen sozialer Systeme und der Annahme, dass *sensemaking* zu den elementaren Formen des rekursiven Selbstbezugs von Organisationsprozessen gehört, postulieren wir für die Analyse des Leerstellenkalküls der temporalen Form der Organisation Netzwerke ineinandergeschachtelter Unterscheidungen, die die Eigenfunktion der Organisation konstituieren. Diese Unterscheidungen sind Artefakte der Beobachtung zweiter Ordnung, die in der wechselseitigen Orientierung der Beobachter erster Ordnung aneinander den Raum der Möglichkeiten konstituieren und variieren, in dem sie sich handelnd und kommunizierend bewegen.[72]

70 Siehe W. Ross Ashby, »Requisite Variety and Its Implications for the Control of Complex Systems«, in: *Cybernetica* 1 (1958), S. 83-99.

71 Siehe Shantanu Dutta u. a., »Pricing as a Strategic Capability«, in: *Sloan Management Review* 43 (2002), S. 61-66; Shantanu Dutta, Mark J. Zbaracki und Mark Bergen, »Pricing Process as a Capability: A Resource-Based Perspective«, in: *Strategic Management Journal* 24 (2003), S. 615-630.

72 So Humberto R. Maturana und Francisco J. Varela, *Autopoiesis and Cognition:*

Der Kalkül von Spencer-Brown erlaubt drei Möglichkeiten, mit Unterscheidungen umzugehen: Man kann sie treffen und wieder treffen (*call*); man kann sie kreuzen, um auf die andere Seite der Unterscheidung zu wechseln und dort weitere Unterscheidungen zu treffen (*cross*); und man kann sie in den Raum der Unterscheidung wiedereinführen und so auf ihre Unterscheidungsfähigkeit hin überprüfen (*re-entry*).[73] Auf der Grundlage dieser drei Möglichkeiten entstehen ein Gedächtnis (*memory*) aus der Wiederholung der Unterscheidungen, eine Oszillation (*oscillation*) aus dem Kreuzen der Seiten der Unterscheidung und eine Subversion (*subversion*) aus der wechselseitigen Problematisierung der Variablen der Unterscheidung. Jede Eigenfunktion der rekursiven Reproduktion des Netzwerks solcher Unterscheidungen bildet einen Knoten, in dem alle Variablen des Netzwerks auf bestimmt-unbestimmte Weise voneinander abhängig sind und eine Unentscheidbarkeit und Unvollständigkeit produzieren, die nur von Beobachtern, die gleichsam dennoch ihre Entscheidungen treffen, zugunsten bestimmter Konstellationen bestimmt werden kann.[74]

Halten wir uns an die drei Sinndimensionen sozialer Systeme, wie sie Niklas Luhmann beschrieben hat,[75] so können wir im Kontakt mit den Forschungsergebnissen der vergangenen Jahrzehnte die Sachdimension der Entscheidung als einen Risikokalkül, die Sozialdimension der Entscheidung als einen Konfliktkalkül und die Zeitdimension der Entscheidung als einen Plankalkül verstehen. Der Risikokalkül berechnet Objekte im Hinblick auf mögliche Gewinne, der Konfliktkalkül Personen im Hinblick auf die Netzwerke (Agenturen), in denen sie sich bewegen, und der Plankalkül berechnet evolutionäre Chancen im Hinblick auf mögliche Überraschungen:

The Realization of the Living, Dordrecht 1980; dies., *Der Baum der Erkenntnis: Die biologischen Wurzeln des menschlichen Erkennens*, dt. Bern 1987; von Foerster, *Understanding Understanding*, a. a. O.

73 Vgl. auch Tatjana Schönwälder, Katrin Wille und Thomas Hölscher, *George Spencer Brown: Eine Einführung in die »Laws of Form«*, Wiesbaden 2004.

74 Siehe hierzu auch Anregungen bei Louis H. Kauffman, »Knot Logics«, in: ders. (Hrsg.), *Knots and Applications*, Singapur 1995, S. 1-110.

75 Luhmann, *Soziale Systeme*, a. a. O., S. 111 ff.

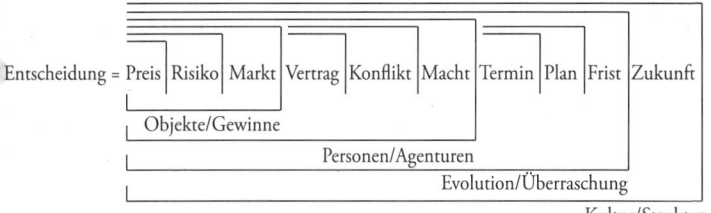

Entscheidung = Preis | Risiko | Markt | Vertrag | Konflikt | Macht | Termin | Plan | Frist | Zukunft

Objekte/Gewinne

Personen/Agenturen

Evolution/Überraschung

Kultur/Struktur

Operativen Halt bekommt die Entscheidung, indem sie Preise bestimmt, Verträge abschließt und Termine akzeptiert. Ihren jeweiligen Möglichkeitenraum grenzt die Entscheidung ein, indem sie Märkte beobachtet, Machtchancen eruiert und Fristen bestimmt. Die unbekannte Zukunft versetzt die Entscheidung in eine Oszillation, die zur Subversion und der daraus folgenden Evaluation der Werte aller Variablen genutzt werden kann, die in dem Moment, in dem sie neu bestimmt werden, Werte annehmen, die im Kontext derselben Unterscheidungen zum Gegenstand des Gedächtnisses der Entscheidung werden.

Wenn die Spencer Brown-Gleichung, mit deren Hilfe wir diesen Sachverhalt zu formulieren versuchen, zutrifft, kann man hier erkennen, warum nicht nur die Beobachtung des Marktes, sondern auch das Kalkül der Macht und die Feinsteuerung der Fristen den Prozess des Organisierens so ausgiebig beschäftigen. Machtfragen sind zugleich Marktfragen; und über Fristen kann nicht entschieden werden, ohne zugleich zu Fragen des Marktes und zu Fragen der Macht Stellung genommen zu haben. Das Spiel der Verträge und Konflikte, der Termine und Pläne dient hier einer Nach- und Vorjustierung, der letztlich nur die Reflexion auf die unbekannte Zukunft einen hinreichenden operativen Halt gibt.

Der Prozess des Organisierens kombiniert Eigenfunktionen dieses Typs zu einem Netzwerk der Errechnung eigener Möglichkeiten. Die Literatur informiert über Preissetzungsverfahren im Kontext von Risikokalkülen und Marktbeobachtungen,[76] über Möglichkeiten des Vertragsdesigns im Kontext von Konfliktregulierung und dem Ausbau von Willkürchancen,[77] über die Planung

76 Nach wie vor anregend: Frank H. Knight, *Risk, Uncertainty, and Profit*, Reprint New York 1965.

77 Siehe Gunther Teubner, *Netzwerk als Vertragsverbund: Virtuelle Unternehmen,*

und Programmierung von Entscheidungen im Kontext von Terminfindung und Fristsetzung sowie über die Koordinationsfunktion einer unbekannten und nur deswegen zugunsten von Zielen und Zwecken festlegbaren Zukunft. Aber die Literatur führt diese verschiedenen und höchst anspruchsvollen Aspekte von Entscheidungen nicht zusammen.

Aus einer wissenschaftstheoretischen Perspektive, die auf Kontrolle und Evaluation setzt und dabei systematisch mit der Inkongruenz der Beobachterperspektiven rechnet, die gleichwohl aufeinander bezogen werden,[78] rücken wissenschaftliche Grundlagen für Beratungsleistungen in Reichweite, die ebenso viel Gewicht auf die Analyse vorliegender Sachverhalte wie auf die Synthese möglicher Entscheidungen legen, wohl wissend, dass die Entscheidung selbst nur in einer Praxis getroffen werden kann, die von keiner Theorie vorweggenommen werden kann.

Deswegen sprechen wir von einer strukturellen und einer kulturellen Dimension der temporalen Form jeder Entscheidung. Die strukturelle Dimension analysiert die Verteiltheit der Aspekte der Entscheidung, die kulturelle Dimension ihre Integration zu einzelnen Entscheidungen, die in genau dem Sinne »geteilte« Entscheidungen sind, als sie die Chance ihrer rekursiven Anschlussfähigkeit im Material ihrer Sachverhalte, im Netzwerk der Akteure und im Prozess ihrer Stabilisierung und Flexibilisierung eher vergrößern als verringern.

Der wesentliche Punkt unserer Überlegungen ist die Umstellung der Organisation auf die Idee der temporalen Form. Der Praxis des Managements und der Beratung entspricht diese Umstellung (eher andersartige Nuancierung als radikaler Wandel) längst, doch wird es darauf ankommen, die strukturell und kulturell bislang dominanten Sach- und Sozialbezüge der Organisation in diesem Sinne zu retemporalisieren, um nachvollziehen zu können, worin die Spielräume und deren Restriktionen im Prozess des Organisierens bestehen können. Eine praktische Managementlehre wird daher

Franchising, Just-in-time in sozialwissenschaftlicher und juristischer Sicht, Baden-Baden 2004.

78 Siehe Alfred Korzybski, *Science and Sanity: An Introduction to Non-Aristotelian Systems and General Semantics*, 4. Aufl., Lakeville, Conn., 1958; vgl. Niklas Luhmann, »Die Bedeutung der Organisationssoziologie für Betrieb und Unternehmung«, in: *Arbeit und Leistung* 20 (1966), S. 181-189.

wesentlich stärker als bisher die scheinbar einfache Unterscheidung zwischen vorher und nachher auf die Leistung der Strukturierung und ihre kulturelle Sinnstiftung hin beobachten müssen, die Kontinuität und Diskontinuität, Bruch und Rekursion, diachrone Verknüpfung und synchrone Unübersichtlichkeit voneinander unterscheiden und aufeinander beziehen.

Die Selbstreferenz der Organisation ist die zukünftige und daher unbekannte Entscheidung. Mit der daraus resultierenden Paradoxie – entscheiden zu müssen, was (noch) nicht entschieden werden kann – wird die Organisation nur fertig, indem sie ihre Fremdreferenz im Rahmen weder bewährter Routinen noch viel versprechender Innovationen«, sondern eines Leerstellenkalküls entfaltet. Das strategische und das taktische Kalkül einer Entscheidung müssen sich im strengen Sinne des Wortes auf nichts beziehen, denn nur von dort aus ist die Freiheit nicht nur des Willens, sondern auch der Erkenntnis erreichbar,[79] die eine Bestimmung aktueller Möglichkeiten sowohl ermöglichen als auch kontingent halten. Das klingt mystischer, als es gemeint ist und praktiziert wird. Denn letztlich ist darunter nichts anderes zu verstehen als der Rekurs auf eine unbekannte Zukunft zugunsten der Reinterpretation vergangener und der Determination aktueller Möglichkeiten.

In diesem Konzept der Möglichkeit steckt denn auch die eigentliche Herausforderung, denn diese Möglichkeit, temporal gewonnen, muss gleich anschließend sachlich ausbuchstabiert und sozial verknüpft werden, ohne deswegen den Status der Möglichkeit zugunsten einer bereits getroffenen Entscheidung zu verlieren. Deswegen ist es in der Praxis des Managements wie in der Praxis der Beratung nach wie vor so attraktiv, einen großen Teil der Organisationstheorie, kaum verstanden, auch wieder auszublenden, um sich den Prozess des Organisierens ganz pragmatisch als jenes »Netz aus Direktiven und Kommissiven« vorzustellen,[80] das gesprochen, geschrieben, gedruckt und programmiert werden muss, um sich jenen Spielraum künftiger Entscheidungen zu erhalten, den es zugleich verspielt. Interessanterweise bringt dieses Problem unsere

79 So Gotthard Günther, »Cognition and Volition: A Contribution to a Cybernetic Theory of Subjectivity«, in: ders., *Beiträge zur Grundlegung einer operationsfähigen Dialektik*, Bd. 2, Hamburg 1979, S. 203-240.

80 So Terry Winograd und Fernando Flores, *Erkenntnis Maschinen Verstehen: Zur Neugestaltung von Computersystemen*, dt. Berlin 1989, S. 257 ff.

Überlegungen, die sich bislang eher im Denkraum der Unterscheidung von Hierarchie und Heterarchie bewegt haben,[81] in die Nachbarschaft einer auf den ersten Blick ganz anderen Vokabel und einer dem Prozess des Organisierens dennoch zunehmend artverwandten Bewegung, nämlich der Vokabel und Bewegung des Anarchismus, wenn »Anarchismus« heißen darf, praktisch wie theoretisch nach einer konsensorientierten Entscheidungskultur suchen zu können, die den Konsens als Ressource und nicht als Restriktion versteht.[82] Damit jedoch kommen wir auf ein neues Thema, denn jetzt käme es in einem nächsten Schritt darauf an, die gewohnten sachlichen, sozialen und zeitlichen Kriterien der Entscheidungsfindung nicht nur, wie hier, im Zusammenhang einer temporalen Form, eines Leerstellenkalküls und eines Netzwerks zu sehen, sondern darüber hinaus gesellschaftlich und ökologisch zu reflektieren. Zur Struktur- und Kulturfindung der Organisation der nächsten Gesellschaft wird dies dazugehören. Aber wie es aussehen wird, wird uns nicht die Wissenschaft, sondern die Praxis zu zeigen haben.

---

81 Siehe auch David Stark, »Heterarchy: Distributing Authority and Organizing Diversity«, in: John Henry Clippinger III (Hrsg.), *The Biology of Business: Decoding the Natural Laws of Enterprise*, San Francisco 1999, S. 153-179.

82 So David Graeber und Andrej Grubacic, »Anarchism, or The Revolutionary Movement of the Twenty-first Century«, in: ZNet | Vision and Strategy, 6. Januar 2004, ⟨http://www.zmag.org⟩.

Nachweise

Ich danke allen Buchverlagen für die freundliche Genehmigung, die angeführten Arbeiten hier noch einmal publizieren zu dürfen.

Der Manager, in: Stefan Möbius und Markus Schroer (Hrsg.), *Diven, Hacker, Spekulanten: Sozialfiguren der Gegenwart*, Frankfurt am Main: Suhrkamp Verlag, 2010, S. 261-276.

Welchen Unterschied macht das Management? Bisher unveröffentlicht.

Plädoyer für eine Fehlerkultur, in: *Organisationsentwicklung: Zeitschrift für Unternehmensentwicklung und Change Management* 22, Nr. 2 (2003), S. 24-29.

Die Form der Veränderung ist der Streit, moderiert durch die Beratung, in: Frank Boos und Barbara Heitger (Hrsg.), *Veränderung – systemisch: Management des Wandels: Praxis, Konzepte und Zukunft*, Stuttgart: Klett-Cotta, 2004, S. 46-54.

Management als Störung im System, in: Claus Pias (Hrsg.), *Abwehr: Modelle, Strategien, Medien*, Bielefeld: transcript, 2009, S. 101-133.

Über die Verantwortung der Unternehmen, in: Ludger Heidbrink und Peter Seele (Hrsg.), *Unternehmertum: Vom Nutzen und Nachteil einer riskanten Lebensform*, Frankfurt am Main: Campus, 2010, S. 153-177.

Schneller rechnen, langsamer entscheiden, in: *Profile: Internationale Zeitschrift für Veränderung, Lernen, Dialog* 16 (2008), S. 22-27.

Das Personal der Universität, in: *Abschlussdokumentation der 50. Jahrestagung der Kanzlerinnen und Kanzler der deutschen Universitäten, 20. bis 22. September 2007 in Gießen*, hrsg. vom Kanzler der Justus-Liebig-Universität Gießen, August 2008, S. 17-44.

Forschung, Lehre und Verwaltung, in: *Unbedingte Universitäten. Was passiert? Stellungnahmen zur Lage der Universität*, Berlin: diaphanes, 2010, S. 311-332.

Kunst und Management, in: Arvid Boellert und Inka Thunecke (Hrsg.), *Kultur und Wirtschaft: Eine lukrative Verbindung*, Mössingen-Thalheim: Thalheimer Verlag, 2008, S. 169-175.

Zumutungen des Kulturmanagements, in: *Jahrbuch Kulturmanagement 2009: Forschen im Kulturmanagement*, hrsg. von Sigrid Bekmeier-Feuerhahn u. a., Bielefeld: transcript, 2009, S. 31-63.

Wer rechnet schon mit Führung?, in: *Organisationsentwicklung: Zeitschrift für Unternehmensentwicklung und Change Management* 24, Nr. 2 (2005), S. 62-69.

Postheroische Führung, in: Sven Grote (Hrsg.), *Die Zukunft der Führung*, in Vorbereitung.

Das Quantum Management, in: Stephan A. Jansen, Eckhard Schröter und Nico Stehr (Hrsg.), *Transparenz: Multidisziplinäre Durchsichten durch Phänomene und Theorien des Undurchsichtigen*, Wiesbaden: VS Verlag, 2010, S. 112-130.

Organisation als temporale Form: Ein Ausblick, in: Rudolf Wimmer, Jens O. Meissner und Patricia Wolf (Hrsg.), *Praktische Organisationswissenschaft: Lehrbuch für Studium und Beruf*, Heidelberg: Carl-Auer-Systeme, 2009, S. 258-288.